U0816631

中国国家标准汇编

2012年修订-10

中国标准出版社　编

中国标准出版社

北　京

图书在版编目(CIP)数据

中国国家标准汇编:2012年修订.10/中国标准出版社编.—北京:中国标准出版社,2013.9
ISBN 978-7-5066-7242-9

Ⅰ.①中… Ⅱ.①中… Ⅲ.①国家标准-汇编-中国-2012 Ⅳ.①T-652.1

中国版本图书馆CIP数据核字(2013)第186453号

中国标准出版社出版发行
北京市朝阳区和平里西街甲2号(100013)
北京市西城区三里河北街16号(100045)

网址 www.spc.net.cn
总编室:(010)64275323 发行中心:(010)51780235
读者服务部:(010)68523946
中国标准出版社秦皇岛印刷厂印刷
各地新华书店经销
*
开本 880×1230 1/16 印张 37 字数 1 134 千字
2013年9月第一版 2013年9月第一次印刷
*
定价 220.00 元

如有印装差错 由本社发行中心调换
版权专有 侵权必究
举报电话:(010)68510107

出 版 说 明

1.《中国国家标准汇编》是一部大型综合性国家标准全集。自1983年起，按国家标准顺序号以精装本、平装本两种装帧形式陆续分册汇编出版。它在一定程度上反映了我国建国以来标准化事业发展的基本情况和主要成就，是各级标准化管理机构，工矿企事业单位，农林牧副渔系统，科研、设计、教学等部门必不可少的工具书。

2.《中国国家标准汇编》收入我国每年正式发布的全部国家标准，分为"制定"卷和"修订"卷两种编辑版本。

"制定"卷收入上一年度我国发布的、新制定的国家标准，顺延前年度标准编号分成若干分册，封面和书脊上注明"20××年制定"字样及分册号，分册号一直连续。各分册中的标准是按照标准编号顺序连续排列的，如有标准顺序号缺号的，除特殊情况注明外，暂为空号。

"修订"卷收入上一年度我国发布的、被修订的国家标准，视篇幅分设若干分册，但与"制定"卷分册号无关联，仅在封面和书脊上注明"20××年修订-1，-2，-3，……"字样。"修订"卷各分册中的标准，仍按标准编号顺序排列(但不连续)；如有遗漏的，均在当年最后一分册中补齐。需提请读者注意的是，个别非顺延前年度标准编号的新制定的国家标准没有收入在"制定"卷中，而是收入在"修订"卷中。

读者配套购买《中国国家标准汇编》"制定"卷和"修订"卷则可收齐由我社出版的上一年度我国制定和修订的全部国家标准。

3. 由于读者需求的变化，自1996年起，《中国国家标准汇编》仅出版精装本。

4. 2012年我国制修订国家标准共2 101项。本分册为"2012年修订-10"，收入新制修订的国家标准45项。

中国标准出版社

2013年7月

目　　录

ICS 25.160.30
J 64

中华人民共和国国家标准

GB 10235—2012
代替 GB 10235—2000

弧焊电源 防触电装置

Hazard reducing device for arc welding power source

2012-12-31 发布 2013-12-01 实施

中华人民共和国国家质量监督检验检疫总局
中国国家标准化管理委员会 发布

前　言

本标准的第3章"术语和定义"为推荐性的，其余为强制性的。

本标准按照GB/T 1.1—2009给出的规则起草。

本标准代替GB 10235—2000《弧焊变压器防触电装置》。本标准与GB 10235—2000相比主要变化如下：

——标准名称中的弧焊变压器更改为弧焊电源。

——扩大了标准的适用范围，原标准仅适用于单相电源。

——对引用标准进行了更新。

——对定义做了部分删除或修改。

——增加了额定负载持续率的等级、接线端子能连接导线的标称截面积范围以及接线端子的防护要求、增加了功率器件的温升限值。

——对使用条件、延时时间、起动电阻值和试验方法、介电强度试验电压值、外壳防护等级、对正常工作指示的要求、故障保护的要求、跌落试验方法、例行检验项目做了修改。

——取消了产品型号的编制规定和控制形式的规定。

——取消了焊条触及工件的时间规定、电磁接触器的触点、抗干扰性能、连续动作能力和成套性要求。

——取消了包装、运输及贮存要求。

本标准由中国电器工业协会提出。

本标准由全国电焊机标准化技术委员会(SAC/TC 70)归口。

本标准起草单位：南通三九焊接机器制造有限公司、北京达三江电器设备厂、浙江肯得机电股份有限公司、深圳市瑞凌实业股份有限公司、无锡汉神电气有限公司、成都三方电气有限公司、佛山市格兰电气有限公司、成都电气检验所。

本标准主要起草人：王小建、孟祥义、朱宣辉、邱光、何晓阳、杨庆轩、戎喜、邢军。

本标准所代替标准的历次版本发布情况为：

——GB 12350—1988、GB 12350—2000。

弧焊电源　防触电装置

1　范围

本标准规定了弧焊电源防触电装置的产品型式、基本参数、结构及安全要求、检验方法、检验规则和铭牌信息等。

本标准适用于 GB 15579.1 所规定的各种类型的弧焊电源用的防触电装置（以下简称装置）。

2　规范性引用文件

下列文件对于本文件的应用是必不可少的。凡是注日期的引用文件，仅注日期的版本适用于本文件。凡是不注日期的引用文件，其最新版本(包括所有的修改单)适用于本文件。

GB/T 2423.3　电工电子产品环境试验　第 2 部分:试验方法　试验 Cab:恒定湿热试验

GB/T 2900.22　电工名词术语　电焊机

GB 4208　外壳防护等级(IP 代码)

GB/T 5169.10　电工电子产品着火危险试验　第 10 部分:灼热丝/热丝基本试验方法　灼热丝装置和通用试验方法

GB/T 5169.11　电工电子产品着火危险试验　第 11 部分:灼热丝/热丝基本试验方法　成品的灼热丝可燃性试验方法

GB 15579.1　弧焊设备　第 1 部分:焊接电源

3　术语和定义

GB/T 2900.22、GB 15579.1 界定的以及下列术语和定义适用于本文件。

3.1

动作电阻　acting resistance

使装置动作的弧焊电源输出回路的最大电阻值。

3.2

起动时间　operating time

从焊条接触到工件至弧焊电源达到额定空载电压的时间。

3.3

延时时间　delaying time

从弧焊电源产生额定空载电压到降至低空载电压的时间。

3.4

内装式装置　inner device

安装于弧焊电源壳体内，并可单独销售的装置。此装置可以有独立的外壳，也可以以弧焊电源的外壳兼做装置的外壳。

3.5

外装式装置　outer device

安装于弧焊电源外部的装置。

3.6

柜装式装置 device inside switch cabinet

安装于对弧焊电源供电的低压配电屏内的装置。

4 产品型式和基本参数

4.1 产品型式

按装置的安装方式分为内装式、外装式和柜装式。

4.2 基本参数

4.2.1 额定输入条件

装置的额定输入采用电网供电或以弧焊电源的次级回路输出作为装置的能量输入。

4.2.2 额定电流等级

装置的额定电流等级与弧焊电源的额定输入电流相对应，100 A 以下推荐按 R5 优先数系分档；100 A 以上推荐按 R10 优先数系分档。常用的额定电流(A)等级：

25，40，63，100，125，160。

4.2.3 额定负载持续率(%)

20,35,60,80,100。

4.2.4 工作周期

10 min 或连续。

5 使用条件

5.1 环境条件

应符合 GB 15579.1 的相关规定。

5.2 特殊环境条件

当使用的环境条件不符合 5.1 时，用户应在订货时提出，与制造商协商解决。

6 安装条件

装置应按产品制造商规定的要求进行安装。

7 结构及安全要求

7.1 动作能力

采用电源电网供电的装置应在额定输入电压的 85%～110%范围内正常工作；由弧焊电源的次级

回路输出作为能量输入的装置应在弧焊电源规定的空载电压范围内正常工作。

7.2 起动时间

装置的起动时间应不大于0.06 s。

7.3 延时时间

在额定输入条件下测量装置的延时时间，测量10次。在10次测量中延时时间的最大值与最小值之差不应超过表1的规定值，同时，延时时间的最大值也不应超过表1第2栏规定的限值。

采用电源电网供电的装置在输入电压为额定值的110%和85%时，分别对装置进行10次试验，求出每种情况下延时时间的平均值，它们与额定条件下测量的延时时间的平均值之差不应超过表1的规定值。

表1 延时时间

空载电压	延时时间 s	最大值与最小值之差 s	电网波动时延时时间的平均值与额定条件下的平均值之差 s
超过GB 15579.1中触电危险性不大的环境中使用的额定空载电压时	0.3	0.1	0.05
GB 15579.1中触电危险性较大的环境中使用的额定空载电压和触电危险性不大的环境中使用的额定空载电压之间时	2	0.5	0.3

7.4 动作电阻

7.4.1 装置的动作电阻不应大于200 Ω。

7.4.2 将装置与对应的弧焊电源配套，进行动作电阻的安全性试验：

a) 将装置和弧焊电源均设置在额定输入条件下，在弧焊电源的次级回路串接可调节的动作电阻，连续进行10次试验，每次试验在弧焊电源的输出端均能产生低空载电压；

b) 对于采用电源电网供电的装置，将输入电压调节至额定值的110%和85%时，分别重复a)项试验，其装置的动作电阻的安全性同样应达到要求。

7.5 低空载电压

装置和弧焊电源均为额定输入条件下，降低的空载电压应不大于铭牌标称值和GB 15579.1中触电危险性较大的环境中使用的额定空载电压规定值。

注：建议降低的空载电压尽可能低。

7.6 接线端子

7.6.1 装置的输入和输出接线端子应有足够的机械强度，并应具有固定表2规定的标称截面积导线的能力。

7.6.2 装置的接线端子和带电部分必须加以保护。未与电网隔离的接线端子应达到IP2XC的要求。与弧焊电源次级回路相连的接线端子应防止人体的意外触及。

表 2　接线端子能连接导线的标称截面积

额定最大(连续)电流 A	导线截面积范围 mm^2
25	2.5～6
35	4～10
50	6～16
63	10～25
80	16～35
100	25～50
160	50～95

7.7　结构要求

7.7.1　装置应设计成专业人员只有使用工具才能改变其技术参数的结构型式。

7.7.2　为确认装置的动作是否正常，应设置检验用的开关或按钮或自检装置。

7.7.3　应提供一可靠的装置(如信号灯)指示防触电装置正常工作。

7.8　保护性导体的接线端子

有金属外壳的装置应设有保护性导线接线端子，其固定导线的能力应与相线接线端子相同。这个接线端子在内部不能与中性线端子有电的接触，也不能用于其他目的。外装式和柜装式装置的保护性导线接线端子旁应标注图示符号“⏚”或 PE 字样。

7.9　故障保护

如果防触电装置不能按 7.3 的要求动作，输出端的电压应按表 1 规定的时间要求降低到低空载电压值，并且不能自动复位。

7.10　正常工作的位置

将正常安装位置上的装置朝任何方向倾斜 30°，仍能正常工作。

7.11　耐燃性能

装置使用的绝缘材料应能承受 8.8 规定的着火危险试验。

7.12　电气间隙和爬电距离

按 GB 15579.1 规定，装置属于Ⅲ类过电压类别，用于 3 级或 4 级污染环境，其电气间隙和爬电距离应符合 GB 15579.1 的规定。

7.13　绝缘电阻

与输入(出)电压相连的带电部件各极之间、各极连接在一起与外壳之间的绝缘电阻不应低于 2.5 MΩ。

7.14 介电强度

与输入电压相连的带电部件各极之间、各极连接在一起与外壳之间应能经受下述试验电压而无闪络或击穿现象发生：

a) 当装置由电源电网供电时，试验电压为交流 1 875 V；

b) 当装置由弧焊电源的次级回路供电时，试验电压为交流 1 000 V；

c) 装置的电网连接端和与焊接电源次级有联系的端口之间的试验电压为 3 750 V。

7.15 外壳防护等级

外装式装置的外壳防护等级不应低于 IP21S；对于户外使用的外装式装置的外壳防护等级不应低于 IP23S；柜装式装置的外壳防护等级应不低于 IP20。

7.16 温升限值

在额定输入条件下，装置在额定电流及额定负载持续率下运行，其各部分的温升值应不大于表 3 的规定值。

对于用其他器件控制的装置，其温升限值应符合相关控制器件标准的规定。

表 3 温升限值

测定位置		温升限值 K	
部件名称	材料及绝缘等级	温度计法	电阻法
电磁接触器触点	银及银合金	75	—
电磁接触器及辅助变压器的线圈	A E B F H	55 70 75 95 115	60 75 80 105 125
功率器件		60	—

7.17 跌落性能

外装式和柜装式装置应有坚固的机械结构。按 8.15 进行跌落试验后，不应产生引起功能故障的变形或损坏。

7.18 耐湿热

装置应有耐湿热环境的能力。装置经恒定湿热试验后，承受 70% 介电强度试验电压的考核，应无闪络或击穿现象发生。

7.19 可靠性要求

装置在承受 8.17 所规定的可靠性试验后，其低空载电压、起动时间、延时时间和动作电阻应符合本标准的规定。

8 检验方法

8.1 总则

型式检验时的环境温度为 10 ℃～40 ℃。被检验的装置应该是装配完整的、新的、干燥的。

检验时，测量仪表的准确度或精度应不低于：

a) 电气测量仪表：0.5 级；

b) 温度计：±2 K。

8.2 外观检验

8.2.1 检查随装置出厂的技术文件是否完整、齐全。

8.2.2 检查装置的结构型式是否达到 7.7 的要求。

8.2.3 检查装置的保护性导体的接线端子是否符合 7.8 的规定。

8.3 正常工作位置检查

将装置按产品制造商规定的位置和方向安装，然后朝任何方向倾斜 30°，检查装置是否还能正常工作，其有关参数有无变化。

8.4 电气间隙和爬电距离测量

电气间隙和爬电距离的检测方法按 GB 15579.1 的规定进行。

8.5 外壳防护等级检验

按 GB 4208 规定对外装式装置进行防异物和防滴试验；对柜装式装置进行防异物试验。

8.6 绝缘电阻检查测量

使用直流 500 V 的兆欧表测量装置的绝缘电阻。测量时待指针稳定后读取数据，对不能经受试验的电子元器件，在测量前将装置内的这些电子元器件短路或断开。

测量部位如下：

a) 装置的输入、输出端各极之间；

b) 装置的输入、输出端连接在一起与外壳之间。

8.7 介电强度试验

介电强度试验电压为 50 Hz 交流电压，波形为近似的正弦波，其峰值不超过有效值的 1.45 倍。试验的持续时间：型式试验为 60 s，出厂试验为 5 s。试验时不应出现闪络或击穿现象，其漏电电流不应超过 10 mA。

对不能经受试验的电子元器件，在试验前将装置内的这些电子元器件短路或断开。试验开始时施加的试验电压不超过规定值的一半，然后再逐渐增加到规定值，持续 60 s(或 5 s)后，再逐步降至零。

介电强度试验，对于同一台装置一般不应重复进行，如有必要，其重复介电强度试验的电压为规定值的 80%。

湿热试验后的介电强度试验电压为规定值的 70%。

试验电压施加部位如下：

a) 装置的输入、输出端各极之间；

b) 装置的输入、输出端连接在一起与外壳之间；

c) 装置的电网连接端和与焊接电源次级有联系的端口之间。

8.8 着火危险性试验

装置中以绝缘材料制成的零件或试样(非金属材料)应按 GB/T 5169.10 和 GB/T 5169.11 的规定进行着火危险试验。灼热丝顶端的温度以及施加在试品上的试验时间按表 4 选取。

如果几种绝缘零件由同一种材料制成而试验温度又不相同时,则只对其中一个零件按较高温度进行试验,试验结果按 GB/T 5169.10 和 GB/T 5169.11 进行评定。

表 4 灼热丝顶端的温度及试验时间

零 件	灼热丝顶端的温度 ℃	试验时间 s
支承载流件的绝缘零件	960±15	30±1
不支承载流件的绝缘零件	650±15	30±1

8.9 动作电阻测量

按制造商规定,将装置装于对应的弧焊电源上,在额定输入条件下,调节串在次级回路里的负载电阻,测出使装置稳定动作的最大电阻值。试验应进行 10 次,求出平均值,即为该装置的动作电阻。

将测出的动作电阻用开关接于弧焊电源的次级回路,并用电压测量装置监测次级回路电压。当开关断开后,观察弧焊电源的次级回路是否处于低空载电压状态。试验应进行 10 次,弧焊电源的次级回路每次都应处于低空载电压状态。

对于采用电源电网供电的装置,将输入电压调节至额定值的 110%和 85%时,分别重复上述试验 10 次。

8.10 起动时间测量

按制造商规定,将装置装于对应的弧焊电源上,在额定输入条件下,调节负载电阻,使之达到额定电流。用开关将弧焊电源的次级回路接通,测量从次级回路接通到弧焊电源正常工作时为止的转换时间。试验应重复进行 5 次,其平均值不应大于 0.06 s。

8.11 延时时间测量

8.11.1 按制造商规定,将装置装于对应的弧焊电源上,在额定输入条件下,调节负载电阻,使之达到额定电流。断开弧焊电源的次级回路,测量从焊接电流中断到空载电压降至低空载电压时为止的转换时间。试验重复进行 10 次。10 次测量的平均值即该装置的延时时间。

8.11.2 对于采用电源电网供电的装置,将输入电压调节至额定值的 110%和 85%时,分别重复上述试验,每种情况各做 10 次试验,分别算出 10 次测量的平均值。

8.12 低空载电压测量

按制造商规定,将装置装于空载电压超过 GB 15579.1 中规定的触电危险性较大的环境中使用的额定空载电压的弧焊电源上,在额定输入条件下,调节负载电阻,使之达到额定电流。断开弧焊电源的次级回路,测量空载电压的数值。

试验应进行 5 次,取 5 次测量的平均值作为该装置的低空载电压值。

对于采用电源电网供电的装置,将输入电压调节至额定值的 110%时,重复上述试验。

8.13 故障保护试验

将装置装于弧焊电源上，在额定输入条件下，用外接开关将控制器件主接点跨接短路以模拟故障。装置内的保护电路应将弧焊电源的供电回路完全切断，或者将次级回路的空载电压降至低空载电压。测量从外接开关闭合到装置出现安全状态的反应时间，试验应重复5次，求出平均值。

8.14 温升试验

按制造商规定，将装置装于对应的弧焊电源上。在额定输入条件下，调节弧焊电源的输出电流，使输入电流与装置的额定电流相同。在装置的额定负载持续率下进行温升试验。温升试验进行到装置的任何部件的温升速率不超过2K/h时为止。测量温度的时间应在最后周期中加热期间的一半时刻进行。

8.15 跌落试验

跌落试验是在装置无外接线的情况下进行，将外装式和柜装式装置从

a) 质量小于或等于25 kg的装置从250^{+10}_{0} mm高处，

b) 质量超过25 kg的装置从100^{+10}_{0} mm的高处；

自由跌落到厚度不小于10 mm的钢板上。试验应进行3次，每次应使装置的不同棱边着地。试验时应把易损的显示装置拆除。

8.16 湿热试验

试验按GB/T 2423.3的规定进行，并作下述细则规定；

a) 装置试验前应经过本标准要求的绝缘电阻和介电强度检测；

b) 装置不包装、不通电，按正常使用状况放置；

c) 湿热室的温度为(40±2)℃，相对湿度为(93±3)%，试验周期48 h；

d) 试验时，不进行电性能检测；

e) 试验结束时，装置应在正常大气条件下恢复1 h～2 h；

注：正常大气条件为：

温度：15 ℃～35 ℃；

相对湿度：45%～75%；

气压：86 kPa～106 kPa。

f) 试验后用清洁布揩去表面潮气；

g) 装置经恢复处理后，再进行绝缘电阻测量和介电强度试验。

8.17 可靠性检查

8.17.1 试验条件：装置安装在一块涂黑漆的厚20 mm的层压板上，按温升试验的要求接线，周围环境温度为(40±2)℃。

8.17.2 试验过程：将装置安装在弧焊电源上，施加额定电源电压，在额定负载持续率下工作，工作周期为10 min，连续试验6 h。试验后测量低空载电压、起动时间、延时时间和起动灵敏度，均应符合7.2～7.5的规定。

9 检验规则

9.1 总则

装置需经制造商检验合格后方能出厂，并应附有证明装置质量合格的文件。

9.2 检验分类

装置的检验分为：

a) 例行检验；

b) 型式检验。

9.3 例行检验项目

每台装置在出厂前均应进行例行检验，其检验项目见表5。

表5 例行检验项目

序号	检验项目	试验方法条款	技术要求条款
1	外观检验	8.2	7.6、7.7、7.8
2	绝缘电阻	8.6	7.13
3	介电强度	8.7	7.14
4	动作电阻	8.9	7.4
5	起动时间	8.10	7.2
6	延时时间	8.11	7.3
7	低空载电压	8.12	7.5

9.4 型式检验项目

型式检验项目应包括本标准的所有检验项目。

10 铭牌

每台装置上都应安装或印刷一块标记清晰且不易擦掉的铭牌。

铭牌上至少应包括以下信息：

a) 制造商名称及商标；

b) 装置名称及型号；

c) 装置编号及制造日期；

d) 额定输入条件；

e) 额定负载持续率；

f) 额定电流；

g) 动作电阻；

h) 低空载电压；

i) 外壳防护等级(适用于外装式和柜装式)；

j) 执行标准编号。

ICS 13.280
F 84

中华人民共和国国家标准

GB/T 10253—2012/IEC 60861:2006
代替 GB/T 10253—2001

液态排出流和地表水中放射性核素监测设备

Equipment for monitoring of radionuclides in liquid effluents and surface water

(IEC 60861:2006,IDT)

2012-12-31 发布 2013-06-01 实施

中华人民共和国国家质量监督检验检疫总局
中国国家标准化管理委员会 发布

前　言

本标准按照 GB/T 1.1—2009 给出的规则起草。

本标准代替 GB/T 10253—2001《液态排出流或地表水 β、γ 放射性活度连续监测设备》，与 GB/T 10253—2001 相比，主要技术变化如下：

a) 标准名称改为《液态排出流和地表水中放射性核素监测设备》；

b) 在“2 规范性引用文件”中增加了一些在标准正文中引用的国家标准；

c) 在“3 术语和定义”中增加了许多术语；

d) 增加了“设备分类”一章；

e) 增加了“设备的设计”一章；

f) 在“环境性能试验”一章中增加了“电磁兼容性”的内容；

g) 大量的编辑性修改。

本标准使用翻译法等同采用 IEC 60861:2006《液态排出流和地表水中放射性核素监测设备》。

与本标准中规范性引用的国际标准有一致性对应关系的我国文件如下：

——GB/T 156—2007 标准电压(IEC 60038:2002,MOD)；

——GB/T 17626.3—2006 电磁兼容 试验和测量技术 射频电磁场辐射抗扰度试验(IEC 61000-4-3:2002,IDT)，规范性引用文件中引用的是 IEC 61000-4-3:2006。

本标准对 IEC 60861:2006 做了下列编辑性修改：

——删除国际标准的前言；

——在“2 规范性引用文件”中以新版标准代替旧版标准(以 IEC 60038:2002 代替 IEC 60038:1983，以 IEC 60050-394:2007 代替 IEC 60050-394:1995，以 IEC 61000-4-6:2006 代替 IEC 61000-4-6:2004)，并将已有相应国家标准的国际标准改为我国的标准；

——用小数点符号“.”代替国际标准中的小数点符号“,”；

——在交流电源的电压和频率中只保留我国现行使用的内容；

——表 2“过载”中“受 10 倍满刻度偏转的活度照射”与 7.8 中要求的两倍不符，改为“受两倍满刻度偏转的活度照射”。

本标准由中国核工业集团公司提出。

本标准由全国核仪器仪表标准化技术委员会(SAC/TC 30)归口。

本标准起草单位：西安核仪器厂、核工业标准化研究所。

本标准主要起草人：孙力平、梁平、许晓蔚。

本标准于 1988 年 12 月首次发布，2001 年 11 月第一次修订，本次修订为第二次修订。

液态排出流和地表水中放射性核素监测设备

1 范围

本标准规定了液态排出流和地表水中发射α、β或γ放射性核素监测设备的技术要求，对该类设备的探测能力提供指导并指出适合该设备使用的时间和地点。

注：已经证明使用浓缩装置并用过滤器进行浓缩物采集使监测液体中的α成为可能，所以本标准也适用于液体中的α监测。

本标准适用于连续监测下列液体放射性活度的设备：

——在正常运行期间排放到环境中的液态排出流；

——地表水。

本标准不适用于在事故条件下专用的、要求有附加能力的设备。

本标准只限于液态排出流或地表水中总α活度或最大能量大于150 keV的总β活度或γ活度的连续监测设备。本标准不涉及取样和实验室分析。

本标准的目的是为连续监测水中放射性活度的设备规定一般要求并给出可接受方法的实例。

对于该类设备，本标准规定了设备的一般特性、一般试验方法、辐射特性、安全特性、电气特性、环境特性、鉴定和合格证书。电气设备安全运行的性能要求见GB 4793.1—2007。如果制造厂希望或用户要求其设备带有适当的安全标志(例如:CE、UL标志)，应符合这些安全要求和进行相应的试验。

本标准适用于实现下述功能的水监测仪：

——测量液体中放射性核素的体积活度或计数率(见5.1.2)及其随时间的变化；

——当水中的体积活度或计数率超过限值时启动报警。

附录A给出了使用放射性水监测仪的一些指导。

2 规范性引用文件

下列文件对于本文件的应用是必不可少的。凡是注日期的引用文件，仅注日期的版本适用于本文件。凡是不注日期的引用文件，其最新版本(包括所有的修改单)适用于本文件。

GB/T 2423.34—2005 电工电子产品环境试验 第2部分:试验方法 试验Z/AD:温度/湿度组合循环试验(IEC 60068-2-38:1974,IDT)

GB/T 2900.81—2008 电工术语 核仪器 物理现象和基本概念(IEC 60050-393:2003,IDT)

GB/T 2900.82—2008 电工术语 核仪器 仪器、系统、设备和探测器(IEC 60050-394:2007,IDT)

GB 4793.1—2007 测量、控制和实验室用电气设备的安全要求 第1部分:通用要求(IEC 61010-1:2001,IDT)

GB/T 16511—1996 电气和电子测量仪器随机文件(idt IEC 61187:1993)

GB/T 17626.2—2006 电磁兼容 试验和测量技术 静电放电抗扰度试验(IEC 61000-4-2:2001,IDT)

GB/T 17626.4—2008 电磁兼容 试验和测量技术 电快速瞬变脉冲群抗扰度试验(IEC 61000-4-4:2004,IDT)

GB/T 17626.5—2008 电磁兼容 试验和测量技术 浪涌(冲击)抗扰度试验(IEC 61000-4-5:2005,IDT)

GB/T 17626.6—2008 电磁兼容 试验和测量技术 射频场感应的传导骚扰抗扰度(IEC 61000-4-6:2006,IDT)

GB/T 17626.11—2008 电磁兼容 试验和测量技术 电压暂降、短时中断和电压变化抗扰度试验(IEC 61000-4-11:2004,IDT)

GB/T 17626.12—1998 电磁兼容 试验和测量技术 振荡波抗扰度试验(idt IEC 61000-4-12:1995)

GB 17799.4—2001 电磁兼容 通用标准 工业环境中的发射标准(idt IEC 61000-6-4:1997)

GB/T 19022—2003 测量管理体系 测量过程和测量设备的要求(ISO 10012:2003,IDT)

IEC 60038:2002 IEC 标准电压(IEC standard voltage)

IEC 61000-4-3:2006 电磁兼容(EMC)—第 4-3 部分:试验和测量技术—射频电磁场辐射抗扰度试验(Electromagnetic compatibility(EMC)—Part 4-3: Testing and measurement techniques—Radiated,radio-frequency,electromagnetic field immunity test)

ISO 测量不确定度的表示导则(Guide to the expression of uncertainty in measurement,GUM),1995

3 术语和定义

GB/T 2900.81—2008 和 GB/T 2900.82—2008 界定的以及下列术语和定义适用于本文件。

3.1

水监测仪 water monitor

用于监测排放到环境和环境水的液态排出流中放射性活度的设备。

3.2

活度监测 activity monitoring

监测排放到环境和环境水的液态排出流中放射性活度。不同的监测方法:带取样的监测仪(包括同时测量和间断顺序测量)、不带取样的监测仪(直接测量)。

3.3

连续测量 continuous measurement

同时测量和间断顺序测量。

3.4

同时测量 simulataneous measurement

在取样的同时测量样品。

注:使用与液体接触的探测器(β 探测器)或将探测器插入液体中(γ 探测器)进行的测量称为**同时测量**。

3.5

间断顺序测量 discrete sequential measurement

样品测量与样品收集分别进行,测量时间与收集时间之间有短暂延迟。

3.6

直接测量 direct measurement

不需取样,将探测器插入液体流中或靠近有液体流动的管道进行的测量。

3.7

取样装置 sampling assembly

收集有代表性样品的装置。

3.8

探测装置　detection assembly

用于测量活度的装置。探测装置包括一个或多个辐射探测器。

3.9

测量装置　measurement assembly

设计用于测量与电离辐射有关量(活度、体积活度等)的装置和功能单元。

3.10

报警装置　alarm assembly

在触发报警阈的事件中或在设备故障的情况下启动音响或视觉信号的装置。

3.11

总等效窗厚度(密度厚度)　total equivalent window thickness(density thickness)

通常以单位面积的质量(mg/cm^2)表示的厚度,该厚度是从被测介质发射的粒子到达探测器灵敏体积的距离。

注:该厚度包括穿过液体或空气的距离加上探测器入射窗的厚度。入射窗的厚度可包括为防止液态排出流污染而设置的防护屏或探测器上的涂敷层厚度。

3.12

变异系数　coefficient of variation

一组 n 个测量值 x_i 的标准偏差 s 与其算术平均值 $\bar{x}$ 之比值 V,由式(1)给出:

$$V = \frac{s}{\bar{x}} = \frac{1}{\bar{x}}\sqrt{\frac{1}{n-1}\sum_{i=1}^{n}(x_i-\bar{x})^2} \quad \cdots\cdots(1)$$

3.13

相对固有误差　relative intrinsic error

在规定的参考条件下,当受到一给定参考量照射时,一台设备或装置对该量的指示值相对误差。由式(2)给出:

$$e_i = \frac{V-V_c}{V_c} \quad \cdots\cdots(2)$$

式中:

V ——量的指示值;

V_c——在测量点上该量的约定真值。

3.14

测量不确定度　uncertainty of measurement

表征合理地赋予被测量值的分散性并与测量结果相联系的参数。

注1:此参数可以是标准偏差(或其倍数)或说明了置信水平区间的半宽度。

注2:通常,测量不确定度由许多分量组成。其中一些分量可用一系列测量结果的统计分布来估算,并以实验标准偏差来表征。而另一些分量可以通过基于经验或其他信息的假定概率分布来估算,也可用标准偏差来表征。

注3:测量结果可理解为是被测量值的最佳估计值,而所有不确定度分量均对分散性产生贡献,包括那些由系统影响引起的分量,例如与校准和参考标准有关的分量。

3.15

包含因子　coverage factor

k

为求得扩展不确定度,对合成标准不确定度所乘的数字因子。

3.16

判断阈　decision threshold

一个判定量的固定值,当进行定量测量物理影响的实际测量结果超过该固定值时,即可判定该物理影响存在。

注1：按照这样一种方式来进行统计学上的试验，即错误地否定假设的几率（第一类错误）为给定值 α。对于本标准，α 等于5%并使用下式计算判断阈（DT）：

$$DT = 1.64\sqrt{2\mathrm{var}(b)} = 2.32s(b)$$

式中：

s ——本底的实验标准偏差。

注2：对于用计数率指示的设备，在计算本底计数率的标准偏差 $u(b)$ 时，可用下述公式来计算标准偏差，以替代实验标准偏差 s。

$$u(b) = \sqrt{\frac{b}{t}}$$

式中：

b ——本底计数率，单位为计数每秒（计数/s）；

t ——测量时间，单位为秒（s）。

3.17

判断量　decision quantity

判断被测物理影响是否存在的随机变量。

3.18

有效测量范围　effective range of measurement

在一台设备或装置的性能范围内，被测量满足其技术要求的取值范围。

3.19

动态范围　dynamic range

一个量可测得的最大指示值信号与该量判断阈信号的商。

3.20

响应时间　response time

在被测量发生阶跃变化后，输出信号的变化首次达到其最终值的某一给定百分数（通常为最终值的10%～90%）所经历的时间。

3.21

体积活度　volumetric activity

活度浓度

被测活度与样品总体积的比值。

注：该量以 Bq/m^3 表示。

3.22

固体源的表面发射率　surface emission rate of solid source

在单位时间内从源的前表面发射的能量大于一给定值的给定类型的粒子数。

3.23

（一个量的）约定真值　conventionally true value (of a quantity)

对于某一给定目的，一个量的最佳估算值。

注：对于某一给定目的，约定真值通常认为是最接近可忽略差异的真值。例如：由基准或次级标准或由一台参考仪器确定的值作为约定真值。

3.24

参考响应　reference response

在标准试验条件下，由式（3）给出比值：

$$R_{\mathrm{ref}} = \frac{A_{\mathrm{v}}}{A_{\mathrm{vc}}} \quad \cdots\cdots(3)$$

式中：

A_v ——试验中设备或装置指示的体积活度值；

A_{vc}——被测体积活度的约定真值。

3.25

灵敏度　sensitivity

对于被测量的一个给定值，观测到的变量变化与被测量相应变化的比值。

$$S=\frac{I-B}{A_c} \qquad \cdots\cdots(4)$$

式中：

I ——被测放射源存在时的指示值；

B ——本底的指示值；

A_c——源的活度、体积活度或表面发射率的约定真值。

3.26

相对响应　relative response

在型式试验期间通过计算得出的值，相当于设备对液体源的参考响应(或参考灵敏度)与同一设备对固体源的灵敏度之比。

注：相对响应可通过测量固体源灵敏度来确定所有相同设备的参考响应(或参考灵敏度)。

3.27

(测量仪表的)重复性　repeatability(of a measuring instrument)

在同样的测量条件下，测量仪表对同一被测量重复给出接近同一指示值的能力。

注1：这些条件包括将观测者引起变化减至最小、相同的测量方法、相同的观测者、在相同的条件下使用相同的测量设备、相同的地点和在短时间内重复测量。

注2：重复性可用指示值的分散性定量表示。

3.28

(测量结果的)复现性　reproducibility(of results of measurements)

在变化的测量条件下多次测量同一被测量，其结果之间的符合程度。

注1：在给出复现性时，应说明改变条件的详细情况。

注2：可改变的条件包括测量原理、测量方法、观测者、测量仪器、参考标准、地点、使用条件和时间。

注3：复现性可用测量结果的分散性定量表示。

注4：测量结果在此通常理解为是已修正的结果。

3.29

线性误差　linearity error

代表输出量与输入量函数关系的曲线对参考直线的偏离。

3.30

交换系数　exchange coefficient

对于水中悬浮的颗粒物，其质量活度与水的体积活度之比。该系数 K_d 以(Bq/kg)/(Bq/L)表示。

3.31

型式试验　type test

对代表产品的一个或多个物项进行的符合性试验。

3.32

常规试验　routine test

在制造过程中或完工后对每台仪器所进行的试验，以确定其是否符合某种准则。

3.33

验收试验 acceptance test

向顾客证明产品符合其某些规范要求，按合同规定进行的试验。

3.34

维护试验 maintenance test

特定维护后所要进行的试验。

3.35

制造厂 manufacturer

设备的设计、生产和销售者。

3.36

用户 user

设备的使用者。

3.37

单位 units

使用国际单位制。在适用时也可使用下述单位：

——时间：年(a)、天(d)、小时(h)、分钟(min)；

——能量：电子伏特(eV)。

4 设备分类

按探测辐射的类型，监测仪可分为：

——总β和(或)总γ监测仪；

——总α和(或)总β监测仪；

——包括特定放射性核素通道的总γ监测仪。

按工作方式，监测仪也可分为：

——同时测量；

——间断顺序测量；

——直接测量。

5 设备的设计

5.1 测量和指示特性

5.1.1 测量特性

如果监测仪指示总活度或体积活度，制造厂应规定给出活度或体积活度的参考放射性核素(见表1)。

制造厂应给出设备对所测核素的判断阈和有效测量范围。这些特性宜在参考γ辐射本底(200 nGy/h)条件下针对特定放射性核素给出。

当测量值超出有效测量范围时，监测仪应给出提示。

对于环境水测量，设备的动态范围应至少为3个数量级；对于液态排出流测量，动态范围应至少为5个数量级。

注：对于环境水监测，有效测量范围应包括 1×10^4 Bq/m^3 的活度水平；对于液体排出流监测，有效测量范围应包括 2×10^8 Bq/m^3 的活度水平。

制造厂应规定装置对表1中参考核素以外的放射性核素的响应。应由制造厂和用户商定所测的放射性核素。

制造厂宜规定所测核素可达到的判断阈,判断阈与探测器所处的环境γ本底有关。

5.1.2 测量显示

测量显示应以与测量技术相适应的单位给出数值并由制造厂和用户商定。

在对液体直接进行β测量的情况下,指示值宜是观测到的量(如每秒计数)。在参考条件下,对于一已知放射性核素和观测到的计数率,指示值可用活度或体积活度表示。

5.2 可靠性

所有设备的设计应具有高可靠性。

制造厂应规定常规维修的频次并详细描述每一个维修程序。应尽可能使维修要求降至最低。

设备的设计应具有"故障安全"功能,以使电源中断或主要部件发生故障导致不能测量时能触发报警。

5.3 取样装置

5.3.1 取样与排水管道

为了减少腐蚀、磨损和对颗粒物的捕集,取样系统的设计应考虑以下特性:

——管道的内径、长度以及弯头的数量和半径;

——内表面的光洁度;

——连接装置;

——结构材料的性质。

如果可控的液态排出流或水中可能含有悬浮的颗粒物,取样与排水管道的设计宜将颗粒物的析出减至最少。

取样与排水管道应适合于被监测液体的化学和物理特性以及被测辐射的类型。

在间断顺序测量的情况下,收集时间加上收集与测量之间的延迟时间应与放射性活度瞬间释放后在测量点的估计放射性滞留时间相适应。

5.3.2 入口过滤网

为了可控地去除液体中某些悬浮物,适用时可将过滤网放置在取样回路入口的支架上。

过滤网的接近方式应设计成允许对其快速和方便地拆卸进行清洗。在拆卸、清洗操作期间应注意保护测量单元和探测器。

过滤网支架的设计应考虑所用材料的机械强度和流量特性。

设计应将引起过滤网流量旁路的泄漏路径减至最少。

过滤网的位置和形状应使得积聚在过滤网上的活度对设备性能不产生明显影响。

5.3.3 测量室

在用测量室提供一个液体体积并将探测器插入或靠近该液体体积进行测量时,应满足下述要求:

测量室应是流通式的,具有连续取样或顺序取样功能,其结构使液体体积在测量期间保持恒定。为了避免对监测仪响应产生任何干扰,流量应足以保证液态排出流或地表水的充分更新和悬浮物中物质的均匀性。

制造厂应规定测量室的体积、工作压力和取样器的流量范围。

测量室应由固有放射性本底(天然或人工)尽可能低的材料构成。材料应使其受污染的可能性最小。应能接近测量室的所有表面进行去污。如果测量室带有屏，应规定屏的尺寸和单位面积的质量（mg/cm^2）。

5.3.4 易于去污和清洁

应使用一个具有足够强度的防护窗（或屏）将探测器与被测液体隔开。不应因更换屏而更改测量。

测量室的设计和结构应使积累的污染减至最小，并在正常运行期间允许进行有效地清洁和去污。

为了便于维修或更换，应能快速拆卸探测器并在相同位置上易于更换。

5.3.5 浓缩装置

当浓缩装置用于α测量或用于改善β测量的探测性能时，该装置宜满足下列要求：

——浓缩流量宜尽可能恒定，例如监测温度、气溶胶产生速率等；

——收集介质压降的变化对浓缩流量的干扰宜尽可能低；

——收集的几何条件宜尽可能恒定；

——收集介质应足够结实，以避免由于压降或收集的沉淀物潮湿使其破裂。

5.4 探测装置

5.4.1 探测器类型

由制造厂与用户协商，可使用适用于所需测量的任何类型探测器。制造厂应规定探测器的类型和全部相关特性，特别是在其工作几何位置上对被测放射性物质和有关干扰辐射的响应。

5.4.2 α探测器或β探测器

不管使用哪种类型探测器，制造厂应规定探测器的尺寸。

对于β探测器，应规定在探测几何位置上的灵敏度或响应随粒子能量的变化。

制造厂应说明因插入防护屏引起的任何测量变更。

5.4.3 γ探测器

制造厂应规定在工作条件中探测器灵敏度或响应随γ能量的变化。

用于能谱测量的探测器，应规定探测器分辨率随能量的变化。

5.5 控制装置

控制装置主要包括下列部件：

——电气控制装置；

——电源装置。

5.6 测量装置

测量装置主要包括下列部件：

——电子测量装置；

——测量显示单元。

5.7 报警装置

5.7.1 报警类型

报警和报警指示应适合于设备的用途并由制造厂与用户协商。

应在就地和远距离提供分别用于高水平活度和故障两种不同特殊报警的指示。

应为所有报警功能提供试验手段,以检查报警的工作状态。在报警阈可调的情况下,应尽可能在实际报警工作点的整个可调范围内进行检查。

报警电路应能保持报警状态直到使用复位控制器复位或报警状态消失后自动复位。

5.7.2 高值报警

应在整个有效测量范围内提供可调的高值报警。

5.7.3 故障报警

故障报警应提供:

——探测器信号消失的报警指示;

——电子电路系统故障的报警指示;

——取样回路故障的报警指示(适用时)。

注:该报警不适用于排出流的不连续排放或对排放管道的直接测量。

只要可能,报警装置宜指示尽可能多的其他故障来源,并宜提供自诊断系统。宜单独给出每个故障的指示。

5.8 指示装置

除了直观显示测量值以外,还应提供设备的以下操作指示:

——电源接通;

——水泵接通(如有需要);

——设备处于无故障状态。

应提供模拟或数字输出供远距离指示。

在液体流过设备的地方,应提供一个合适的指示器(如流量指示计)。

5.9 运行状态检查装置

应提供一些适用的装置,便于用户对设备是否正常工作进行定期检查,包括校准和验证。这些装置通常安装成能通过在控制和测量装置上的操作完成这些检查。

应能在测量范围内的两个有代表性的点(例如:测量范围下限的 2.5 倍和测量范围的 75%附近)检查装置的灵敏度。应使用一个固体源或液体放射源检查最低点,可使用电信号检查最高点。

装置的设计应允许使用合适的放射源至少检查一个点。为了获得复现的测量值,应精确规定源的位置。

5.10 安装和维修装置

所有设备的设计都应便于修理和维护。宜通过显示给出自诊断结果。

为了便于安装和故障定位,所有电子设备应具有易于接近、有标识的试验点。宜使用软件进行自动和连续控制。诊断显示宜由制造厂和用户协商确定。

应提供专用维修工具和维修手册。

5.11 环境电离辐射防护装置

为了减少环境本底对测量的影响,宜提供适用的辐射屏蔽、电子补偿或软件修正技术。

适用时，宜将这些防护装置类型融入到整个系统的设计中。

宜根据环境本底的水平和设备所要求的判断阈确定屏蔽体的厚度。

如果不能轻易从屏蔽体中取出设备，则屏蔽体宜易于搬动，其结构可设计成分体式，除非制造厂与用户另有商定，每件重量不宜超过 15 kg。

当使用附加探测器和电子技术来减少本底影响时，需考虑 γ 能量范围和受照射方向，以便于探测器选型和确定安装位置，从而获得最佳补偿。

5.12 使用者安全

5.12.1 电气设备

应考虑水电并存的情况，制造厂应在设备的设计中采取所有必要的防护措施保护使用者安全。

此外，如果监测仪用于测量含有溶剂的液体排出流，应采取所有必要的措施避免点燃溶剂。

5.12.2 装置的噪声水平

装置的噪声水平主要来源于取样装置，特别是来自于流体管道系统的运行和由此产生的振动。

制造厂选择的部件和设计的装置应将噪声水平减至最低，并满足装置所处的环境要求。

5.13 电磁兼容性

在设备的设计中，宜采取特殊的防护措施保证外界电磁场和(或)静电放电不会引起设备失效或给出错误指示。此外，制造厂应说明手机在给定距离内对测量装置的影响并规定采取的防护措施。

5.13.1 射频场

设备应满足 IEC 61000-4-3:2006 和 GB/T 17626.6—2008 中严酷度等级 3 的要求。

5.13.2 静电放电

设备应满足 GB/T 17626.2—2006 中严酷度等级 3 的要求。

5.13.3 传导骚扰

设备应满足 GB/T 17626.4—2008、GB/T 17626.5—2008、GB/T 17626.11—2008 和 GB/T 17626.12—1998 中严酷度等级 3 的要求。

5.13.4 电磁发射

设备应满足 GB 17799.4—2001 中关于发射限值的要求。

5.14 电源

装置宜由单相交流电源供电，交流电压应满足 IEC 60038:2002 的规定。

装置也可以由直流 24 V 供电。

经制造厂与用户协商，在电源故障的情况下，装置可设计成由低压备用电源供电。在这种情况下，要求电源切换不能导致设备出现故障或触发报警。宜提供电源切换的指示。

6 试验方法

6.1 一般要求

本标准给出了适用于所有类型监测仪的一般试验方法。除非另有规定，这些试验均认为是“型式试验”，经制造厂与用户协商，这些试验中的任一试验或全部试验可作为“验收试验”。

应在使用放射性溶液进行任何试验之前和之后测量本底，通过对比初始本底与最终本底的数值来保证设备没有残留污染。

6.2 标准试验条件下进行的试验

标准试验条件见表1。标准试验条件表明在进行试验时各种影响量的数值和范围不发生变化。

在标准试验条件下进行的试验见表2，表2给出了每个试验特性、要求和规定试验方法的相应条款号。

6.3 随影响量变化进行的试验

这些试验的目的是确定影响量变化所带来的影响。为了便于进行这些试验，将其分为两类：

——与液体回路有关的试验；

——与测量和报警装置有关的试验。

应分别进行这两类试验。

为了检查表3和表4所列每个影响量变化的影响，所有其他的影响量应保持在表1给出的标准试验条件的限值以内，除非在试验方法中另有说明。

为了简化这些试验，只需对每个影响量进行单独的型式试验。这些试验应在测量范围下限10倍～50倍的活度水平处测量规定影响量变化的影响。

与测量和报警装置有关的试验见表3，该表给出了每个影响量的变化范围和设备指示值的相应变化限值。

与液体回路有关的试验见表4，该表给出了每个影响量的变化范围和试验时参数的相应变化限值。

6.4 计量学特性

6.4.1 测量不确定度

在试验期间，测量不确定度宜尽可能小。在大多数测量中，测量不确定度不宜大于设备允许误差的1/3或最好是允许误差的1/10(见GB/T 19022—2003)。

注：由于很难获得体积活度不确定度较低的放射源，在水污染监测仪的试验中，使用体积活度不确定度($k=2$)等于设备允许误差的1/2的参考源是可以接受的。

6.4.2 统计涨落

对于任何使用辐射的试验，由辐射随机性引起指示值的统计涨落，为了证明该项试验满足要求，就应取足够多的读数，以保证能够以足够的准确度估算这些读数的平均值。

为保证这些读数在统计上是相互独立的，相邻两次读数之间的时间间隔应至少为设备响应时间的3倍。

6.5 试验源

6.5.1 参考源

为了确定参考响应或灵敏度，或者在型式试验期间，参考源应是含有已知体积活度的适当核素的水或等效介质。

对于测量总活度的设备，应由^{239}Pu或^{241}Am参考源提供参考α辐射，应由^{36}Cl、^{204}Tl或^{137}Cs参考源提供参考β辐射，由^{137}Cs参考源提供参考γ辐射。经制造厂与用户协商可使用其他替代参考辐射源。

对于测量特定核素的设备，应由被测核素提供参考辐射。

参考源活度的约定真值应已知，其不确定度小于5%($k=2$)。

可使用经校准的监测仪替代校准用的放射性液体源。参考源或参考监测仪应能溯源至国家基准。

6.5.2 固体源

对于其他试验，允许使用固体源替代液体源。固体源的外形应适合于试验中的装置；特别是应精确定位源与探测器的相对位置并可重复。使用的核素应适合于试验中的装置。这些源应能溯源至国家基准。应已知固体源的表面发射率或活度的约定真值，其不确定度小于5%($k=2$)。

在所有情况下，应在型式试验期间确定相对响应。相对响应可在固体源替代液体源进行试验时使用。

7 辐射特性试验

7.1 参考响应

7.1.1 要求

当设备在标准试验条件下工作并按制造厂的规定设置时，制造厂应说明测量装置给出的指示值与参考源体积活度之间的关系。相对固有误差不应超过10%。

当监测仪给出以未自动扣除本底的计数率表示的指示值时，宜以计算得出的参考灵敏度替代参考响应。

7.1.2 试验方法

应按6.5.1的规定使用参考源进行试验。

该源的体积活度宜在设备测量范围下限的10倍～50倍之间。

宜使用ISO测量不确定度的表示导则(GUM)规定的方法评价参考响应的不确定度。

根据监测仪的设计，可使用四种方法中的一种进行试验。

首先，为了确定设备在有水情况下的本底，使用制备参考源的清洁水通过测量室进行循环。然后，根据待试验的设备使用下列任一种方法：

——以恒定流量使参考源在装置内循环足够长的时间，以达到读数的平衡。

——使测量室内充满参考源，其体积等于正常使用条件下测量室中液体的体积。

——对于直接连续测量的仪器，将探测器置于与监测仪实际工作条件相等的足够大的参考源体积中。

——对于使用浓缩装置的设备，在正常工作条件下浓缩参考源：浓缩时间、体积等。

7.2 设备对固体源的灵敏度和相对误差

7.2.1 要求

设备的灵敏度与制造厂规定值之差不应大于10%。

7.2.2 试验方法

应使用参考放射性核素(见表1)进行试验。源的活度宜使读数在设备测量范围下限的10倍～50倍之间。

在使用与固体源测量相同的几何条件下(例如排空测量室)测量本底。记录指示值。

然后，将固体源置于制造厂规定的相对于探测器的位置，根据监测仪的设计确定测量室是否充有非放射性液体。记录有固体源存在时的计数率。

计算设备对该固体源的灵敏度和相对响应。

7.3 线性

7.3.1 试验源

使用一组具有相同放射性核素和几何特征的源进行试验。可使用液体源或固体源进行试验。

在所需试验中使用试验源的制备标准是每个源的活度或表面发射率约定真值的不确定度小于10%($k=2$)和同一试验组的源之间活度的不确定度小于5%($k=2$)。试验源应可溯源至认可的标准。

7.3.2 要求

在标准试验条件下，按照制造厂的说明书调整设备的参数，在有效测量范围下限的2.5倍到有效测量范围的75%之间，线性误差不应超过15%。当使用液体源进行试验时，应由参考响应确定参考曲线；或当使用固体源时，由在7.2的试验中获得的灵敏度确定参考曲线。

7.3.3 试验方法

7.3.3.1 概述

可使用下列两种方法中的一种进行试验：

——使用液体放射源或固体放射源；

——注入电信号。

在标准试验条件下，设备在测量范围下限的2.5倍到测量范围的75%之间进行线性试验。两次相继测量值之间的比值应至少等于10。宜至少进行3次使用放射源的测量(包括上限值和下限值)。

7.3.3.2 使用液体源进行的试验

在使用液体源进行试验的场合，可根据监测仪的设计使用下列4种方法中的一种进行试验：

——对使用测量室的设备：

- 以恒定流量使参考源在装置内循环足够长的时间，以达到读数的平衡；
- 或使测量室内充满参考源，其体积等于正常使用条件下测量室中液体的体积。

——对于直接连续测量的仪器，将探测器置于与监测仪实际工作条件相等的足够大的参考源体积中。

——对于使用浓缩装置的设备，在正常工作条件下浓缩参考源：浓缩时间、体积等。

为了将可能对液体回路污染的影响减至最小，应以液体源体积活度从低到高的顺序进行所有使用液体源的试验。

7.3.3.3 使用固体源进行的试验

这些源应具有相同的放射性核素和几何特征，与在7.2的试验期间使用的源相同并将其置于相同的位置。

7.4 设备的可重复性

7.4.1 要求

对于任何超过测量范围下限10倍的读数，指示值的变异系数应小于10%。

7.4.2 试验方法

使用一个放射源，在测量范围下限10倍～50倍之间给出一个指示值。

在可重复的试验条件和标准试验条件下，应至少取 10 个连续和独立的读数（见 3.27）。计算这些读数的平均值和变异系数。变异系数应在要求的限值以内。

7.5 测量结果的复现性

7.5.1 要求

装置工作 30 min 后，由给定放射源使指示值在以后 100 h 内的变化不应大于 10%。

7.5.2 试验方法

使用放射源，在测量范围下限 10 倍～50 倍之间给出一个指示值。

——断开设备电源几分钟；

——接通设备电源；

——在 30 min 后取足够多的读数，然后在不调整装置和不改变条件的情况下，在 10 h 和 100 h 以后取足够多的读数。每次所取读数的平均值应在给出的限值以内。

必要时，应对读数进行源衰变修正。

7.6 响应时间

7.6.1 要求

制造厂应规定装置对在测量范围下限 10 倍～50 倍之间活度的响应时间。响应时间应适合于特定用途。

7.6.2 连续监测的试验方法

为了确定指示值随时间的变化，将一台记录仪器与装置连接。

根据监测仪的设计，可使用下列方法中的一种。

7.6.2.1 同时测量

将取样室充满非放射性的水，并记录本底读数 R_i。

然后，以正常取样流量将已知体积活度的适用核素溶液连续地注入监测仪的入口并持续一段时间，以达到平衡。记录平衡值 R_f。

响应时间是开始注入放射性溶液的时刻与读数首次达到 $0.90(R_f-R_i)+R_i$ 时刻之间的时间间隔。

7.6.2.2 间断顺序测量

将取样室充满非放射性的水，并记录本底读数 R_i。

然后，将取样室充满已知体积活度的适用放射性核素溶液。在经足够长的时间达到平衡后记录指示值。记录平衡值 R_f。

响应时间是开始注入放射性溶液的时刻与读数首次达到 $0.90(R_f-R_i)+R_i$ 时刻之间的时间间隔。

注：用于操作的响应时间介于由本方法确定的响应时间与该响应时间加上两次顺序测量之间时间之内。

7.6.3 直接测量的试验方法

记录没有放射源时监测仪的本底 R_i。

然后，将固体源置于探测器前面。在经足够长的时间达到平衡后记录指示值。记录平衡值 R_f。

响应时间是开始将固体源置于探测器前面的时刻与读数首次达到 $0.90(R_f - R_i) + R_i$ 时刻之间的时间间隔。

7.7 β探测器防护屏的一致性

7.7.1 要求

当β探测器使用防护屏时，应定期更换防护屏。所用防护屏的性能应足够稳定，使用任一给定防护屏的指示值与使用一组防护屏获得的平均值之差不大于10%。

7.7.2 试验方法

应使用源进行试验，源的β粒子最大能量尽可能低但足以使一些β粒子穿透总等效窗厚度，例如可使用$^{147}Pm(E_{max} = 224.7\ keV)$源。

所用的参考源应是固体源，其辐照区域大于探测器有效表面10%，或将一个小源放在距探测器足够远的地方，以保证能照射到探测器的全部有效表面。

源的活度应给出测量范围下限10倍～50倍的读数。

源与探测器的相对位置应能按试验要求的次数重复定位。

应按下列方法进行试验：

——将固体源置于带防护屏的探测器前面；

——记录由设备给出的指示值；

——重复测量由不同材料制造的其他防护屏，应至少试验10个不同的防护屏；

——计算一组指示值的平均值；

——计算每个屏对于平均值的相对偏差。

7.8 过载试验

7.8.1 要求

当以大于给出最大刻度读数两倍的适当活度“照射”时，设备应保持在满刻度指示。当移去过载“照射”时，设备应正常工作。

7.8.2 试验方法

——第一次读数：以适当的源照射探测器，源的活度可给出测量范围下限10倍～50倍的读数。记录实际的读数。

——第二次读数：以适当的源照射探测器，源的活度为大于由其产生最大刻度读数的两倍。持续照射至少10 min，并验证装置保持在最大读数。

——第三次读数：移去过载源并以获得第一次读数的相同条件“照射”探测器。在经过由制造厂与用户商定的时间以后(但一般少于10 min)，读数与以前记录的值之差不应大于10%。

7.9 对其他人工放射性核素的响应

7.9.1 要求

应由制造厂与用户商定对其他人工放射性核素的响应。装置对放射性核素(不是参考放射性核素)的响应与制造厂规定值之差不应大于20%。

7.9.2 试验方法

按7.1规定的试验方法，使用含有适当放射性核素的水进行试验。

7.10 对溶于水中的^{222}Rn子体的响应

7.10.1 要求

在地表水中存在^{222}Rn子体的场合，宜给出监测仪对这种天然放射性活度的响应。装置对^{222}Rn子体的响应与制造厂规定值之差不应大于20%。

7.10.2 试验方法

可使用^{222}Rn或^{226}Ra源进行试验，将源置于一个带有两个阀门的密封容器中，以便允许利用外部空气来进行扫气。

为了进行有效测量，源的活度应能从容器中取出足够的^{222}Rn。

宜使用下列试验方法。

a) 制备水溶液载体：
   ——硝酸0.1 mol/L；
   ——硝酸铅50 mg/L；
   ——硝酸铋50 mg/L。
b) 通过缓慢发泡的方法使氡溶解在水溶液中。将溶液放在配有多孔玻璃洗瓶中；进行取样时，为了使^{226}Ra源容器处于负压状态并避免氡散发到实验室中，宜事先抽排空洗瓶中的空气，然后倒入取样器并缓慢搅拌以防氡跑失。
c) 等待2 h，以获得氡和氡子体之间的平衡，并记录监测仪α、β和(或)γ通道的指示值。然后对溶液取样，并使用γ能谱测定法测量^{214}Pb和^{214}Bi的活度。

7.10.3 结果的表示

对溶于水中的氡子体的响应(R)以式(5)表示：

$$R=\frac{1}{A_v} \qquad \cdots\cdots(5)$$

式中：

I ——监测仪对天然α或β体积活度的指示值，单位为贝可每立方米(Bq/m^3)或计数率；

A_v——水溶液中^{214}Bi和^{214}Pb体积活度的总和，单位为贝可每立方米(Bq/m^3)。

注：因为氡子体在溶液中处于平衡，总α活度等于氡子体的总β活度。

7.11 对环境γ辐射的响应

7.11.1 要求

制造厂应说明在标准试验条件下的判断阈(见3.16)。当配备环境γ辐射防护装置的探测器在制造厂规定的几何位置分别受到^{60}Co和由制造厂及用户商定的放射性核素产生的1 μGy/h(对于环境监测仪)或10 μGy/h(对于排出流监测仪)空气比释动能率照射时，制造厂还应说明测量装置的判断阈和读数最大值(表观活度)。

除非制造厂和用户另有商定，对来自不同方向的γ辐射的响应不应超过上述值的两倍。

7.11.2 试验方法

设备应在标准试验条件下工作，如果测量装置带有γ补偿系数的程序，试验时补偿系数不变。

在没有放射源存在的情况下，记录“本底”指示值，并按制造厂的规定和测量的环境本底计算判断阈。

然后使用^{60}Co源，将源置于相对于探测器的参考取向上，使源与探测器的距离至少为2 m。对于环境监测仪，在没有装置存在的探测器位置上空气比释动能率约定真值等于(1±0.1)μGy/h($k=2$)，对于排出流监测仪，空气比释动能率约定真值等于(10±1)μGy/h($k=2$)。源相对于探测器的参考取向按制造厂规定。在这些条件下，设备的读数不应超过规定值。

按制造厂和用户的商定，还应使用一些其他源沿探测器不同取向照射探测器。测量装置对每种情况的读数不应超过参考取向指示值的2倍。

7.12 液体中的悬浮物对活度测量的影响

7.12.1 要求

考虑到悬浮物会吸附放射性产物并使电子在水中射程缩短，所以应检查取样器中悬浮物的影响。

在标称流量下，取样室中的排出流应能保持足够均匀，以使测量装置的响应与没有悬浮物时获得的标称值相比，在5 h内的变化不大于10%。

7.12.2 试验方法

为了获取可重复的结果，应使用人工放射性排出流进行试验。悬浮物应至少浓缩至100 mg/L，所用溶液的电导率应在500 μS/cm～1 000 μS/cm之间，交换系数K_d大于100(Bq/kg)/(Bq/L)。

也推荐使用半衰期小于50 d的β和γ放射性核素(例如^{59}Fe、^{131}I)。

在试验期间，应记录监测仪的指示值。

附录B给出了人工排出流的实例。

由制造厂和用户商定进行试验所用的排出流特性。

应使用下列试验方法：

——制备人工排出流并使其含有适用的放射性核素。

——经过一段必要的时间在固相和液相之间达到活度平衡后，使排出流以仪器的标称流量在一闭环中循环5 h。根据悬浮物的颗粒大小选用排出流循环泵。

——在5 min后记录指示值L_0。

——在30 min、1 h、2 h和5 h后记录指示值$L_t(t)$。

计算在t时刻的指示值相对于5 min后获得指示值的变化$V_d(t)$：

$$V_d(t)=\frac{L_t(t)-L_0}{L_0}\times 100\% \qquad (6)$$

如果$V_d(t)$在试验期间超过了10%的限值，记录相应的时间。

在本试验结束时进行8.3规定的清洁效率试验。

8 液体回路性能试验

8.1 一般要求

按照制造厂和用户的商定，这些试验用于其响应取决于流过取样和探测器装置流量的所有设备。

当设备不受流量的影响但其功能仍需要有取样流量时，应由制造厂和用户商定进行流量回路和相关报警的简单试验。

当设备对流量敏感但流量又要与排出流流量同步变化时，由制造厂和用户商定进行适当的试验。

8.2 流量稳定性

8.2.1 概述

试验的目的是为了确定在标准试验条件下标称取样流量，试验时仅考虑由回路和滞留装置产生的压降。

8.2.2 要求

当泵作为监测仪的一部分时，制造厂应对所用的滞留装置类型规定标称流量。取样装置在经过正常的预热时间(30 min)后，测量的流量与标称流量的偏差不应大于10%，在以后的100 h内该流量的变化不应大于10%。

8.2.3 试验方法

对于本项试验，将一台在测量条件下经过校准、测量不确定度小于3%($k=2$)的适用测量仪表或流量计接在设备回路的入口处。接通设备电源并在1 h、5 h、10 h和100 h后测量流量。

8.3 清洗效率

8.3.1 要求

在清洗测量室后，由于污染物的存在使得本底的增量不应超过在7.12.2规定的试验中使用放射性溶液获得值的10%。

8.3.2 试验方法

——在完成7.12.2规定的试验后，宜立即进行本项试验；
——在7.12.2试验结束时，应以常规的方法清洗；
——然后，使测量室充满清水并记录监测仪的指示值；
——将该指示值与7.12.2试验结束时(放射性溶液在测量室中循环5 h后)的测量值比较。

9 电气性能试验

9.1 预热时间——探测和测量装置

9.1.1 要求

装置受放射源照射时给出的指示值与在标准试验条件下接通电源30 min后获得的值之差不应大于10%。

9.1.2 试验方法

——在进行试验前，设备应与外部电源断开至少1 h。
——使用可在测量范围下限10倍～50倍之间给出一个指示值的放射源。接通设备电源。
——在1 h内，每隔5 min记录一次读数值。在接通设备电源后的至少10 h内，按6.4的要求取足够多的读数，并求出平均值作为指示值的“最终值”。
——画出一条读数与时间的的关系曲线，必要时对活度衰变进行校正。
——“最终值”与曲线上$t=30$ min处的读数之差应在规定的限值以内。

9.2 电源变化

9.2.1 要求

电源电压在88%U_n～110%U_n(U_n为标称电压)之间和电源频率在47 Hz～51 Hz之间变化时，设备应能正常工作，其指示值的变化不应大于标准试验条件下指示值的10%。

9.2.2 试验方法

9.2.2.1 概述

应使用能在测量范围下限 10 倍～50 倍之间给出一个读数的放射源。在电源电压和频率均为标称值时，按 6.4 的要求取连续读数的平均值。

9.2.2.2 交流或直流电源

在电源电压为 $110\%U_n$ 和 $88\%U_n$ 时取两组连续读数的平均值（使用交流电源时频率为标称频率）。

这两个平均值与在标称电压时获得的值之差不应大于 10%。

9.2.2.3 交流电源

在电压为标称电压、频率为 47 Hz 时，取足够多的连续读数并求其平均值；在电压为标称电压、频率为 51 Hz 时，取足够多的连续读数并求其平均值。

这两个平均值与在标称频率时获得的值之差不应大于 10%。

应对相应于测量范围上限大约 2/3 处的活度水平重复进行上述试验。

9.3 电源瞬变的影响

9.3.1 要求

监测仪应满足 GB/T 17626.4—2008、GB/T 17626.5—2008、GB/T 17626.11—2008 和 GB/T 17626.12—1998 规定的严酷度等级 3 的要求，并能抵御其电源的半周期中断。

9.3.2 试验方法

有必要进行两种不同的试验：一种试验不使用源，另一种试验使用能在测量范围下限 10 倍～50 倍之间给出一个指示值的放射源。在有源存在的情况下，平均指示值应至少为任一报警设置值的 20%。

按 6.4 的要求取足够多的读数。在没有电源瞬变时取一组读数；在有快速瞬变时取一组读数（试验方法按 GB/T 17626.4—2008）；在有短时中断时取一组读数（试验方法按 GB/T 17626.11—2008，中断频率：10 Hz）；在有振荡波时取一组读数（试验方法按 GB/T 17626.12—1998）；在有浪涌时取一组读数（试验方法按 GB/T 17626.5—2008）。

9.4 报警触发稳定性

9.4.1 要求

设备在工作 100 h 内，任一报警电路的工作点不应超出 $95\%X$～$105\%X$（X 为标称报警设置点）范围。

这些要求不包括探测器。

9.4.2 试验方法

首先确定任一报警电路的标称触发设置点为 X：

——通过电子学或软件的方法将相当于 $94\%X$ 的条件施加到装置，在 100 h 内不触发报警；

——在工作 30 min 和 100 h 以后，将相当于 $106\%X$ 的条件施加到装置时，应在 1 min 内报警。

9.5 报警触发范围

9.5.1 要求

报警设置范围应满足 5.7 的要求。这些要求不包括探测器。

9.5.2 试验方法

按制造厂的规定,使用一台适用的电子信号发生器,该设备的指示值范围应覆盖报警触发范围的试验要求。

应对有效测量范围进行这些试验。

对于增加信号的报警,应将报警调至最低设置点并缓慢增加输入信号直到触发报警。应记录设备的指示值。

对于减少信号的报警,按上述方法但缓慢减少输入信号的水平。

9.6 故障报警

9.6.1 要求

当设备的探测器、电子电路和取样装置(适用时)中的一个部件出现故障时,应给出报警并允许鉴别故障。对于电子电路和取样装置,在出现故障后的 1 min 之内应给出特定的故障报警。制造厂应说明在出现故障后为获得探测器故障报警(考虑了探测器的本底)所要求的时间。

设备应提供模拟故障的装置。

9.6.2 试验方法

对于探测器、电子电路和取样装置(适用时),应分别模拟一个故障。在所要求的时间之前,应给出特定的故障报警。不触发其他无关的报警。

10 环境性能试验

10.1 环境温度

10.1.1 要求

在由制造厂与用户商定的温度范围内,指示值应保持在表 3 规定的限值内。

对于这种类型的设备,宜注意探测和取样装置可与测量装置工作在不同的环境条件中。探测装置的一部分或全部可工作在高于表 3 规定的温度条件中。在这种情况下,由制造厂与用户商定适用的试验要求。

10.1.2 试验方法

以在标准试验条件下标称读数已知的合适试验源照射探测装置。

通常应在气候箱中进行试验。箱中空气的相对湿度应低于可能使设备造成损坏的数值。由制造厂说明该值。

应在每个极限温度和温度范围的中点至少保持 24 h。在 24 h 的最后 30 min 获得的读数应在要求的偏差范围以内。

10.2 相对湿度

10.2.1 概述

设备可能受湿气冷凝的影响。冷凝的结果可能引起电气或电子部件的短路。

10.2.2 要求

GB/T 2423.34—2005 规定了改变温度和湿度的冲击试验。由湿度高达 90%(35 ℃时)的影响引起的指示值变化应小于 10%。指示值中±10%的允许变化应叠加到单独由温度引起的允许变化中。

10.2.3 试验方法

用能在测量范围下限大约 10 倍处给出一个指示值的放射性试验源照射探测装置。宜按 GB/T 2423.34—2005 规定的方法进行试验。可在 35 ℃单一温度和 90%相对湿度时进行该项试验。

10.3 外部电磁抗扰度和静电放电

10.3.1 要求

设备应满足 GB/T 17626.2—2006、IEC 61000-4-3:2006 和 GB/T 17626.6—2008 规定的严酷度等级 3 的要求。

10.3.2 试验方法

静电放电抗扰度试验采用 GB/T 17626.2—2006 规定的试验方法;射频电磁场辐射抗扰度试验采用 IEC 61000-4-3:2006 规定的试验方法;射频场感应的传导骚扰抗扰度试验采用 GB/T 17626.6—2008 规定的试验方法。应特别注意探查指示值在特定频率上的变化。

10.4 电磁发射

10.4.1 要求

电磁发射不应超过制造厂和 GB 17799.4 规定的限值要求。

10.4.2 试验方法

试验方法见 GB 17799.4—2001。

应特别注意探查电磁发射在特定频率上的变化。

11 型式试验报告

按用户要求,制造厂应提供按本标准要求进行的型式试验报告。

12 合格证书

每台设备应提供至少给出下列信息的合格证书:

——制造厂名称或注册商标;

——设备和装置的型号和序号;

——探测器的型号;

——取样室的型号(适用时)；
——放射性滞留介质的材料和尺寸(适用时)；
——有效测量范围；
——判断阈；
——在标准试验条件下的本底指示值；
——参考响应；
——相对响应；
——对环境γ辐射的响应；
——在各装置之间最大允许的电缆长度(适用时)；
——标称流量(适用时)；
——响应时间；
——维修频次；
——满足本标准的其他说明。

13 操作和维修手册

每台装置配备满足GB/T 16511—1996规定的操作和维修手册。

表1 参考条件和标准试验条件

影响量	参考条件 (除非制造厂另有说明)	标准试验条件 (除非制造厂另有说明)
参考源	含有适用放射性核素的水或等效介质	含有适用放射性核素的水或等效介质
参考放射性核素	对于总活度测量： α：^{239}Pu或^{241}Am β：^{36}Cl γ：^{137}Cs 对于特定放射性核素通道： 相关放射性核素	对于总活度测量： α：^{239}Pu或^{241}Am β：^{36}Cl γ：^{137}Cs 对于特定放射性核素通道： 相关放射性核素
预热时间(电子装置)	30 min	≥30 min
环境温度	20 ℃	18 ℃～22 ℃
相对湿度	65％	50％～75％
大气压力	101.3 kPa	86 kPa～106 kPa
电源电压	标称电压U_n	$U_n \pm 2\% U_n$
电源频率	标称频率f_n	$f_n \pm 2\% f_n$
电源波形	正弦波	总谐波畸变小于5％
γ辐射本底	空气中吸收剂量率为200 nGy/h	空气中吸收剂量率小于250 nGy/h
外界电磁场	忽略不计	引起干扰的最小值(例如：远小于1 V/m)
外界磁感应	忽略不计	小于地磁场感应值的2倍
仪器的控制旋钮	调到正常工作状态	调到正常工作状态
放射性物质的污染	忽略不计	忽略不计

表 2 标准试验条件下进行的试验

试验特性	要求	试验方法（相关条款）
参考响应	相对固有误差小于10%	7.1
对固体源的灵敏度	与制造厂给出值相比，误差小于10%	7.2
线性	在有效测量范围下限的2.5倍到有效测量范围的75%之间，相对固有误差小于15%	7.3
指示值的可重复性	变异系数小于10%	7.4
指示值的复现性	100 h内指示值的变化小于10%	7.5
响应时间	由制造厂规定	7.6
防护屏的均匀性	不同防护屏使指示值的变化小于10%	7.7
过载	受两倍于满刻度偏转的活度照射时，维持在满刻度指示值；当过载源移去时，恢复正常工作	7.8
报警触发稳定性	在100 h内好于报警设置点的5%	9.4
报警触发范围	满足5.7的要求	9.5
故障报警	对于电子电路和取样装置，在1 min之内应给出报警；对于探测器故障，在制造厂规定的时间内给出报警	9.6

表 3 随影响量变化进行的试验

影响量	影响量的数值范围	指示值的变化限值	试验方法（相关条款）
被测液体中的放射性核素（不是参考放射性核素）	按参考响应的规定	与制造厂的规定值之差不应大于20%	7.9
水中^{222}Rn子体	使测量不确定度小于10%的足够大的活度	与制造厂的规定值之差不应大于20%	7.10
由^{60}Co源产生的外部γ辐射（源与探测器在规定的几何条件下）	空气比释动能率： 1 μGy/h（环境监测仪） 或10 μGy/h（排出流监测仪）	按制造厂规定	7.11
由^{60}Co源产生的外部γ辐射（源与探测器在其他几何条件下）	空气比释动能率： 1 μGy/h（环境监测仪） 或10 μGy/h（排出流监测仪）	按制造厂规定	7.11
悬浮物	至少浓缩至100 mg/L	在5 h内，与没有悬浮物时获得的值相比变化小于10%	7.12
预热时间	30 min	±10%[a]	9.1
电源电压变化	$88\%U_n \sim 110\%U_n$（U_n为标称电压）	±10%[a]	9.2

表 3（续）

影响量	影响量的数值范围	指示值的变化限值	试验方法（相关条款）
电源频率变化	47 Hz～51 Hz	±10%[a]	9.2
电源瞬变影响	满足 GB/T 17626.4—2008、GB/T 17626.5—2008、GB/T 17626.11—2008 和 GB/T 17626.12—1998 的规定	满足 GB/T 17626.4—2008、GB/T 17626.5—2008、GB/T 17626.11—2008 和 GB/T 17626.12—1998 规定的严酷度等级 3 的要求	9.3
报警触发稳定性	在 100 h 期间 报警设置点的 95% 报警设置点的 105%	在 100 h 期间 不报警 1 min 内报警	9.4
环境温度[b]	0 ℃～40 ℃ （中点温度＝20 ℃） 0 ℃～50 ℃ （中点温度＝25 ℃）	±20%[a] ±10%[a] ±40%[a] ±10%[a]	10.1
相对湿度	35 ℃、相对湿度为 90%	35 ℃、没有湿度影响时获得指示值的±10%	10.2
电磁兼容	满足 GB/T 17626.2—2006、IEC 61000-4-3:2006 和 GB/T 17626.6—2008 的规定	满足 GB/T 17626.2—2006、IEC 61000-4-3:2006 和 GB/T 17626.6—2008 规定的严酷度等级 3 的要求	10.3
电磁发射	按制造厂和 GB 17799.4 的规定	按制造厂和 GB 17799.4 的规定	10.4

[a] 相对于标准试验条件下的指示值。

[b] 装置所处位置的气候。在较热或较冷的气候条件下，可以规定其他限值。

表 4 液体回路的试验

试验特性	要求	试验方法（相关条款）
流量[a]	与制造厂给出值相比，变化小于 10%	8.2
流量稳定性[a]	在 100 h 内与初始值相比，变化小于 10%	8.2
清洗	本底的增加小于使用放射性溶液获得值的 10%	8.3

[a] 这些试验仅适用于其响应取决于流量的装置。

附　录　A
（资料性附录）
放射性水监测仪的使用指南

测量水或液体排出流中活度的主要目的是为从每个设施中排放的排出流满足批准的排放限值和被监测水满足国家有关部门的规定提供保证。

测量规定活度水平的能力受许多因素的影响，包括探测器类型和性能、监测仪的工作方式、取样系统的复现性以及诸如温度、悬浮粒子等其他影响因素。

由任何监测设备测到的水的活度水平取决于探测器的位置或取样装置的位置，所以应特别注意监测仪的位置。

对于排出流，宜将监测仪直接布置在排放点之前。然而，当被评价的活度有明确来源时，在用排出流来进行稀释之前，通过就地监测排出流可获得更好的测量活度排放的灵敏度。

虽然在稀释排出流之前就地监测排出流可提供更好的测量活度排放的灵敏度，但由于排出流排放系统的沉积或对某些排放活度未进行测量，从而造成对排出流释放评价的不可靠。

可使用 γ 探测器直接对准排放管道，或在排放前从储水罐中采集一部分排出流来进行测量，两种方法任选一种。

可对选择测量实际排放活度还是将少量样品传送到远处的一个监测位置这一问题做进一步的考虑。在某些情况下，将探测器插入或靠近排出流可略微改善测量活度排放的灵敏度。例如，对于总 γ 活度监测仪，探测器可以插入一个“几乎无限大”的介质中。在这种情况下，规定源和探测器组合的实际几何条件或保证其不发生变化可能比较困难，但可以避免从排出流获取有代表性样品的复杂工作。另一方面，从排出流中提取部分样品可允许将探测器置于更可控的环境中。除了能够提供一个良好的环境外，还可使探测器处于一个较低本底的辐射区域，以降低本底放射性干扰的影响。此外，可使更广泛的监测技术变得切实可行。

如果使用取样技术，应特别注意为监测设备提供具有代表性的样品。如果水流中的活度分布不均匀，应采取特殊措施。例如，悬浮于水中和易于形成沉淀物的放射性颗粒物。

在对液体或其有代表性的样品进行直接测量的地方，由于活度水平太低或由于辐射类型使得直接测量不可行时，可考虑在测量前使用各种活度浓缩技术。通常，这种技术不适用于真实意义上的连续测量，但可用于在测量前将放射性浓缩一段时间的间断顺序测量。浓缩测量的周期应由制造厂和用户商定，并与放射性即时释放后在测量点处污染物的估计滞留时间相适应。作为环境监测的一个实例，可接受 2 h 的延迟。

这种技术最明显的特点是在取样介质上浓缩活度，随后测量活度。取样介质应在完成样品收集后自动更换并能做成带状形式，或者也许是置于一个合适的容器系统中的吸收材料，其布置可在收集下一个样品的同时测量样品。

附 录 B
（资料性附录）
试验用人工排出流的制备

B.1 人工排出流的成分

——稀释100倍的海水；

——膨润土；

——初级参考源；

——按校准证书给出的初级源的盐载体。

膨润土的添加量由制造厂和用户协商确定。为了获得明显的效果，建议至少添加100 mg/L的膨润土。

人工排出流在使用前，应搅拌足够的时间（例如：对^{137}Cs源，要求至少搅拌1 h），以获得一个恒定的K_d。

B.2 稀释海水的成分

以毫克每升（mg/L）表示主要溶解盐的量：

NaCl	245
$MgCl_2+6H_2O$	52
Na_2SO_4	41
$CaCl_2$	11.6
KCl	7
$NaHCO_3$	2
KBr	1

中华人民共和国国家标准

GB 10287—2012

食品安全国家标准
食品添加剂 松香甘油酯和氢化松香甘油酯

2012-12-25 发布　　2013-01-25 实施

中华人民共和国卫生部 发布

前　　言

本标准代替 GB 10287—1988《食品添加剂　松香甘油酯和氢化松香甘油酯》。

本标准与 GB 10287—1988 相比，主要变化如下：

——修改了产品主要成分及命名，增加了主要成分的结构式(见第 3 章)；

——增加了感官要求(见表 1)；

——修改了理化指标中"溶解度"改为"溶解性"(见表 2)；

——修改了酸值，由 3.0～9.0 mgKOH/g 改为≤9.0 mg/g；

——修改了氢化松香甘油酯软化点，由 78.0～88.0 改为 78.0～90.0(见表 2)；

——修改了松香甘油酯相对密度，由 1.080～1.090 改为 1.060～1.090(见表 2)；

——修改了氢化松香甘油酯相对密度，由 1.060～1.070 改为 1.060～1.090(见表 2)；

——修改了总砷(As)限量指标，由 0.000 2%改为 1.0 mg/kg，测试方法改为引用 GB/T 5009.11 (见表 2)；

——修改了重金属(Pb)限量指标，由 0.002%改为 10.0 mg/kg，测试方法改为引用 GB/T 5009.74 (见表 2)；

——修改了比重，改为相对密度并修改了计算公式(见表 2、附录 A.4)；

——修改了酸值、灰分的测定方法，改为直接引用(见表 2)。

食品安全国家标准

食品添加剂　松香甘油酯和氢化松香甘油酯

1　范围

本标准适用于以特级、一级脂松香、氢化松香为原料，与甘油酯化反应而制得的食品添加剂松香甘油酯；及以氢化松香为原料，与甘油酯化反应制得的食品添加剂氢化松香甘油酯。

2　术语和定义

下列术语和定义适用于本文件。

2.1　氢化松香甘油酯

以普通氢化松香(主要成分为二氢枞酸)或高度氢化松香(主要成分为四氢枞酸和二氢枞酸)为原料，与甘油酯化反应，经水蒸气吹蒸处理而制得。

3　主成分的化学名称和结构式

松香甘油酯主成分的结构式：

$CH_2—O—OC—R_1$
|
CH—OH
|
$CH_2—O—OC—R_1$

二枞酸甘油酯

$CH_2—O—OC—R_1$
|
$CH—O—OC—R_1$
|
$CH_2—O—OC—R_1$

三枞酸甘油酯

氢化松香甘油酯主成分的结构式：

$CH_2—O—OC—R_2$
|
CH—OH
|
$CH_2—O—OC—R_2$

二(二氢枞酸)甘油酯

$CH_2—O—OC—R_2$
|
$CH—O—OC—R_2$
|
$CH_2—O—OC—R_2$

三(二氢枞酸)甘油酯

$CH_2—O—OC—R_3$
|
CH—OH
|
$CH_2—O—OC—R_3$

二(四氢枞酸)甘油酯

$CH_2—O—OC—R_3$
|
$CH—O—OC—R_3$
|
$CH_2—O—OC—R_3$

三(四氢枞酸)甘油酯

其中，

$R_1=$

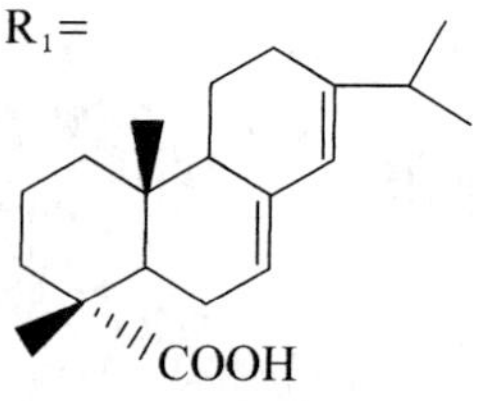

枞酸

$R_2=$

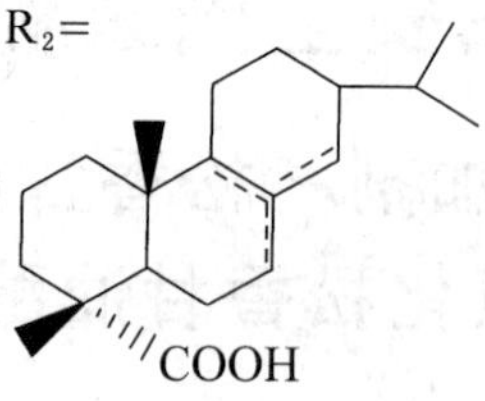

二氢枞酸

$R_3=$

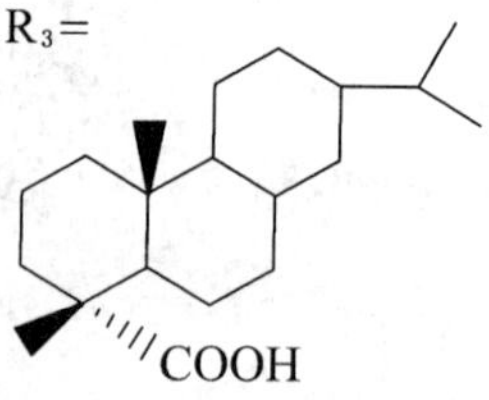

四氢枞酸

4 技术要求

4.1 感官要求

应符合表1的规定。

表1 感官要求

项　目	要　求	检验方法
外观	黄色透明、无明显肉眼可见杂质	GB/T 8146—2003 的 3.3
状态	常温下固体	取适量试样，置于清洁、干燥的白瓷盘中，在自然光线下目视观察状态

4.2 理化指标

应符合表2的规定。

表2 理化指标

项　目		指标		检验方法
		松香甘油酯	氢化松香甘油酯	
溶解性		通过试验		附录A中A.3
酸值/(mg/g)	≤	9.0		GB/T 8146—2003 第5章[a]
软化点(环球法)/℃		80.0～90.0	78.0～90.0	GB/T 8146—2003 第4章
总砷(以As计)/(mg/kg)	≤	1.0		GB/T 5009.11
重金属(以Pb计)/(mg/kg)	≤	10.0		GB/T 5009.74
灰分/(g/100 g)	≤	0.10		GB/T 8146—2003 第8章
相对密度 d_{25}^{25}		1.060～1.090		附录A中A.4
色泽(铁钴法)，加纳色号		8		GB/T 1722—1992 第3章[b]

[a] 溶解试样的中性乙醇改为中性苯-乙醇(1∶1)溶液，将0.5 mol/L标准溶液氢氧化钾水溶液改为0.05 mol/L氢氧化钾乙醇溶液。

[b] 除去外表部分并粉碎好的试样与甲苯按1∶1(质量比)溶解，注入洁净干燥的加氏比色管中。

附 录 A
检验方法

A.1 一般规定

除非另有说明，在分析中仅使用确认为分析纯的试剂和GB/T 6682—2008中规定的三级水。

试验方法中所用标准滴定溶液、杂质测定用标准溶液、制剂及制品，在没有注明其他要求时，均按GB/T 601、GB/T 602和GB/T 603之规定制备。试验方法中所用溶液在未指明溶剂时，均指水溶液。

A.2 鉴别试验 红外光谱法

A.2.1 仪器和设备

红外光谱仪。

A.2.2 试样制备

溴化钾压片法。将试样研成粉末，加入适量溴化钾中，混合研磨均匀，用压片机压成均匀透明薄膜。

A.2.3 鉴别试验

将试样放于红外光谱仪中测试，得到的红外光谱图与附录B中松香甘油酯的红外光谱图（见图B.1）和氢化松香甘油酯的红外光谱图（见图B.2）应一致。

A.3 溶解性的测定

将试样与甲苯按1：1（质量比）溶解，注入清洁、干燥、透明的玻璃试管中，在漫射光下以横向目视的方式进行观察。液体应清澈透明、无杂质、无悬浮物。

A.4 相对密度的测定

A.4.1 分析步骤

A.4.1.1 取约10 g块状试样，除去表面碎屑，检查应无裂纹及气泡，表面光洁。

A.4.1.2 取一根直径小于0.15 mm金属丝称，精确至0.001 g。将金属丝在酒精灯上加热，趁热插入块状试样深度约2 mm～3 mm，冷却，用该金属丝将试样挂在天平一端，称量，精确至0.001 g。

A.4.1.3 将悬挂着的试样浸入25 ℃±0.5 ℃的水中恒温0.5 h～1 h后，取出。随即浸入盛有25 ℃±2 ℃水的烧杯中（烧杯支于三角架上，不与称盘接触）。试样上端距液面不少于1 cm，试样表面不应附有气泡。迅速称量，精确至0.001 g。

A.4.2 结果计算

相对密度以d_{25}^{25}表示，按式（A.1）计算：

$$d_{25}^{25}=\frac{\rho_{25}(m-m_2)}{(m-m_1)} \qquad \text{(A.1)}$$

式中：

m ——试样和金属丝在空气中的质量，单位为克(g)；

m_1——试样和金属丝在水中的质量，单位为克(g)；

m_2——金属丝在空气中的质量，单位为克(g)；

ρ_{25}——水在25 ℃时的相对密度。

两次平行测定的绝对差值应不大于0.005，取其算术平均值为报告值。

附 录 B
松香甘油酯和氢化松香甘油酯红外光谱图

B.1 松香甘油酯红外光谱图见图 B.1。

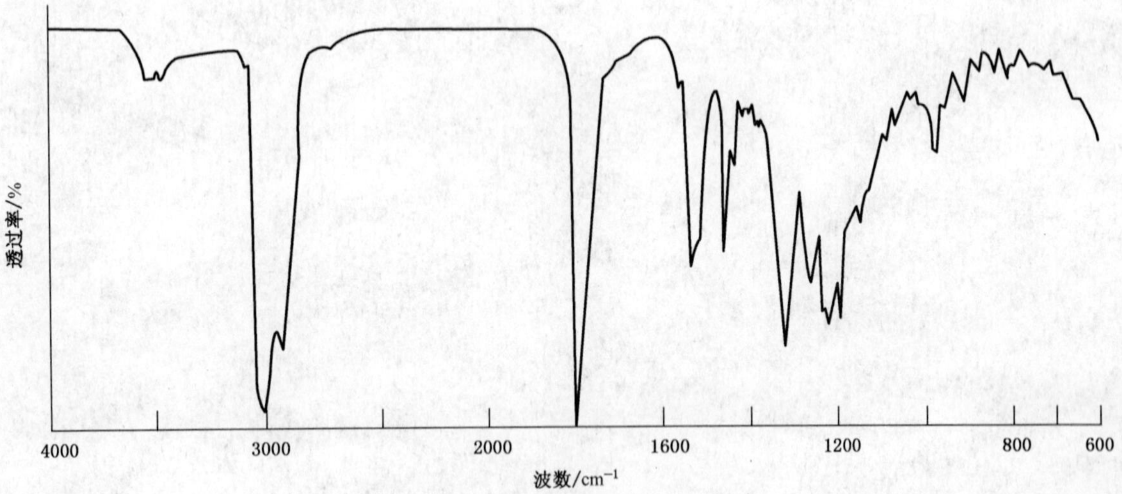

图 **B.1** 松香甘油酯红外光谱图

B.2 氢化松香甘油酯的红外光谱图见图 B.2。

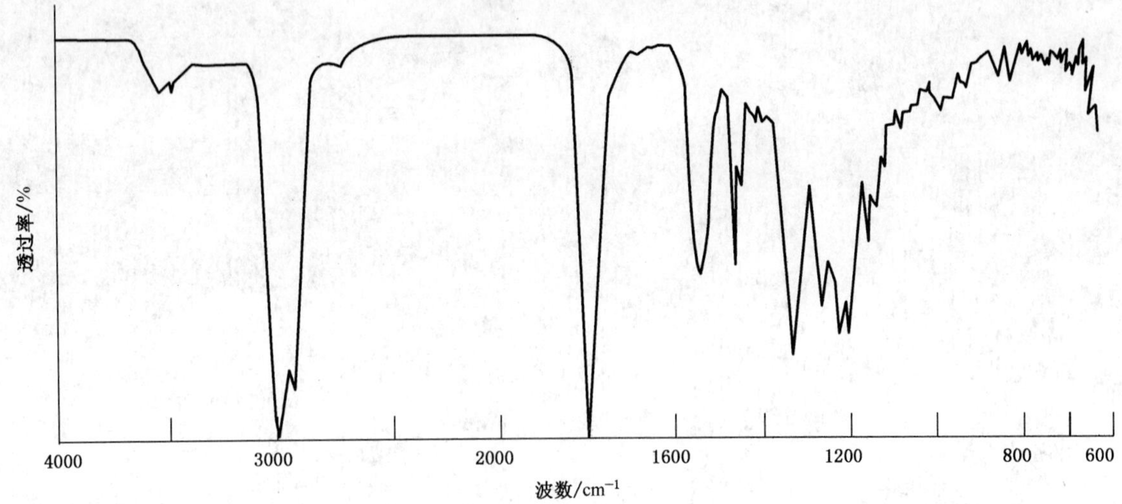

图 **B.2** 氢化松香甘油酯的红外光谱图

ICS 81.080
Q 40

中华人民共和国国家标准

GB/T 10325—2012
代替 GB/T 10325—2001

定形耐火制品验收抽样检验规则

Shaped refractory products—Rule of acceptance, sampling and inspection
(ISO 5022:1979, Shaped refractory products—Sampling and acceptance testing, NEQ)

2012-11-05 发布 2013-05-01 实施

中华人民共和国国家质量监督检验检疫总局
中国国家标准化管理委员会 发布

前　言

本标准按照 GB/T 1.1—2009 给出的规则起草。

本标准代替 GB/T 10325—2001《耐火制品抽样验收规则》，与 GB/T 10325—2001 相比，主要技术变化如下：

——范围取消了单重规定，增加了“单重特大、特小及贵重定形耐火制品的验收抽样检验，可参照本标准执行”；

——增加了 13 条术语及定义；

——增加了符号；

——将总则修改为抽样检验前的准备，增加了对产品质量标准中质量特性指标统计学意义的界定、抽样检验基本程序等内容；

——将 100 t～300 t 为一批调整为不大于 500 t 为一批，增加了具体操作步骤；

——将“非破坏性检验”修改为“外观和尺寸抽样检验”，并将外观和尺寸进行了区分，规定了外观和尺寸抽样检验的可接收质量限 AQL，修订了抽样方案表，细化了不合格批的处理；

——将“破坏性检验”修改为“理化质量特性抽样检验”，并增加了样品抽取内容，修改了抽样方案和产品单个质量特性合格判定规则；

——增加了“验收抽样检验报告”；

——将附录 A 修改为“验收抽样检验应用实例”；

——增加了附录 B 质量特性批标准偏差估计值 $\hat{\sigma}$ 的计算；

——增加了附录 C 产品理化质量特性抽样检验方案设定的特性参数 K 值的计算公式。

本标准使用重新起草法参考 ISO 5022:1979《定形耐火制品—抽样及验收检验》编制，与 ISO 5022:1979 的一致性程度为非等效。

本标准由全国耐火材料标准化技术委员会(SAC/TC 193)提出并归口。

本标准起草单位：冶金工业信息标准研究院、中钢集团洛阳耐火材料研究院有限公司、中冶焦耐工程技术有限公司、山东耐材集团鲁耐窑业有限公司、西小坪耐火材料公司、武钢耐火材料公司、无锡市南方耐材公司、中国建材院瑞泰公司。

本标准主要起草人：卢一国、高建平、王孝瑞、仇金辉、彭西高、王文学、郝良军、燕宿祥、袁林、蒋跃、莫英、蔡国庆、徐梦芳。

本标准所代替标准版本的历次发布情况：

——GB/T 10325—1988、GB/T 10325—2001。

定形耐火制品验收抽样检验规则

1 范围

本标准规定了定形耐火制品验收抽样检验的术语、定义、符号、验收抽样检验前的准备、抽样检验的实施、产品质量的判定规则以及验收抽样检验报告。

本标准适用于普通定形耐火制品的验收抽样检验。单重特大、特小及贵重定形耐火制品的验收抽样检验,可参照本标准执行。

2 规范性引用文件

下列文件对于本文件的应用是必不可少的。凡是注日期的引用文件,仅注日期的版本适用于本文件。凡是不注日期的引用文件,其最新版本(包括所有的修改单)适用于本文件。

GB/T 7321 定形耐火制品试样制备方法

GB/T 8170 数值修约规则与极限数值的表示和判定

3 术语和定义

下列术语和定义适用于本文件。

3.1

单位产品 item

能被独立描述的和考虑的一个事物。在本标准中指一件耐火制品。

3.2

批 lot

为了实施抽样检验,而在基本相同条件下组成的总体的一个确定部分。

3.3

批量 lot size

N

批中单位产品的数量。

3.4

样本 sample

取自一个批、并且提供有关该批信息的一个或一组产品。

3.5

样本量 sample size

n

样本中单位产品的数量。

3.6

抽样方案 sampling scheme

由所使用的样本量及相应的批接收准则组成的方案。

3.7

一次抽样检验　single sampling inspection

按照确定的规则，基于预定样本量抽取的单个样本所得的检验结果即可做出判定的抽样检验。

3.8

接收质量限　acceptable quality limit

AQL

当一个连续系列批被提交验收抽样时，可允许的最差过程平均的质量水平。以不合格品率表示。

3.9

接收数　acceptance number

Ac

在计数抽样方案中给定的接收该批所允许的样本中不合格或不合格品的最大数目。

3.10

不合格品数　amount of nonconforming item

y

有一项或多项不合格的单位产品的数量。

3.11

计数抽样检验　sampling inspection by attributes

根据观测到的样本中的各单位产品是否具有一个或多个规定的质量特性，从统计上判定批或过程可接收性的验收抽样检验。

3.12

计量抽验检验　sampling inspection by variables

根据来自批的样本中的各单位产品的规定质量特性测量值，从统计上判定批或过程可接收性的验收抽样检验。

3.13

合格质量批均值　acceptable quality of batch mean

μ_0

满足规定要求的批平均质量水平。抽样检验中，如果批中单位产品总体的质量特性平均值好于该质量水平，整批产品将会以较高概率(通常为 95%以上)被接收。

3.14

批标准偏差估计值　lot quality characteristic value estimate deviation

$\hat{\sigma}$

在批产品质量特性标准偏差未知的情况下，为了实施抽样检验，而依据近期相同产品的质量检验统计数据给出的批产品质量特性标准偏差的经验值或估计值。具体计算方法见附录 B。

3.15

规范限　specification limit

规定单位产品是否合格的界限值。

3.16

上规范限　upper specification limit

U

定义上限值的规范限。

3.17

下规范限　lower specification limit

L

定义下限值的规范限。

3.18

联合双侧规范限　combined double specification limit

L～U

制定准则同时适用于上、下极限值的规范限。

3.19

样本均值　sample mean

$\bar{x}$

随机样本中随机变量的和除以和中变量的项数，按下面公式计算：

$$\bar{x}=\frac{1}{n}(x_1+x_2+\cdots+x_n)=\frac{1}{n}\sum_{i=1}^{n}x_i \qquad (1)$$

式中：

x_i——样本中单位产品的质量特性测试值；

n——样本中单位产品的数量。

3.20

样本标准差　sample standard deviation

S

样本方差的非负平方根，按下面公式计算：

$$S=\sqrt{\frac{1}{n-1}\sum_{i=1}^{n}(x_i-\bar{x})^2} \qquad (2)$$

式中：

n——样本中单位产品的数量；

x_i——样本中单位产品的质量特性测试值；

$\bar{x}$——样本均值。

3.21

测试单值　test individual

x_i

样本中单位产品的质量特性测试值，简称为“单值”。

3.22

最大测试单值　maximum test individual

x_{max}

样本中最大的单位产品质量特性测试值。

3.23

最小测试单值　minimum test individual

x_{min}

样本中最小的单位产品质量特性测试值。

4　符号

本标准所使用的符号见表1。

表 1　常用统计学符号

符号	术语名称	术语编号
N	批量	3.3
n	样本量	3.5
AQL	接收质量限	3.8
Ac	接收数	3.9
y	不合格品数	3.10
μ_0	合格质量批均值	3.13
$\hat{\sigma}$	批标准偏差估计值	3.14
U	上规范限	3.16
L	下规范限	3.17
$L \sim U$	联合双侧规范限	3.18
$\bar{x}$	样本均值	3.19
S	样本标准差	3.20
x_i	测试单值(简称“单值”)	3.21
$x_{\max}$	最大测试单值	3.22
$x_{\min}$	最小测试单值	3.23

5　验收抽样检验前的准备

5.1　对产品质量标准中理化质量特性要求值(理化指标)统计学意义的界定

产品质量标准应对其中给定的理化质量特性要求值的统计学意义予以明确界定，应注明给定的产品理化质量特性要求值(理化指标)是批均值还是单位产品规范限，并用表 1 中给出的统计学符号明确标识。

5.2　抽样检验基本程序

5.2.1　供需双方在签署合同时应规定相应的验收抽样检验方案，当合同没有注明抽样方案时，可视为同意采用本标准规定的验收抽样检验方案。

5.2.2　抽样检验方案的选定和实施应在熟悉抽样程序且熟悉生产工艺的技术人员的监督下进行。

5.2.3　验收人员应熟悉本标准的相关规定，并根据检验的质量特性类别选择抽样方案。

5.2.4　制品外观形状及尺寸的检验，是非破坏性检验，本标准采用计数一次型抽样检验方案；产品理化质量特性检验，是破坏性检验，本标准采用计量一次型抽样检验方案。

5.2.5　验收应分批进行，分批检验、分批接收。检验批的划分主要根据产品的品种、订货量、生产条件、交付情况等进行。

5.2.6　在抽样操作过程中，应注意不要改变产品的交付状态和样本的试验性能，以防止待测性质发生任何变化。

5.2.7　在进行抽样时，应使批中的所有制品都有同样被选择和检验的概率。

6 抽样检验的实施

6.1 组批

根据品种、砖型、生产条件、生产时间顺序等进行组批，每批数量不得大于500 t。

6.1.1 同一品种(理化性能要求相同)的制品组成一批，不同品种应分别组批。

6.1.2 相同条件(原料、配比、生产工艺)生产的制品组成一批，生产条件改变应单独组批。

6.1.3 形状、尺寸对单位产品的理化质量特性无显著影响时，不同的砖型可组成一批；由于形状尺寸的复杂，对单位产品的理化质量特性有显著影响时，不同的砖型应单独组批。

6.1.4 一批产品中如包含不同的砖型，其外观尺寸检验应按砖型组成“子批”分别抽样验收。

6.1.5 为了便于组批和按批接收或拒收，制造厂应在产品的适当位置标明批标识(如批号、车间号、生产日期或窑次号等)。

6.2 外观和尺寸抽样检验

6.2.1 外观和尺寸质量特性

定形耐火制品外观和尺寸所包含的质量特性，见表2。

表2 外观和尺寸质量特性

外观	铁斑、熔洞、裂纹、缺棱、缺角等可观测到的砖的外部缺陷、以及可通过敲击或声波检测到的内部层裂等
尺寸	尺寸偏差、扭曲、翘曲、直角度偏差等可测量的形状偏差

6.2.2 抽样检验方案的选择

本标准给出的外观和尺寸抽样检验方案是按可接收质量限AQL制定的，见表3。如没有特别规定，外观检验按AQL=4.0，尺寸检验按AQL=6.5抽样方案进行。如果对外观和尺寸有更严格要求时，外观可选择AQL=1.5，尺寸可选择AQL=4.0抽样方案，但需要在双方协议中注明。

表3 外观和尺寸检验抽样方案

接收质量限 AQL	批量 N	样本量 n	接收数 Ac
1.5	≤31	N	剔除不合格品
	32～1 200	32	1
	1 201～3 200	50	2
	3 201～10 000	80	3
	>10 000	125	5
4.0	≤12	N	剔除不合格品
	13～280	13	1
	281～500	20	2
	501～1 200	32	3
	1 201～3 200	50	5

表 3（续）

接收质量限 AQL	批量 N	样本量 n	接收数 Ac
4.0	3 201～10 000	80	7
	＞10 000	125	10
6.5	≤7	N	剔除不合格品
	8～150	8	1
	151～280	13	2
	281～500	20	3
	501～1 200	32	5
	1 201～3 200	50	7
	3 201～10 000	80	10
	＞10 000	125	14

6.2.3 样本的抽取

外观尺寸检验的样本，通常应在制造厂交付的成品垛中一次性随机抽取。为了便于抽样，制造厂交付的制品应按砖型和生产时间顺序整齐码放，并留抽样作业通道。抽样前，应先清点交付的砖型子批中单位产品的数量(N)，再按表 3 规定的样本量(n)抽取样品。当外观和尺寸规定的抽样数一致时，抽样总数＝外观抽样数 n＝尺寸抽样数 n，所抽样品的外观和尺寸分别检验，按各自对应的接收数 Ac 进行质量判定。当外观和尺寸规定的抽样数 n 不同时，抽样总数应按 n 大的数一次抽取，所抽样品的外观和尺寸全部进行检验，然后按各自对应的接收数 Ac 进行质量判定。

6.2.4 样品检验结果和批产品质量判定

样品抽取后，应按产品质量标准的要求对每件样品的外观和尺寸质量分别做出“合格”或“不合格”判定。所有样品检测后，分别统计外观和尺寸累计不合格样品的数量(y)，并将 y 与表 3 中规定的接收数 Ac 进行比较。若 $y \leqslant$ Ac，判该子批制品合格；若 $y >$ Ac，则判该子批制品不合格。

6.2.5 外观尺寸不合格子批的处理

外观或尺寸检验不合格子批，如果通过检选可以剔除批中的不合格品，允许生产方检选后重新交付，再次进行验收。如果不合格子批不能通过检选提高质量，则拒收该批产品。

检选后重新交付的子批，可组进原来的检验批中，也可组进与之相邻的下一个检验批中。

6.3 理化质量特性抽样检验

6.3.1 验收检验质量特性项的确定

定形耐火制品理化质量特性的验收抽样检验，一般只检验化学成分和不超过三项主要物理特性。验收检验的质量特性项应在产品质量标准或技术协议中确定。

6.3.2 抽样方案的选择

6.3.2.1 本标准给出的批产品单项理化质量特性计量一次型抽样检验方案，见表 4。

6.3.2.2 一批产品验收所要检验的理化质量特性通常不止一项，理化质量特性检验需要抽取的总样本量，应根据表 4 和 GB/T 7321 的规定进行计算，并一次抽取。

6.3.2.3 当抽样检验方案为最大样本量 $n=3$ 时。样品的测试可分两次进行。第一次只检验其中的 1 个样品(n_1)，如果能判定产品质量，则不再检验其余样品。如果不能判定产品的质量，则再继续检验剩余的 2 个样品(n_2)，最终以所有 $n=3$ 个样品的累计测试结果判定检验批产品的质量。

6.3.2.4 当抽样检验方案为最大样本量 $n=9$ 时。样品的测试是一次进行还是分两次进行，应根据测试前能否给出批产品质量特性值估计偏差($\hat{\sigma}$)来决定。如不能给出产品质量特性值估计偏差($\hat{\sigma}$)，应一次性检验所有的 9 个样品，并按 9 个样品的测试结果判定产品质量。如能给出批产品质量特性值估计偏差($\hat{\sigma}$)，样本的测试可分两次进行。分两次检验时，第一次只检验其中 3 个样品(n_1)并进行质量判定，如果能判定产品质量，则不再检验其余的样品，如果不能判定产品的质量，则再继续检验剩余的 6 个样品(n_2)，最终以累计测试 9 个样品的结果判定检验批产品的质量。

6.3.2.5 产品批质量特性值估计偏差($\hat{\sigma}$)，一般应根据近期相同条件生产的产品的实际检验数据计算后得出，计算方法见附录 B。产品技术标准中给出的质量特性标准偏差，经有关方协商一致载入合同或被法规采用时，也可作为检验批的估计偏差($\hat{\sigma}$)。

表 4 批产品单项理化质量特性验收抽样检验方案

序号	特性	一次抽取样本量 n	第 1 次测试样品数 n_1	第 2 次测试样品数 n_2
1	化学分析	3	1	2
2	压蠕变	3	1	2
3	导热系数	3	1	2
4	热膨胀	3	1	2
5	荷重软化温度	3	1	2
6	耐火度	3	1	2
7	耐压强度	9	3	6
8	显气孔率	9	3	6
9	体积密度	9	3	6
10	抗折强度	9	3	6
11	真密度	9	3	6
12	热震稳定性	9	3	6
13	耐磨性	9	3	6
14	加热永久线变化	9	3	6
15	其他	供需双方协商		
注：化学分析、耐火度等需要磨碎成细粉测试的，可使用耐压强度测试后的试样。				

6.3.3 样本的抽取

6.3.3.1 理化质量特性检验样本，应在成品垛上随机抽取。特殊情况时，经双方协商一致也可以在生产过程中(如制品出窑时)随机抽取。

6.3.3.2 用于理化质量特性检验的样品，不得有影响理化质量特性的外观缺陷。

6.3.4 质量判定

6.3.4.1 质量特性的测试应按产品质量标准中指定的检验方法进行，检验结果应给出单位产品测试值(单值)x_i 和样本均值 $\overline{x}$。

6.3.4.2 以均值为质量指标，若最大测试样本量 $n=3$，产品单一质量特性的合格与不合格判定应按表 5 的规定进行；若最大测试样本量 $n=9$，产品单一质量特性的合格与不合格判定应按表 6 的规定进行。

6.3.4.3 以规范限为质量指标，若为单侧规范限，产品单一质量特性的合格与不合格判定应按表 7 的规定进行；若为联合双侧规范限，产品单一质量特性的合格与不合格判定应按表 8 的规定进行。

6.3.4.4 应验收的产品理化质量特性项全部合格，判定检验批产品理化质量特性合格，否则判定检验批产品的理化质量特性不合格。

6.3.4.5 使用判定规则时，应采用修约值比较法，数值修约按 GB/T 8170 的规定进行。

表 5 以批均值为质量指标的单一质量特性的合格/不合格判定($n=3$)

质量要求	第一次测试 1 个样		两次累计测试 3 个样	
	测试结果	判定	测试结果	判定
低值不适	$x_i \geqslant \mu_0$	合格	—	—
	$x_i < \mu_0$	继续检验	$\overline{x} \geqslant \mu_0$	合格
			$\overline{x} < \mu_0$	不合格
高值不适	$x_i \leqslant \mu_0$	合格	—	—
	$x_i > \mu_0$	继续检验	$\overline{x} \leqslant \mu_0$	合格
			$\overline{x} > \mu_0$	不合格

表 6 以批均值为质量指标的单一质量特性的合格/不合格判定($n=9$)

质量要求	第一次测试 3 个样		两次累计测试 9 个样	
	测试结果	判定	测试结果	判定
低值不适	$\overline{x} \geqslant \mu_0$	合格	—	—
	$\overline{x} < \mu_0 - 1.5\hat{\sigma}$	不合格	—	—
	$\mu_0 - 1.5\hat{\sigma} \leqslant \overline{x} < \mu_0$	继续检验	$\overline{x} \geqslant \mu_0 - 0.62S$	合格
			$\overline{x} < \mu_0 - 0.62S$	不合格
高值不适	$\overline{x} \leqslant \mu_0$	合格	—	—
	$\overline{x} > \mu_0 + 1.5\hat{\sigma}$	不合格	—	—
	$\mu_0 < \overline{x} \leqslant \mu_0 + 1.5\hat{\sigma}$	继续检验	$\overline{x} \leqslant \mu_0 + 0.62S$	合格
			$\overline{x} > \mu_0 + 0.62S$	不合格
注：$\hat{\sigma}$ 可由附录 B 计算得到，也可由产品质量标准或技术协议给出。				

表 7　以单侧规范限为质量指标的单一质量特性的合格/不合格判定(n=9)

质量要求	第一次测试 3 个样		两次累计测试 9 个样	
	测试结果	判定	测试结果	判定
低值不适	$\bar{x} \geqslant L+1.5\hat{\sigma}$	合格	—	—
	$\bar{x} < L$	不合格	—	—
	$L \leqslant \bar{x} < L+1.5\hat{\sigma}$	继续检验	$\bar{x} \geqslant L+1.1S$	合格
			$\bar{x} < L+1.1S$	不合格
高值不适	$\bar{x} \leqslant U-1.5\hat{\sigma}$	合格	—	—
	$\bar{x} > U$	不合格	—	—
	$U-1.5\hat{\sigma} < \bar{x} \leqslant U$	继续检验	$\bar{x} \leqslant U-1.1S$	合格
			$\bar{x} > U-1.1S$	不合格
注：$\hat{\sigma}$ 可由附录 B 计算得到，也可由产品质量标准或技术协议给出。				

表 8　以联合双侧规范限为质量指标的单一质量特性的合格/不合格判定(n=9)

第一次测试 3 个样			两次累计测试 9 个样		
测试结果		判定	测试结果		判定
$x_{max}-x_{min} > U-L$		不合格	—		—
$x_{max}-x_{min} \leqslant U-L$	$L+1.5\hat{\sigma} \leqslant \bar{x} \leqslant U-1.5\hat{\sigma}$	合格	—		—
	$\bar{x} < L$ 或 $\bar{x} > U$	不合格	—		—
$x_{max}-x_{min} \leqslant U-L$	$L \leqslant \bar{x} < L+1.5\hat{\sigma}$ 或 $U-1.5\hat{\sigma} \leqslant \bar{x} < U$	继续检验	$S \geqslant (U-L)/2.2$		不合格
			$S < (U-L)/2.2$	$L+1.1S \leqslant \bar{x} \leqslant U-1.1S$	合格
				$\bar{x} < L+1.1S$ 或 $\bar{x} > U-1.1S$	不合格
注 1：$\hat{\sigma}$ 可由附录 B 计算得到，也可由产品质量标准或技术协议给出。 注 2：使用本标准规定联合双侧规范限验收时，产品标准给定的 $U \sim L$ 的区间范围应满足 $(U-L)/\hat{\sigma} \geqslant 4.82$。					

7　检验批产品的接收或拒收

检验批所有应验收的理化质量特性和外观、尺寸质量全部合格，接收检验批，否则予以拒收。

8　验收抽样检验报告

报告应包括下列内容：

a）生产单位和用户单位的名称；

b）产品的名称、牌号及标记；

c）批量、批号及制品子批的数量；

d) 抽样日期、地点、抽样数量；

e) 验收抽样人员单位及姓名；

f) 制品子批的外观和尺寸检验报告和合格/不合格判定；

g) 样品理化质量特性检验报告；

h) 检验批单项理化质量特性合格/不合格的判定；

i) 批制品接收或拒收结论。

附 录 A
（资料性附录）
验收抽样检验应用实例

A.1 外观和尺寸质量特性验收抽样检验实例

一批质量约为 150 t 的定形耐火制品，总数为 10 000 块，分 3 种砖型，需要验收外观和尺寸质量。按本标准中 6.2 的规定，具体抽样检验过程见表 A.1。

表 A.1 外观和尺寸抽样检验例

子批		砖型 1	砖型 2	砖型 3
批量 N		150	3 000	6 850
抽检样本量 n		13	50	80
外观检验	AQL=4.0	Ac=1	Ac=5	Ac=7
		y=1	y=5	y=8
		判定：合格	判定：合格	判定：不合格
尺寸检验	AQL=6.5	Ac=2	Ac=7	Ac=10
		y=1	y=6	y=9
		判定：合格	判定：合格	判定：合格
外观、尺寸质量综合判定		合格	合格	不合格
不合格批的处理		—	—	执行标准 6.2.5 条

注：按表 3 规定，N=150 时，外观应抽 13 个样，尺寸应抽 8 个样，规定的抽样数不一致。最终决定抽样总数 n=13，13 个样品的外观和尺寸全部检验，外观按 Ac=1，尺寸按 Ac=2 进行判定。

A.2 理化质量特性验收抽样检验实例

示例 1：

一批重量 350 t 的定形耐火制品，需要验收荷重软化温度。产品标准要求批均值 $\mu_0 \geqslant 1\ 650$ ℃。按表 4 规定一次抽取 3 个样品，按表 5 进行产品质量判定。荷重软化温度抽样检验例见表 A.2。

表 A.2 以均值为质量指标（低值不适），荷重软化温度抽样检验例

批号	01		05		09	
标准要求值 μ_0/℃ ≥	1 650		1 650		1 650	
一次抽取样品数 n	3		3		3	
每次检验样品数	$n_1=1$	$n_2=2$	$n_1=1$	$n_2=2$	$n_1=1$	$n_2=2$
测试单值	1 652	—	1 641	—	1 635	—
	—	—	—	1 655	—	1 642

表 A.2（续）

批号		01		05		09	
测试单值			—		1 659		1 651
样本均值 $\overline{x}$		—		1 651.7		1 642.7	
第 1 次测试 1 个样判定	$x_i \geqslant \mu_0$，合格	合格	—	—	—	—	—
	$x_i < \mu_0$，继续检验	—	—	继续检验	—	继续检验	—
累计测试 3 个样判定	$\overline{x} \geqslant \mu_0$，合格	—	—	合格		—	
	$\overline{x} < \mu_0$，不合格	—	—	—		不合格	

示例 2：

一批质量 300 t 的定形耐火制品，需要验收显气孔率。产品标准要求批均值 $\mu_0 \leqslant 22\%$。按表 4 规定一次抽取 9 个样品，按表 6 进行产品质量判定。显气孔率抽样检验例见表 A.3。

表 A.3 以均值为质量指标(高值不适)，显气孔率抽样检验例

批号		01	05		09	
标准要求值 μ_0/% ≤		22	22		22	
估计偏差 $\hat{\sigma}$		未知	1.0		1.0	
一次抽取样品数 n		9	9		9	
每次检验样品数		9	$n_1=3$	$n_2=6$	$n_1=3$	$n_2=6$
测试单值		23.2	22.7	—	20.9	—
		22.1	21.8		22.1	
		21.6	22.3		21.4	
		22.9	—	21.1	—	—
		21.4		20.8		—
		23.6		22.5		—
		24.1		23.7		—
		23.2		23.1		—
		20.5		21.2		—
计算值	样本均值 $\overline{x}$	22.51	22.27	—	21.47	—
			22.13		—	
	样本标准差 S	1.18	0.98		—	
	$\mu_0+1.5\hat{\sigma}$	—	23.50	—	23.50	
	$\mu_0+0.62S$	22.73	22.61		—	
第 1 次测试 3 个样判定	$\overline{x} \leqslant \mu_0$，合格	—	—	—	合格	
	$\overline{x} > \mu_0+1.5\hat{\sigma}$，不合格	—	—	—	—	
	其他情况，继续检验	—	继续检验	—	—	

表 A.3（续）

批号		01	05	09	
累计测试 9 个样判定	$\overline{x}\leqslant\mu_0+0.62S$，合格	合格	合格	—	
	$\overline{x}>\mu_0+0.62S$，不合格	—	—	—	

示例 3：

一批质量 450 t 的定形耐火制品，需要验收耐压强度。产品标准以单侧规范限为质量指标，要求 $L\geqslant 25$ MPa。按表 4规定一次抽取 9 个样品，按表 7 进行产品质量判定。耐压强度抽样检验例见表 A.4。

表 A.4　以单侧规范限为质量指标，耐压强度抽样检验例

批号		01	05		09	
产品标准要求值 L/MPa	≥	25	25		25	
估计偏差 $\hat{\sigma}$		未知	10		10	
一次抽取样品数 n		9	9		9	
每次检验样品数		9	$n_1=3$	$n_2=6$	$n_1=3$	$n_2=6$
测试单值		29.4	38.1	—	27.1	—
		25.5	47.6		32.3	
		27.6	39.5		41.6	
		26.7	—	—	—	23.6
		37.8		—		40.7
		23.5		—		46.1
		22.3		—		39.4
		51.4		—		26.2
		37.1		—		36.5
计算值	样本均值 $\overline{x}$	31.70	41.73	—	33.67	—
			—		34.83	
	样本标准差 S	9.31	—		8.76	
	$L+1.5\hat{\sigma}$	—	40.0	—	40.0	—
	$L+1.1S$	35.2	—	—	—	34.6
第 1 次测试 3 个样判定	$\overline{x}\geqslant L+1.5\hat{\sigma}$，合格	—	合格	—	—	—
	$\overline{x}<L$，不合格	—	—	—	—	—
	其他情况，继续检验	—	—	—	继续检验	—
累计测试 9 个样判定	$\overline{x}\geqslant L+1.1S$，合格	—	—	—	—	合格
	$\overline{x}<L+1.1S$，不合格	不合格	—	—	—	—

示例 4：

一批质量 280 t 的定形耐火制品，需要验收加热永久线变化。产品标准以联合双侧规范限为质量指标，要求 $L\sim U$ 为 $-0.4\%\sim+0.2\%$。按表 4 规定一次抽取 9 个样品，按表 8 进行产品质量判定。加热永久线变化抽样检验例见表 A.5。

表 A.5　以联合双侧规范限为质量指标，加热永久线变化抽样检验例

产品标准要求值 $L \sim U/\%$			−0.4～+0.2								
批号			1	5		7		9		15	
标准偏差估计值 $\hat{\sigma}$			未知	0.12		0.12		0.12		0.12	
一次抽取样品数 n			9	9		9		9		9	
每次检验样品数			9	$n_1=3$	$n_2=6$	$n_1=3$	$n_2=6$	$n_1=3$	$n_2=6$	$n_1=3$	$n_2=6$
测试单值 X_i			−0.1	−0.5	—	0.0	—	−0.8	—	−0.5	—
			0.1	−0.2		−0.3		−0.5		−0.3	
			−0.4	0.2		−0.1		−0.7		0.0	
			0.0	—	—	—	—	—	—	—	0.1
			−0.2		—		—		—		−0.2
			−0.1		—		—		—		−0.5
			0.2		—		—		—		−0.6
			−0.2		—		—		—		−0.4
			−0.3		—		—		—		0.2
计算值	$X_{max}-X_{min}$		—	0.7	—	0.3	—	0.3		0.5	—
	样本均值		−0.11	−0.17	—	−0.13	—	−0.67	—	−0.27	—
				—		—		—		−0.24	
	样本标准差 S		0.19	—		—		—		0.29	
	$U-L$		0.6	0.6		0.6		0.6		0.6	
	$(U-L)/2.2$		0.27	0.27		0.27		0.27		0.27	
	$L+1.5\hat{\sigma}$		—	−0.22	—	−0.22	—	−0.22	—	−0.22	—
	$U-1.5\hat{\sigma}$		—	0.02	—	0.02	—	0.02	—	0.02	—
	$L+1.1S$		−0.19	—	—	—		—	—	—	
	$U-1.1S$		−0.01	—	—	—		—	—	—	
第1次测试3个样判定	$X_{max}-X_{min}>U-L$ 不合格		—	不合格	—	—	—	—	—	—	—
	$x_{max}-x_{min} \leqslant U-L$	$L+1.5\hat{\sigma} \leqslant \bar{x} \leqslant U-1.5\hat{\sigma}$ 合格	—	—	—	合格	—	—	—	—	—
		$\bar{x}<L$ 或 $\bar{x}>U$ 不合格	—	—	—	—	—	不合格	—	—	—
		其他情况，继续检验	—	—	—		—	—	—	继续检验	—
累计测试9个样判定	$S \geqslant (U-L)/2.2$ 不合格		—	—		—		—		不合格	
	$S<(U-L)/2.2$	$L+1.1S \leqslant \bar{x} \leqslant U-1.1S$ 合格	合格	—		—		—		—	
		$\bar{x}<L+1.1S$ 或 $\bar{x}>U-1.1S$ 不合格	—	—		—		—		—	

附 录 B
（资料性附录）
质量特性批标准偏差估计值的计算

B.1 本标准给出的单项理化质量特性计量抽样检验判定规则中引入了批标准偏差估计值($\hat{\sigma}$)。$\hat{\sigma}$应依据与当前检验批生产条件相同的以往产品批的质量检验数据，按式(B.1)计算得到：

$$\hat{\sigma}=\sqrt{\frac{\sum_{i=1}^{m}(n_i-1)s_i^2}{\sum_{i=1}^{m}(n_i-1)}} \qquad \text{(B.1)}$$

式中：

n_i——第 i 批样本数；

S_i——第 i 批样本标准偏差；

m——用于计算$\hat{\sigma}$的产品批数。

当每批检验样本量相同时，式(B.1)可以简化为：

$$\hat{\sigma}=\sqrt{\frac{\sum_{i=1}^{m}s_i^2}{m}} \qquad \text{(B.2)}$$

B.2 为了保证得到的批标准偏差估计值$\hat{\sigma}$的可靠性，使用(式B.1)或(式B.2)时，应注意：

1) 每批检验的样本数应足够多，$n_i \geqslant 6$；

2) 累计检验的产品批次应足够多，$m \geqslant 3$；

3) 用于计算$\hat{\sigma}$的检验数据应采用近期的产品批，并保证生产条件与检验批相一致。

B.3 在实际生产中，对于大批量、连续生产的产品，如果制造厂的生产和检验是连续的，没有明确分批，这时可以人为地将生产条件相同、连续稳定生产一定期间内的产品当做一批产品，用该期间内样品的检验数据来计算批样本偏差 S，积累数批检验数据后就可以按(式B.1)或(式B.2)得到比较满意的批标准偏差估计值$\hat{\sigma}$。

B.4 批标准偏差估计值$\hat{\sigma}$的计算实例

批标准偏差估计值$\hat{\sigma}$的计算实例见表B.1。

表 B.1 某厂高铝砖加热永久线变化批标准偏差估计值的计算实例

批次	1	2	3	4	5	6	7	8	9	10
样号	检验结果(不包括非正常生产条件下产品的检验数据)									
1	−0.1	−0.6	−0.1	−0.6	−0.4	−0.3	−0.1	−0.1	−0.5	−0.3
2	−0.1	−0.2	−0.3	−0.2	0.0	−0.4	−0.2	−0.3	−0.4	−0.2
3	−0.1	−0.3	−0.2	−0.5	−0.1	−0.5	−0.5	−0.2	−0.3	−0.2
4	−0.1	−0.2	0.0	−0.1	−0.2	−0.2	0.0	−0.5	−0.3	−0.1
5	0.0	−0.4	−0.1	−0.7	−0.2	−0.2	0.0	0.0	−0.3	−0.3
6	0.0	−0.4	−0.2	−0.3	−0.2	−0.5	−0.3	−0.6	−0.3	−0.4
7	−0.2	−0.2	−0.1		−0.4	−0.2	−0.3			−0.5
8	0.0	−0.8	−0.2		−0.2	−0.3	−0.4			−0.4

表 B.1（续）

批次	1	2	3	4	5	6	7	8	9	10
样号	检验结果(不包括非正常生产条件下产品的检验数据)									
9	−0.1	−0.2	−0.1		−0.1	−0.5	−0.7			−0.5
10						−0.2				
11						−0.3				
12						−0.3				
13						−0.5				
n_i	9	9	9	6	9	13	9	6	6	9
$\overline{X}$	−0.1	−0.4	−0.1	−0.4	−0.2	−0.2	−0.3	−0.3	−0.4	−0.3
S	0.07	0.21	0.09	0.24	0.13	0.13	0.23	0.23	0.08	0.14
$\hat{\sigma}$	—	—	0.14	0.16	0.15	0.15	0.16	0.17	0.16	0.16

根据表中计算结果，检验三批产品后就可以得到比较可靠的批标准偏差估计值，最终取 $\hat{\sigma}=0.16$ 比较合适。

附 录 C
（资料性附录）
产品理化质量特性抽样检验方案设定的特性参数 *K* 值的计算公式

C.1 本标准给出的产品理化质量特性抽样检验方案，是按单一质量特性计量标准型一次抽样检验方案设计的，每个检验批，产品的单一质量特性合格质量（生产方风险质量）和极限质量（使用方风险质量）都给予了控制。使用本标准检验方案的验收人员，可以通过表 C.1 了解产品的质量控制水平。

表 C.1 理化质量特性计量抽样检验方案特性参数

<table>
<tr><th>检验方案</th><th>质量指标</th><th>检验样本量</th><th>特性参数</th><th>依据标准/计算公式</th></tr>
<tr><td>表 5</td><td rowspan="2">均值
μ_0</td><td>$n_1=1$
$n=3$</td><td rowspan="2">$\alpha=0.05$
$\beta=0.10$
$\mu\geqslant\mu_0$（低值不适）
$\mu\leqslant\mu_0$（高值不适）
$\frac{\mu_1-\mu_0}{\sigma}\leqslant 1$</td><td rowspan="2">GB/T 8054—2008
GB/T 4086.1—1983
GB/T 4086.3—1983
$P_\alpha=\phi\left(\sqrt{n}\left(\frac{\mu-\mu_0}{\sigma}\right)-K\right)$
$P_\alpha=T_{n-1}\left(\frac{\mu-\mu_0}{\sigma}\sqrt{n}-K\sqrt{n}\right)$</td></tr>
<tr><td>表 6</td><td>$n_1=3$
$n=9$</td></tr>
<tr><td>表 7</td><td>规范限
L
U
$L\sim U$</td><td>$n_1=3$
$n=9$</td><td>$\alpha=0.05$
$\beta=0.10$
$p_0\leqslant 4.0\%$
$p_1\leqslant 28\%$</td><td>GB/T 8054—2008
GB/T 4086.1—1983
GB/T 4086.3—1983
$p_\alpha=\phi(-\sqrt{n}(\mu_p+K))$
$p_\alpha=\phi\left[\frac{-K-\mu_p}{\sqrt{\frac{1}{n}+\frac{K^2}{2(n-1)}}}\right]$</td></tr>
</table>

C.2 表中符号的意义

K：接收常数。在计量验收抽样方案中，用在批接收准则中的常数，其依赖于规定的质量水平和样本量。

α：生产方风险。验收抽样检验，当质量水平为可接收时，但不被验收抽样方案接收的概率。

β：使用方风险。验收抽样检验，当质量水平为不满意时，但被验收抽样方案接收的概率。

μ_1：极限质量批均值。抽样检验中，如果批中单位产品总体的质量特性平均值劣于该质量水平，该批产品只有 10% 的接收概率。

p_0：以规范限为质量指标时，以不合格品率表示的合格质量水平。表示当批产品中不合格品率等于该质量水平时，该批产品将以 95% 的概率被接收。

p_1：以规范限为质量指标时，以不合格品率表示的极限质量水平。表示当批产品中不合格品率等于该质量水平时，该批产品只有 10% 的接收概率。

ICS 65.080
G 20

中华人民共和国国家标准

GB/T 10513—2012
代替 GB/T 10513—1989

硝酸磷肥中游离水含量的测定 卡尔·费休法

Determination of free water for nitrophosphate—Karl fischer method

2012-12-31 发布　　2013-06-01 实施

中华人民共和国国家质量监督检验检疫总局
中国国家标准化管理委员会　发布

前　言

本标准按照 GB/T 1.1—2009 给出的规则起草。

本标准是硝酸磷肥、硝酸磷钾肥试验方法系列标准之一，下面列出了这些系列国家标准：

——GB/T 10511—2008《硝酸磷肥中总氮含量的测定　蒸馏后滴定法》；

——GB/T 10512—2008《硝酸磷肥中磷含量的测定　磷钼酸喹啉重量法》；

——GB/T 10514—2012《硝酸磷肥中游离水含量的测定　烘箱法》；

——GB/T 10515—2012《硝酸磷肥粒度的测定》；

——GB/T 10516—2012《硝酸磷肥颗粒平均抗压碎力的测定》。

本标准代替 GB/T 10513—1989《硝酸磷肥中游离水含量的测定　卡尔·费休法》。

本版与前版的主要差异是：

——试剂溶液、标准滴定溶液等的配制和标定方法均执行 HG/T 2843 标准；

——吸取试液的体积由 10.0 mL 改为 5.0 mL；

——增加了安全警示的内容。

本标准由中国石油和化学工业协会提出。

本标准由全国肥料和土壤调理剂标准化技术委员会归口。

本标准起草单位：天脊煤化工集团有限公司、国家化肥质量监督检验中心(上海)。

本标准主要起草人：张家宏、王寅、李永平、郭炼红、杨一。

本标准于 1989 年首次发布。

硝酸磷肥中游离水含量的测定 卡尔·费休法

1 范围

本标准规定用卡尔·费休法测定硝酸磷肥、硝酸磷钾肥中的游离水含量。

本标准适用于各种工艺生产的硝酸磷肥、硝酸磷钾肥中游离水含量的测定。

2 规范性引用文件

下列文件中对于本文件的应用是必不可少的。凡是注日期的引用文件，仅注日期的版本适用于本文件。凡是不注日期的引用文件，其最新版本(包括所有修改单)适用于本文件。

GB/T 6283 化工产品中水分含量的测定 卡尔·费休法(通用方法)(GB/T 6283—2008，ISO 760:1978，NEQ)

GB/T 10511—2008 硝酸磷肥中总氮含量的测定 蒸馏后滴定法

HG/T 2843 化肥产品 化学分析中常用标准滴定溶液、标准溶液、试剂溶液和指示剂溶液

3 原理

试样中的游离水与已知水的滴定度的卡尔·费休试剂进行定量反应，反应式如下：

$H_2O+I_2+SO_2+3C_5H_5N=2C_5H_5N\cdot HI+C_5H_5N\cdot SO_3$

$C_5H_5N\cdot SO_3+CH_3OH=C_5H_5NH\cdot OSO_2OCH_3$

4 试剂

下列的部分试剂和溶液易燃且对人体有毒有害，操作者应小心谨慎！如溅到皮肤上应立即用水冲洗，如有不适应立即就医。

本标准中所用试剂、溶液和水，在未注明规格和配制方法时，均应符合 HG/T 2843 的规定。

4.1 甲醇：水含量≤0.05%，如水含量>0.05%，向 500 mL 甲醇中加入 5 A 分子筛约 50 g，塞上瓶塞，放置过夜，吸取上层清液使用；

4.2 二氧六环：经脱水处理，方法同 4.1；

4.3 无水乙醇：经脱水处理，方法同 4.1；

4.4 卡尔·费休试剂；

注：无吡啶的卡尔·费休改进试剂也可使用，但在仲裁时，只能使用含吡啶的试剂。

4.5 5 A 分子筛：直径 3 mm～5 mm 颗粒，用作干燥剂。使用前于 500 ℃下焙烧 2 h 并在内装新鲜分子筛的干燥器中冷却。使用过的分子筛可用水洗涤、烘干、焙烧再生后备用。

5 仪器

5.1 通常实验室用仪器；

5.2 卡尔·费休直接电量滴定仪器，按 GB/T 6283 配备，或与之性能相当的卡尔·费休仪器；

5.3 离心机，医用，(0～4 000)r/min；

5.4 注射器，5 mL 和 50 mL。

6 分析步骤

6.1 卡尔·费休试剂的标定

按 GB/T 6283 规定步骤，用水进行标定。

6.2 测定

试样的制备见 GB/T 10511—2008 中的 6.1。做两份试料的平行测定。

称取游离水含量不大于 150 mg 的试样 1.5 g～2.5 g，精确至 0.000 2 g，置于 125 mL 带盐水瓶橡皮塞的锥形瓶中，盖上瓶塞，用注射器注入 50.0 mL 二氧六环(除仲裁应使用外，可用无水甲醇或无水乙醇代替)，摇动或振荡几分钟，静置 15 min，再摇动或振荡几分钟，待试料稍为沉降后，取部分试液于带盐水瓶橡皮塞的离心管中离心，吸取上层清液测定游离水含量。

通过卡尔·费休直接电量滴定仪的排泄嘴将滴定容器中残液放完，加 50 mL 甲醇于滴定容器中，甲醇量应足以淹没电极，接通电源，打开电磁搅拌器，与标定卡尔·费休试剂一样，用卡尔·费休试剂滴定至电流计产生与标定时同样的偏斜，并保持稳定 1 min。

用注射器从离心管中取出 5.0 mL 萃取液，经加料口注入滴定容器中，用卡尔·费休试剂滴定至终点，记录所消耗的卡尔·费休试剂的体积(V_1)。

用二氧六环作萃取剂时，应在三次滴定后将滴定容器中残液放完，加入甲醇，用卡尔·费休试剂滴定至同样终点，再进行下一次测定。

6.3 空白试验

以同样方法，测定 5.0 mL 二氧六环所消耗的卡尔·费休试剂的体积(V_2)，进行平行测定。

7 分析结果的表述

7.1 分析结果的计算

游离水含量 w，以水(H_2O)的质量分数计，数值以%表示，按式(1)计算：

$$w=\frac{(V_1-V_2)T}{m\times\frac{5}{50}\times 1\,000}\times 100=\frac{(V_1-V_2)T}{m} \quad \cdots\cdots(1)$$

式中：

V_1——滴定 5.0 mL 试液所消耗的卡尔·费休试剂的体积的数值，单位为毫升(mL)；

V_2——空白试验消耗的卡尔·费休试剂的体积的数值，单位为毫升(mL)；

T——卡尔·费休试剂对水的滴定度的数值，单位为毫克每毫升(mg/mL)；

m——试料质量的数值，单位为克(g)。

计算结果表示到小数点后两位，取平行测定结果的算术平均值作为测定结果。

7.2 允许差

平行测定结果的绝对差值不大于 0.10%。

ICS 65.080
G 20

中华人民共和国国家标准

GB/T 10514—2012
代替 GB/T 10514—1989

硝酸磷肥中游离水含量的测定 烘箱法

Determination of free water for nitrophosphate—Oven method

2012-12-31 发布　　2013-06-01 实施

中华人民共和国国家质量监督检验检疫总局
中国国家标准化管理委员会　发布

前　言

本标准按照 GB/T 1.1—2009 给出的规则起草。

本标准是硝酸磷肥、硝酸磷钾肥试验方法系列标准之一，下面列出了这些系列国家标准：

——GB/T 10511—2008《硝酸磷肥中总氮含量的测定　蒸馏后滴定法》；

——GB/T 10512—2008《硝酸磷肥中磷含量的测定　磷钼酸喹啉重量法》；

——GB/T 10513—2012《硝酸磷肥中游离水含量的测定　卡尔·费休法》；

——GB/T 10515—2012《硝酸磷肥粒度的测定》；

——GB/T 10516—2012《硝酸磷肥颗粒平均抗压碎力的测定》。

本标准代替 GB/T 10514—1989《硝酸磷肥中游离水含量的测定　烘箱法》。

本标准由中国石油和化学工业协会提出。

本标准由全国肥料和土壤调理剂标准化技术委员会归口。

本标准起草单位：天脊煤化工集团有限公司、国家化肥质量监督检验中心(上海)。

本标准主要起草人：张家宏、王寅、李永平、郭炼红、杨一。

本标准于 1989 年首次发布。

硝酸磷肥中游离水含量的测定 烘箱法

1 范围

本标准规定用烘箱法测定硝酸磷肥、硝酸磷钾肥中的游离水含量。

本标准适用于各种工艺生产的硝酸磷肥、硝酸磷钾肥中游离水含量的测定。

2 规范性引用文件

下列文件中对于本文件的应用是必不可少的。凡是注日期的引用文件，仅注日期的版本适用于本文件。凡是不注日期的引用文件，其最新版本(包括所有修改单)适用于本文件。

GB/T 10511—2008 硝酸磷肥中总氮含量的测定 蒸馏后滴定法

3 原理

在一定温度下，以试料干燥 2 h 的质量损失为游离水含量。

4 仪器

4.1 通常实验室用仪器；

4.2 电热恒温干燥箱：温度可控制在(100±2)℃；

4.3 称量瓶：带磨口盖，直径 50 mm，高 30 mm。

5 步骤

做两份试料的平行测定。

按 GB/T 10511—2008 中 6.1 规定制备试样。

称取约 2 g 试样(精确至 0.000 2 g)于预先在(100±2)℃干燥至恒重的称量瓶中，置于电热恒温干燥箱中，称量瓶应放在接近温度计水银球的水平位置，待温度达到(100±2)℃后，干燥 2 h，取出，置于干燥器中冷却至室温，称量。

6 分析结果的表述

6.1 分析结果的计算

游离水含量 w，以水(H_2O)的质量分数(%)计，按式(1)计算：

$$w=\frac{m_1-m_2}{m_1}\times 100\% \qquad \cdots\cdots(1)$$

式中：

m_1——干燥前试料质量的数值，单位为克(g)；

m_2——干燥后试料质量的数值，单位为克(g)。

计算结果表示到小数点后两位，取平行测定结果的算术平均值作为测定结果。

6.2 允许差

平行测定结果的绝对差值应不大于0.10%。

ICS 65.080
G 20

中华人民共和国国家标准

GB/T 10515—2012
代替 GB/T 10515—1989

硝酸磷肥粒度的测定

Determination of particle size for nitrophosphate

2012-12-31 发布　　2013-06-01 实施

中华人民共和国国家质量监督检验检疫总局
中国国家标准化管理委员会　发布

前言

本标准是硝酸磷肥、硝酸磷钾肥试验方法系列标准之一，下面列出了这些系列国家标准：

——GB/T 10511—2008《硝酸磷肥中总氮含量的测定　蒸馏后滴定法》；

——GB/T 10512—2008《硝酸磷肥中磷含量的测定　磷钼酸喹啉重量法》；

——GB/T 10513—2012《硝酸磷肥中游离水含量的测定　卡尔·费休法》；

——GB/T 10514—2012《硝酸磷肥中游离水含量的测定　烘箱法》；

——GB/T 10516—2012《硝酸磷肥颗粒平均抗压碎力的测定》。

本标准按照 GB/T 1.1—2009 给出的规则起草。

本标准代替 GB/T 10515—1989《硝酸磷肥粒度测定》。

本标准与 1989 年版的主要差异是：

——粒度范围由 1.00 mm～4.00 mm 改为 1.00 mm～4.75 mm。

本标准由中国石油和化学工业协会提出。

本标准由全国肥料和土壤调理剂标准化技术委员会归口。

本标准起草单位：天脊煤化工集团有限公司、国家化肥质量监督检验中心(上海)。

本标准主要起草人：张家宏、王寅、李永平、郭炼红、杨一。

本标准于 1989 年首次发布。

硝酸磷肥粒度的测定

1 范围

本标准规定用筛分法测定颗粒状硝酸磷肥、硝酸磷钾肥的粒度。

本标准适用于各种工艺生产的颗粒状硝酸磷肥、硝酸磷钾肥粒度的测定。

2 规范性引用文件

下列文件对于本文件的应用是必不可少的。凡是注日期的引用文件，仅注日期的版本适用于本文件。凡是不注日期的引用文件，其最新版本(包括所有的修改单)适用于本文件。

GB/T 6003.1—1997 金属丝编织网试验筛(eqv ISO 3310-1:1990)

3 原理

用筛分方法，将颗粒状硝酸磷肥、硝酸磷钾肥分成不同粒径的颗粒，称量，计算质量分数。

4 仪器

4.1 通常实验室仪器。

4.2 天平，感量 0.5 g。

4.3 试验筛(GB/T 6003.1—1997 R40/3 系列)：孔径为 1.00 mm、2.00 mm、2.80 mm、4.75 mm 的筛子一套，附有筛盖和底盘。

4.4 振筛机。

5 步骤

将筛子按 1.00 mm、2.00 mm、2.80 mm 和 4.75 mm 孔径由下至上依次叠好，称取缩分后的试样约 200 g，精确至 1 g，置于孔径为 4.75 mm 的筛子上，盖好筛盖，置于振筛机上，夹紧，振动 5 min，将未通过 4.75 mm 孔径筛和底盘上的试料称量，夹在筛孔中的颗粒以不通过此筛计。保留 2.00 mm 孔径筛上的试料，作颗粒平均抗压碎力测定用。

注：若无振筛机，可用人工进行振筛，但仲裁时使用振筛机。

6 分析结果的表述

硝酸磷肥、硝酸磷钾肥的粒度(w)，以 1.00 mm～4.75 mm 颗粒占试料的质量分数计，数值以%表示，按式(1)计算：

$$w=\frac{m_1-m_2}{m_1}\times 100 \qquad \cdots\cdots(1)$$

式中：

m_1——试料质量的数值，单位为克(g)；

m_2——未通过 4.75 mm 孔径筛和底盘上的试料质量之和，单位为克(g)。

计算结果表示到小数点后一位。

ICS 65.080
G 20

中华人民共和国国家标准

GB/T 10516—2012
代替 GB/T 10516—1989

硝酸磷肥颗粒平均抗压碎力的测定

Determination of average crushing strength for nitrophosphate

2012-12-31 发布 2013-06-01 实施

中华人民共和国国家质量监督检验检疫总局
中国国家标准化管理委员会 发布

前　言

本标准按照 GB/T 1.1—2009 给出的规则起草。

本标准是硝酸磷肥、硝酸磷钾肥试验方法系列标准之一，下面列出了这些系列国家标准：

——GB/T 10511—2008《硝酸磷肥中总氮含量的测定　蒸馏后滴定法》；

——GB/T 10512—2008《硝酸磷肥中磷含量的测定　磷钼酸喹啉重量法》；

——GB/T 10513—2012《硝酸磷肥中游离水含量的测定　卡尔·费休法》；

——GB/T 10514—2012《硝酸磷肥中游离水含量的测定　烘箱法》；

——GB/T 10515—2012《硝酸磷肥粒度的测定》。

本标准代替 GB/T 10516—1989《硝酸磷肥颗粒平均抗压强度测定》。

本标准由中国石油和化学工业协会提出。

本标准由全国肥料和土壤调理剂标准化技术委员会归口。

本标准起草单位：天脊煤化工集团有限公司、国家化肥质量监督检验中心(上海)。

本标准主要起草人：张家宏、王寅、李永平、郭炼红、杨一。

本标准于 1989 年首次发布。

硝酸磷肥颗粒平均抗压碎力的测定

1 范围

本标准规定了颗粒状硝酸磷肥、硝酸磷钾肥颗粒平均抗压碎力的测定方法。

本标准适用于各种工艺生产的颗粒状硝酸磷肥、硝酸磷钾肥颗粒平均抗压碎力的测定。

2 规范性引用文件

下列文件对于本文件的应用是必不可少的。凡是注日期的引用文件，仅注日期的版本适用于本文件。凡是不注日期的引用文件。其最新版本(包括所有修改单)适用于本文件。

GB/T 10515 硝酸磷肥粒度的测定

3 原理

选取一定粒度、颗粒数的硝酸磷肥或硝酸磷钾肥，测定每一颗硝酸磷肥的抗压碎力，取平均值。

4 仪器

4.1 通常实验室用仪器；

4.2 抗压碎力测定仪：灵敏度 0.5 N。

5 步骤

取按 GB/T 10515 测定粒度时的 2.00 mm～2.80 mm 之间的颗粒，随机选取 30 粒，逐一测定颗粒抗压碎力。

6 分析结果的表述

硝酸磷肥或硝酸磷钾肥的颗粒平均抗压碎力(N)，按式(1)计算：

$$N=\frac{\sum_{i=1}^{30}N_i}{30} \qquad \cdots\cdots(1)$$

式中：

N_i——每一颗粒的抗压碎力的数值，单位为牛顿(N)。

结果保留至一位小数。

ICS 19.040
K 04

中华人民共和国国家标准

GB/T 10593.2—2012
代替 GB/T 10593.2—1990

电工电子产品环境参数测量方法 第2部分:盐雾

Method of the measuring environmental parameters for electric and electronic products—Part 2:Salt mist

2012-11-05 发布 2013-02-01 实施

中华人民共和国国家质量监督检验检疫总局
中国国家标准化管理委员会 发布

前　言

GB/T 10593《电工电子产品环境参数测量方法》的组成部分如下：

——GB/T 10593.1《电工电子产品环境参数测量方法　第1部分：振动》；

——GB/T 10593.2《电工电子产品环境参数测量方法　第2部分：盐雾》；

——GB/T 10593.3《电工电子产品环境参数测量方法　振动数据处理和归纳》。

本部分是GB/T 10593的第2部分。

本部分按照GB/T 1.1—2009给出的规则起草。

本部分代替GB/T 10593.2—1990《电工电子产品环境参数测量方法　盐雾》。本标准与GB/T 10593.2—1990相比，主要做了以下编辑性修改：

——“本标准”改为“本部分”；

——增加了国家标准的目次和前言；

——为与新版国家标准的格式一致，将第1章的标题由“主题内容与适用范围”改为“范围”；第2章的标题由“术语”改为“术语和定义”；

——将3.2.2的标题由“硫酸铁铵溶液”改为“硫酸铁铵[$NH_4Fe(SO_4)_2 \cdot 12H_2O$]溶液”；

——将3.2.3的标题由“标准氯离子溶液”改为“标准氯离子[Cl^-]溶液”；

——将3.2.2中的“[$FeNH_4(SO_4)_2 \cdot 12H_2O]_3$”改为“[$NH_4Fe(SO_4)_2 \cdot 12H_2O$]”；

——将3.4.2.3“吸收管的洗涤”与3.4.2.4“洗液配制”的次序调整；

——增加第6章“有关规范应给出的信息”。

本部分由全国电工电子产品环境条件与环境试验标准化技术委员会(SAC/TC 8)提出并归口。

本部分起草单位：中国电器科学研究院有限公司，中国船舶重工集团公司第七〇四研究所。

本部分主要起草人：车汉生、杨咏。

本部分所代替部分的历次版本发布情况为：

——GB/T 10593.2—1990。

电工电子产品环境参数测量方法 第2部分:盐雾

1 范围

GB/T 10593的本部分规定了电工电子产品盐雾环境参数(盐雾含量和盐雾沉降率)的采样、分析及计算方法。

本部分适用于使用电工电子产品场所的盐雾环境参数测量。

2 术语和定义

2.1

盐雾含量 salt content

单位体积大气中的含盐量,以毫克每立方米(mg/m^3)为单位。

2.2

盐雾沉降率 fallout rate

大气中盐雾在规定面积上单位时间的自由沉降量,以毫克每80平方厘米小时[$mg/(80\ cm^2 \cdot h)$]或毫克每平方米天[$mg/(m^2 \cdot d)$]为单位。

3 盐雾含量

3.1 采样和分析原理

根据盐分易溶于水的物理性质,含盐气体进入去离子水或重蒸馏水为吸收剂的吸收管时,盐分被吸收溶解,即达到了采样的目的。

含氯离子的水溶液中加入硫氰酸汞及硫酸铁铵试剂后,在一定酸度下,氯离子与硫氰酸汞反应产生硫氰酸根离子,硫氰酸根离子与三价铁离子络合,形成红色的硫氰酸铁络合物,根据络合物颜色深浅,可测得溶液中氯离子浓度。

$$Hg(SCN)_2 + 2Cl^- \rightarrow HgCl_2 + 2SCN^-$$

$$3SCN^- + Fe^{3+} \rightarrow Fe(SCN)_3$$

3.2 试剂

3.2.1 硫氰酸汞[$Hg(SCN)_2$]溶液

称取2.5 g分析纯级硫氰酸汞置于1 000 mL 75%乙醇中,摇匀,静置24 h备用。

3.2.2 硫酸铁铵[$NH_4Fe(SO_4)_2 \cdot 12H_2O$]溶液

称取100 g分析纯级硫酸铁铵置于1 000 mL烧杯中,先加入少量去离子水,然后在搅拌的情况下缓慢加入380 mL分析纯级硝酸,再转入1 000 mL容量瓶中,最后用去离子水稀释至刻度线,配成浓度为10%的硫酸铁铵溶液。

3.2.3 标准氯离子[Cl^-]溶液

称取在105 ℃温度下干燥2 h的分析纯级氯化钠(NaCl)1.648 4 g,用去离子水稀释至1 000 mL,配成氯离子浓度[Cl^-]为1 000 mg/L的储备液,再从中取10 mL稀释至1 000 mL,得到[Cl^-]为10 mg/L的标准液。

3.3 设备

3.3.1 分光光度计

3.3.2 大气采样器(配有多孔玻板吸收管)

3.4 采样

3.4.1 采样装置

盐雾含量的采样装置如图1所示。

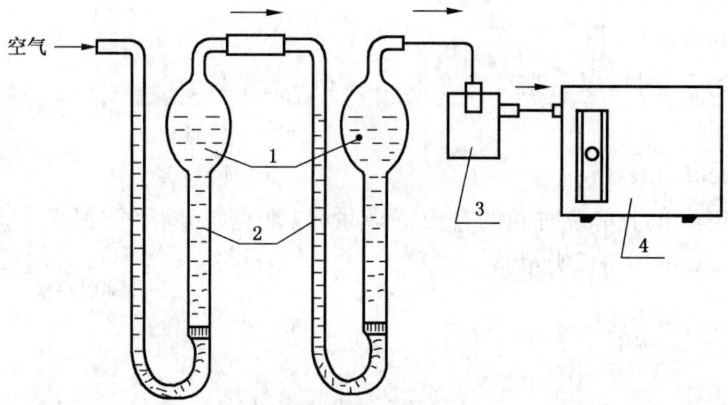

说明:

1——去离子水;

2——多空玻璃吸收管;

3——缓冲瓶;

4——采样器。

图1 吸气法盐雾含量采样装置图

3.4.2 采样前准备

3.4.2.1 流量计校准

大气采样器的流量计须校准。

3.4.2.2 吸收管的选择

选用吸收性强、翻泡率高的吸收管。

3.4.2.3 洗液配制

称取30 g重铬酸钾,先用50 mL去离子水润湿溶解,然后在不断搅拌下慢慢小心地加入950 mL浓硫酸,冷却后即可使用。

3.4.2.4 吸收管的洗涤

先用水洗刷，除去杂质和污物，然后在洗液中浸泡清洗，最后用去离子水清洗3次以上。

3.4.2.5 小木塞处理

塞于吸收管进气口抽气口上的小软木塞须用去离子水清洗干净，并在去离子水中煮沸，烘干，再作浸蜡处理。

3.4.2.6 装吸收液

用针筒向吸收管注入20 mL去离子水后，吸收管两端用小软木塞塞紧。

3.4.3 操作步骤

3.4.3.1 大气采样器与缓冲瓶相接后再接吸收管。

3.4.3.2 检查各连接处不漏气后，打开采样器，按规定流速抽气，气体盐分则溶于吸收管的去离子水中。

3.4.3.3 为使盐分充分溶解，吸收管必须串联两只以上，流速控制在0.5 L/min以下，抽气量在15 L以上，同时记录温度、湿度、气压及采样时间。

3.5 分析

3.5.1 分析步骤

3.5.1.1 首先作出标准曲线。取8只50 mL容量瓶，分别注入0 mL、1.0 mL、2.0 mL、3.0 mL、4.0 mL、5.0 mL、6.0 mL、7.0 mL标准氯离子溶液，加去离子水稀释后，先加5 mL硫酸铁铵溶液，再加4 mL硫氰酸汞溶液，最后用去离子水稀释至50 mL，得0 mg/L、0.2 mg/L、0.4 mg/L、0.6 mg/L、0.8 mg/L、1.0 mg/L、1.2 mg/L、1.4 mg/L氯离子浓度不同的溶液，摇匀并静置10 min后，用分光光度计选用463 nm波长以去离子水作参比测出消光值，绘出以消光值[E]为纵坐标，氯离子浓度[Cl^-]为横坐标的标准曲线图。

3.5.1.2 样品氯离子浓度测定

取样品5 mL或10 mL，同样加5 mL硫酸铁铵溶液及4 mL硫氰酸汞溶液，并用去离子水稀释至50 mL，用上述方法测出消光值。从标准曲线上查出相应的氯离子浓度，实际测定值再扩大10倍（取样品5 mL时）或5倍（取样品10 mL时）即可。

3.6 盐雾含量计算

盐雾含量计算公式如下：

$$Sc = 1.8065\frac{[Cl^-]\cdot V}{Q\cdot t} \qquad \cdots\cdots(1)$$

式中：

Sc ——盐雾含量，单位为毫克每立方米（mg/m^3）；

[Cl^-]——样品溶液氯离子浓度，单位为毫克每升（mg/L）；

V ——样品溶液总体积，单位为毫升（mL）；

Q ——大气采样器吸气流速，单位为升每分钟（L/min）；

t ——采样时间，单位为分钟（min）。

4 盐雾沉降率

4.1 采样和分析原理

根据盐雾在大气中能随风飘流又能自然沉降的现象，盐雾沉降率测量用湿纱布法采样，让盐雾沉降在具有较强吸湿性的采样器纱布上。当沉降一定时间后，将沉降有盐分的纱布放入去离子水中，即达到了采样目的。其分析原理同3.1。

4.2 试剂

见3.2。

4.3 采样

4.3.1 采样装置

盐雾沉降率的采样装置如图2所示。

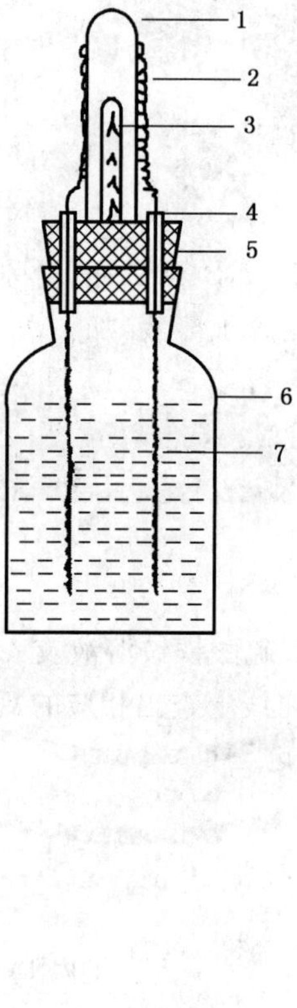

说明：
1——绕有纱布的玻璃试管；
2——纱布；
3——小木柱；
4——小玻璃管；
5——橡皮塞；
6——500 mL广口瓶；
7——纱布。

图2 湿纱布法沉降率采样装置图

4.3.2 采样前准备

4.3.2.1 纱布准备

测沉降率时选用6 cm宽的医用绷带纱布，分别剪取长12 cm和带有尖角的长37 cm的纱布各两块，并用去离子水反复漂洗后再用去离子水煮沸两次，每次煮沸15 min，然后用长方形纱布包在事先清洗干净的玻璃试管上，两块带尖角的纱布包在其外，再用细线轻扎几圈，尖角待采样时通过清洗干净的小玻璃管放入去离子水中。

4.3.2.2 广口瓶准备

先用水洗刷，除去杂质和污物，然后在洗液中浸泡清洗，再用去离子水清洗3次以上，最后装入400 mL去离子水待用。

4.3.2.3 橡皮塞处理

清洗干净的橡皮塞烘干再作浸蜡处理。

4.3.3 操作步骤

4.3.3.1 安装时纱布不允许与广口瓶外表面及橡皮塞等相接触。

4.3.3.2 安装后将暴露在外的纱布先用干净塑料袋罩起扎紧，以防污染，待采样时再打开罩袋。

4.3.3.3 采样时间按条件和场所而定，至少在24 h以上，并保证采样可靠。

4.3.3.4 发现有雨应罩起纱布，以防雨水冲洗，被罩时间在采样总时间中减去。

4.3.3.5 采样完毕，测量纱布高度及直径，然后将纱布放入去离子水中，盖瓶蜡封。

4.4 分析

见3.5。

4.5 计算

盐雾沉降率可用下式之一进行计算，当采用mg/(80 cm^2 · h)为单位时使用公式(2)，当采用mg/(m^2 · d)为单位时使用公式(3)。

$$Sd=0.144\,52\,\frac{[\mathrm{Cl}^-]\cdot V}{S\cdot t} \quad \cdots\cdots(2)$$

$$Sd=433.56\,\frac{[\mathrm{Cl}^-]\cdot V}{S\cdot t} \quad \cdots\cdots(3)$$

式中：

Sd ——盐雾沉降率，单位为毫克每80平方厘米小时[mg/(80 cm^2 · h)]或毫克每平方米天[mg/(m^2 · d)]；

$[\mathrm{Cl}^-]$ ——样品溶液所测氯离子浓度，单位为毫克每升(mg/L)；

V ——样品溶液总体积，单位为毫升(mL)；

S ——纱布面积，单位为平方厘米(cm^2)；

t ——采样时间，单位为小时(h)。

5 检出量

本部分最低检出量为0.12 μg/mL。为减少测量误差，采样分析中所用去离子水(或重蒸馏水)、器皿等必须经检验无氯后方可使用。

6 有关规范应给出的信息

有关规范采用本试验时，应对下述各项作出适当的规定：

a） 试剂；

b） 设备；

c） 采样时间；

d） 采样环境。

ICS 21.220.10
J 18

中华人民共和国国家标准

GB/T 10716—2012
代替 GB/T 10716—2000

同步带传动　汽车同步带物理性能试验方法

Synchronous belt drives—Automotive belts—Determination of physical properties

(ISO 12046:2012,MOD)

2012-11-05 发布　　　　2013-03-01 实施

中华人民共和国国家质量监督检验检疫总局
中国国家标准化管理委员会　发布

前　言

本标准按照 GB/T 1.1—2009 给出的规则起草。

本标准代替 GB/T 10716—2000《同步带传动　汽车同步带　物理性能试验方法》。与 GB/T 10716—2000 相比，主要技术变化如下：

——增加引用了 GB/T 6031—1998(见第 2 章)；

——增加了标准环境条件中大气压值(见 5.1)；

——增加了试验报告中大气压要求(见 5.4)；

——增加了带背硬度试验程序中测量纵向不同 5 个齿体上方的带背硬度值(见 6.1.2)；

——删除了带轮直径为 114 mm，增加了带轮直径为 100 mm～175 mm(见 6.2.2)；

——删除了拉伸强度、齿面包布粘合强度、齿体剪切强度试验中试样宽度为 19.1 mm 的规定(见 6.2.1、6.3.1、6.5.1)；

——增加了齿体剪切强度试验中 ZH、YH、ZR、YR、ZS、YS 型同步带的齿剪切头结构尺寸(见 6.5.3.1)；

——修改了图 6 剪切试验中的齿切除加工，增加了齿剪切头的位置(见 6.5.3.2)。

本标准使用重新起草法修改采用 ISO 12046:2012《同步带传动　汽车同步带　物理性能试验方法》。

本标准与 ISO 12046:2012 相比存在技术性差异，这些差异涉及的条款已通过在其外侧页边空白位置的垂直单线(|)进行了标示，技术差异如下：

——关于规范性引用文件：

- 用等同采用国际标准的 GB/T 531.1—2008 代替了 ISO 7619-1:2004；
- 用等同采用国际标准的 GB/T 531.2—2009 代替了 ISO 7619-2:2004；
- 用修改采用国际标准的 GB/T 1690—2010 代替了 ISO 1817:2005；
- 用等同采用国际标准的 GB/T 6031—1998 代替了 ISO 48:1994。

——增加了带背硬度试验程序中测量纵向不同 5 个齿体上方的带背硬度值(见 6.1.2)；

——删除了表 3 齿剪切头与带齿间最小间隙及图与齿剪接头与带齿位置关系示意图(见 6.5.3)；

——增加了齿体剪切强度试验中 ZH、YH、ZR、YR、ZS、YS 型同步带的齿剪切头结构尺寸(见 6.5.3.1)。

本标准由中国机械工业联合会提出。

本标准由全国带轮与带标准化技术委员会(SAC/TC 428)归口。

本标准起草单位：宁波伏龙同步带有限公司、中机生产力促进中心、无锡市贝尔特胶带有限公司、宁波裕江特种胶带有限公司、浙江三星胶带有限公司、宁波丰茂远东橡胶有限公司。

本标准主要起草人：潘海瑞、邓蓉萱、秦书安、黄刚、吴贻珍、愈旭明、章金华、陈孝斌、蒋春雷、冯建斌。

本标准代替了 GB/T 10716—2000。

GB/T 10716—2000 的历次版本发布情况为：

——GB/T 10716—1989；

——GB/T 10717—1989；

——GB/T 10718—1989；

——GB/T 10719—1989。

同步带传动 汽车同步带 物理性能试验方法

1 范围

本标准规定了汽车同步带物理性能的试验原则、项目、条件及静态试验。

本标准适用于汽车同步带传动。

2 规范性引用文件

下列文件对于本文件的应用是必不可少的。凡是注日期的引用文件,仅注日期的版本适用于本文件。凡是不注日期的引用文件,其最新版本(包括所有的修改单)适用于本文件。

GB/T 531.1 硫化橡胶或热塑性橡胶 压入硬度试验方法 第1部分:邵氏硬度计法(邵尔硬度)(GB/T 531.1—2008,ISO 7619-1:2004,IDT)

GB/T 531.2 硫化橡胶或热塑性橡胶 压入硬度试验方法 第2部分:便携式橡胶国际硬度计法(GB/T 531.2—2009,ISO 7619-2:2004,IDT)

GB/T 1690—2010 硫化橡胶或热塑性橡胶耐液体试验方法(ISO 1817:2005,MOD)

GB/T 6031 硫化橡胶或热塑性橡胶硬度的测定(10～100IRHD)(GB/T 6031—1998,idt ISO 48:1994)

3 试验原则

通过本标准规定的试验方法评价汽车同步带的物理性能,试验方法与齿型无关。

4 试验项目

试验项目见表1。

表 1 试验项目

试验项目	相关条款号
带背硬度	6.1
拉伸强度	6.2
齿面包布粘合强度	6.3
芯绳抽出力	6.4
齿体剪切强度	6.5
耐高温性	6.6
耐低温性	6.7
耐油性	6.8
耐臭氧性	6.9
耐水性	6.10

5 试验条件

5.1 标准环境条件

实验室的标准环境条件为：温度(25±5)℃；相对湿度(65±20)%；大气压(86～106)kPa。实际环境条件应在试验报告中记录。

5.2 试样的标准条件

试样的试验应在产品硫化后至少 24 h 进行。试验前试样应置于符合标准环境条件的室内至少 1 h。

5.3 试验结果的修约

每项试验的结果应按表 2 分别修约至适当位数再作记录。

表 2 试验结果的修约

项 目	单 位	测定值最低有效数位	试验结果最低有效数位
带背硬度	度(邵氏 A)	个位	个位
拉伸强度	N/mm	十位	百位
齿面包布粘合强度	N/mm	个位	个位
芯绳抽出力	N	十位	十位
齿体剪切强度	N/mm	十位	十位

注 1：测定值最低有效数位在十位：3 474→3 470，3 475→3 480。

注 2：试验结果最低有效数位在百位：3 440→3 400，3 450→3 500。

5.4 试验报告

每项试验的试验报告均应包括以下内容：

a) 样带的齿数、带齿节距、型号和带宽；

b) 样带的主要原材料；

c) 样带的生产批次；

d) 试验日期；

e) 样带数量；

f) 试验温度、相对湿度和大气压；

g) 试验机型号。

6 静态试验

6.1 带背硬度试验

6.1.1 试样

试样可以是完整的环形带，也可以是从样带上切下长度大于 100 mm 的带段。

6.1.2 试验程序

采用符合 GB/T 531.1 的邵尔 A 硬度计或者符合 GB/T 531.2、GB/T 6031 的 IRHD 硬度计，或功能相似的其他硬度计进行试验。将试样放在平台上(有齿面向下)，测量纵向不同 5 个齿体上方的带背硬度值。

6.1.3 结果表示

按下例所示，计算沿带纵向 5 个不同部位的硬度测定值的平均值并加以修约。

示例：

$$\frac{74+75+75+74+74}{5}=74.4\rightarrow 74$$

$$\frac{75+75+75+74+74}{5}=74.6\rightarrow 75$$

6.2 拉伸强度试验

6.2.1 试样

试样可以是完整环形带，也可以是从样带上切下两条长度大于 250 mm 的带段。

6.2.2 试验程序

如果采用环形带作为试样，将环形样带齿面向外撑挂在两个等直径平带轮上。带轮直径为(100～175) mm，可自由转动。以(50±5) mm/min 的分离速度对样带施加拉力，直至样带拉断。

如果采用两段切开的带段作为试样，则试验时试样夹在每一夹持器内的长度应大于 50 mm，两夹持器之间的间距应大于 150 mm，以(50±5) mm/min 的分离速度对试样施加拉力，直至试样断裂。对第二个试样按同样的要求进行试验。

6.2.3 结果表示

当采用环形带作为试样时，以测量值的二分之一作为计算拉力，当断裂发生在样带的包绕带轮部位时，试验无效；当采用切开的带段作为试样时，以两个测量值中的最小值作为试样的计算拉力，当断裂发生在试样的被夹持部位时，试验无效。

试验报告中应注明采用环形带试样或带段试样进行试验。

6.2.4 结果计算

拉伸强度按式(1)计算：

$$T=\frac{F_1}{b} \qquad \cdots\cdots(1)$$

式中：

T ——拉伸强度，单位为牛每毫米(N/mm)；

F_1 ——试样计算拉力，单位为牛(N)；

b ——试样宽度，单位为毫米(mm)。

6.3 齿面包布粘合强度试验

6.3.1 试样

从样带上切取两段长度大于 100 mm 的带段作为试样，以手工方式将试样一端的包布剥开足够长的夹持部分。

6.3.2 试验程序

将试样的夹持部分分别夹在拉力试验机的两夹持器中，以剥离面朝向试验者，将第一齿根位于 A、B 两夹持器之间，见图 1。

启动试验机，以(50±5) mm/min 的分离速度对试样施加拉力，使包布从带的表面剥离，同时记录 3 个连续齿的剥离力。试验中，如包布断裂或出现裂口，则试验无效。

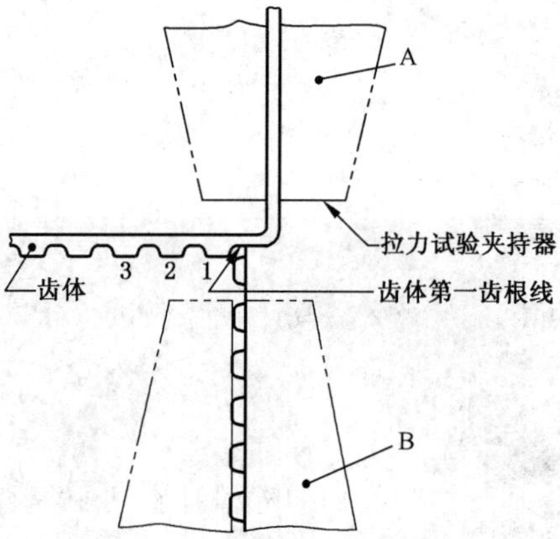

图 1　粘合强度试样的安装

6.3.3 结果表示

齿体部位的包布粘合强度和齿根部位的包布粘合强度应分别表示，均表示为单位试样宽度上的包布剥离力。齿体包布粘合强度以两个试样试验中所得到的 6 个峰值中的最小值作为粘合强度，计算包布剥离力；齿根包布粘合强度以两个试样的第一齿根结束时，谷值中的最小值作为粘合强度，计算包布剥离力。粘合强度试验曲线见图 2。

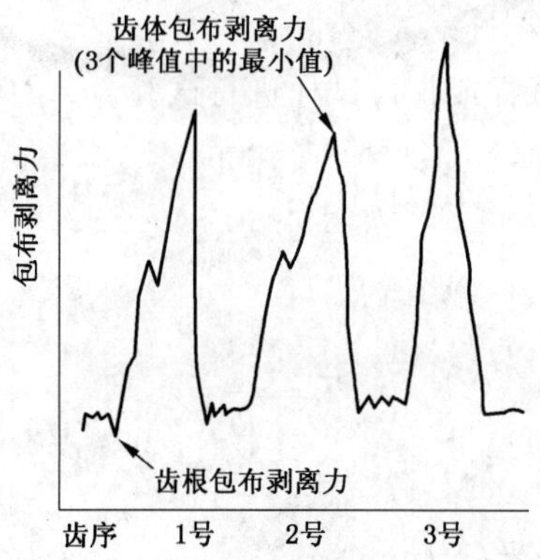

图 2　3 个连续齿的粘合强度试验曲线

6.3.4 结果计算

齿面包布粘合强度按式(2)计算：

$$\delta=\frac{F_2}{b} \qquad \cdots\cdots(2)$$

式中：

δ ——齿面包布粘合强度，单位为牛每毫米(N/mm)；

F_2——包布剥离力，单位为牛(N)；

b ——试样宽度，单位为毫米(mm)。

6.4 芯绳抽出力

6.4.1 试样

从样带上切取两段长度大于 100 mm 的带段作为试样。在试样上相距(30±3) mm 的两处进行局部切断，见图 3。

6.4.2 试验程序

将试样夹在拉力试验机的两夹持器中。

启动试验机，以(50±5) mm/min 的分离速度对试样施加拉力，直至两根芯绳被抽出。若芯绳没有被抽出而被拉断，则应另取试样并将切断长度适当减小以保证两根芯绳能够被完整抽出。

按同样要求对第二个试样进行试验。

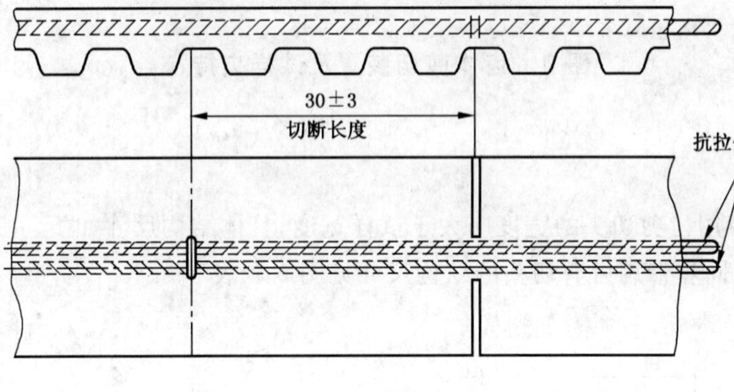

图 3 芯绳抽出力用试样

6.4.3 结果表示

对切断长度为 30 mm 的试样，以两个试样抽出力中的较小值作为试验结果；对于切断长度不足 30 mm的试样，按式(3)将实际抽出长度下的抽出力换算成抽出长度为 30 mm 时应有的抽出力，并按 5.3 中表 2 对该值进行修约，作为试验结果。

$$F_t=\frac{F_m}{L}\times 30 \qquad \cdots\cdots(3)$$

式中：

F_t ——芯绳抽出力，单位为牛(N)；

F_m——实际抽出长度下的抽出力，单位为牛(N)；

L ——实际抽出长度，单位为毫米(mm)。

6.5 齿体剪切强度试验

6.5.1 试样

从样带上切取一段长度大于200 mm的带段作为试样。

6.5.2 试验设备

试验用齿体剪切装置及试样夹持方法见图4。

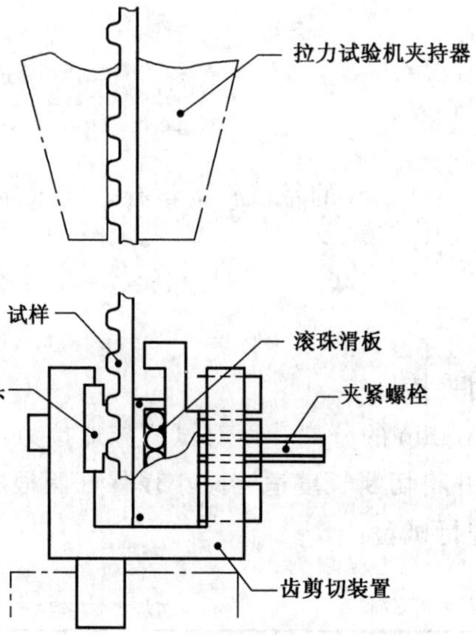

图4 齿体剪切装置及试样夹持

6.5.3 齿剪切头

6.5.3.1 各型号同步带用齿剪切头的宽度应大于试样宽度,具体结构尺寸如下:

a) ZA型和ZB型同步带用齿剪切头的结构尺寸见图5和表3。

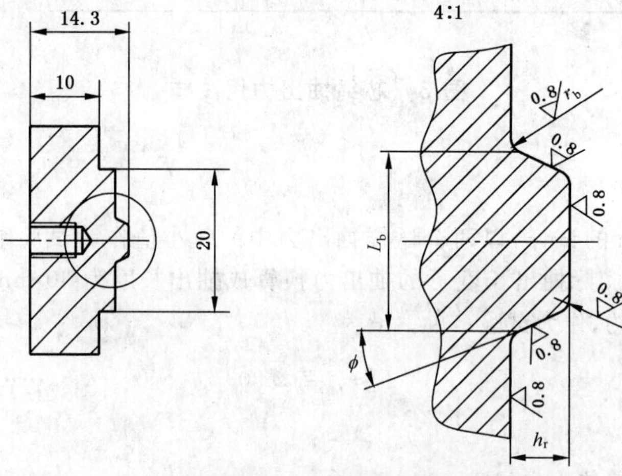

图5 ZA型和ZB型同步带的齿剪切头

表 3　ZA 型和 ZB 型同步带的齿剪切头尺寸

单位为毫米

型号	h_r	L_b	r_t	r_b	ϕ
	±0.02	±0.03	±0.02	±0.02	±0.5°
ZA	1.91	6.27	0.51	0.51	20°
ZB	2.29	5.09	1.02	1.02	20°

b)　ZH 型和 YH 型同步带用齿剪切头的结构尺寸见图 6 和表 4。

图 6　ZH 型和 YH 型同步带的齿剪切头

表 4　ZH 型和 YH 型同步带的齿剪切头尺寸

单位为毫米

型号	h_r	L_t	r_t	r_b	W	H
	±0.02	±0.02	±0.02	±0.02		
ZH	3.61	2.92	0.76	2.59	4.85	1.02
YH	3.16	2.23	0.67	2.27	4.08	0.89

c)　ZR 型和 YR 型同步带用齿剪切头的结构尺寸见图 7 和表 5。

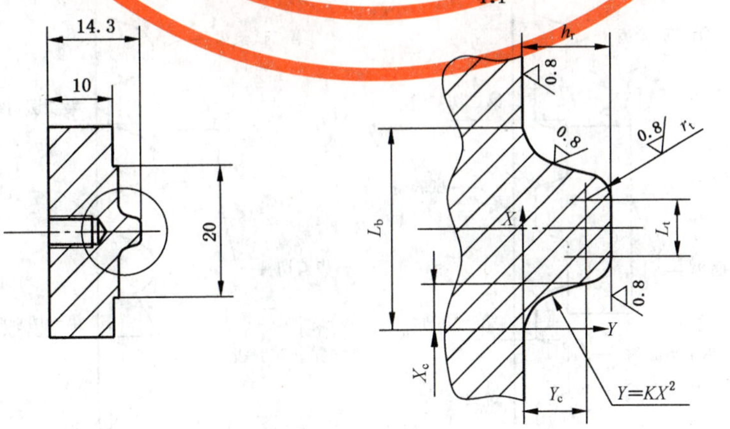

图 7　ZR 型和 YR 型同步带的齿剪切头

表 5　**ZR 型和 YR 型同步带的齿剪切头尺寸**

单位为毫米

型号	h_r	L_b	L_t	r_t	X_c	Y_c	K
	±0.02	±0.02	±0.02	±0.02			
ZR	3.45	7.66	2.17	1.00	1.79	2.76	0.858
YR	2.92	5.21	1.17	0.80	1.25	2.33	1.496

d)　ZS 型和 YS 型同步带用齿剪切头的结构尺寸见图 8 和表 6。

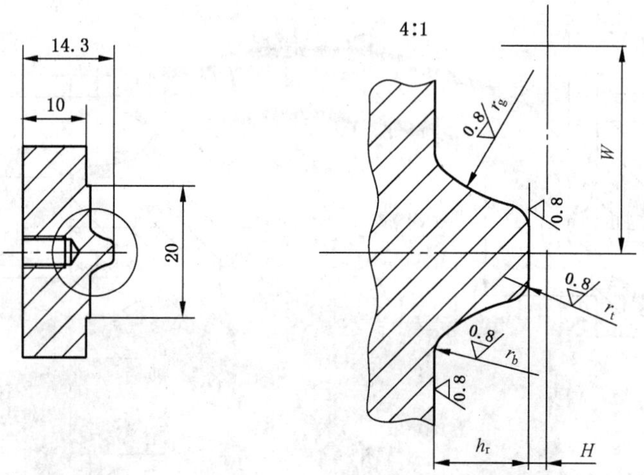

图 8　**ZS 型和 YS 型同步带的齿剪切头**

表 6　**ZS 型和 YS 型同步带的齿剪切头尺寸**

单位为毫米

型号	h_r	r_b	r_t	r_g	W	H
	±0.02	±0.02	±0.02	±0.02		
ZS	3.65	0.95	0.95	6.19	7.85	0.69
YS	3.07	0.80	0.80	5.20	6.60	0.69

6.5.3.2　进行试验时，齿剪切头正好位于相邻两带齿中间并与带齿紧密贴合，见图 9。

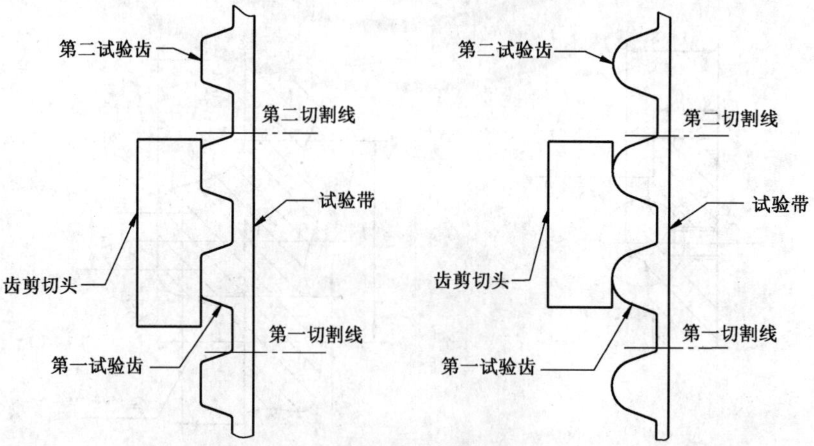

图 9　**齿剪切头的位置**

6.5.4 试验程序

将试样夹持在拉力试验机的夹持器和齿体剪切装置上，该剪切装置以牛顿值相当于试样宽度毫米值157倍的夹紧力将试样夹紧。启动试验机，以(50±5)mm/min的分离速度对试样施加拉力，直至试样发生齿剪切破坏，然后再对下一个齿进行同样试验，一般应试验3个齿。包布上有接头的试样不得用于试验。

6.5.5 结果表示

以试样单位宽度上的剪切力作为齿体剪切强度值，以3个测定值中的最小值作为试验结果。齿体剪切强度按式(4)计算：

$$S=\frac{F_3}{b} \quad \cdots\cdots(4)$$

式中：

S ——齿剪切强度，单位为牛每毫米(N/mm)；

F_3——最小剪切力，单位为牛(N)；

b ——试样宽度，单位为毫米(mm)。

6.6 耐高温性试验

6.6.1 试样

从样带上切取一段长度大于100 mm的带段作为试样。

6.6.2 试验程序

将试样置于热空气循环老化箱或性能相近的其他设备中，在(125±2) ℃的温度下进行70 h的老化；对于耐热带，应在(150±2) ℃的温度下进行70 h的老化，然后在标准环境条件(见5.1)下使试样冷却至少1 h，再进行以下试验：

a) 带背硬度(见6.1)；

b) 齿面包布粘合强度(见6.3)。

6.7 耐低温性试验

6.7.1 试样

从样带上切取一段长度大于150 mm的带段作为试样。

6.7.2 试验程序

将试样和直径为25 mm的圆柱置于冷冻箱中，在(－40±2) ℃的温度下冷冻至少5 h，然后在冷冻箱中将试样包绕在圆柱上(有齿面向内)，观察试样上是否出现裂纹或其他缺陷。

6.8 耐油性试验

6.8.1 试样

从样带上切取一段长度大于200 mm的带段作为试样。

6.8.2 试验程序

将试样浸入温度为(100±2)℃的符合GB/T 1690—2010的1号油中70 h。将试样从油中取出并在标准环境条件(见5.1)下冷却至少1 h，再进行以下试验：

a) 带背硬度(见6.1)；

b) 齿体剪切强度(见6.5)。

6.9 耐臭氧性试验

6.9.1 试样

从样带上切取一段长度大于 200 mm 的带段作为试样。

6.9.2 试验程序

将试样按自然弯曲方向包绕在一个直径为 50 mm 的圆柱上，然后一并置于浓度为$(50\pm5)\times10^{-8}$、温度为(40 ± 2)℃的臭氧中 70 h。取出后用十倍放大镜观察试样背面有无裂纹。

6.10 耐水性试验

6.10.1 试样

试样为一环形样带。

6.10.2 试验程序

将试样以自然状态浸于沸水中 3 h，再浸于(25 ± 5)℃的水中 30 min，然后在标准环境条件(见5.1)下干燥 1 h～24 h，再进行以下试验：

a) 拉伸强度(见 6.2)；

b) 包布粘合强度(见 6.3)；

c) 芯绳抽出力(见 6.4)。

ICS 11.040.70
Y 89

中华人民共和国国家标准

GB 10810.4—2012

眼镜镜片
第4部分:减反射膜规范及测量方法

Uncut finished spectacle lenses—
Part 4: Specifications and test methods for anti-reflective coatings

(ISO 8980-4:2006,MOD)

2012-11-05 发布　　　　2013-09-01 实施

中华人民共和国国家质量监督检验检疫总局
中国国家标准化管理委员会　发布

前　言

本部分第 4 章为强制性，其余为推荐性。

GB 10810《眼镜镜片》分为五个部分：

——第 1 部分：单光和多焦点镜片；

——第 2 部分：渐变焦镜片；

——第 3 部分：透射比规范及测量方法；

——第 4 部分：减反射膜规范及测量方法；

——第 5 部分：镜片表面耐磨要求。

本部分为 GB 10810 的第 4 部分。

本部分按照 GB/T 1.1—2009 和 GB/T 20000.2—2009 给出的规则起草。

本部分使用重新起草法修改采用 ISO 8980-4:2006《眼科光学　毛边眼镜镜片　第 4 部分：减反射膜规范和测试方法》。

本部分与 ISO 8980-4:2006 的主要技术差异为：

——增加了“镜片双表面光反射比、平均反射比和膜层均匀性”的要求和试验方法；

——增加了膜层耐磨性的加强型耐磨要求和试验方法；

——增加了镜片的“外观”、“盐水试验”、“耐温”和“膜层附着力”的要求和试验方法；

——删除了 ISO 8980-4:2006 中“耐久性”的要求和试验方法。

本部分由中国轻工业联合会提出。

本部分由全国光学和光子学标准化技术委员会眼镜光学分技术委员会(SAC/TC 103/SC 3)归口。

本部分起草单位：东华大学、国家眼镜玻璃搪瓷质量监督检验中心、卡尔蔡司光学(中国)有限公司、江苏万新光学有限公司、豪雅(上海)光学有限公司、比真光学(上海)有限公司、凯米光学(嘉兴)有限公司、上海依视路光学有限公司。

本部分主要起草人：杨建荣、顾伟强、曹晖、欧阳晓勇、张晓泉、吴国庆、赵厚云、张朋。

眼镜镜片
第4部分:减反射膜规范及测量方法

1 范围

GB 10810 的本部分规定了减反射膜眼镜镜片的要求、试验方法、检验规则。

本部分适用于包含镀有减反射膜的眼镜镜片。

2 规范性引用文件

下列文件对于本文件的应用是必不可少的。凡是注日期的引用文件,仅注日期的版本适用于本文件。凡是不注日期的引用文件,其最新版本(包括所有的修改单)适用于本文件。

GB 10810.5—2012 眼镜镜片 第5部分:镜片表面耐磨要求(ISO 8980.5:2005,MOD)

3 术语和定义

下列术语和定义适用于本文件。

3.1

镀膜眼镜片 coated lens

在镜片表面(单面或双面)镀有某些特性膜层的镜片。

注:在本部分中的镀膜眼镜片是指包含镀有减反射膜层的镜片。

3.2

减反射膜层 antireflection coating

镀有减少光线在镜片表面反射的膜层。

3.3

光谱反射比 spectral reflectance

$\rho(\lambda)$

由镜片表面反射的光谱通量与入射光谱通量在特定波长下的比率。

注:通常指一个单表面的值。

3.4

光反射比 luminous reflectance

ρ_v

由特定形状的材料、镜片、镀层或滤色片反射的光通量与入射光通量的比率。数学表达式见式(1)。

$$\rho_v=\frac{\Phi_R}{\Phi_I}=\frac{\int_{380\,\mathrm{nm}}^{780\,\mathrm{nm}}\rho(\lambda)\cdot V(\lambda)\cdot S_{D_{65}}(\lambda)\mathrm{d}\lambda}{\int_{380\,\mathrm{nm}}^{780\,\mathrm{nm}}V(\lambda)\cdot S_{D_{65}}(\lambda)\mathrm{d}\lambda}\times 100\% \quad\cdots\cdots(1)$$

式中:

ρ_v ——光反射比,%;

Φ_I ——入射光通量;

Φ_R ——反射光通量;

ρ_λ ——光谱反射比；

$V(\lambda)$ ——明视觉光谱光视效率（视见函数）；

$S_{D_{65}}(\lambda)$——标准照明体 D_{65} 的相对光谱功率分布。

注：通常指单表面的值，若要表示镜片双表面的值（光线通过镜片二个界面时的光反射总量），应明确陈述。在第5章试验方法中“$d\lambda$”将用 $\Delta\lambda$ 取代，$\Delta\lambda$ 不大于 10 nm。

3.5

平均反射比 mean reflectance

ρ_m

波长为 400 nm～700 nm 的光谱反射比的平均值。数学表达式见式(2)。

$$\rho_m = \frac{1}{300}\int_{400\ \mathrm{nm}}^{700\ \mathrm{nm}} \rho(\lambda)\mathrm{d}\lambda \times 100\% \qquad \cdots\cdots(2)$$

3.6

雾度值 haze

H

透过试样而偏离入射光方向的散射光通量与全透射光通量之比，用百分数表示。数学表达式见式(3)。

$$H = \left(\frac{T_4}{T_2} - \frac{T_3}{T_1}\right) \times 100\% \qquad \cdots\cdots(3)$$

式中：

H ——雾度值，%；

T_4——仪器和试样的散射光通量；

T_2——通过试样的总透射光通量；

T_3——仪器的散射光通量；

T_1——入射光通量。

4 要求

4.1 光反射比和平均反射比

4.1.1 镜片单表面的光反射比应小于 1.5%，或镜片双表面的光反射比应小于 3.0%。

4.1.2 明示 ρ_v 为 W(%)的，则测量值应小于 1.2W(%)。

4.1.3 明示 ρ_m 为 M(%)的，则测量值应小于 1.2M(%)。

注：减反射膜镜片 ρ_v 和 ρ_m 的意义参见附录 A。

4.2 膜层均匀性

镜片中心直径约 30 mm 内，边缘与中心的光反射比差值 $|\rho_{中心} - \rho_{边缘}|$ 应小于 0.3%。

4.3 膜层耐磨性

4.3.1 最低耐磨要求

样品经磨擦后，不应有可见的磨损（线、面状磨损）。

4.3.2 加强型耐磨要求

明示有“耐磨”含义的镜片，测试值乘以调正因子 0.8 后的雾度值应≤0.8%。

注：引入一个调正因子 0.8，是为了减少在测试过程中各种不确定因素影响。

4.4 外观

4.4.1 表面质量

在以镜片基准点为中心、直径 30 mm 的膜层区域内,不应有可能有害视觉的各类疵病。在此鉴别区域外,可允许孤立、微小的表面缺陷。

4.4.2 色斑

镜片的膜层在反射光中观察到,而在透射光中观察不到的局部干涉色不应有明显的突变。

注:本条款指相对膜层整体色泽有突变的块状色泽缺陷。

4.5 盐水试验

盐水试验后的镀层表面不应显示任何目视疵病(测试痕迹)。例如:皱皮、剥皮、裂缝、痕迹、云雾状等缺陷。

4.6 低温试验

低温试验后的镜片表面膜层应无龟裂、脱落。

4.7 高温试验

高温试验后的镜片表面膜层应无龟裂、脱落。

4.8 膜层附着力

试验后,减反射膜有部分剥落的方格数应小于 15%(不包括因刀具切割产生的边缘脱落)。同时,不应有任何一个方格整个脱膜。

4.9 镀膜区域的使用尺寸

对未割边的镀膜眼镜片使用区域应≥(d_n−4)mm。

注:d_n 是镜片的标称尺寸。

5 试验方法

5.1 试验环境条件

环境温度:23 ℃±5 ℃,环境相对湿度:50%±20%。

5.2 镜片单表面光反射比、平均反射比和膜层的均匀性

5.2.1 仪器和校正片

仪器:任何一个带有入射角不大于 17°,并且在 380 nm～780 nm 之间所有波长光谱反射数值精确度优于 0.1% 的单光束或双光束的分光光度计都可用于测定。$\Delta\lambda$ 应不大于 5 nm 。光谱的半带宽应不大于 5 nm 。

校正片:用于测试的前面焦度应不超过+0.50 D;后表面应设计为没有干扰反射测定的状态(后表面磨毛并涂上黑色消光漆)。校正片应附有一组已知的折射率 $n(\lambda)$(不确定度 Δn 小于 0.001)并且前表面应经过抛光处理,光滑、清洁、没有镀膜(镀膜可能影响其表面反射特性)。

校正片的表面光谱反射因数 $R_C(\lambda)$可以按如式(4)计算得到。或在 $\Delta\lambda$ 不大于 5 nm，波长 380 nm～780 nm 范围内，测定校正片表面的光谱反射值，以此作为反射因数 $R_C(\lambda)$ 值。

$$R_C(\lambda)=\left[\frac{n(\lambda)-1}{n(\lambda)+1}\right]^2 \qquad \cdots\cdots(4)$$

5.2.2 样品的制备

被测定镜片(顶焦度绝对值不大于 0.50 D)的后表面应设计为没有干扰反射测定的镜片(后表面磨毛并涂上黑色消光漆)，前表面曲率半径应大于 80 mm，测定表面应清洁干净。

5.2.3 校正和测定

把校正片插入样品室，并把分光光度计示值校正到 100%，然后将被测样品置换校正片插入样品室测试。分光光度计将给出被测样品相对于校正片的光谱反射因数 $R_T(\lambda)$值，以百分数表示。

$R_T(\lambda)$ 值应在 $\Delta\lambda$ 不大于 5 nm，波长 380 nm～780 nm 范围内测定，并画成曲线图。如果图形是平滑的[见图 1a)]，以 10 nm 间隔计算光反射比和平均反射比。如果图形不是平滑的[见图 1b)]，应使用每 5 nm 间隔计算光反射比和平均反射比。

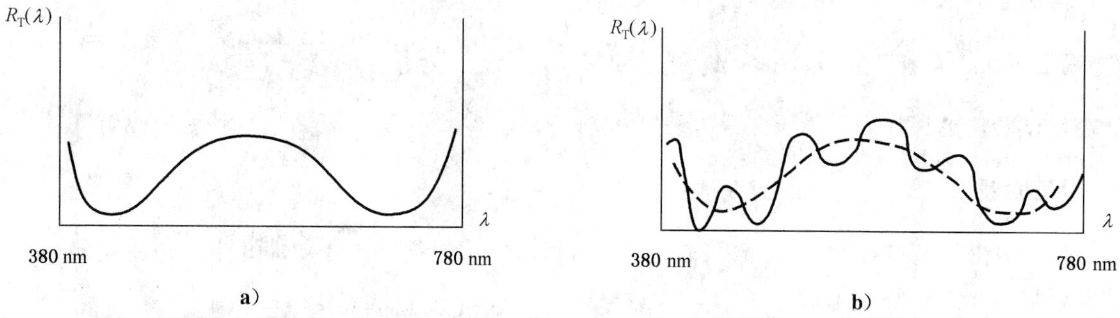

图 1 光谱反射图

5.2.4 光谱反射比

镜片表面光谱反射比 $\rho(\lambda)$按式(5)计算得到。

$$\rho(\lambda)=R_C(\lambda)\times R_T(\lambda) \qquad \cdots\cdots(5)$$

5.2.5 光反射比

3.4 已给出其连续函数的积分式，现用波长间隔等于 10 nm 的式(6)叠加式替代。

$$\rho_v=\frac{\Phi_R}{\Phi_I}=\frac{\sum\limits_{380\ nm}^{780\ nm}\rho(\lambda)\cdot V(\lambda)\cdot S_{D_{65}}(\lambda)\Delta\lambda}{\sum\limits_{380\ nm}^{780\ nm}V(\lambda)\cdot S_{D_{65}}(\lambda)\Delta\lambda}\times 100\% \qquad \cdots\cdots(6)$$

式(6)中，$\Delta\lambda$ 不大于 10 nm 。每 10 nm 间隔常数的乘积及分母的数值可查表(相关数据参见表 B.1)。如 $\Delta\lambda$ 小于 10 nm 时，其常数和数值可用内插法求得。镜片表面光谱反射比 $\rho(\lambda)$ 由 5.2.4 计算求得。

5.2.6 平均反射比

3.5 已给出其连续函数的积分式，现用波长间隔等于 10 nm 的式(7)叠加式替代。

$$\rho_m = \frac{1}{300}\sum_{400\,nm}^{700\,nm}\rho(\lambda)\cdot\Delta\lambda\times100\% \qquad (7)$$

式(7)中，$\Delta\lambda$ 不大于 10 nm。镜片表面光谱反射比 $\rho(\lambda)$ 由 5.2.4 计算求得。

5.2.7 膜层的均匀性

按 5.2.1～5.2.5 方法，测试设计基准点和以基准点为中心直径约 30 mm 圆周处的光反射比。

5.3 镜片双表面光反射比、平均反射比和膜层的均匀性

仪器要求同 5.2.1(测光反射比装置推荐用带有直径 150 mm 积分球或其他等效装置)。被测试镜片的后表面不需要处理，也不需要校正样品。

5.3.1 光谱反射比

在 $\Delta\lambda$ 不大于 5 nm，波长 380 nm～780 nm 范围内按式(5)测试样品的 $\rho(\lambda)$。

5.3.2 光反射比

将 5.3.1 的 $\rho(\lambda)$ 代入式(6)计算。

5.3.3 平均反射比

将 5.3.1 的 $\rho(\lambda)$ 代入式(7)计算。

5.3.4 膜层的均匀性

按 5.2.1～5.2.5 方法，测试设计基准点和以基准点为中心直径约 30 mm 圆周处的光反射比。

注：积分球背底的反射光影响应减少到最小并加以扣除。如果仪器附带的反射标准片参数在内部程序中没有考虑，则在计算时应予考虑。

5.4 膜层耐磨性

5.4.1 最低要求

按 GB 10810.5—2012 中 5.1 方法进行试验。

5.4.2 加强型耐磨方法

按 GB 10810.5—2012 中 5.2 方法进行试验(采用 000＃钢丝绒)，样品试验结果雾度值按 GB 10810.5—2012 中 6.2 计算。

5.5 外观

表面质量、色斑，按附录 C 的方法鉴别。

5.6 盐水试验

4.5%盐水溶液的配制：室温下将 45 g 氯化钠(分析纯)溶于 1 L 纯水中。

容器及支架应对盐溶液应具有较好的化学稳定性。每次试验均应用新的溶液。

试样浸没于约 400 mL 盐水中，在 37 ℃±2 ℃下保持 7 h，取出试样，洗净并用柔软清洁的布揩干试样。按附录 C 的方法鉴别。

5.7 低温试验

镜片放在冰箱中−18 ℃±3 ℃保持 2 h,取出并在室温下放置 30 min。按附录 C 的方法鉴别。

5.8 高温试验

镜片放在烘箱中 55 ℃±2 ℃保持 30 min,取出并在室温下放置 30 min。按附录 C 的方法鉴别。

注:应在不同样品上进行耐磨性、盐水、低温、高温和膜层附着力的破坏性试验。

5.9 膜层附着力

将镜片(顶焦度绝对值不大于 2.00 *D*)置于"电热恒温水浴锅"水上的托架上,设置水温 40 ℃±2 ℃并在相应的湿度下保持 16 h。然后取出并在室温下放置 30 min。

镜片清洗、擦干后,用切割刀具(见图 D.1 或用组合刀具)以均匀的力和速率在镜片前后表面的近边缘 5 mm~10 mm 处切割,前后表面各形成 2 个网格区域,并确保网格区域不产生重叠,切割应划透镜片镀膜层。每个网格区域应在镜片水平及垂直方向各切割 6 条平行线,每一平行线间隔 1 mm,4 个网格区域共形成 100 个小方格。

先选择一个网格区域,用软毛刷轻扫网格区域,以均匀的速度拉出并剪下适量长度的透明胶粘带(见图 D.2),除去最前面一段。按图 D.2 所示方法粘在网格区域上,胶粘带胶粘镜片的范围约超出网格边缘 5 mm,用手指把胶粘带在网格区上方的部位压平,使胶粘带与膜层接触良好。拿住胶粘带悬空的一端,并向上以接近 90°的角度,快速地撕离胶粘带;再用透明胶粘带重复"粘贴"和"撕离"过程一次。其他三个网格区域重复此试验。试验全部结束后,检查胶粘带和镜片上是否有减反射膜层脱落。

5.10 镀膜区域的使用尺寸

用游标卡尺测量。

6 检验规则

6.1 对同一批次的产品,检验样本数量随机抽取 12 片。(生产厂可以日产量、班产量或台机产量为一批;用户也可以一次收货量为一批,进行验收。需要时也可按供需双方合同或协议进行验收。)

6.2 检验项目、样本量、接收数、拒收数,见表 1。每个项目均需合格,若有一项不合格,判该批产品不合格。

表 1 检验项目、样本量、接收数、拒收数　　单位为片

序号	检验项目	样本量 *n*	接收数 Ac	拒收数 Re
1	光反射比和平均反射比	2	0	1
2	膜层的均匀性			
3	膜层耐磨性	2	0	1
4	盐水试验	2	0	1
5	低温试验	2	0	1
6	高温试验	2	0	1
7	膜层附着力试验	2	0	1

表 1（续）

单位为片

序号	检验项目	样本量 n	接收数 Ac	拒收数 Re
8	外观	12	2	3
9	镀膜区域的使用尺寸			

6.3 对特殊要求的产品，可按供需双方协定。

附 录 A
（资料性附录）
描述减反射膜镜片时 ρ_υ 和 ρ_m 的意义

光反射比 ρ_υ 即在镜片表面反射的光通量与入射光通量的比率，ρ_υ 加大了在可见光谱中心 555 nm 周围光谱反射比的作用，并降低了在可见光谱两端蓝色和红色端光谱反射比的作用。

有些减反射膜，虽然在光谱的中心的光谱反射比 $\rho(\lambda)$ 非常低，但是在光谱蓝色端和红色端却有十分明显的增大。尽管其具有较低的光反射比，但是剩余反射光中显著的色彩给人的主观感觉为其反射比要高于所提供的光反射比。

不加权 $V(\lambda)$ 的平均反射比 ρ_m，一般会相对高于 ρ_υ。某种减反射膜，其与另一减反射膜相比较在光谱中心具有相似的光谱反射比，在蓝色端和红色端具有较低的光谱反射比，两者 ρ_υ 相似，但 ρ_m 相差较大。

因此，平均反射比 ρ_m 可以作为表述减反射膜光学性能的附加信息。

注 1：若镀层的 ρ_m 较差，则在光谱两端的反射比有所提高，当在晚上驾驶时会由于镜片后表面的反射产生炫目光。

注 2：典型例子见图 A.1。

$\rho_\upsilon=0.70\%$　$\rho_m=0.68\%$

$\rho_\upsilon=0.88\%$　$\rho_m=3.27\%$

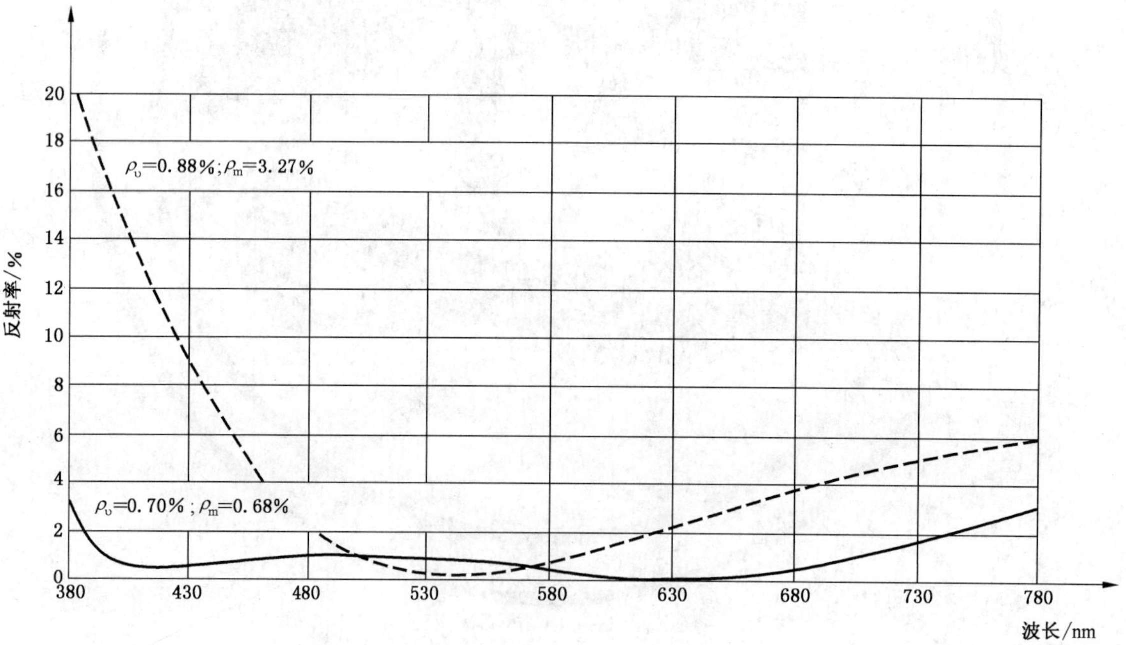

图 A.1

附 录 B
（规范性附录）
用于光反射比计算的相关数据

用于光反射比计算的相关数据见表 B.1。

表 B.1

波长 nm	$S_{D_{65}}(\lambda)\times V(\lambda)$	波长 nm	$S_{D_{65}}(\lambda)\times V(\lambda)$
380	0	590	6.354 0
390	0.000 5	600	5.374 0
400	0.003 1	610	4.264 8
410	0.010 4	620	3.161 9
420	0.035 4	630	2.088 9
430	0.095 2	640	1.386 1
440	0.228 3	650	0.810 0
450	0.420 7	660	0.462 9
460	0.668 8	670	0.249 2
470	0.989 4	680	0.126 0
480	1.524 5	690	0.054 1
490	2.141 5	700	0.027 8
500	3.343 8	710	0.014 8
510	5.131 1	720	0.005 8
520	7.041 2	730	0.003 3
530	8.785 1	740	0.001 4
540	9.424 8	750	0.000 6
550	9.792 2	760	0.000 4
560	9.415 6	770	0
570	8.675 4	780	0
580	7.887 0	—	—

附 录 C
（规范性附录）
镜片表面质量检验

C.1 准备

在以基准点为中心，直径为 30 mm 的区域内为检验区域。检验区域应清洁、去湿，除去任何的颗粒和污染物。

C.2 试验

不借助于放大装置，在室内环境照明约 200 lx 的明视场下进行镜片的检验。图 C.1 是推荐的检验系统装置，检验灯使用至少 400 lm 的光通量，如：15 W 荧光灯或 2 只 8 W 荧光灯。

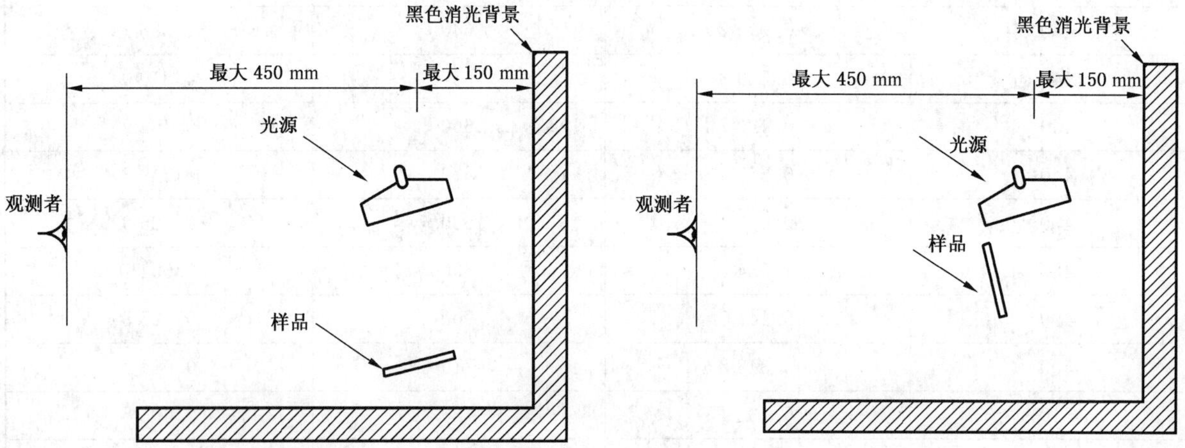

a） 反射光检验　　b） 透射光检验

图 C.1 目视法检验镜片疵病的装置图

附　录　D
（规范性附录）
膜层附着力相关用具

D.1　切割刀具

切割刀具的刀刃情况应良好，单刀切割刀具要求如图 D.1。

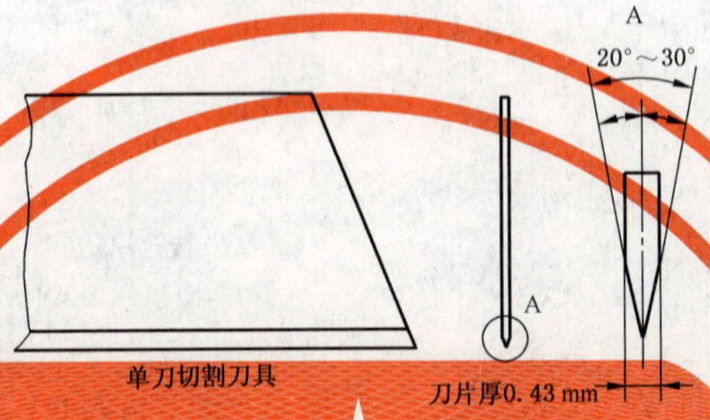

图 D.1

D.2　透明胶粘带及其试验时的定位和撕离方向

采用胶粘带宽 25 mm，粘着力(10±1)N/25 mm。网格定胶粘带的位置如图 D.2。

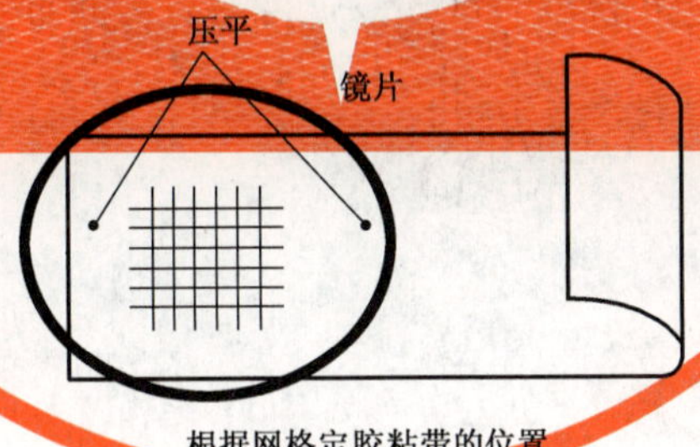

图 D.2　胶粘带的定位示意图

ICS 11.040.70
Y 89

中华人民共和国国家标准

GB 10810.5—2012

眼镜镜片
第5部分:镜片表面耐磨要求

Uncut finished spectacle lenses—

Part 5: Requirements of abrasion-resistant for spectacle lens surfaces

(ISO 8980-5:2005, Ophthalmic optics—Uncut finished spectacle lenses—Part 5: Minimum requirements for spectacle lens surfaces claimed to be abrasion-resistant, MOD)

2012-06-29 发布　　2013-05-01 实施

中华人民共和国国家质量监督检验检疫总局
中国国家标准化管理委员会　发布

前　言

本部分第4章为强制性,其余为推荐性。

GB 10810《眼镜镜片》分为5个部分:

——第1部分:单光和多焦点镜片;

——第2部分:渐变焦镜片;

——第3部分:透射比规范及测量方法;

——第4部分:减反射膜规范及测量方法;

——第5部分:镜片表面耐磨要求。

本部分为GB 10810的第5部分。

本部分按照GB/T 1.1—2009和GB/T 20000.2—2009给出的规则起草。

本部分使用重新起草法修改采用ISO 8980-5:2005《眼科光学　毛边眼镜镜片　第5部分:表面明示耐磨眼镜片最低要求》。

本部分与ISO 8980-5:2005的主要技术差异为:

——增加了镜片表面耐磨性加强型试验方法;

——增加了用定量的百分比“雾度值”表征耐磨性;

——本部分采用了GB/T 2410—2008中7.1的方法测定“雾度值”(等效的分光光度计法测定“雾度值”采用GB/T 2410—2008中7.2的方法)。

本部分由中国轻工业联合会提出。

本部分由全国光学和光子学标准化技术委员会眼镜光学分技术委员会(SAC/TC 103/SC 3)归口。

本部分起草单位:东华大学、国家眼镜玻璃搪瓷质量监督检验中心、江苏万新光学有限公司、凯米光学(嘉兴)有限公司、比真光学(上海)有限公司、卡尔蔡司光学(中国)有限公司。

本部分主要起草人:杨建荣、顾伟强、欧阳晓勇、赵厚云、吴国庆、曹晖。

本部分为首次发布。

眼镜镜片
第5部分:镜片表面耐磨要求

1 范围

本部分规定了镜片表面材料的耐磨性要求、试验方法。

本部分适用于镀膜和不镀膜的眼镜镜片。

2 规范性引用文件

下列文件对于本文件的应用是必不可少的。凡是注日期的引用文件,仅注日期的版本适用于本文件。凡是不注日期的引用文件,其最新版本(包括所有的修改单)适用于本文件。

GB/T 2410—2008 透明塑料透光率和雾度的测定

3 定义

下列术语和定义适用于本文件。

3.1

雾度值 haze

H

透过试样而偏离入射光方向的散射光通量与全透射光通量之比,用百分数表示。即:

$$H=\left(\frac{T_4}{T_2}-\frac{T_3}{T_1}\right)\times 100\%$$

式中:

T_1——入射光通量;

T_2——通过试样的总透射光通量;

T_3——仪器散射光通量;

T_4——仪器和试样的散射光通量。

注:公式推导见GB/T 2410—2008附录A。

4 镜片表面(凸面)耐磨要求

4.1 最低要求

镜片磨擦范围内不应有可见的划痕磨损和磨损面。

4.2 加强型要求

明示有“耐磨”含义的镜片,镜片经5.2.5试验和6.2雾度值结果计算后,雾度值应≤0.8%。

5 试验方法

5.1 最低要求

按附录A规定的方法进行。

5.2 加强型要求

5.2.1 试验环境条件

环境温度：(23±5) ℃，环境相对湿度：(50±20)%。

5.2.2 仪器的准备

5.2.2.1 雾度仪：应符合GB/T 2410中试验仪器的要求。按要求进行预热、校正和设定参数，使其处于正常工作状态。

5.2.2.2 磨擦仪：施加在镜片上的总荷重为750 g，而且，其压力方向应与镜片凸面法线方向相一致；往复磨擦的频率为100次/min（一次定义为一个往复运动）；应有固定样品的设施，保证磨擦试验过程中样品不被移动（雾度仪示意图见图B.2；磨擦仪简图见图C.3）。

5.2.3 眼镜镜片的准备

被测镜片前表面曲率半径大于75 mm、顶焦度绝对值不大于0.50D的未切割镜片。镜片（磨擦前与磨擦后的镜片）表面应清洁干净，清除任何的产品残余物。按照5.2.1环境条件放置约2 h。雾度值测试位置必须相同，应在镜片中央区域四个方向（0°、90°、180°、270°）（可以在镜片四个方向作相应记号）。

5.2.4 钢丝绒的准备

000#钢丝绒磨擦面应平整、有序排列和没有被氧化。新的钢丝绒磨擦面应进行一次磨合（荷重750 g，用加硬树脂镜片往复磨擦200次），以达到消除钢丝绒的毛刺和轻微氧化等影响。应经常检查钢丝绒磨擦面（也可以通过检查试样磨擦划痕的粗糙度与均匀性，了解钢丝绒磨擦面）。如果不符合要求应更换。

钢丝绒应折叠5层以上（单层厚度约5 mm）形状如图C.2所示，平面尺寸约40 mm×40 mm。其外形和放置方向见图C.1（钢丝绒丝纹必须与磨擦方向垂直）。在磨擦仪压模下端中心处粘上钢丝绒（见图C.3）。

5.2.5 试验步骤

5.2.5.1 将镜片置于雾度仪上测定未经磨擦时镜片中心区域的初始雾度值 H_0：将镜片置于记号0°方向处，获得第一个测量值，然后依次获得90°、180°、270°方向处的测量值。取4次测量值的算术平均值 $\overline{H_0}$。

5.2.5.2 镜片经5.2.5.1测试后，把它置于磨擦仪上，镜片的凸面向上，使其中心与摆杆中心重合并使其固定。在磨擦仪压模上端的压重梁上，加上荷重砝码，总荷重（压重梁、压模、荷重砝码、钢丝绒等）为750 g±15 g，施加在样品的凸面上。启动磨擦仪，往复磨擦1 000次。往复磨擦区域应略大于雾度仪测试区域（一般在镜片凸面几何中心周围形成约40 mm×40 mm磨擦区域）。

5.2.5.3 将经过 5.2.5.2 磨擦试验的镜片洗净后用棉纸吸干或晾干，置于雾度仪上，按 5.2.5.1 测量镜片中心区域(必须是相同的区域)的雾度值 H_i。依次获得 4 次测量值，取 4 次测量值的算术平均值$\overline{H_i}$。

注：如用等效的分光光度计法测定雾度，见 GB/T 2410—2008 中 7.2。

6 测试结果的计算

6.1 样品的每次雾度值 H 按式(1)计算：

$$H=\left(\frac{T_4}{T_2}-\frac{T_3}{T_1}\right)\times 100\% \quad \cdots\cdots(1)$$

注：分光光度计法按式(1)计算，雾度仪法可以直接得到雾度值 H。

6.2 样品试验结果雾度值按式(2)计算：

$$\Delta H=\overline{H_i}-\overline{H_0}$$
$$\text{雾度值}=\Delta H\times 0.8 \quad \cdots\cdots(2)$$

式中：

ΔH——样品经磨擦后雾度值与未经磨擦雾度值之差值；

$\overline{H_i}$——经磨擦后 4 次雾度测量值的算术平均值；

$\overline{H_0}$——未经磨擦 4 次初始雾度测量值的算术平均值；

0.8——调正因子。

结果取平均值，精确到 0.1%。

注：引入一个调正因子 0.8，是为了减少在测试过程中各种不确定因素影响。

附 录 A
（规范性附录）
耐磨最低要求试验方法

A.1 准备

A.1.1 磨擦工具

这个工具的活塞能够在套筒内纵向移动，工具末端用合适的卡盘夹住橡皮头，当另一端进位到刻度或其他记号的时候，标志活塞的位置在套筒内部。这活塞被装载一个弹簧保持(5±1) N 的压力。磨擦工具应与样品表面法线的夹角保持垂直并且必须在标记或刻度线位置上。外形结构见图 A.1(也可使用等效的机械装置，见图 A.2)，磨擦工具施加的力校正在(5±1) N。

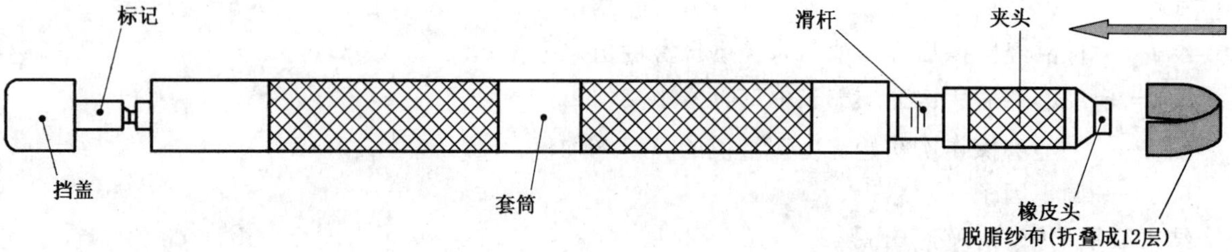

图 A.1 磨擦工具和脱脂纱布安装示意图

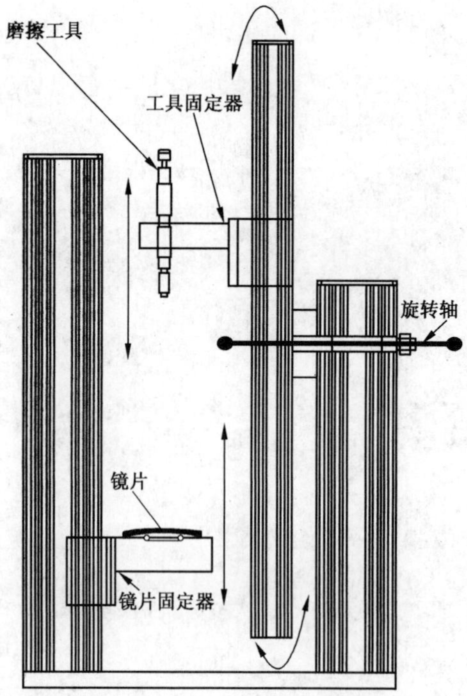

图 A.2 机械装置示意图

A.1.2 橡皮头

橡皮头的硬度应达到国际橡胶硬度 ISO 48 中的(75±5)IRHD。橡皮头直径为 6.5 mm～7.0 mm。橡皮头应有充分的长度，但在磨擦工具中露出的部分应小于 3 mm。

A.1.3 脱脂纱布

脱脂纱布为本色、经纱 41 纱/25 mm～47 纱/25 mm、纬纱 33 纱/25 mm～39 纱/25 mm、总纱 76 纱/25 mm^2～84 纱/25 mm^2。把 100 mm×100 mm 的脱脂纱布折叠到 12 层（约 50 mm×17 mm），包在橡皮头外并且缚于磨擦工具的夹头上(见图 A.1)，用夹子夹紧。

A.1.4 样品

未经切割的镜片，顶焦度范围应在－3.00～＋3.00，其前表面曲率半径应大于 75 mm。磨擦前的镜片表面应彻底的清洁，除去任何的颗粒和污染物，并且没有可见的划痕。

A.2 试验

固定样品以使其在测试期间不能移动。手持磨擦工具套筒保持(5±1) N 的压力对镜片表面往返磨擦 25 个回合，磨擦过程中磨擦工具应与镜片表面法线的夹角保持为 0°±5°，磨擦轨迹应通过几何中心±2 mm 处、长度(30±5) mm，平均速率为(1±0.1)回合/每秒。清洁镜片表面后检验。

A.3 检验

用图 B.1 的透射光和反射光检验装置，定性地检验镜片磨擦范围内是否有可见的划痕磨损和磨损面。

附　录　B
（规范性附录）
目视法检验装置和雾度仪示意图

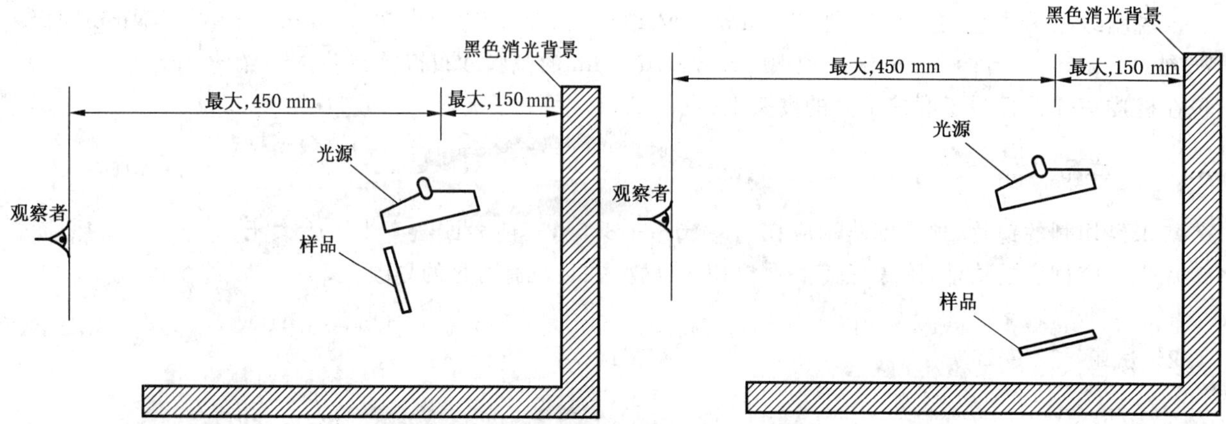

a）　透射光检验　　　　b）　反射光检验

图 B.1　目视法检验镜片疵病的装置图

注 1：不借助于放大装置，在室内环境照度约 200 lx 明视场下进行镜片的检验。图 B.1 是推荐的检验系统装置示意图。检验灯使用至少 400 lm 的光通量，如：1 只 15 W 荧光灯或 2 只 8 W 荧光灯。

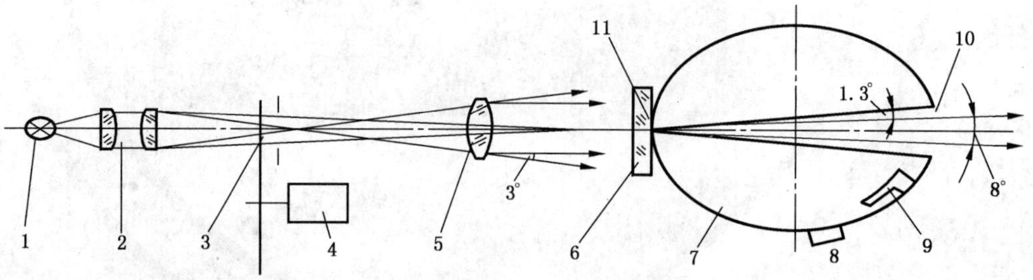

1——光源；
2——聚光镜；
3——光栏；
4——调制器；
5——物镜；
6——试样；
7——积分球；
8——光电池；
9——反射标准器；
10——出射窗口；
11——入射窗口。

图 B.2　雾度仪示意图

附　录　C
（规范性附录）
钢丝绒和磨擦仪简图

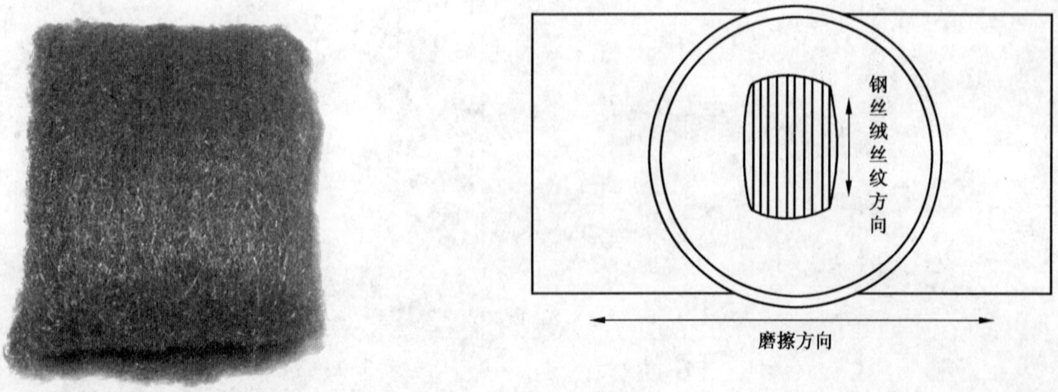

图 C.1　钢丝绒放置方向

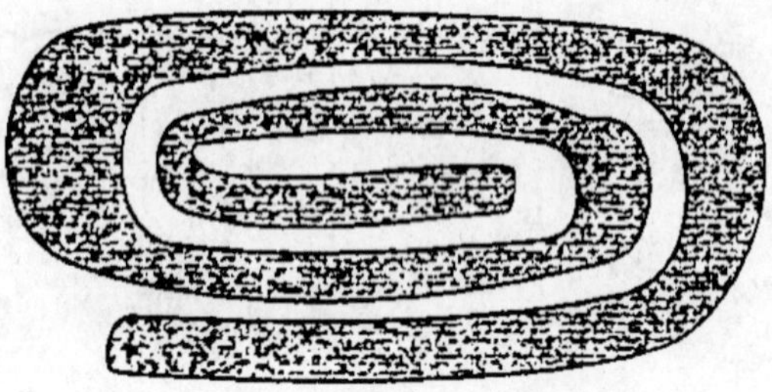

图 C.2　钢丝绒的折叠

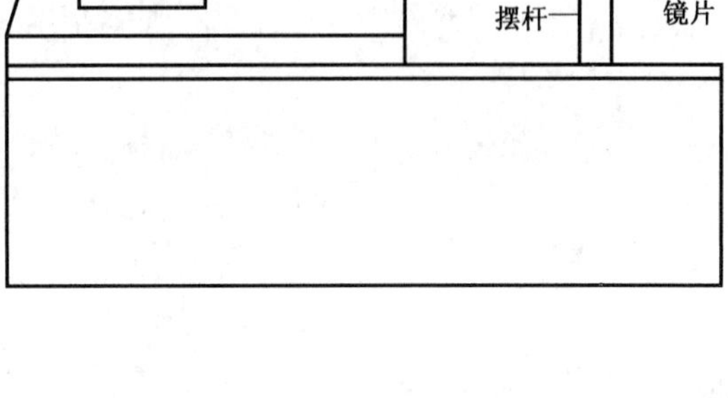

图 C.3　镜片磨擦仪简图

参 考 文 献

[1] ISO 48 《IRHD Hardness-ISO 48》

ICS 23.140
J 72

中华人民共和国国家标准

GB/T 10893.1—2012
代替 GB/T 10893—1989

压缩空气干燥器 第1部分:规范与试验

Compressed air dryers—Part 1:Specifications and testing

(ISO 7183:2007,Compressed-air dryers—Specifications and testing,MOD)

2012-12-31 发布　　2013-07-01 实施

中华人民共和国国家质量监督检验检疫总局
中国国家标准化管理委员会　发布

前　言

GB/T 10893《压缩空气干燥器》分为两个部分：

——第1部分：规范与试验；

——第2部分：性能参数。

本部分为GB/T 10893的第1部分。

本部分按照GB/T 1.1—2009给出的规则起草。

本部分代替GB/T 10893—1989《压缩空气干燥器　规范与试验》。本部分与GB/T 10893—1989相比，主要变化如下：

——定义了标准状态的参数；

——增加了规定工况中的方案选择；

——增加了部分载荷和气量损失的试验方法；

——增加了干燥器的噪声测量；

——删除了联合干燥器的介绍、纯水蒸气的饱和压力和密度表。

本部分使用重新起草法修改采用ISO 7183:2007《压缩空气干燥器　规范与试验》。

考虑到我国国情，本部分在采用ISO 7183:2007时，做了一些修改。有关技术性差异已编入正文中，并在它们所涉及的条款的页边空白处用垂直单线标识。在附录E中给出了这些技术性差异及其原因的一览表以供参考。

为了便于使用，本部分还做了下列编辑性修改：

a) “本国际标准”一词改为“本部分”；

b) 删除ISO 7183:2007前言。

本部分由中国机械工业联合会提出。

本部分由全国压缩机标准化技术委员会(SAC/TC 145)归口。

本部分负责起草单位：合肥通用机械研究院。

本部分参加起草单位：广州市汉粤净化科技有限公司、无锡优元工业机械有限公司、上海翰烨气源净化科技有限公司、无锡纽曼泰克气源净化设备有限公司、重庆联合机器制造有限公司、杭州天利空分设备制造有限公司、西安联合超滤净化设备有限公司、南京埃森环境技术有限公司、贝克欧技术(中国)有限公司、上海英格索兰压缩机有限公司、上海阿普达实业有限公司。

本部分主要起草人：李金禄、陈放。

本部分参加起草人：王合洲、杨福嘉、李平、华振、邓雪峰、顾国前、李大明、赵云华、董鹏举、孙建成、张明涛。

本部分所代替标准的历次版本发布情况为：

——GB/T 10893—1989。

压缩空气干燥器
第1部分:规范与试验

1 范围

GB/T 10893的本部分规定了不同类型压缩空气干燥器的各种需要说明的性能参数和相关的试验方法。具体包括:

——压力露点;
——流量;
——压降;
——压缩空气损失;
——能量消耗;
——噪声。

本部分还给出了用于确定节能装置性能的部分载荷试验方法。

本部分适用于工作压力大于0.05 MPa且小于或等于1.6 MPa的下列压缩空气干燥器:

——吸附式干燥器;
——渗膜式干燥器;
——冷冻式干燥器(包括通过冷却干燥);
——组合式干燥器。

注:本部分涉及的干燥器的工作原理参见附录A。

本部分不适用于下列干燥器:

——吸收式干燥器;
——过压缩式干燥器;
——内置式干燥器。

2 规范性引用文件

下列文件对于本文件的应用是必不可少的。凡是注日期的引用文件,仅注日期的版本适用于本文件。凡是不注日期的引用文件,其最新版本(包括所有的修改单)适用于本文件。

GB/T 786.1 流体传动系统及元件图形符号和回路图 第1部分:用于常规用途和数据处理的图形符号(GB/T 786.1—2009;ISO 1219-1:2006,IDT)

GB/T 4889 数据的统计处理和解释 正态分布均值和方差的估计与检验(GB/T 4889—2008;ISO 2854:1976,MOD)

GB/T 4980 容积式压缩机噪声的测定

GB/T 13277.1—2008 压缩空气 第1部分 污染物净化等级(ISO 8573-1:2001, MOD)

JB/T 7664 压缩空气净化 术语

ISO 2602 试验结果的统计分析 平均值的估计 置信区间范围

ISO 8573-3 压缩空气 第3部分:湿度测量方法

3 术语和定义

JB/T 7664 界定的以及下列术语和定义适用于本文件。

3.1

环境 ambient

试验用干燥器的周围区域。

3.2

内置设备 integral

物理上或者功能上与压缩机连成一体的设备。

注 1：内部连接可以是能量交换，控制或者共享设备元件。

注 2：一般来说，一些性能参数，例如能量消耗或压降，会与单个独立的空气处理设备不同。

3.3

吹扫气 sweep gas

用来去除膜外湿气的压缩空气。

3.4

稳定时间 stabilization period

平均值到达稳定状态条件下所需的时间。

3.5

试验时间 test time

从稳定时间到记录完干燥器性能数据的时间。

4 符号

4.1 图形符号

图 1～图 3 中使用的符号按 GB/T 786.1 的规定。

4.2 符号和单位

符号	名称	国际单位	其他常用单位
d	管子的实际内径		毫米(mm)
l	螺纹长度		毫米(mm)
m	质量	千克(kg)	克(g)，毫克(mg)
P	功率	瓦(W)	兆瓦(MW)，千瓦(kW)
p	压力	千帕(kPa)	兆帕(MPa)
q	流量	立方米每秒(m^3/s)	立方米每小时(m^3/h)，立方米每分(m^3/min)，升每秒(L/s)
L	潜热	焦耳(J)	兆焦(MJ)，千焦(kJ)
n	数量	无量纲	
t	时间	秒(s)	分(min)，小时(h)，天(d)

V	容积	立方米(m^3)	立方分米(dm^3),立方厘米(cm^3),立方毫米(mm^3)
W	功	焦耳(J)	兆焦(MJ),千焦(kJ),千瓦时(kW·h)
$\overline{X}$	测量数据(参数 x_i)的平均值		

4.3 下标

下标	含义
AL	空气损失
AV	平均值
BL	排放空气损失
sum	求和
DC	干燥器周期
i	区间数
PF	吹洗空气流
PL	吹洗空气损失
E	电能
v	干燥塔
ref	标准状态
regn	再生
S	蒸汽能
s	系统
TOT	总和

5 标准状态

标准状态见表 1。

表 1 标准状态

空气温度	20 ℃
空气的绝对压力	0.1 MPa (a)
相对水蒸气压力	0

6 规定工况

在评定压缩空气干燥器和比较两个不同干燥器性能时,规定工况是必须的,规定工况见表 2。

设定规定工况是在每周 7 d、每天 24 h 之内干燥器在 100%的额定流量下运行。

表 2 规定工况

参数	单位	数值[a]			允差[b]
		方案 A1[c]	方案 A2[c]	方案 B	
进气温度	℃	35	38	45	±2
进气压力	MPa	0.7	0.7	0.7	±0.014
进气相对湿度	%	100	100	100	0 −5
冷却空气进气温度（适用时）	℃	25	38	35	±3
冷却水进水温度（适用时）	℃	25	29	25	±3
环境空气温度	℃	25	38	35	±3
干燥器进口流量占额定流量的比例	%	100	100	100	±3

[a] 压力使用表压值。

[b] 选择方案 A 或 B 根据设备安装地理位置决定。

[c] 在温带区选择方案 A1，在亚热带区选择方案 A2。

7 性能试验

7.1 主要性能参数

对于所有压缩空气干燥器，在说明或评定产品性能以及比较不同的干燥器时，需要以下主要性能参数的数据。

——压力露点；

——流量；

——压降；

——能量消耗；

——系统空气损失；

——出口温度；

——噪声。

干燥器的进口压力和温度宜在额定的满负荷条件下测量。为避免测量点与进口处之间因冷却或压降产生的误差，进口压力和温度应当在干燥器的进口处测得。制造商有义务提供附录 B 中规定的数据。

所有性能试验的进口空气质量符合 GB/T 13277.1—2008 含油量 4 级、固体颗粒 4 级的规定，湿度符合本部分表 2 的规定。如果试验用干燥器需要预过滤器来保证进口空气品质，则这些过滤器应包含在被测试设备内。

7.2 压力露点、流量和出口温度

压力露点的测量应当从表 2 中选择规定工况并在干燥器额定流量下进行。

出口空气压力露点的测量应按照 ISO 8573-3 的规定。排气温度也需测量。

试验设备按图 1 所示布置,也可以根据被测试干燥器类型加以调整。

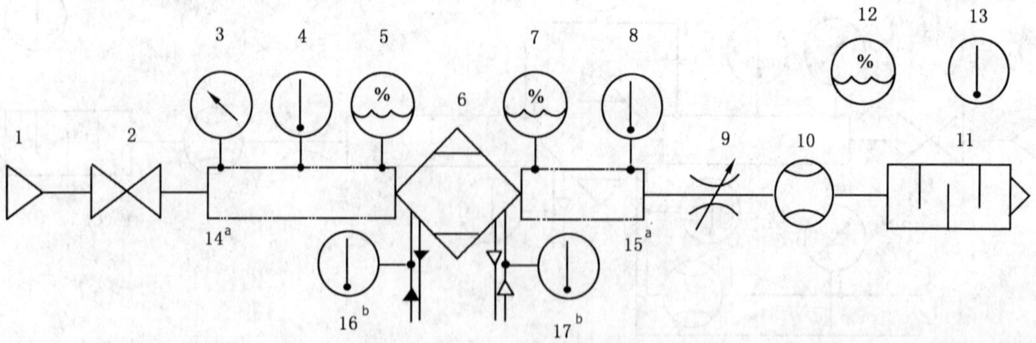

说明:

1——符合条件的压缩空气源;
2——截止阀;
3——进气压力传感器/测量装置;
4——进气温度传感器/测量装置;
5——进气含水量测量仪;
6——试验用干燥器;
7——压力露点传感器/测量装置;
8——出气温度传感器/测量装置;
9——精密调节阀;
10——流量传感器/测量装置;
11——消声器;
12——环境相对湿度传感器/测量装置;
13——环境温度传感器/测量装置;
14——进气压力测量管;
15——排气压力测量管;
16——冷却水进水温度传感器/测量装置(如果需要);
17——冷却空气进气温度传感器/测量装置(如果需要)。

[a] 压力测量管参见附录 D。

[b] 如果试验用干燥器需提供冷却空气或冷却水,则安装温度测量装置;对于冷冻式干燥器,通常需要配备。

图 1 典型的压力露点和流量测量试验示意图

安装在干燥器系统中用来保证干燥器正常运行的过滤器,将包含在图 1 所示的试验系统中,试验设备的配置记录参见附录 B。

当干燥器出口压力露点保持在一个特定等级时,干燥器的流量就是干燥器的实际能满足露点要求的最大流量。标准出口压力露点可从 GB/T 13277.1—2008 中的表 3 选取。

调节进入试验用干燥器的压缩空气,使进气的相对湿度保证在完全饱和状态(至少不超过表 2 的允差)。有许多种试验设备可以用来获得完全饱和状态的空气,例如,气水接触器、蒸汽喷射器等。应当认真挑选和使用测量进气相对湿度的仪表来确保试验过程的可靠性和精确性。

在测量出口压力露点之前,干燥器应当达到制造商推荐的稳定运行阶段。

在这段时间内一直监测压力露点和流量,直到运行周期内出口压力露点的最大最小变化值小于 0.5 ℃(平均压力露点值不大于 0 ℃时)或 1 ℃(平均压力露点值大于 0 ℃时)。

应记录试验过程中湿度最大时的压力露点值作为压力露点。对于在一个工作周期内压力露点变化显著的干燥器(例如变温吸附式干燥器),还可以取压力露点平均值。压力露点平均值应按照 7.6.3 来计算,同时测量出口温度的峰值和平均值。

7.3 压降

压降是干燥器进出口之间的总压力损失。测量压降应当在干燥器的额定流量下进行,并从表 2 中选取规定工况。试验设备按图 2 布置排列。如果进口或出口过滤器属于干燥器的一部分,则测量压降时应当包括在内。运行稳定状态应当是过滤器已达到饱和状态。

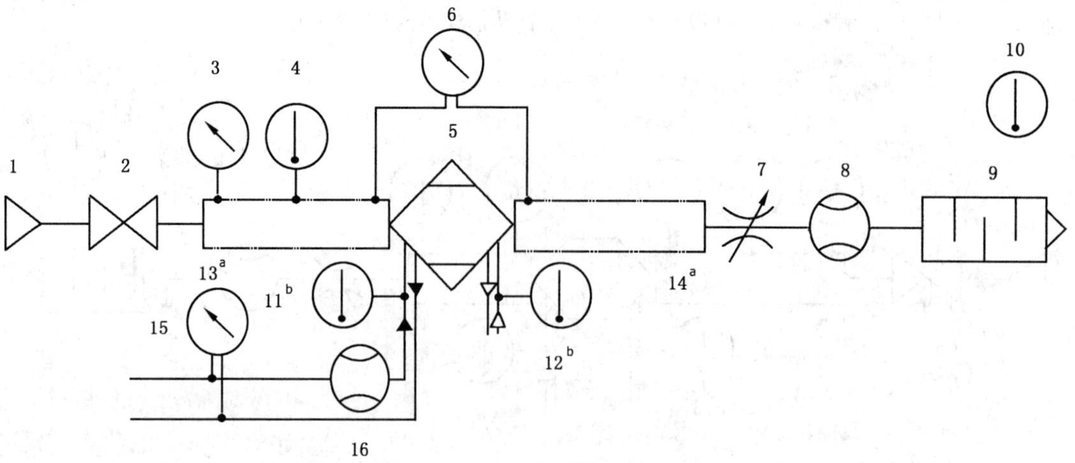

说明：

1——符合条件的压缩空气源；
2——截止阀；
3——进气压力传感器/测量装置；
4——进气温度传感器/测量装置；
5——试验用干燥器；
6——压差计；
7——精密调节阀；
8——流量传感器/测量装置；
9——消声器；
10——环境温度传感器/测量装置；
11——冷却水进水温度表(如果需要)；
12——冷却空气进气温度表(如果需要)；
13——进气压力测量管；
14——出气压力测量管；
15——压差计(水侧)；
16——流量传感器/测量装置(水侧)。

[a] 压力测量管参见附录 D。

[b] 如果试验用干燥器需提供冷却空气或冷却水，则安装温度测量装置；对于冷冻式干燥器，通常需要配备。

图 2　典型的压降测量试验示意图

7.4　能量消耗

7.4.1　概述

干燥器的能量消耗是干燥器总的能量需求，包括各种不同形式能量的输入总和。例如，吸附式干燥器会用到用作热能输入的蒸汽和驱动风扇或鼓风机的电能。应当尽可能地在若干个有代表性的完整工作周期(至少一个工作周期)内测取干燥器的平均能量消耗(见 7.6.2)。

7.4.2　电能

干燥器消耗的电能[W_E，单位为千焦(kJ)]应当用读数精度为±1%的瓦特计来测量，并用式(1)计算：

$$W_E = P_{AV} \times t_{DC} \qquad \cdots\cdots(1)$$

式中：

P_{AV}——按式(3)计算的干燥器一个完整工作周期的平均功率，单位为千瓦(kW)；

t_{DC}——干燥器的一个完整工作周期时间，单位为秒(s)。

7.4.3　蒸汽能

测量蒸汽源的能量输入，应当收集干燥器一个完整工作周期内凝结的液态水，并记录其进口压力。蒸汽能[W_S，单位为千焦(kJ)]可以按式(2)计算：

$$W_S = m \times L_V \qquad \cdots\cdots (2)$$

式中：

m ——干燥器一个完整工作周期内收集到的蒸汽冷凝水量，单位为千克(kg)；

L_V——蒸汽在供气温度和压力状态下的汽化潜热，单位为千焦每千克(kJ/kg)。

7.4.4 平均能量

平均能量[P_{AV}，单位为千瓦(kW)]根据式(3)计算：

$$P_{AV} = W_{sum} / t_{DC} \qquad \cdots\cdots (3)$$

式中：

W_{sum}——所有输入能量的总和，单位为千焦(kJ)(W_E、W_S 和其他形式的能量)；

t_{DC} ——干燥器工作周期时间，单位为秒(s)。

7.5 系统空气损失

7.5.1 概述

一些干燥器利用系统中的压缩空气来辅助再生，这通常要损失一部分压缩空气系统中的气量。主要包含两种情况：

a) 变压吸附过程中向环境排放的部分压缩空气形成的排放空气损失。

b) 由一股经减压通过再生塔的干燥空气形成的吹洗空气损失。

除了以上情况的空气损失外，还要指出的是，通过排水装置损失的空气量也是不可忽略的。

7.5.2 再生式干燥器的排放空气损失

当干燥器中的干燥塔向大气排放压缩空气时就会发生排放空气损失，通常发生在吸附剂开始再生时。排放空气损失[V_{BL}，单位为立方米(m^3)]可以根据式(4)计算：

$$V_{BL} = V_v \times [(p_s - p_{regn})/p_{ref}] \times n \qquad \cdots\cdots (4)$$

式中：

V_v ——干燥塔单塔容积，单位为立方米(m^3)；

p_s ——系统压力，单位为兆帕(绝压)[MPa(a)]；

p_{regn}——再生压力，单位为兆帕(绝压)[MPa(a)]；

p_{ref} ——标准大气压力，单位为兆帕(绝压)[MPa(a)]；

n ——每一完整工作周期排放空气的次数。

不推荐直接测量排放空气损失，建议使用式(4)计算。

注：干燥剂容积的影响随干燥剂的类型不同而不同，且这种影响很小，在计算中可以忽略不计。

警告：在排放过程中，大量的空气在很短时间内排向环境大气，气流形成瞬时的大流量和高速度，这样可能损坏流量计并产生安全隐患。

7.5.3 再生式干燥器的吹洗空气损失

吹洗空气损失是指从压缩空气流中分流出来用作再生的所有空气，是在系统中损失的。因为有吹洗空气被消耗掉，所以干燥器的出口流量小于进口流量。

测量吹洗空气流量应按图 3 布置排列，这项试验不宜和 7.2 的压力露点测量试验同时进行，因为测量吹洗空气流量时增加的背压可能会影响干燥器的性能。

警告：测量变压吸附式干燥器吹洗空气损失时，应当避免在排放空气时进行，因为流量计和吹洗空气测量设备可能会由于空气的快速排放造成损坏，或者产生安全隐患。

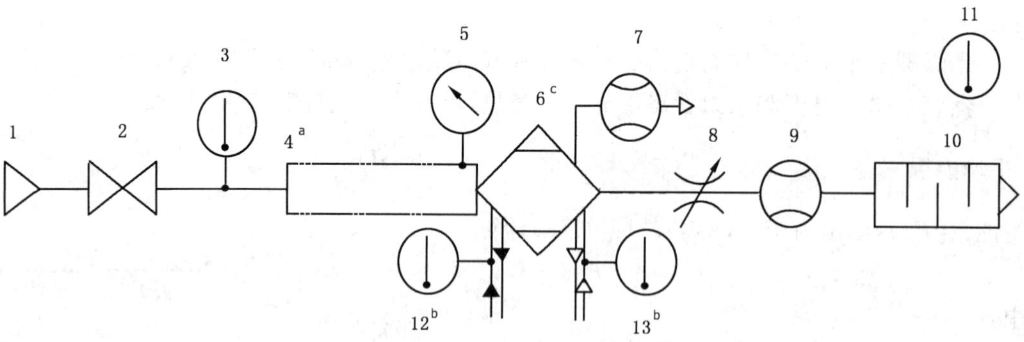

说明：

1——符合条件的压缩空气源；
2——截止阀；
3——进气温度传感器/测量装置；
4——压力测量管；
5——进气压力传感器/测量装置；
6——试验用干燥器；
7——吹洗或吹扫空气流量计；
8——精密调节阀；
9——流量传感器/测量装置；
10——消声器；
11——环境温度传感器/测量装置；
12——冷却水进水温度传感器/测量装置(如果需要)；
13——冷却空气进气温度传感器/测量装置(如果需要)。

[a] 压力测量管参见附录 D。

[b] 如果试验用干燥器带有冷却空气或冷却水供应源，则安装温度测量装置；对于冷冻式干燥器，通常需要配置。

[c] 吹洗空气源会因干燥器形式的不同而不同，所以图中仅是一个示意，表示流量计(7)与吹洗空气相应排放口的连接。

图 3 典型的吹洗空气流量测量试验示意图

吹洗空气损失[V_{PL}，单位为立方米(m^3)]按式(5)计算：

$$V_{PL} = q_{PF} \times t_{PF} \qquad (5)$$

式中：

q_{PF}——吹洗空气流量，单位为立方米每秒(m^3/s)；

t_{PF}——干燥器一个完整工作周期内吹洗所需的总时间，单位为秒(s)。

注：这个公式不适用于非周期性工作的干燥器。

7.5.4 再生式干燥器的空气损失计算

干燥器空气损失流量[q_{AL}，单位为立方米每秒(m^3/s)]按式(6)计算：

$$q_{AL} = V_{sum} / t_{DC} \qquad (6)$$

式中：

V_{sum}——干燥器所有空气损失总和(V_{BL}、V_{PL}和其他任何损失)，单位为立方米(m^3)；

t_{DC}——干燥器工作周期时间，单位为秒(s)。

7.5.5 非再生式干燥器的空气损失

这部分空气从压缩空气系统中损失掉并用作吹扫气，所以干燥器的出口流量小于进口流量。吹扫气流量应按图 3 测量。

7.6 周期变化的处理

7.6.1 概述

某些类型的干燥器，特别是变压和变温吸附式干燥器，实际上是呈周期性变化的。在一个周期内，能量消耗、吹洗空气损失、噪声等的测量值变化很大。

试验时，应当同时记录试验数据的平均值和峰值。这样，干燥器的用户就可以通过平均值计算出长时间运行过程中诸如空气损失和能量消耗等给用户带来的运行成本，使用峰值则可以计算出供电电源的功率等。

7.6.2 参数的平均值(不包括含湿量)

一系列测量值的平均值($\overline{X}$，不包括含湿量/压力露点)按式(7)计算：

$$\overline{X} = (\sum_{i=1}^{n} x_i \times t_i) / t_{\mathrm{TOT}} \qquad (7)$$

式中：

x_i ——在时间间隔 t_i 内的测量值；

t_i ——时间间隔，单位为秒(s)；

t_{TOT} ——总时间，单位为秒(s)；

n ——取样数量，取样数量宜大于30，以获取一个合理的平均计算值。

7.6.3 含湿量的平均值

除最潮湿的压力露点外，还可以取平均压力露点值。如果测取平均压力露点值，应当认识到压力露点与含湿量[例如克每立方米(g/m³)]是非线性关系，需先将压力露点转换成含湿量，再按下面过程计算干燥器一个完整工作周期内的压力露点平均值：

a) 将压力露点(℃)转换为含湿量(g/m³)；

b) 按7.6.2计算平均含湿量；

c) 将平均含湿量转换为压力露点值，这个值就称作平均压力露点(℃)。

温度范围为-100 ℃～0 ℃ 的冰的饱和压力[p_{WS}，单位为帕(Pa)]按式(8)计算：

$$\ln(p_{\mathrm{WS}}) = C_1/T + C_2 + C_3 \times T + C_4 \times T^2 + C_5 \times T^3 + C_6 \times T^4 + C_7 \times \ln T \qquad (8)$$

式中：

T——热力学温度，数值上等于摄氏度值加273.15，单位为开尔文(K)；

$C_1 = -5.674\ 535\ 9 \times 10^{3}$；

$C_2 = 6.392\ 524\ 7$；

$C_3 = -9.677\ 843\ 0 \times 10^{-3}$；

$C_4 = 6.221\ 570\ 1 \times 10^{-7}$；

$C_5 = 2.074\ 782\ 5 \times 10^{-9}$；

$C_6 = -9.484\ 024\ 0 \times 10^{-13}$；

$C_7 = 4.163\ 501\ 9$。

温度范围为0 ℃～200 ℃ 的液态水的饱和压力按式(9)计算：

$$\ln(p_{\mathrm{WS}}) = C_8/T + C_9 + C_{10} \times T + C_{11} \times T^2 + C_{12} \times T^3 + C_{13} \times \ln T \qquad (9)$$

式中：

$C_8 = -5.800\ 220\ 6 \times 10^{3}$；

$C_9 = 1.391\ 499\ 3$；

$C_{10} = -4.864\ 023\ 9 \times 10^{-2}$；

$C_{11} = 4.176\ 476\ 8 \times 10^{-5}$；

$C_{12} = -1.445\ 209\ 3 \times 10^{-8}$；

$C_{13} = 6.545\ 967\ 3$。

式(8)和式(9)中的系数(C_1～C_{13})都来自于Hyland-Wexler公式。

7.7 噪声

干燥器的噪声测量见附录 C。

7.8 节能装置试验

许多干燥器都配备节能装置，形式多种多样。该试验允许通过在不同的额定流量下的试验评价干燥器性能。

干燥器进口流量可以设定为后面的任意值，例如额定流量的 75%、50%、25%或 0%，其他试验参数应当按照表 2 来选取。7.2～7.7 规定的试验应当重复进行。试验结果应予以记录，记录表格参见附录 B。

7.9 仪表精度

试验中使用的仪表精度见表 3。

表 3 仪表精度

参数		范围	精度[a]
压力露点	℃	$-100 \leqslant t_D < -40$	±2
		$-40 \leqslant t_D < -10$	±1
		$t_D \geqslant -10$	±0.5
压力	MPa	$0.05 \leqslant p < 1.6$	0.4 级
压差	kPa	—	±1.00
温度	℃	0 ～ 100	±1
流量	m^3/min	—	±3%
功率	W	—	±1%
水流量计	L/min	—	±5%

[a] 在试验条件下。

所有与电相关的仪表的精度应当为读数的 2%。

8 不确定性

注：按照本条款通常不需要做概率误差计算。

由于物理测量的特性，不可能测量一个物理量而没有误差，或者说事实上确定任何一项特定测量的真实误差是不可能的。然而，如果测量条件充分已知，则可能估算出或者计算出所测值与真值间的特性偏差，因而能以一定的置信度断定其真实误差小于此偏差，此偏差的值(通常是 95%的置信度)就成为该特定测量精度的判断指标。

假定测量各独立量和气体特性时，可能产生的系统误差可以通过修正补偿。如果读数的数量足够多，还可进一步假定，读数的置信限和积累误差可以忽略不计。

可能产生的(小的)系统误差包含在测量的不精确度中。

由于除例外情况外(例如电器传感器)，各独立测量的不确定度仅仅是精度级和极限误差的几分之一，所以经常采用精度级和极限误差来确定这种不确定度。

有关确定各独立测量的不确定度和各气体特性置信限的数据都是一些近似值，依照 ISO 2602 和 GB/T 4889 改善这些近似程度则耗费巨大。

9 试验报告

9.1 说明

应在标准状态并至少在表 2 的规定工况下测量性能参数。试验结果应包括试验条件下测量获得的试验数据。

9.2 性能数据

性能数据至少包含以下参数：

a) 额定流量下的压力露点。

b) 压降。

c) 压缩空气损失。

d) 能量消耗。

e) 干燥器的运行噪声声压级，对吸附式干燥器还包括：

——排放空气声压级；

——吹洗空气声压级。

f) 冷却水回路的压降。

g) 冷却水的额定流量。

试验报告格式参见附录 B。

附 录 A
（资料性附录）
压缩空气干燥器类型

A.1 吸附式干燥器

吸附式干燥器是通过分子的引力和吸附力吸收压缩空气中的气态或液态水分子到固体表面的压缩空气干燥器。吸附剂可以通过去除吸附的水分而再生。吸附式干燥器可分为：

a) 无热再生干燥器

无热再生干燥器是利用一股未经加热的气流通过吸附剂使其再生的一种吸附式干燥器。流经吸附剂载体的空气可以是膨胀并预先干燥过的压缩空气，也可以是通过鼓风机或真空装置引入的环境空气。

b) 有热再生干燥器

有热再生干燥器是利用被加热的空气通过吸附剂使其再生的一种吸附式干燥器。提供的热量可以通过电加热装置、蒸汽流或热交换器来获得。加热装置可以设置在吸附剂载体内部或外部。流经吸附剂载体的空气可以是膨胀并预先干燥过的压缩空气，也可以是通过鼓风机或真空装置引入的环境空气。

c) 压缩热式干燥器

压缩热式干燥器是使用进入后冷却器之前的热压缩空气来使吸附剂获得再生的一种吸附式干燥器。当热的压缩空气使吸附剂获得再生之后，在没有吹洗空气损失的情况下被冷却和干燥。

A.2 渗膜式干燥器

渗膜式干燥器是由能渗透水蒸气和部分空气的半透膜组成的压缩空气干燥器。选用的这种膜可以促使水分扩散，而阻止压缩空气中的其他气体分子通过。经过膜扩散的水蒸气通过膜外层保护外壳上的排气通道排向大气。通常，将收集到的水蒸气排向大气时，要使用少量被称之为吹扫气的干燥压缩空气。

A.3 冷冻式干燥器（包括通过冷却干燥）

冷冻式干燥器是通过冷却冷凝的方式去除水蒸气的压缩空气干燥器。水蒸气冷凝后凝结在冷却表面，随后被分离、排出。出口处的相对湿度低于100%，为防止冷却表面有水冻结，冷冻式干燥器的压力露点通常设计成高于0 ℃。

附 录 B
（资料性附录）
干燥器性能试验报告格式

表 B.1 干燥器性能试验报告格式[a]

序号	参数	记录值				单位
1	用户					—
2	干燥器类型					—
3	型号					—
4	序列号					—
5	其他需说明的规格参数	选配件等				—
6	安装要求					—
7	电源		相	V	Hz	—
8	压缩空气连接	接口尺寸与类型				—
9	冷却水连接	接口尺寸与类型				—
10	正常运行需要的辅助元器件	例如，外接过滤器、附加的热交换器、风扇等				—
11	仪表及辅件	例如，压力表，指示灯等				—
12	规定工况(值)(根据需要)	A1	A2	B		—
13	稳定时间					h
14	试验时间					h
15	环境温度					—
16	环境相对湿度					—
17	平均结果					
	压缩空气进口流量					m^3/min
	额定流量的百分比					%
	压缩空气进口温度					℃
	压缩空气进口压力					MPa(g)
	冷却水进口温度					℃
	冷却空气进口温度					℃
	冷却水流量					L/min
	冷却水压降					kPa
				峰值[b]	平均值	
	压缩空气出口压力露点					℃
	压缩空气出口温度					℃
	是否包括过滤器			□是	□否	

表 B.1（续）

序号	参数	记录值			单位
	干燥器或过滤器压降				kPa
	能量需求	如电和蒸汽			kW
	电流				A
	压缩空气损失	吹洗气量、排放损失或吹扫气			m^3/min
	噪声等级	GB/T 4980			dB(A)
18	测试人员				
19	日期、签名				

[a] 当做部分载荷试验时，每次负载试验使用一张记录表格。

[b] 见 7.2。

附 录 C
（规范性附录）
噪声测试

C.1 通则

A 计权声压级的测试应在干燥器的一个完整工作周期或稳定工况内进行。干燥器的噪声测试应按照 GB/T 4980 进行。

噪声测试在额定的进口压力、流量和温度条件下进行。

如果提供降噪设备作为干燥器的标准配置(例如,冷冻式干燥器的隔声罩),那么在噪声测试试验期间应当使用。使用可选择的设备测得的试验结果不建议记录在标准试验结果中,而建议单独记录并描述清楚。

C.2 载荷条件和安装条件

除非特殊指定并记录在附录 B 中,否则,噪声测量的载荷和安装条件应按下面的要求:

a) 冷冻式干燥器:干燥器应在满负荷条件下运行。干燥器应安装在推荐使用的坚硬地面上;

b) 吸附式干燥器:干燥器应调整在吹洗或排放周期内运行。干燥器应安装在推荐使用的固定的安装支架上或坚硬地面上,排放空气时的噪声应测量并单独记录,它不应包含在正常工作时的平均噪声值中;

c) 渗膜式干燥器:干燥器应在满负荷条件下运行。干燥器应安装在推荐使用的固定的安装支架上。

附　录　D
（资料性附录）
压力、温度及露点测量位置说明

A.1　干燥器进气压力和排气压力测点设在距干燥器进气和排气法兰一个管直径处。压力表用引压管通过缓冲器与测压点连接。缓冲器最小容积为5 L，直径至少为高度的1/4，引压管最小内直径为6 mm，可以增大缓冲器或加长引压管以消除测量的压力波动。

A.2　干燥器压降测量时，测点同压力测点。

A.3　干燥器进气温度和排气温度测点设在距干燥器进气和排气法兰两个管直径处，参见图D.1。

A.4　干燥器出口压力露点测点宜在测温点处；如果受试验条件限制，可选取距干燥器出口最近测点。

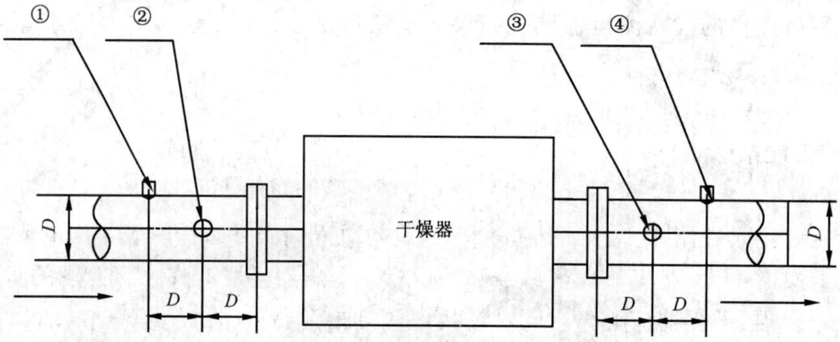

说明：
①——进气温度测点；
②——进气压力测点；
③——排气压力测点；
④——排气温度测点。

图 D.1　压力、温度、露点测点示意图

附　录　E
（资料性附录）
本部分与 ISO 7183:2007 的技术性差异及其原因

表 E.1 给出了本部分与 ISO 7183:2007 的技术性差异及其原因的一览表。

表 E.1　本部分与 ISO 7183:2007 的技术性差异及其原因

本部分的章条编号	技术性差异	原因
2	引用了适合我国实情的我国标准	适合我国国情
3	删除了 ISO 7183:2007 对于吸收、实际水蒸气压力、吸附、干燥剂、露点、压力露点、干燥器、峰值、渗透、吹洗空气流、再生、相对湿度、饱和蒸汽压力、吹扫气等 14 个术语的定义	我国的标准 JB/T 7664 已包含这些术语的定义
7.9	仪表对于压力精度的要求改为 0.4 级	符合我国实际情况，与我国对压力表精度要求一致
附录 A	删除对吸收式干燥器的定义	我国的标准 JB/T 7664 已包含该术语的定义
附录 B	删除 ISO 9614-2 测量噪声的方法	只保留 ISO 3744，该方法和我国压缩机噪声测量一致
附录 C	删除 ISO 9614-2 测量噪声的方法	只保留 ISO 3744，该方法和我国压缩机噪声测量一致
附录 D	删除了原 ISO 7183 的附录 D(资料性附录) 压力管测量部分，增加了附录 D(资料性附录)压力、温度及露点测量位置说明	这主要考虑原附录不能明确给出测点位置，新增加的附录对温度、压力测量点进行了详细规定，便于对不同的压缩空气干燥器进行考核和比较

ICS 29.035.01
K 15

中华人民共和国国家标准

GB/T 11026.2—2012/IEC 60216-2:2005
代替 GB/T 11026.2—2000

电气绝缘材料　耐热性 第2部分:试验判断标准的选择

Electrical insulating materials—Thermal endurance properties—Part 2:Choice of test criteria

(IEC 60216-2:2005,Electrical insulating materials—Thermal endurance properties—Part 2:Determination of thermal endurance properties of electrical insulating materials—Choice of test criteria,IDT)

2012-12-31 发布　　2013-06-01 实施

中华人民共和国国家质量监督检验检疫总局
中国国家标准化管理委员会　发布

前言

GB/T 11026《电气绝缘材料　耐热性》分为六部分：

——第1部分：老化程序和试验结果的评定；

——第2部分：试验判断标准的选择；

——第3部分：计算耐热特征参数的规程；

——第4部分：老化烘箱　单室烘箱；

——第5部分：老化烘箱　温度达300 ℃的精密烘箱；

——第6部分：老化烘箱　多室烘箱。

本部分为GB/T 11026的第2部分。

本部分按照GB/T 1.1—2009给出的规则起草。

本部分代替GB/T 11026.2—2000《确定电气绝缘材料耐热性的导则　第2部分：试验判断标准的选择》，与GB/T 11026.2—2000相比主要技术变化如下：

——修改标准名称，将"确定电气绝缘材料耐热性的导则"修改为"电气绝缘材料　耐热性"。

——前言中增加了"第6部分：老化烘箱　多室烘箱"。

——修改了第2章规范性引用文件。

——第4章内容融合GB/T 11026.2—2000的第4章和第5章的内容。

——表1删除了试样尺寸列；硬质材料A中删除"可聚合树脂复合物"；删除"硬质材料C"；"弹性体和可延伸的热塑性材料"改为"弹性体"；增加"树脂基复合物"；浸渍复合物和清漆由"浸渍树脂复合物、热固化漆"改为"不饱和聚酯基浸渍树脂环氧基浸渍树脂、未填充聚氨酯浸渍树脂、未热加工的浸渍漆"；导体上的绝缘由"电磁线、电缆绝缘(挤出型)、铜导体上的粘结铂"改为"漆包绕组线"(2000版的表1)。

——删除了GB/T 11026.2—2000第4章中的"注"(2000版的第4章)。

——附录A中将"弹性体和可延伸的热塑性材料"改为"弹性体"；半硬质片状材料中增加了"弹性模量"说明；增加"塑料薄膜"；将"涂覆粉末"和"涂覆漆"合为"涂覆化合物"；增加"树脂基复合物"(2000版的附录A)。

——增加附录NA与规范性引用文件中国际标准有对应关系的国家标准(见附录NA)。

本部分使用翻译法等同采用IEC 60216-2:2005《电气绝缘材料　耐热性　第2部分：确定电气绝缘材料耐热性的导则　试验判断标准的选择》。

与本部分中规范性引用文件有一致性对应关系的我国文件如下：

——GB/T 1043.1—2008　塑料　简支梁冲击性能的测定　第1部分：非仪器化冲击试验(ISO 179-1:2000,IDT)

——GB/T 1408.1—2006　绝缘材料电气强度试验方法　第1部分：工频下试验(IEC 60243-1:1998,IDT)

——GB/T 1539—2007　纸板耐破度的测定(ISO 2759:2001,IDT)

——GB/T 4074.7—2009　绕组线试验方法　第7部分：测定漆包绕组线温度指数的试验方法(IEC 60172:1987,IDT)

——GB/T 11026.1—2003　电气绝缘材料　耐热性　第1部分：老化程序和试验结果的评定(IEC 60216-1:2001,IDT)

——GB/T 11026.3—2006　电气绝缘材料　耐热性　第3部分：计算耐热特征参数的规程

(IEC 60216-3:2002,IDT)

——GB/T 11028—1999 测定浸渍剂对漆包线基材粘结强度的试验方法 (eqv IEC 61033:1991)

与 IEC 60216-2:2005 相比本部分做了下列编辑性修改:

——由于第 2 章引用的所有部分的 IEC 和 ISO 标准与国家标准并非一一对应关系,为了便于使用,增加了资料性附录 NA。

本部分由中国电器工业协会提出。

本部分由全国电气绝缘材料与绝缘系统评定标准化技术委员会(SAC/TC 301)归口。

本部分起草单位:机械工业北京技术经济研究所、深圳市华测检测技术股份有限公司、桂林电器科学研究院。

本部分主要起草人:刘亚丽、郭丽平、万峰、戴煦、于龙英。

本标准代替的历次版本发布情况为:

——GB/T 11026.2—2000。

电气绝缘材料　耐热性
第2部分:试验判断标准的选择

1　范围

GB/T 11026 的本部分规定了确定耐热性特征值测试标准的选用导则。它包括已公布的方法的清单,该清单并非完全。

2　规范性引用文件

下列文件对于本文件的应用是必不可少的。凡是注日期的引用文件,仅注日期的版本适用于本文件。凡是不注日期的引用文件,其最新版本(包括所有的修改单)适用于本文件。

IEC 60172　测定漆包绕组线温度指数的试验方法(Test procedure for the determination of the temperature index of enamelled winding wires)

IEC 60216-1　电气绝缘材料　耐热性　第1部分:老化程序和试验结果的评定(Electrical insulating materials—Thermal endurance properties—Part 1:Ageing procedures and evaluation of test results)

IEC 60216-3　电气绝缘材料　耐热性　第3部分:计算耐热特征参数的规程(Electrical insulating materials—Thermal endurance properties—Part 3: Instructions for calculating thermal endurance characteristics)

IEC 60243-1　绝缘材料电气强度试验方法　第1部分:工频下试验(Electrical strength of insulating materials—Test methods—Part 1:Tests at power frequencies)

IEC 60317(所有部分)　特殊类型绕组线规范(Specifications for particular types of winding wires)

IEC 60370　绝缘漆耐热性试验规程　电气强度法(Test procedure for thermal endurance of insulating varnishes—Electric strength method)

IEC 60371(所有部分)　以云母为基的绝缘材料规范(Specification for insulating materials based on mica)

IEC 60394(所有部分)　电工用浸渍织物(Varnished fabrics for electrical purposes)

IEC 60450　新的和老化后的纤维素电气绝缘材料粘均聚合度的测量(Measurement of the average viscometric degree of polymerization of new and aged cellulosic electrically insulating materials)

IEC 60454(所有部分)　电工用压敏粘带规范(Specifications for pressure-sensitive adhesive tapes for electrical purposes)

IEC 60455(所有部分)　电气绝缘用无溶剂可聚合树脂复合物规范(Resin based reactive compounds used for electrical insulation)

IEC 60464(所有部分)　电气绝缘漆(Varnishes used for electrical insulation)

IEC 60554(所有部分)　电工用纤维素纸规范(Specification for cellulosic papers for electrical purposes)

IEC 60626(所有部分)　电气绝缘用柔软复合材料(Combined flexible materials for electrical insulation)

IEC 60641(所有部分) 电工用纸板和薄纸板规范(Specification for pressboard and presspaper for electrical purposes)

IEC 60667(所有部分) 电工用钢纸规范(Specification for vulcanized fibre for electrical purposes)

IEC 60673(所有部分) 层合纸板规范(Specification for laminated pressboard)

IEC 60674(所有部分) 电气用塑料薄膜规范(Specification for plastic films for electrical purposes)

IEC 60684(所有部分) 绝缘软管规范(Flexible insulating sleeving)

IEC 60819(所有部分) 电工用非纤维素纸规范(Non-cellulosic papers for electrical purposes)

IEC 60893(所有部分) 绝缘材料 电工用热固性树脂工业硬质层压板(Insulating materials—Industrial rigid laminated sheets based on thermosetting resins for electrical purposes)

IEC 61033 测定浸渍剂对漆包线基材粘结强度的试验方法(Test methods for the determination of bond strength of impregnating agents to an enamelled wire substrate)

ISO 37 硫化或热塑橡胶 拉伸应力应变性能测试(Rubber,vulcanized or thermoplastic—Determination of tensile stress-strain properties)

ISO 178 塑料 弯曲性能测试(Plastics—Determination of flexural properties)

ISO 179-1 塑料 简支梁冲击性能的测定 第1部分:非仪器化冲击试验(Plastics—Determination of charpy impact properties—Non-instrumented impact test)

ISO 527-2 塑料 拉伸性能测定 浇注和挤出塑料的试验条件(Plastics—Determination of tensile properties—Test conditions for moulding and extrusion plastics)

ISO 527-3 塑料 拉伸性能测定 薄膜和薄片的试验条件(Plastics—Determination of tensile properties—Test conditions for films and sheets)

ISO 1520 涂料和漆 杯突试验(Paints and varnishes—Cupping test)

ISO 1924(所有部分) 纸和纸板 拉伸性能的测定(Paper and board—Determination of tensile properties)

ISO 2759 纸板耐破度的测定(Board—Determination of bursting strength)

ISO 8256 塑料 拉伸冲击强度的测定(Plastics—Determination of tensile-impact strength)

3 一般考虑

电气绝缘材料的耐热性确定已在 IEC 60216-1,IEC 60216-3 中叙述。IEC 60216-1 给出将试样老化以及确定选作试验判断标准的性能逐渐劣化的试验细则。IEC 60216-3 给出了评定试验数据的详细程序。本部分是关于试验性能和终点水平的选择。

材料的耐热性能不能由一个简单的数字来充分代表,而至少应由下列两个来表示:

——温度指数 TI(或相对温度指数 RTI);

——半差 HIC。

即使如此,这些数值很大程度上与被选择的性能和终点有关,且也可能与试样尺寸特别是厚度有关。

如 IEC 60216-1 所述,选择的性能应反映材料在其使用中的功能。

4 选择性能和终点的导则

当一个特定的绝缘材料有国际规范时,在这个规范中所要求的性能和终点应被用来确定必须满足该规范要求的耐热性特征值。见 IEC 出版物最新版本中关于规范的最新一览表。

对于选择性能和终点，表 1 提供了必要的信息。在附录 A 中给出了进一步的建议。对于评定耐热特征值，常使用性能起始值的 50%作为终点。

由于考虑到耐热性试验的昂贵价格，常常选择单一性能和终点来给出代表一个材料的耐热性性能的结果。但这个数据很可能不是对材料所有的使用场合都是适当的。在这种情况下应选择更合适于材料应用及功能的另一个判断标准，例如初始值的 50%的终点没有重要意义。在该种情况下被考虑作为有用的另一个终点也在表 1 中指出。

为了方便起见，表 1 是按材料显而易见的机械或化学性能分组的。附录 A 解释了每一组的主要情况，这有助于将来未例入表中的材料分项到合适的组中去。

表 1　绝缘材料及所推荐的性能和终点举例

1	2	3	4			5
绝缘材料	材料规范标准	推荐的性能	推荐的终点			测试方法标准
			优先	辅助的[e]	型式[a]	
硬质材料 A						
硬质层压板	IEC 60893					
硬化纤维制品	IEC 60667	弯曲强度	50%	25%;75%	R	ISO 178
预浸纤维制品		1 min 耐电压试验	6 kV	3 kV;10 kV	A	ISO 179-1
（预浸料）		质量损失	5%	3%;10%	L	
硬质云母或云母纸制品	IEC 60371					
硬质材料 B						
增强/填充的热固性塑料	—	弯曲强度	50%	25%;75%	R	ISO 178
和浇注绝缘	—	拉伸强度	50%	25%;75%	R	ISO 527-2
增强/填充的热塑性塑料	—	质量损失	3%	5%;75%	L	IEC 60455-2
和浇注绝缘	—	冲击强度	50%	25%;75%	R	ISO 179-1
		击穿电压	50%	25%;75%	R	IEC 60243-1
硬质材料 C						
未填充的热固性塑料	—	弯曲强度	50%	25%;75%	R	ISO 178
和浇注绝缘	—	拉伸强度	50%	25%;75%	R	ISO 527-2
未填充的热塑性塑料	—	质量损失	3%	5%;10%	L	IEC 60455-2
和浇注绝缘[d]	—	冲击强度	50%	25%;75%	R	ISO 8256
		击穿电压	50%	25%;75%	R	IEC 60243-1
弹性体						
天然或人造硫化橡胶	—	100%伸长时的拉伸	50%	25%;75%	R	ISO 37
及其组合物	—	应力				
聚烯烃包括交联聚乙烯	—	断裂伸长率[b]	50%	25%;75%	R	ISO 37
硅橡胶	—	击穿电压	50%	25%;75%	R	IEC 60243-1
半硬质薄片材料						
纸板和层压纸	IEC 60641	耐破度	50%	25%;75%	R	ISO 2759
层合纸板	IEC 60763	横向/纵向拉伸强度	50%	25%;75%	R	ISO 1924

表 1（续）

1	2	3	4			5
绝缘材料	材料规范标准	推荐的性能	推荐的终点			测试方法标准
			优先	辅助的[e]	型式[a]	
纸、纸基的或编织物材料（玻璃纤维增强除外）						
纤维素纸(各类)	IEC 60554	拉伸强度	50%	25%;75%	R	IEC 60394
非纤维素的纸类材料	IEC 60819	粘均聚合度	50%	25%;75%	R	IEC 60450
漆纸	—	击穿电压	50%	25%;75%	R	IEC 60370
漆布	—					
压敏粘带						
纸为底材的粘带	IEC 60454	击穿电压	1.0 kV		A	IEC 60454-2
玻璃布为底材的粘带	IEC 60454	质量损失	10%	5%;20%	L	IEC 60454-2
(塑料薄膜为底材的粘带见下一组)						
柔软薄膜和薄膜为底材的材料						
塑料薄膜	IEC 60674	拉伸强度	30%	10%;50%	R	ISO 527-3
		断裂伸长率	2%	1%;4%	A	ISO 527-3
压敏粘合薄膜带	IEC 60454	击穿电压	2.5 kV	1 kV;4 kV	A	IEC 60454-2
		质量损失	10%	5%;20%	L	IEC 60454-2
绝缘软管						
挤出非收缩管	IEC 60684	断裂伸长率	50%	25%;75%[c]	R	IEC 60684-2
挤出热收缩管	IEC 60684	100%伸长时的拉伸应力	2倍起始值		R	IEC 60684-2
涂覆的或浸渍的纺织物软管	IEC 60684					
涂覆玻璃纤维软管	IEC 60684	击穿电压	50%	25%;75%	R	IEC 60684
柔软复合材料						
柔软复合材料	IEC 60626	拉伸强度	50%	25%;75%	R	ISO 1924
柔软叠层材料	—	击穿电压	50%	25%;75%	R	IEC 60243-1
增强柔软云母材料	IEC 60371					
树脂基复合物（嵌入复合物、灌封复合物、封装复合物）						
未填充环氧树脂的复合物	IEC 60455	弯曲强度	50%	3%;5%	R	ISO 178
	IEC 60455	质量损失	10%	5%;10%	L	
填充环氧树脂的复合物	—	质量损失	3%			
未填充聚氨酯的复合物	IEC 60455	弯曲强度	50%		R	ISO 178
填充聚氨酯的复合物	IEC 60455					

表 1（续）

1	2	3	4			5
绝缘材料	材料规范标准	推荐的性能	推荐的终点			测试方法标准
			优先	辅助的[e]	型式[a]	
浸渍复合物和清漆						
不饱和聚酯基浸渍树脂	IEC 60455	粘结强度	22 N	—	A	IEC 61033
环氧基浸渍树脂、未填充	—	耐压试验	0.3 kV～1.2 kV	—	A	IEC 60172
聚氨酯浸渍树脂、	—	击穿电压	3 kV	—	A	IEC 60455-2
未热加工的浸渍漆	IEC 60464	质量损失	10%	—	L	IEC 60455-2
		弯曲强度	50%	—	R	ISO 178
涂覆复合物						
涂覆纸	IEC 60455	质量损失	10%	5%;15%	L	IEC 60455-2
		击穿电压	3 kV	—	A	IEC 60455-2
	—	击穿电压	3 kV	1 kV;5 kV	A	IEC 60370
可熔绝缘材料	—	柔软性的减少	压凹 1 mm	0.5 mm	A	ISO 1520
增塑溶胶和有机溶胶						
导体上的绝缘						
漆包绕组线	IEC 60317	耐压试验	0.3 kV～1.2 kV	—	A	IEC 60172

第 1 列中列出被试材料组，参见附录 A。

如果在第 2 列中列出各个材料规范中，已经规定了性能（一个或几个）、终点（一个或几个）和试验方法（一个或几个），则服从这些规定。若未规定一种材料规范或者测试条件，则应从推荐的几个性能和几个终点中选择适合于材料应用的性能和终点。

第 5 列中的试验方法，如果已被 IEC 或 ISO 有关标准所规定，则表示这些试验方法已被该 IEC 或 ISO 出版物所确定。然而，当耐热性数据特别是用于设计用途时，则使用本国的其他性能或特别研究的试验方法可能更有用。

注：在这里所列某些材料可被分到不同的组里。在个别情况下，根据 IEC 60216-1 的确定耐热性特征值的试验可能不适合于表中列出的材料。

[a] 在第 4 列“推荐终点”中的百分数或其他数值，应按照字母作如下解释：
R 为“retention（保持）”这个词的缩写（例如：若拉伸强度的起始值是 60 MPa，则 25% 为 15 MPa，50% 为 30 MPa）。
L 为“loss of mass end-points（质量损失终点）”的缩写，应理解为相对于原始的有机材料含量的质量减少的百分数（由 500 ℃左右燃烧来测定）。
A 为按照 IEC 60216-1 的 5.2 的 b）项终点绝对值的缩写。

[b] 该性能可能不总是可以作为评判指标，因为在一些使用情况下，一旦材料被应用到一定程度，它将不再能承受拉伸。

[c] 断裂拉伸率可能不是对所有类型的玻璃纤维软管都适用。

[d] 当观察到热塑性模制绝缘的试样厚度有过多的减少时（例如：由于热塑流动），则击穿电压试验不适用。

[e] 辅助终点只是在特殊情况下才使用，即优先采用的终点不能对材料的特殊应用给出合适的数据时才使用。

附　录　A
（资料性附录）
新的或未知的材料被指定在某一组中的提示信息

由于不可能列出所有的绝缘材料其耐热性试验的优先诊断特性，因此表1指出了每一组的典型代表。分组主要是以材料的显著的机械和化学特性为基础的，然而，材料的供货形式、外观或其主要应用场合也给各组提供了附加的信息。新材料或未知材料应被指定在某一组中以便能选择合适的性能和终点。

a)　硬质材料

硬质材料典型特性是弹性模量大于700 MPa。

A组材料和B组、C组的热固性材料多以板材或片材的形式供货，它们都是从细颗粒模制或压制而得，或从二组分或多组分的复合物压制而得。

硬质热塑性材料以挤出塑板或其他半成品形式供货，也可以由细颗粒经注塑法模制成预制件。

b)　弹性体

这组材料是由天然橡胶、合成橡胶材料或热塑性弹性体组成以满足性能。天然的或合成的橡胶组分应合理调配，例如磨、硫化等，压制或者轧光成最终形式。热塑性弹性体通常是注射或吹塑进入预制件。弹性材料常适用于预制成某一个电工产品的某一特定部件。在这一部件中，耐热冲击性和密封性是重要的材料特性。

c)　半硬质片状材料

该组材料大部分以片材形式供货，但也可以窄条形式供货。这组材料的弹性模量在70 MPa～700 MPa之间。它们可以进行打孔或者非破坏性的折叠。厚纸板和薄纸板的厚度范围为0.1 mm～5.0 mm。层压纸板的厚度可到200 mm。这些材料通常用于槽绝缘。

d)　纸、纸基的或织造材料

该组材料通常以成卷形式供货，其厚度范围为0.01 mm～0.5 mm。浸渍棉布或玻璃布被指定为“织造材料”；漆可以由各种不同的涂料包括有机硅所组成。这一组材料的重要用途是用作包绕绝缘，如线圈。

e)　压敏粘带(PSA带)

由于粘合剂可以影响老化试样的性能和制备，因此这些材料形成一个独立的组。由于底材决定了老化和诊断，因此最好根据带是纸为底材还是织物或薄膜为底材详细地考虑耐热性实验的细则。在考虑它们的诊断性能时，以薄膜为底材的PSA带是与纯薄膜相似的。

f)　塑料薄膜

这组材料由宽范围的有不同性能的独特产品组成，它们也具有多种用途。其厚度范围为0.002 mm～0.35 mm。透明度是薄膜一个重要方面，对于特定的用途经常使用不同的颜色。

g)　绝缘软管

该组材料是以连续的或切成一定长度的管状供货。它们通常使用在很广泛的应用范围，因此，有很多不同的组成和尺寸。这直接关系到老化和诊断。

h)　柔软复合材料

该组材料以片材，带或整幅成卷形式供货。供货形式可能不代表最终的使用形式。在大多数情况下，还需要附加的加工程序如卷绕和固化、切片、冲压、折叠等。热老化试验的试样应做成代表所要做成的部件或产品的形状或结构。

i)　树脂基复合物（嵌入复合物、灌封复合物、封装复合物）

嵌入复合物：

复合物被浇注进入一个模具完全包覆电力或者电子器件。加工后,再从包覆器件上移除模具。

灌封复合物:

复合物被浇注进入一个模具完全包覆电力或者电子器件。加工后,模具留在包覆器件中作为一个永久部件。

封装复合物:

不用模具加工复合物,而是通过适当的方法,例如轧光、浸渍、喷雾或者涂覆将复合物装入电力或电子器件中,作为护套或绝缘。

j) 浸渍复合物或漆

复合物和漆容器装的液体状态供货。它们可能为无机溶剂或者有机溶剂。树脂复合物常以两个分开的活性组分供货,当其使用和固化之间两组份必须混合。该组产品适用于提供充分的浸渍甚至可浸渍细的导线绕组。

k) 涂覆化合物

涂覆化合物不是以粉末就是以液体形式供货。热塑性粉末或化学活性树脂能用于涂覆工艺中,如流化床技术、粉末喷雾或者静电涂覆。通常,粉末用于温度超过粉末熔点或固化点的物体上。为最终固化,许多涂层需要加后热处理。涂层厚度通常较厚,达 0.5 mm。

可熔解绝缘材料,塑料溶胶或有机溶胶通常以液体形式供货。涂层的性能取决于给金属元件提供足够完整的涂层以保证绝缘和保护的能力。某些材料在室温下可以固化。

l) 被绝缘的导电元件

该组产品是复合的,且应考虑为预制件。虽然耐热性可以由绝缘决定,但其性能取决于整个组成。因此,这样的复合组件应承受特别的热老化试验,并采用与所用的技术功能相关的诊断和终点。

附　录　NA
（资料性附录）
与规范性引用文件中国际标准有对应关系的国家标准

第2章中引用的国际标准中引用所有部分的国际标准，本部分将与该国际标准有对应关系的国家标准一并列出，见表NA.1。

表NA.1　与规范性引用文件中国际标准有对应关系的国家标准

序号	引用的国际标准	有对应关系的国家标准	现行国家标准	与国际标准的关系
1	IEC 60317（所有部分）特殊类型绕组线规范	GB/T 6109　漆包圆绕组线	GB/T 6109.1—2008　漆包圆绕组线　第1部分：一般规定	IEC 60317-0-1:2005,IDT
			GB/T 6109.2—2008　漆包圆绕组线　第2部分：155级聚酯漆包铜圆线	IEC 60317-3:2004,IDT
			GB/T 6109.3—2008　漆包圆绕组线　第3部分：120级缩醛漆包铜圆线	IEC 60317-12:1990,IDT
			GB/T 6109.4—2008　漆包圆绕组线　第4部分：130级直焊聚氨酯漆包铜圆线	IEC 60317-4:2000,IDT
			GB/T 6109.5—2008　漆包圆绕组线　第5部分：180级聚酯亚胺漆包铜圆线	IEC 60317-8:1997,IDT
			GB/T 6109.6—2008　漆包圆绕组线　第6部分：220级聚酰亚胺漆包铜圆线	IEC 60317-7:1997,IDT
			GB/T 6109.7—2008　漆包圆绕组线　第7部分：130L级聚酯漆包铜圆线	IEC 60317-34:1997,IDT
			GB/T 6109.9—2008　漆包圆绕组线　第9部分：130级聚酰胺复合直焊聚氨酯漆包铜圆线	IEC 60317-19:2000,IDT
			GB/T 6109.10—2008　漆包圆绕组线　第10部分：155级直焊聚氨酯漆包铜圆线	IEC 60317-20:2000,IDT
			GB/T 6109.11—2008　漆包圆绕组线　第11部分：155级聚酰胺复合直焊聚氨酯漆包铜圆线	IEC 60317-21:2000,IDT
			GB/T 6109.12—2008　漆包圆绕组线　第12部分：180级聚酰胺复合聚酯或聚酯亚胺漆包铜圆线	IEC 60317-22:2004,IDT
			GB/T 6109.13—2008　漆包圆绕组线　第13部分：180级直焊聚酯亚胺漆包铜圆线	IEC 60317-23:2000,IDT
			GB/T 6109.14—2008　漆包圆绕组线　第14部分：200级聚酰胺酰亚胺漆包铜圆线	IEC 60317-26:1990,IDT

表 NA.1（续）

序号	引用的国际标准	有对应关系的国家标准	现行国家标准	与国际标准的关系
1	IEC 60317（所有部分）特殊类型绕组线规范	GB/T 6109 漆包圆绕组线	GB/T 6109.15—2008 漆包圆绕组线 第15部分：130级自粘性直焊聚氨酯漆包铜圆线	IEC 60317-2:2000,IDT
			GB/T 6109.16—2008 漆包圆绕组线 第16部分：155级自粘性直焊聚氨酯漆包铜圆线	IEC 60317-35:2000,IDT
			GB/T 6109.17—2008 漆包圆绕组线 第17部分：180级自粘性直焊聚酯亚胺漆包铜圆线	IEC 60317-36:2000,IDT
			GB/T 6109.18—2008 漆包圆绕组线 第18部分：180级自粘性聚酯亚胺漆包铜圆线	IEC 60317-37:2000,IDT
			GB/T 6109.19—2008 漆包圆绕组线 第19部分：200级自粘性聚酰胺酰亚胺复合聚酯或聚酯亚胺漆包铜圆线	IEC 60317-38:2000,IDT
			GB/T 6109.20—2008 漆包圆绕组线 第20部分：200级聚酰胺酰亚胺复合聚酯或聚酯亚胺漆包铜圆线	IEC 60317-13:1997,IDT
			GB/T 6109.21—2008 漆包圆绕组线 第21部分：200级聚酯-酰胺-亚胺漆包铜圆线	IEC 60317-42:1997,IDT
			GB/T 6109.22—2008 漆包圆绕组线 第22部分：240级芳族聚酰亚胺漆包铜圆线	IEC 60317-46:1997,IDT
			GB/T 6109.23—2008 漆包圆绕组线 第23部分：180级直焊聚氨酯漆包铜圆线	IEC 60317-51:2001,IDT
		GB/T 7095 漆包铜扁绕组线	GB/T 7095.1—2008 漆包铜扁绕组线 第1部分：一般规定	IEC 60317-0-2:2005,IDT
			GB/T 7095.2—2008 漆包铜扁绕组线 第2部分：120级缩醛漆包铜扁线	IEC 60317-18:2004,IDT
			GB/T 7095.3—2008 漆包铜扁绕组线 第3部分：155级聚酯漆包铜扁线	IEC 60317-16:1990,IDT
			GB/T 7095.4—2008 漆包铜扁绕组线 第4部分：180级聚酯亚胺漆包铜扁线	IEC 60317-28:1990,IDT
			GB/T 7095.5—2008 漆包铜扁绕组线 第5部分：240级芳族聚酰亚胺漆包铜扁线	IEC 60317-47:1997,IDT
			GB/T 7095.6—2008 漆包铜扁绕组线 第6部分：200级聚酯或聚酯亚胺/聚酰胺酰亚胺复合漆包铜扁线	IEC 60317-29:1990,IDT
		GB/T 7672 玻璃丝包绕组线	GB/T 7672.1—2008 玻璃丝包绕组线 第1部分：玻璃丝包铜扁绕组线 一般规定	IEC 60317-0-4:2006,IDT

表 NA.1(续)

序号	引用的国际标准	有对应关系的国家标准	现行国家标准	与国际标准的关系
1	IEC 60317(所有部分)特殊类型绕组线规范	GB/T 7672 玻璃丝包绕组线	GB/T 7672.3—2008 玻璃丝包绕组线 第3部分:155级浸漆玻璃丝包铜扁线和玻璃丝包漆包铜扁线	IEC 60317-32:1990,IDT
			GB/T 7672.4—2008 玻璃丝包绕组线 第4部分:180级浸漆玻璃丝包铜扁线和玻璃丝包漆包铜扁线	IEC 60317-31:1990,IDT
			GB/T 7672.5—2008 玻璃丝包绕组线 第5部分:200级浸漆玻璃丝包铜扁线和玻璃丝包漆包铜扁线	IEC 60317-33:1990,IDT
			GB/T 7672.21—2008 玻璃丝包绕组线 第21部分:玻璃丝包铜圆绕组线 一般规定	IEC 60317-0-6:2007,IDT
			GB/T 7672.22—2008 玻璃丝包绕组线 第22部分:155级浸漆玻璃丝包铜圆线和玻璃丝包漆包铜圆线	IEC 60317-48:1999,IDT
2	IEC 60317(所有部分)特殊类型绕组线规范	GB/T 7672 玻璃丝包绕组线	GB/T 7672.23—2008 玻璃丝包绕组线 第23部分:180级浸漆玻璃丝包铜圆线和玻璃丝包漆包铜圆线	IEC 60317-49:1999,IDT
			GB/T 7672.24—2008 玻璃丝包绕组线 第24部分:200级浸漆玻璃丝包铜圆线和玻璃丝包漆包铜圆线	IEC 60317-50:1999,IDT
		GB/T 7673 纸包绕组线	GB/T 7673.3—2008 纸包绕组线 第3部分:纸包铜扁线	IEC 60317-27:1998,MOD
		GB/T 23311 240级芳族聚酰亚胺薄膜绕包铜圆线	GB/T 23311—2009 240级芳族聚酰亚胺薄膜绕包铜圆线	IEC 60317-43:1997,IDT
		GB/T 23312 漆包铝圆绕组线	GB/T 23312.1—2009 漆包铝圆绕组线 第1部分:一般规定	IEC 60317-0-3:2008,IDT
			GB/T 23312.5—2009 漆包铝圆绕组线 第5部分:180级聚酯亚胺漆包铝圆线	IEC 60317-15:2004,IDT
			GB/T 23312.7—2009 漆包铝圆绕组线 第7部分:200级聚酯或聚酯亚胺/聚酰胺酰亚胺复合漆包铝圆线	IEC 60317-25:1997,IDT
3	IEC 60371(所有部分)以云母为基的绝缘材料	GB/T 5019 以云母为基的绝缘材料	GB/T 5019.1—2009 以云母为基的绝缘材料 第1部分:定义和一般要求	IEC 60371-1:2003,IDT
			GB/T 5019.2—2009 以云母为基的绝缘材料 第2部分:试验方法	IEC 60371-2:2004,MOD

表 NA.1（续）

序号	引用的国际标准	有对应关系的国家标准	现行国家标准	与国际标准的关系
3	IEC 60371（所有部分）以云母为基的绝缘材料	GB/T 5019 以云母为基的绝缘材料	GB/T 5019.3—2009 以云母为基的绝缘材料 第3部分：换向器隔板和材料	IEC 60371-3-1:2006,MOD
			GB/T 5019.4—2009 以云母为基的绝缘材料 第4部分：云母纸	IEC 60371-3-2:2005,MOD
			GB/T 5019.6—2007 以云母为基的绝缘材料 第6部分：聚酯薄膜补强B阶环氧树脂粘合云母带	IEC 60371-3-4:1992 及 2006 第1次修正,IDT
			GB/T 5019.7—2009 以云母为基的绝缘材料 第7部分：真空压力浸渍(VPI)用玻璃布及薄膜补强环氧树脂粘合云母带	IEC 60371-3-5:2005,MOD
			GB/T 5019.8—2009 以云母为基的绝缘材料 第8部分：玻璃布补强B阶环氧树脂粘合云母带	IEC 60371-3-6:1992 及 2006 第1次修正,MOD
			GB/T 5019.9—2009 以云母为基的绝缘材料 第9部分：单根导线包绕用环氧树脂粘合聚酯薄膜云母带	IEC 60371-3-7:1995 及 2006 第1次修正,MOD
			GB/T 5019.10—2009 以云母为基的绝缘材料 第10部分：耐火安全电缆用云母带	IEC 60371-3-8:1995 及 2007 第1次修正,MOD
			GB/T 5019.11—2009 以云母为基的绝缘材料 第11部分：塑型云母板	IEC 60371-3-9:1995 及 2007 第1次修正,MOD
4	IEC 60371（所有部分）以云母为基的绝缘材料	GB/T 5022 电热设备用云母板	GB/T 5022—1998 电热设备用云母板	eqv IEC 60371-3-3:1983
5	IEC 60394（所有部分）电工用浸渍织物	GB/T 1310 电气用浸渍织物	GB/T 1310.1—2006 电气用浸渍织物 第1部分：定义和一般要求	IEC 60394-1:1972,IDT
			GB/T 1310.2—2009 电气用浸渍织物 第2部分：试验方法	IEC 60394-2:1972,IDT
6	IEC 60454（所有部分）电工用压敏粘带规范	GB/T 20631 电气用压敏胶粘带	GB/T 20631.1—2006 电气用压敏胶粘带 第1部分：一般要求	IEC 60454-1:1992,MOD
			GB/T 20631.2—2006 电气用压敏胶粘带 第2部分：试验方法	IEC 60454-2:1994,IDT
7	IEC 60455（所有部分）电气绝缘用无溶剂可聚合树脂复合物规范	GB/T 6554 电气绝缘用树脂基反应复合物	GB/T 6554—2003 电气绝缘用树脂基反应复合物 第2部分：试验方法 电气用涂敷粉末方法	IEC 60455-2-2:1984,MOD

表 NA.1(续)

序号	引用的国际标准	有对应关系的国家标准	现行国家标准	与国际标准的关系
7	IEC 60455(所有部分) 电气绝缘用无溶剂可聚合树脂复合物规范	GB/T 15022 电气绝缘用树脂基活性复合物	GB/T 15022.1—2009 电气绝缘用树脂基活性复合物 第1部分:定义及一般要求	IEC 60455-1:1998,IDT
			GB/T 15022.2—2007 电气绝缘用树脂基活性复合物 第2部分:试验方法	IEC 60455-2:1998,MOD
		GB/T 15022.4 电气绝缘用树脂基活性复合物 第4部分:不饱和聚酯为基的浸渍树脂	GB/T 15022.4—2009 电气绝缘用树脂基活性复合物 第4部分:不饱和聚酯为基的浸渍树脂	IEC 60455-3-5:2006,MOD
8	IEC 60464(所有部分) 电气绝缘漆	GB/T 1981 电气绝缘用漆	GB/T 1981.1—2007 电气绝缘用漆 第1部分:定义和一般要求	IEC 60464-1:1998,IDT
			GB/T 1981.2—2009 电气绝缘用漆 第2部分:试验方法	IEC 60464-2:2001及2006第1次修订,MOD
			GB/T 1981.3—2009 电气绝缘用漆 第3部分:热固化浸渍漆通用规范	IEC 60464-3-2:2001 及2006第1次修订,IDT
9	IEC 60554(所有部分) 电工用纤维素纸规范	GB/T 3333 电缆纸工频击穿电压试验方法	GB/T 3333—1999 电缆纸工频击穿电压试验方法	neq IEC 60554-2:1977
		GB/T 3334 电缆纸介质损耗角正切试验方法(电桥法)	GB/T 3334—1999 电缆纸介质损耗角正切(tgδ)试验方法(电桥法)	neq IEC 60554-2:1977
		GB 7969 电力电缆纸	GB 7969—2003 电力电缆纸	IEC 60554-3-1:1979,NEQ
		GB 7970 通讯电缆纸	GB 7970—1999 通讯电缆纸	neq IEC 60554-3-1:1979
10	IEC 60554(所有部分) 电气用纤维素纸规范	GB/T 20628(所有部分) 电气用纤维素纸	GB/T 20628.1—2006 电气用纤维素纸 第1部分:定义和一般要求	IEC 60554-1:1977, MOD
			GB/T 20628.2—2006 电气用纤维素纸 第2部分:试验方法	IEC 60554-2:2001,MOD

表 NA.1（续）

序号	引用的国际标准	有对应关系的国家标准	现行国家标准	与国际标准的关系
11	IEC 60626（所有部分） 电气绝缘用柔软复合材料	GB/T 5591（所有部分） 电气绝缘用柔软复合材料	GB/T 5591.1—2002 电气绝缘用柔软复合材料 第1部分:定义和一般要求	IEC 60626-1:1995,MOD
			GB/T 5591.2—2002 电气绝缘用柔软复合材料 第2部分:试验方法	IEC 60626-2:1995,MOD
			GB/T 5591.3—2008 电气绝缘用柔软复合材料 第3部分:单项材料规范	IEC 60626-3:2002,MOD
12	IEC 60641（所有部分） 电工用纸板和薄纸板规范	GB/T 19264 电工用压纸板和薄纸板规范	GB/T 19264.3—2003 电工用压纸板和薄纸板规范 第3部分:单项材料规范 第1篇:对B.0.1,B.2.1,B.2.3,B.3.1,B.3.3,B.4.1,B.4.3,B.5.1,B.6.1及B.7.1型纸板的要求	IEC 60641-3-1:1992,IDT
13	IEC 60667（所有部分） 电工用刚纸规范	GB/T 20632 电气用刚纸	GB/T 20632.1—2006 电气用刚纸 第1部分:定义和一般要求	IEC 60667-1:1980,MOD
14	IEC 60674（所有部分） 电气用塑料薄膜规范	GB/T 13542 电气绝缘用薄膜	GB/T 13542.1—2009 电气绝缘用薄膜 第1部分:定义和一般要求	IEC 60674-1:1980,MOD
			GB/T 13542.2—2009 电气绝缘用薄膜 第2部分:试验方法	IEC 60674-2:1998,MOD
			GB/T 13542.3—2006 电气绝缘用薄膜 第3部分:电容器用双轴定向聚丙烯薄膜	IEC 60674-3-1:1998,MOD
			GB/T 13542.4—2009 电气绝缘用薄膜 第4部分:聚酯薄膜	IEC 60674-3-2:1992,MOD
			GB/T 13542.6—2006 电气绝缘用薄膜 第6部分:电气绝缘用聚酰亚胺薄膜	IEC 60674-3-4/6:1993,MOD
15	IEC 60684（所有部分） 绝缘软管规范	GB/T 7113 绝缘软管 定义和一般要求	GB/T 7113—2003 绝缘软管 定义和一般要求	IEC 60684-1:1980,MOD
		GB/T 7113.2 绝缘软管 试验方法	GB/T 7113.2—2005 绝缘软管 试验方法	IEC 60684-2:1997,MOD

表 NA.1（续）

序号	引用的国际标准	有对应关系的国家标准	现行国家标准	与国际标准的关系
16	IEC 60819（所有部分） 电气用非纤维素纸规范	GB/T 20629 电气用非纤维素纸	GB/T 20629.1—2006 电气用非纤维素纸 第1部分:定义和一般要求	IEC 60819-1:1995,IDT
17	IEC 60893（所有部分） 绝缘材料 电工用热固性树脂工业硬质层压板	GB/T 1303 电气用热固性树脂工业硬质层压板	GB/T 1303.1—2009 电气用热固性树脂工业硬质层压板 第1部分:定义、分类和一般要求	IEC 60893-1:2004,IDT
			GB/T 1303.2—2002 电气用热固性树脂工业硬质层压板 第2部分:试验方法	IEC 60893-2:2003,MOD
			GB/T 1303.3—2008 电气用热固性树脂工业硬质层压板 第3部分:工业硬质层压板型号	IEC 60893-3-1:2003,MOD
			GB/T 1303.4—2009 电气用热固性树脂工业硬质层压板 第4部分:环氧树脂硬质层压板	IEC 60893-3-2:2003,MOD
			GB/T 1303.6—2009 电气用热固性树脂工业硬质层压板 第6部分:酚醛树脂硬质层压板	IEC 60893-3-4:2003,MOD
			GB/T 1303.7—2009 电气用热固性树脂工业硬质层压板 第7部分:聚酯树脂硬质层压板	IEC 60893-3-5:2003,IDT
			GB/T 1303.8—2009 电气用热固性树脂工业硬质层压板 第8部分:有机硅树脂硬质层压板	IEC 60893-3-6:2003,IDT
			GB/T 1303.9—2009 电气用热固性树脂工业硬质层压板 第9部分:聚酰亚胺树脂硬质层压板	IEC 60893-3-7:2003,MOD
			GB/T 1303.10—2009 电气用热固性树脂工业硬质层压板 第10部分:双马来酰亚胺树脂硬质层压板	IEC 60893-3-7:2003,MOD
18	ISO 1924（所有部分） 纸和纸板拉伸性能的测定	GB/T 12914 纸和纸板 抗张强度的测定	GB/T 12914—2008 纸和纸板 抗张强度的测定	ISO 1924-1:1992 及 ISO 1924-2:1994,MOD
		GB/T 22898 纸和纸板 抗张强度的测定 恒速拉伸法(100 mm/min)	GB/T 22898—2008 纸和纸板 抗张强度的测定 恒速拉伸法(100 mm/min)	ISO 1924-3:2005,MOD

注：由于第2章引用的所有部分的IEC和ISO标准与国家标准并非一一对应关系，为了便于使用，列出附录NA。

ICS 29.035.01
K 15

中华人民共和国国家标准

GB/T 11026.4—2012/IEC 60216-4-1:2006
代替 GB/T 11026.4—1999

电气绝缘材料　耐热性
第4部分:老化烘箱　单室烘箱

**Electrical insulating materials—Thermal endurance properties—
Part 4:Ageing ovens—Single-chamber ovens**

(IEC 60216-4-1:2006,Elecrical insulating materials—Thermal endurance properties—Part 4-1:Ageing ovens—Single-chamber ovens,IDT)

2012-12-31 发布　　　　2013-06-01 实施

中华人民共和国国家质量监督检验检疫总局
中国国家标准化管理委员会　发布

前　言

GB/T 11026《电气绝缘材料　耐热性》目前包括六部分：

——第1部分：老化程序和试验结果的评定；

——第2部分：试验判断标准的选择；

——第3部分：计算耐热特征参数的规程；

——第4部分：老化烘箱　单室烘箱；

——第5部分：老化烘箱　温度达300℃的精密烘箱；

——第6部分：老化烘箱　多室烘箱。

本部分为GB/T 11026的第4部分。

本部分按照GB/T 1.1—2009给出的规则起草。

本部分代替GB/T 11026.4—1999《确定电气绝缘材料耐热性的导则　第4部分：老化烘箱　单室烘箱》，与GB/T 11026.4—1999相比，主要技术变化如下：

——标准名称更简练；

——第2章"规范性引用文件"中删除了"GB/T 2951.2—1997"，增加了"GB/T 27025—2008"、"IEC 60335"；

——标准章节有所变化，具体详见附录NA。

本部分使用翻译法等同采用IEC 60216-4-1:2006《电气绝缘材料　耐热性　第4-1部分：老化烘箱　单室烘箱》。

与本标准中规范性引用文件的国际文件有一致性对应关系的我国文件如下：

——GB 4706(所有部分) 家用和类似用途电器的安全[IEC 60335(所有部分)]。

为便于使用，本部分与IEC 60216-4-1:2006相比做了下列编辑性修改：

——用小数点符号"."代替小数点符号","。

——增加了资料性附录NA。

本部分由中国电器工业协会提出。

本部分由全国电气绝缘材料与绝缘系统评定标准化技术委员会(SAC/TC 301)归口。

本部分起草单位：桂林电器科学研究院、深圳市标准技术研究院、机械工业北京电工技术经济研究所。

本部分主要起草人：宋玉侠、罗光生、黄曼雪、陈展展、郭丽平、刘亚丽。

本部分于1999年9月首次发布，本次为第一次修订。

电气绝缘材料　耐热性
第4部分:老化烘箱　单室烘箱

1　范围

GB/T 11026 的本部分规定了作为电气绝缘耐热性评定用的换气、电热的单室烘箱(带有或不带强迫空气循环)的最低要求,还规定了老化烘箱的验收试验和运行中的控制试验。

本部分适用于在比环境温度高 20 ℃～500 ℃的整个温度范围内或部分范围内运行的烘箱。

2　规范性引用文件

下列文件对于本文件的应用是必不可少的。凡是注日期的引用文件,仅注日期的版本适用于本文件。凡是不注日期的引用文件,其最新版本(包括所有的修改单)适用于本文件。

GB/T 27025—2008　检测和校准实验室能力的通用要求(ISO/IEC 17025:2005,IDT)

IEC 60335(所有部分)　家用和类似用途电器的安全(Household and similar electrical appliances)

3　术语和定义

下列术语和定义适用于本文件。

3.1

换气速率　rate of ventilation

N

室温下烘箱每小时的换气量。

3.2

暴露体积　exposure volume

温度波动、温差和温度变化都满足规定值的烘箱内部(当使用 iso 盒时,亦指 iso 盒)的那部分空间。

3.3

暴露温度　exposure temperature

T

为获得确定温度对标准试样的影响而进行老化试验时,对老化试样所选择的温度。

注:见“综合暴露温度”。

3.4

温度波动　temperature fluctuation

δT_1

烘箱内同一点温度在一定时间内的最大变化。

3.5

温差　temperature difference

δT_2

在任意时间点暴露体积内的任意两点间的最大温度之差。

3.6

温度变化　temperature variation

δT_v

一定时间内所测量的最高温度与最低温度之间的差值。

3.7

综合平均温度　global average temperature

至少在 3 h 的时间内,根据分布在烘箱暴露体积内的 9 个温度传感器的测量结果所计算的温度的平均值。

3.8

综合暴露温度　global exposure temperature

如果温度传感器与试样安装在同一空间内,综合暴露温度等于综合平均温度。

注:"综合暴露温度"常简称为"暴露温度"。

3.9

时间常数(对标准试样而言)　time constant

标准试样温度达到暴露体积空间温度一致的时间。

3.10

温度偏差　temperature deviation

δT_d

由于温度变化与温度测量误差的综合影响而产生的暴露温度与额定温度的偏差。

注:温度偏差示例见附录 B。

3.11

换气　ventilation

热空气连续通过暴露空间。

3.12

标准烘箱　standard oven

符合本标准要求的烘箱。

3.13

精密烘箱　precision oven

满足 IEC 60216-5 限定的暴露体积的暴露温度要求的电热通风烘箱。

注:本标准中关于温差及温度波动的限定比 IEC 60216-5 中的宽松。

3.14

烘箱室　oven chamber

单室烘箱的内部容积,用于放置试样或 iso 盒(见 3.15)的空间。

3.15

iso 盒　iso-box

装有紧密门的金属盒,放置在烘箱内作为露室,在不改变烘箱室(见 IEC 60216-5)的情况下降低温度偏差。

4　结构要求

4.1　概述

烘箱应使用合适的材料构成,能够在整个允许温度范围内连续运行。

所有的电气的和其他辅助设置应易于维护。

注:本标准仅涉及部分安全方面的问题,其他资料可以查找 IEC 60335 标准。

4.2 机械要求

用于老化烘箱室及其内部配件的材料应不影响试样的性能。

注：在多数情况下，铝合金和不锈钢材料均为合适的材料。铜及合金材料在烘箱温度范围内可能释放出干扰物，更不能用硅树脂类材料。

烘箱内部应由适当耐腐蚀的、无吸附性的材料组成，制造时应确认使所有连接点无泄漏且不受腐蚀，内表面易于清洁。

注意确保老化烘箱室的门密封，密封所使用的任何垫片材料应不影响试样的性能。

4.3 换气

烘箱室应装有一个预热流通空气供应源，从一侧通至另一侧。如有可能，流通空气应直接进入暴露室并充分混合。

应根据5.5确定换气速率。

应考虑采取各种措施，确保进入试样室空气的纯度，最大程度降低其对结果的影响。

当有规定时，应能使空气和/或其他气体从可控气源中进入到入口气孔。

烘箱备有断开装置，当换气失效时可断开电源。

注：建议将烘箱室内排出的气体排放到大气中，但应采取措施确保由老化试样释放的气体不损害健康和环境。

4.4 试样放置

应对暴露体积中的试样进行支撑/悬挂和定位。试样间不得相互接触，也不得触及室壁。试样及其支架占用面积不应超过试样室与任何平面形成横截面的25%，或试样室有效容积的10%。

注：如果在实际试验中预计会超出这些极限值，供需双方最好与用户协商是否使用等效载荷评定老化烘箱的工作性能。

4.5 温度控制及指示系统

暴露体积的温度控制详见第5章。

烘箱室应至少配两个温度传感器(1号、2号传感器)，在安装前，1号和2号传感器应用符合标定标准的基准传感器(3号传感器)校准，使其最大测量误差小于±1.0 K，记录两个传感器的读数差作为温度的函数。

3号传感器的最大不确定度为±0.5 K。

将1号传感器以适当的方式安装，用于显示烘箱的温度。

注1：建议在整个试验过程中均记录温度，读出器还能提前识别系统出现的任何故障。

2号传感器应尽可能安装在靠近试样的位置，该位置应明确且具有可重复性，测量后可将其移走。

可用一个单独的传感器来控制温度，传感器的放置应由制造商决定。控制系统的漂移速度应小于2 K/a。

注2：传感器只要符合要求，类型不限(如液体温度计、电阻温度计)。

注3：由于热电偶的工作特性不如液体温度计和电阻温度计精确，尽管热电偶适于测量温差，但并不推荐用其测量温度。

使用液体温度计时，在测温时应确保液体温度计的浸入深度与主温控制装置相同。

老化烘箱还应配备额外的温度控制装置，该温控装置应独立于主温控系统，当实际温度超过预定温度某一设定值时，应断开电加热器。当超温装置运行时，该系统还应确保接通报警灯或其他报警装置。当老化烘箱温度下降到设定值以下时加热器不能自动启动，而是需要手动关闭报警灯后以手动方式启动。

5 性能要求

5.1 温度

在制造商规定的整个温度范围内，应能将暴露体积内温度变化控制在限定值内。

5.2 温差和温度波动

3 h内的最大允许温差和温度波动见表1。

表1 最大允许温差和温度波动

温度范围 ℃	最大允许温差和温度波动 K
≤80	2
>80～≤180	2.5
>180～≤300	3
>300～≤400	4
>400～≤500	5

5.3 温度变化

最大允许温度变化见表2。

表2 最大允许温度变化

温度范围 ℃	温度变化 K
≤80	4
>80～≤180	5
>180～≤300	6
>300～≤400	8
>400～≤500	10

5.4 最大温度偏差

在暴露空间内，相关的温度偏差在相关的温度范围内不超过最大允许温度变化的1.25倍。

5.5 换气速率

在暴露室内，换气速率应在每小时换气量5次～20次的范围内变化。

5.6 暴露体积

暴露体积的大小应足以按4.4放置试样，且不得小于老化烘箱试样室(或iso盒)容积的50%。

注：经验表明，暴露体积在35 L～70 L时使用方便。

5.7 时间常数

当合同有规定时,时间常数应不超过供需双方及用户协商确定的规定值。

注:该参数仅在烘箱作为短时老化处理(热冲击试验)时是重要的。

6 检验方法和程序

6.1 概述

在对老化烘箱的所有性能测量中,环境温度和电源电压应控制在制造商规定的范围内,以便老化烘箱正常运行。

6.2 暴露体积

暴露体积的尺寸和形状是根据对温差和温度波动的一系列试验测定结果确定的,通过系列温度传感器放置在不同的位置及供需双方协商确定的换气速率而得出。

注:这些温度可为老化烘箱运行时的最低温度、设计的运行最高温度及这两个温度的中间温度,例如 50 ℃、250 ℃、500 ℃。

6.3 温度及相关参数

6.3.1 实际应用情况

烘箱腔室及最终暴露空间温度由 2 号温度传感器测定(见 4.5)。

为测定温度波动和温差,在研究过程中将一组温度传感器(最大时间常数 30 s)放入烘箱腔室中,要确保:

——一个传感器位于腔室中央 25 mm 范围内。

——在腔室八个拐角的每个拐角,距每壁(50±10)mm 处放置一个传感器。

要最大限度地减少从温度传感器传出的热,方法是要保证烘箱腔室内的连接导线要足够长以及要保证外部导线是绝热的,且基本上保持不通风状态。

注 1:为进行温差和温度波动的评估,如果不能采用已经校准过的温度传感器,可以采用同一卷热电偶丝并以相同方法制成的热电偶,只要将其相互靠近地置于运行在最高温度下的试验烘箱腔室内,而这些热电偶指示的温度值之差不超过 0.4 K 即可。也可用其他未校准的温度传感器以类似的方式进行评估。

将换气率调至制造商规定的最小值。

让腔室温度趋于平衡。

在大致 3 h 时间内,以足够次数测试传感器的温度,精确到 0.1 K,以便能鉴别任何周期性的行为,并在测量过程中还可以测定每一温度传感器的最大、最小以及平均温度。

注 2:建议连续监控温度。

6.3.2 计算

温度波动(δT_1)

检查数据,并对 9 个传感器的每一个计算从 3 h 中记录下的温度的最大差异,将其记为"一天的温度波动"。

温差(δT_2)

检查数据并计算在 3 h 的周期内任意时间点暴露腔室中的最大温差,将其记为"一天的温差"。

6.3.3 结果

如果结果符合温度波动的要求,则将 5 天作为一个周期,每天重复测量。

再计算余下的数据并记录第2、第3、第4、第5天的温差。选择这几天中最大的温度差异并记为烘箱的温度波动 δT_1。

再计算余下的数据并记录第2、第3、第4、第5天的温度波动。选择这几天中最大的温度波动并记为烘箱的温差 δT_2。

如果所测的温度波动水平符合要求，则该烘箱可认为在特定的腔室温度和换气水平下符合要求。暴露空间为八个拐角处传感器范围内的空间(见5.1)。

如果结果不符合要求，则改变传感器位置将传感器放在距壁约25 mm的位置重新测试和计算(见5.1)。

如果所测的温度波动水平符合要求，则该烘箱可认为在特定的腔室温度和通气水平下符合要求，暴露空间为八个重新定位的拐角放置传感器内范围的空间(见5.1)。

采用合适的换气速率，再测其他两个烘箱腔室的温度以确定在这些温度下的暴露体积。

根据附录B，应用计算得到的温差、起始校正确定的传感器1和传感器2读数之间的差，以及参考在长期热老化试验过程中传感器1示值读数所指示的暴露温度计算温度偏差 δT_d。

6.4 换气速率

如果不使用计量供气，可用任何适当的方法来确定换气速率。

附录A给出了一种建立在测量多消耗的电能基础上的程序。这种多消耗的电能是为了保证换气孔打开时烘箱腔室内的温度与换气孔关闭时暴露腔室内的温度一致所致。

应调节供气和出气系统，直到测得的换气速率符合要求。

注：配备气流调节装置有助于调节。

6.5 时间常数

用实心黄铜圆柱体组成制作一个标准试样，其直径为(10±0.1)mm，长(55±0.1)mm，将差示热电偶的一个接点焊在该试样上。

将烘箱加热到200 ℃或最高设计温度，两个温度中较低的一个温度点，且让其稳定。让标准试样在室温下稳定至少1 h。

按制造商的使用说明，打开烘箱室，用一根直径不大于0.25 mm的耐热绳子将标准试样尽快地垂直吊于烘箱的中央，确保热电耦合悬挂在远离试样的地方、不接触烘箱内壁。打开烘箱门(60±2)s，然后关上门且每10 s记录一次温差直至出现最大值，然后改为每30 s记录一次，直至温差降到最大值的10%，画出记录的温度梯度值与时间(s)的关系图。

将最大的温度梯度分为10等份且记录为 T_{10}，然后从温度梯度与时间的关系图上取温度梯度从最大值降到 T_{10} 的时间(s)作为时间常数。

7 报告

报告应符合GB/T 27025—2008的要求。烘箱的供货者应至少提供下列资料：

a) 标题(例如"检测报告"或"校准证书"，符合IEC 60216-1)。

b) 烘箱制造商的名称和地址。

c) 检测实验室的名称和地址及完成检测和校准场所的名称和地址。

d) 检测报告或校准证书的唯一性标识(例如系列号)，每一页的标识以确认该页是检测报告或校准证书的一部分，检测报告或校准证书的最后也应有明确的标识。

e) 委托方的名称和地址。

f) 清晰描述检测项目或校准项目及试验条件。

g) 型号和名称

——符合本标准要求的烘箱的电源电压范围；

——最大耗电量；

——符合本标准要求的烘箱的环境温度范围；

——整个烘箱(空的)质量和外型尺寸；

——符合本标准温差和温度波动要求的暴露空间的温度范围；

——可得到的换气速率范围；

——第6章所述的试验结果；

——推荐的控制通风气体的质量的方法，例如过滤、除湿等或其他适当的方法；

——必要时，报告时间常数。

h) 授权签字人签字的检测报告或校准证书。

i) 必要时，给出影响检测或校准结果的声明。

8 使用条件和用户在运行监控中的指导

8.1 使用条件

a) 在使用过程中，环境温度和供电电压应控制在制造商规定的范围内，以确保烘箱在正确运行范围内。

b) 除非另有规定，确保流通空气的质量，使其对结果无显著影响。如果试验结果受到流通介质中杂质的影响，如水蒸气，则应对其控制和作出报告。

c) 当几个烘箱放在同一个地方使用时，应注意挥发物的交叉污染，即从一个烘箱中排放出来的气体应不接触任何其他烘箱内的试样。

注：建议把每一烘箱排出的气体直接排到室外。

d) 要采取措施确保老化过程中产生的挥发物不损害健康和环境。

e) 在温度暴露期间，任何试验试样不应置于暴露空间之外，且试样仅与试样架接触，试样之间不相互接触。

8.2 程序

在长期热老化之前，烘箱腔室(或等温箱)的温度应调节到规定的暴露温度，该温度由温度传感器2测得，应尽可能将温度传感器置于将来放置试样的地方，该传感器的放置应有明确的规定和可重复放置。如果使用液体温度计应小心放置以确保浸入深度与校准时深度一致。

8.3 使用中的监控

每次老化试验前应先进行下述带负载的烘箱试验。

注1：这些试验是证明在老化试验开始时，有载烘箱就符合本规范的要求。在这些试验中确定总的暴露温度和温度变化。

6.3中给出下述通用程序。

a) 在被评估的暴露空间内，放入一组8个温度传感器并接近固定好的试样边缘；

b) 将烘箱升温到预定的烘箱温度并让其稳定；

c) 在大约3 h时间内，除了应用传感器2之外，还从8个传感器得到的数据，确定总平均温度(假定它为初始暴露温度)和温度偏差。

如果试验结果不符合要求，则中断老化试验。安排并重新组织试样进行固定布置或者调节设备，通过重新试验直至符合要求。

如果希望评估比上述试验要求更高精度的暴露温度,则应计算由传感器 2 测得温度的长期平均值。

注 2：建议使用者考虑附录 B 中任何与老化数据精度相关的影响。

附　录　A
（资料性附录）
测定换气速率的试验方法

可以使用具有相等准确度的任何其他方法。

A.1　通用要求

在试验过程中，A.2 给出的整个过程中平均环境温度应与 A.3 一致。

A.2　密封烘箱

烘箱应适当地密封，包括通气孔、门、温度传感器孔以及鼓风机轴，或整个鼓风机（如果适用）。将电度表与烘箱电源线以及供电烘箱相连，表的精度为±1 W·h 或更高，选择并安装合适的控温装置。

烘箱温度稳定后，进行下述测量：

——在距任何显著热源 2 m 处、距任何固体物质至少 1 m 处，并且与烘箱的进气口大致处在同一水平处的某点的室内温度。

——测量至少 1 h 这段时间的电能 E_1 消耗至±2 W·h，测量其相对应的时间至±3 s。

A.3　换气烘箱

拆除所有密封之后，应确定进气口气流调节量的大小，以便给出换气所需要的速率。另外，当烘箱温度稳定后，应按 A.1 测定相同时间周期所消耗的电能 E_2。

A.4　计算

按下列等式计算换气速率：

$$N=\frac{10(P_2-P_1)T_a}{V_0(T-T_a)}$$

式中：

N——换气速率；

P_1——不换气时烘箱平均电能消耗量，单位为瓦(W)，即电度表读数测得的电能消耗量 E_1［单位为瓦时(W·h)］除以试验持续时间［单位为小时(h)］；

P_2——换气烘箱的平均电能消耗量，单位为瓦(W)，即电度表读数测得的电能消耗量 E_2［单位为瓦时(W·h)］除以试验持续时间［单位为小时(h)］；

V_0——暴露腔室的体积，单位为升(L)；

T_a——平均环境温度，单位为开尔文(K)；

T——暴露温度，单位为开尔文(K)。

注：上述计算基于以下假设。

当 $T_{20}=293$ K 时，环境温度下空气的密度：

$$d_{T_a}=\frac{d_{20}T_{20}}{T_a}\quad(\text{kg/L})$$

其中密度 $d_{20}=1.2045\times10^{-3}$(kg/L)

为计算起见，180 ℃下空气比热容的平均值：

$$c_p=1.022\times10^3[\mathrm{J/(kg\cdot K)}]$$

试验期间气流的总质量：

$$M=\frac{3\,600(E_2-E_1)}{c_p(T-T_a)}(\mathrm{kg})$$

当气流从 T_a 加热到 T 以及从电度表读数得到的电能消耗为 E_1(见 A.1)和 E_2(见 A.2)时，试验期间气流总体积为：

$$V=\frac{M}{d_{T_a}}=\frac{3\,600(E_2-E_1)}{c_p(T-T_a)d_{T_a}}(\mathrm{L})$$

每小时体积为：

$$V_h=\frac{3\,600(P_2-P_1)}{c_p(T-T_a)d_{T_a}}(\mathrm{L/h})$$

换气速率为：

$$N=\frac{V_h}{V_0}=\frac{3\,600(P_2-P_1)}{c_p(T-T_a)d_{T_d}V_0}=\frac{3\,600(P_2-P_1)T_a}{c_p(T-T_a)d_{20}T_{20}V_0}$$

$$N=\frac{3\,600(P_2-P_1)T_a}{293\times1.022\times1.2045(T-T_a)V_0}$$

$$N\approx\frac{10(P_2-P_1)T_a}{V_0(T-T_a)}$$

附　录　B
（资料性附录）
温度偏差计算示例

最大测量误差由下述部分组成：

——随机误差 $\mu_1=\pm 0.5$ K，发生两次，在校准和读取 1 号温度传感器过程；

——随机误差 $\mu_2=\pm 0.5$ K，发生两次，在标准和读取 2 号温度传感器过程；

——由 3 号温度传感器产生的系统误差 $\mu_3=\pm 0.1$ K；

——在 3 h 期间最大可能温度变化 δT_v 等于最大允许温度波动加上最大允许温度差异。

如果所有最大可能误差 μ_1、μ_2、μ_3 作用在同一方向上，$\delta T_f=2\mu_1+2\mu_2+\mu_3$，但是这种情况几乎是不可能的，对最大误差的最大似然估计可以引入几何平均值的方式，即单个最大偏差平方和的平方根，最有可能真实偏离是由最大误差平方和与最大测量变化的平方之和的平方根确定的，以便获得最大估计偏差平方的估计值（最大温度变化 δT_v 是 3 h 内最大温度波动和最大温差之和。）

当温度小于 180 ℃时，$T_{vmax}=T_{fmax}+T_{dmax}=1+1=2$ K

在上述假设下，暴露温度的温度偏差由下述关系式给出：

$$\delta T_d=\pm\sqrt{(2\mu_1^2+2\mu_2^2+\mu_3^2+\delta T_v^2)}\ (\mathrm{K})$$

$$\delta T_d=\pm\sqrt{(1.01+\delta T_v^2)}\ (\mathrm{K})$$

按上式可得出最大可能温度偏差为：

$$\delta T_d=\pm\sqrt{(1.01\pm 4)}\ (\mathrm{K})$$

$$\delta T_d\approx\pm 2.2\ \mathrm{K}$$

附 录 NA
（资料性附录）
本部分与 GB/T 11026.4—1999 结构和内容变化情况

本部分与 GB/T 11026.4—1999 相比在结构和内容上有较多调整，具体章条编号及名称对照情况见表 NA.1。

表 NA.1 本部分与 GB/T 11026.4—1999 的章条编号及名称对照情况

本部分		GB/T 11026.4—1999	
章条编号	名　称	章条编号	名　称
1	范围	1	范围
2	规范性引用文件	2	引用标准
3	术语和定义	3	定义
3.1	换气速率	3.1	排气速率
3.2	暴露体积	3.2	温度波动
3.3	暴露温度	3.3	温度梯度
3.4	温度波动	3.4	温度偏差
3.5	温差	3.5	时间常数
3.6	温度变化	—	—
3.7	综合平均温度	—	—
3.8	综合暴露温度	—	—
3.9	时间常数	—	—
3.10	温度偏差	—	—
3.11	换气	—	—
3.12	标准烘箱	—	—
3.13	精密烘箱	—	—
3.14	烘箱室	—	—
3.15	iso 盒	—	—
4	结构要求	4	设计要求
4.1	概述	—	—
4.2	机械要求	—	—
4.3	换气	—	—
4.4	试样放置	—	—
4.5	温度控制及指示系统	—	—
5	性能要求	5	试验方法和运行要求
5.1	温度	5.1	排气速率
5.2	温差和温度波动	5.2	温度偏差

表 NA.1（续）

本部分		GB/T 11026.4—1999	
章条编号	名　称	章条编号	名　称
5.3	温度变化	5.3	时间常数
5.4	最大温度偏差	5.4	报告
5.5	换气速率	—	—
5.6	暴露体积	—	—
5.7	时间常数	—	—
6	检验方法和程序	—	—
6.1	概述	—	—
6.2	暴露体积	—	—
6.3	温度及相关参数	—	—
6.4	换气速率	—	—
6.5	时间常数	—	—
7	报告	—	—
8	使用条件和用户在运行监控中的指导	6	用户在运行监控中须知事项
8.1	使用条件	—	—
8.2	程序	—	—
8.3	使用中的监控	—	—
附录 A	测定换气速率的试验方法	—	—
附录 B	温度偏差计算示例	—	—
附录 NA	本部分与 GB/T 11026.4—1999 结构和内容变化情况	—	—
参考文献	—	—	—

参 考 文 献

[1] IEC 60216-1:Electrical insulating materials—Properties of thermal endurance—Part 1:Ageing procedures and evaluation of test results

[2] IEC 60216-3:Electrical insulating materials—Properties of thermal endurance—Part 3:Instructions for calculating thermal endurance

[3] IEC 60216-4-2:Electrical insulating materials—Thermal endurance porperties—Part 4-2:Ageing ovens;Precision ovens for use up to 300 ℃

[4] IEC 60216-4-3:Electrical insulating materials—Thermal endurance properties—Part 4-3:Ageing ovens;Multi-chamber ovens

[5] IEC 60216-5:Electrical insulating materials—Thermal endurance properties—Part 5:Determination of relative thermal endurance index (RTE) of an insulating material

[6] IEC 60216-6:Electrical insulating materials—Thermal endurance properties—Part 6:Determination of thermal endurance indices (TI and RTE) of an insulating material using the fixed time frame method

[7] IEC 60811-1-2:Common test methods for insulating and sheathing materials of electric and cables—Part 1:Methods for general application—Section two:Thermal ageing methods

ICS 75.060
E 24

中华人民共和国国家标准

GB/T 11060.8—2012

天然气 含硫化合物的测定 第8部分:用紫外荧光光度法测定总硫含量

Natural gas—Determination of sulfur compound—
Part 8: Determination of total sulfur content by ultraviolet fluorescence method

2012-11-05 发布 2013-03-01 实施

中华人民共和国国家质量监督检验检疫总局
中国国家标准化管理委员会 发布

前　言

GB/T 11060《天然气　含硫化合物的测定》分为以下九个部分：

——第1部分：用碘量法测定硫化氢含量；

——第2部分：用亚甲蓝法测定硫化氢含量；

——第3部分：用乙酸铅反应速率双光路检测法测定硫化氢含量；

——第4部分：用氧化微库仑法测定总硫含量；

——第5部分：用氢解-速率计比色法测定总硫含量；

——第6部分：用电位法测定硫化氢、硫醇硫和硫氧化碳含量；

——第7部分：用林格奈燃烧法测定总硫含量；

——第8部分：用紫外荧光光度法测定总硫含量；

——第9部分：用碘量法测定硫醇硫含量。

本部分为GB/T 11060的第8部分。

本部分在起草时，参考了ASTM D 6667:2004《用紫外荧光法测定气态烃和液化石油气中挥发性总硫的标准试验方法》。

本部分与ASTM D 6667:2004的主要差异是：

——本部分删去了ASTM D 6667:2004有关测定液化石油气中总硫的内容。

——本部分引用标准采用我国相应的国家标准。

——本部分增加了天然气中总硫含量以 mg/m^3 表示时的计算公式。

本部分由全国天然气标准化技术委员会(SAC/TC 244)归口。

本部分起草单位：中国石油西南油气田分公司输气管理处、中国石油西南油气田分公司天然气研究院、中国石油西气东输管道公司。

本部分主要起草人：卢勇、杨建明、刘鸿、罗勤、刘治华、唐蒙、高洪智、迟永杰、李珍义、徐冲。

天然气　含硫化合物的测定
第8部分：用紫外荧光光度法测定总硫含量

1　范围

本部分适用于天然气中总硫的测定，总硫含量范围在 1 mg/kg～100 mg/kg 或 1 mg/m^3～150 mg/m^3。

2　规范性引用文件

下列文件中对于本文件的应用是必不可少的。凡是注日期的引用文件，仅注日期的版本适用于本文件。凡是不注日期的引用文件，其最新版本(包括所有修改单)适用于本文件。

GB/T 13609　天然气取样导则(GB/T 13609—1999,ISO 10715:1997:EQV)

GB/T 11062　天然气发热量、密度、相对密度和沃泊指数计算(GB/T 11062—1998,ISO 6976:1995,NEQ)

3　原理

具有代表性的气样通过进样系统进入到一个高温燃烧管中，在富氧的条件下，样品中的硫被氧化成二氧化硫。将样品燃烧过程中产生的水除去，然后将样品燃烧产生的气体暴露于紫外线中，其中的 SO_2 吸收紫外线中的能量后被转化为激发态的二氧化硫。当 SO_2 分子从激发态回到基态时释放出荧光，所释放的荧光被光电倍增管所检测，根据获得的信号可检测出样品中的硫含量。

警示：过量地暴露于紫外线照射下对健康不利。操作者应避免将其身体特别是眼睛，暴露于直射或者散射的紫外线辐射中。

4　仪器

4.1　燃烧炉：温度可保持在 1 075 ℃±25 ℃的电炉，足以将所有的样品热解并将硫氧化成 SO_2。

4.2　燃烧管：石英燃烧管的构造应保证将样品直接注入到燃烧炉内的高温氧化区内。燃烧管应具有侧管，以便注入氧气和载气。氧化区应足够大(见图1)，以确保样品的完全燃烧。图1所示为一个典型的燃烧管。只要不影响精密度，也可以使用其他形状的燃烧管。

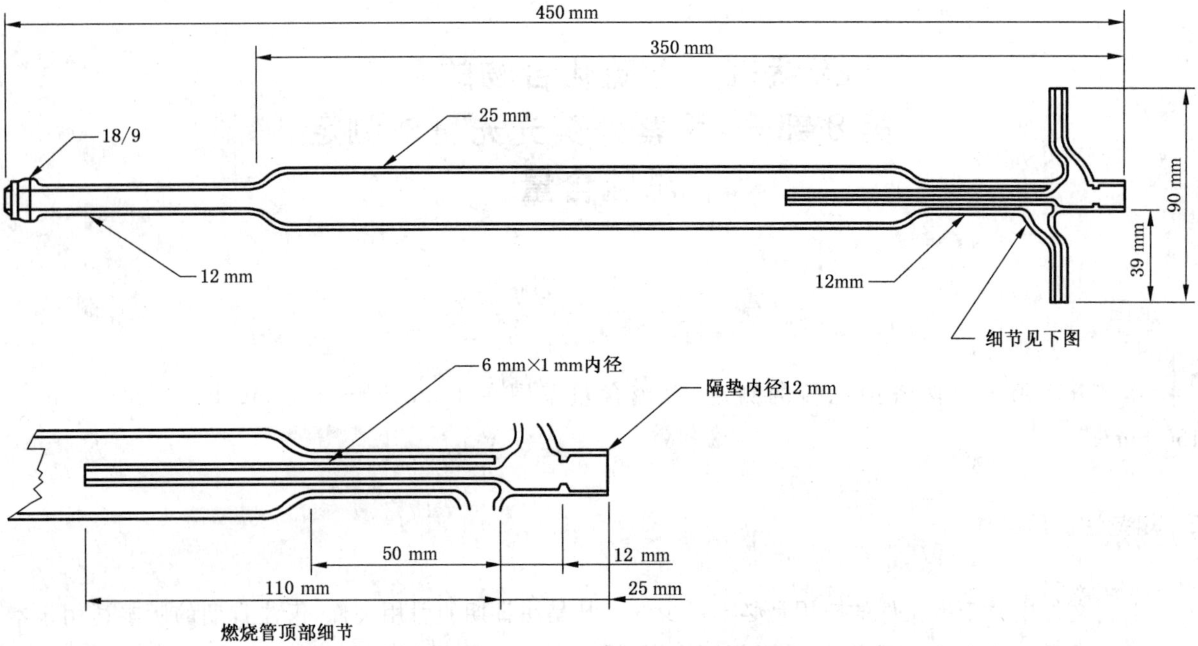

图 1 典型的石英燃烧管

4.3 流量控制:装置中应安装流量控制装置,以便在特定流量下保持氧气和载气持续恒定的供应。

4.4 干燥管:该装置中应安装有可除去样品燃烧过程中形成的水汽的设备。该设备可以利用膜干燥管或利用通过选择性渗透作用除去水分的渗透干燥装置。

4.5 紫外荧光检测器:一种定量检测器,可测量在紫外光作用下 SO_2 所释放的荧光。

4.6 进样系统:该系统提供一个气体取样阀与氧化区的入口相连,见图 2。此进样系统采用一种惰性的载气进行清洗,并且该系统应能以可控制可重复的载气流量,约 30 mL/min 的流量,给燃烧炉的氧化区持续地供应被分析的样品材料。图 3 提供了一个示例。进样系统也可采用微量进样器直接进样。

4.7 记录仪或与之相当的电子数据记录装置、积分仪(可选)。

4.8 微量进样器:100 μL

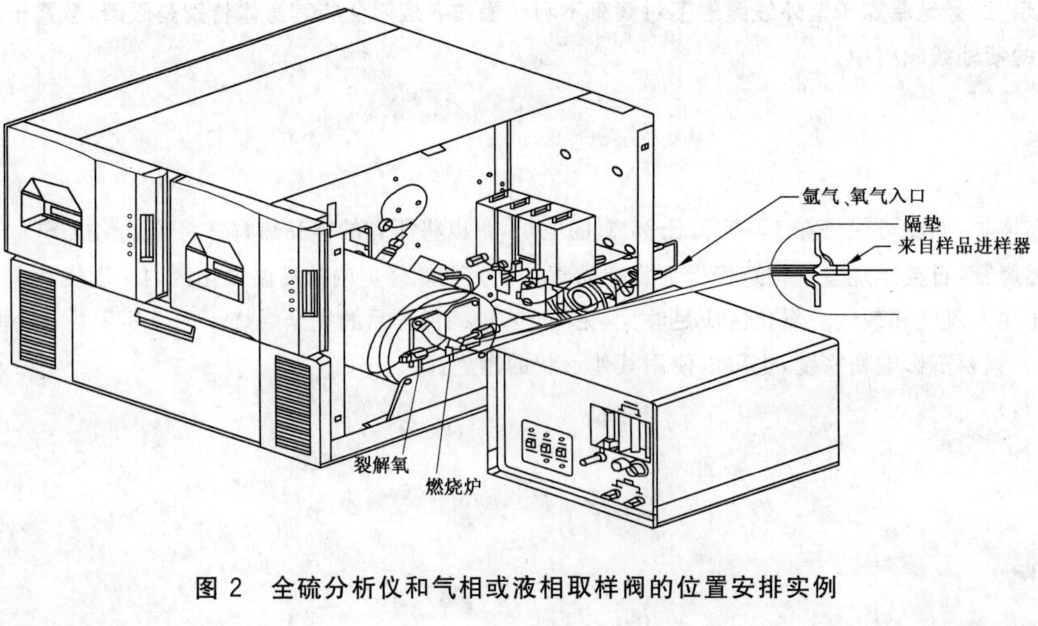

图 2 全硫分析仪和气相或液相取样阀的位置安排实例

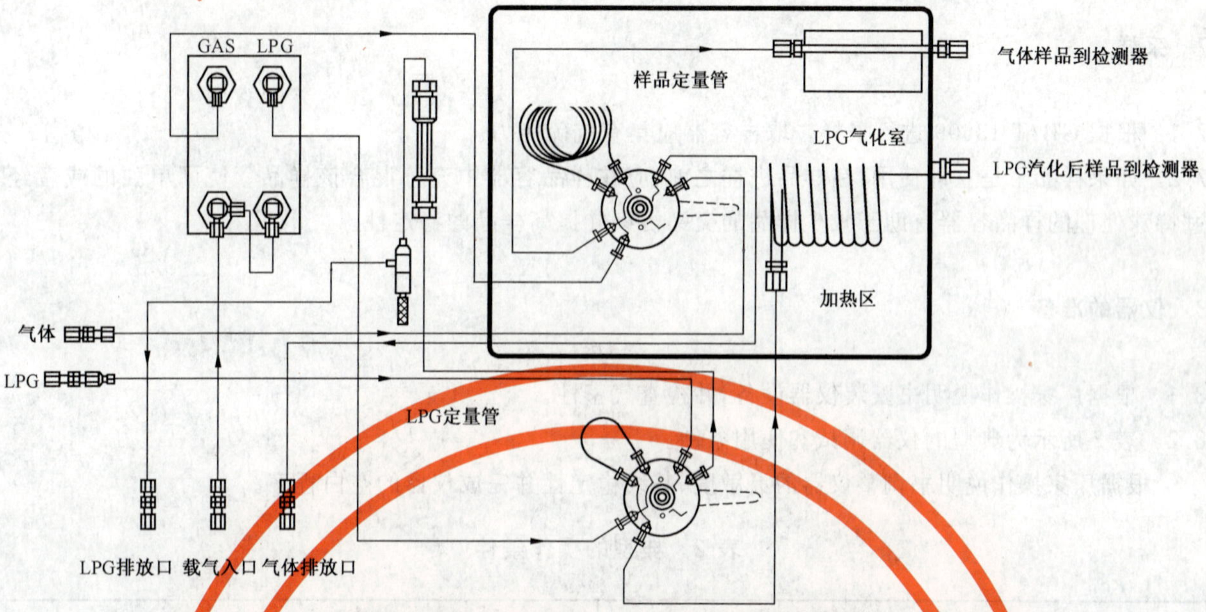

图 3 进样系统中的流动通道

5 试剂

5.1 试剂的纯度：分析纯。

5.2 氩气或者氦气：纯度最低不少于 99.998%，含水量不大于 5 mg/kg。

5.3 氧气：纯度不少于 99.75%，含水量不大于 5 mg/kg。

警告：氧气可以强烈促进燃烧，并且在高压条件下可能为压缩气体。

5.4 标准物质：可使用液体标样或气体标样，应采用经过认证的标准物质。

表 1 中列举了实验室中所用硫源的材料以及稀释剂。

表 1 典型的标准样品所用材料

所用硫的来源	稀释剂
二甲基硫醚	正丁烷
	异丁烷
	丙烯
	丙烷

注 1：如果不会降低精密度和准确度，也可以使用其他来源的硫材料和稀释材料。

注 2：根据使用的频率和寿命不同，标准物质一般需要定期重新混合和重新认证。这些标准物质的使用寿命一般为 6～12 个月。

5.5 质量控制样品：选择稳定的并具有代表性的一种或多种气体样品。

6 危险性

本试验方法中涉及到高温、可燃烃类以及高压气体等。样品容器和样品输送装置中应采用适当的材料，以便保证承装这些带压天然气样品。

提示：在氧化燃烧炉附近使用可燃物时应特别注意。

7 采样

7.1 根据 GB/T 13609 进行采样。取样容器应具有抗硫能力。

7.2 如果样品不是立即使用,在样品进样之前,应在样品容器中充分混合该样品。使用单独的或者经过特殊处理的样品容器有助于减少样品的交叉污染并提高样品的稳定性。

8 仪器的准备

8.1 根据厂家操作说明书安装仪器设备,并检查气密性。

8.2 表 2 所示为典型的仪器调试和使用条件。

根据厂家操作说明书调整仪器的灵敏度、基线稳定性并完成仪器的空白程序。

表 2 典型的操作条件

样品注入系统载气	25 mL/min～30 mL/min
燃烧炉温度	1 075 ℃±25 ℃
炉内氧气流量设定	375 mL/min～450 mL/min
氧气入口流量计设定	10 mL/min～30 mL/min
载气入口流量计设定	136 mL/min～160 mL/min
气样进样量	10 mL～20 mL
液体进样量	15 μL

9 校准步骤

9.1 根据预期的被分析样品中的硫浓度,从表 3 中选择一个校准范围,最好使用能代表被分析样品的含硫化合物和稀释类型(见注 1)。表 3 是典型范围的代表,但如果需要,仍可使用比标明范围更小的范围。然而,使用比标明范围更小范围的方法精密度还未被确定。应确保用于校准的标准物质浓度包括了被分析样品的浓度。

表 3 典型的硫校准范围和标准浓度

单位为毫克每千克

曲线Ⅰ 硫	曲线Ⅱ 硫
空白	空白
5.00	10.00
10.00	50.00
—	100.00

注 1:每个曲线使用的标准样品数量可能不尽相同。

9.2 采用气体标准样品时,应充分吹扫进样环路,确保样品具有代表性。

9.2.1 启动分析仪,按仪器制造商的操作指南对所有参数进行检查。

9.2.2 将取样阀处于取样位置,将带压的样品容器连接到进样系统中的取样阀上。

9.2.3 通过充填取样阀中的进样环管获取被分析注入材料的定量注入体积(见表2、注2和注3)。

注2:在选定的操作范围内,所有被分析的材料均注入恒定的或相似样品量,有助于维持稳定的燃烧状态并且可以简化结果的计算。

注3:可使用自动样品输送和进样装置。

9.2.4 根据仪器制造商的操作指南注入标准物质。

9.3 采用液体标准物质时,应用标准物质充分冲洗微量进样器。

9.3.1 启动分析仪,按仪器制造商的操作指南对所有参数进行检查。

9.3.2 根据表3选定的校准范围确定标准溶液进样量。抽取的标准物质液柱中不能存在气泡。

9.3.3 根据厂家操作说明书注入标准物质。

9.4 利用下列技术的一种进行仪器的校准:

9.4.1 多点校准的步骤如下:

9.4.1.1 如果仪器具有内部自我校准功能,则需要分析校准标样,并按照9.2或9.3中介绍的步骤进行三次清洗。

9.4.1.2 根据厂家操作说明书校准分析仪,以便生成硫浓度曲线。该曲线一般为线性,且系统的性能在使用的过程中应每天至少检查一次(见注4)。

注4:如果不会降低精度和准确度,也可以使用其他校准曲线技术。校准的频率可通过使用质量控制图或其他质量保证/质量控制技术进行确定。

9.4.2 单点校准的步骤如下:

9.4.2.1 采用一个标准物质(见5.4),其总硫含量接近于待测样品的总硫含量(最大偏差为±25%)。

9.4.2.2 按照仪器制造商的操作指南,通过不注入标准物质的操作,建立仪器的零点(仪器的空白)。

9.4.2.3 按11.2计算校准系数 K。

9.5 按第9.2或9.3步骤之一对被测样品进行测量。

9.6 检查燃烧管和其他流动通道的元件,以确认试验样品被完全氧化。

9.7 清洗和重新校准:根据厂家操作说明书清洗出现焦油或者烟灰的部件。完成清洁或者调整后,需要重新安装并检查仪器的泄漏情况。对被测样品进行重新分析之前要需重复进行仪器的校准步骤。

9.8 为了获得一个结果,每个试验样品要测试三次,并计算出检测器的平均响应值。

9.9 在样品测试的温度条件下,将进样体积换算到标准参比条件下,采用GB/T 11062计算标准参比条件下的样品的密度(见注5)。

注5:如果不影响精度和准确度,只要样品基质组分已知,则可以使用其他技术获得样品的密度。

10 操作步骤

10.1 根据第7章描述的方法获取试验样品。通常测试样品中的硫浓度比校准过程中使用的最高标准样品浓度要低,比最低标准样品的浓度要高。

10.2 按9.2描述的步骤之一对被测样品进行测量。

10.3 检查燃烧管和其他流动通道的元件,以确认试验样品被完全氧化。一旦观察到焦油或者烟灰,则应降低注入样品到燃烧炉的流量或减小样品进样量,或同时采用这两种手段。

10.4 清洗和重新校准:根据厂家说明书清洗出现焦油或者烟灰的部件。完成清洁或者调整后,需要重新安装并检查仪器的泄漏情况。对被测样品进行重新分析之前要需重复进行仪器的校准步骤。

10.5 为了获得一个结果,每个试验样品要测试三次,符合分析重复性规定,并计算出检测器的平均响应值。

10.6 用 GB/T 11062 试验方法或其他与之相当的试验方法测量计算所需要的密度值(注 6)。

注 6:如果不影响精度和准确度,只要样品基质组分已知,则可以使用其他方法计算样品的密度。

11 计算

11.1 对于具有内部自校准的分析仪,可以使用式(1)计算试验样品中的总硫含量 S_m(以 mg/kg 计)。

$$S_m = \frac{G \times d_0}{d_1} \qquad \cdots\cdots(1)$$

式中:

G ——被测样品中检测出的硫含量,单位为毫克每千克(mg/kg);

d_0 ——标准混合物的密度,单位为克每毫升(g/mL);

d_1 ——样品的密度,单位为克每毫升(g/mL)。

11.2 对于采用单点法校准的分析仪,按以下步骤计算:

a) 校准系数

按式(2)和式(3)计算。

$$K_m = \frac{A_{0,m}}{m_0 \times S_{0,m}} \qquad \cdots\cdots(2)$$

或

$$K_V = \frac{A_{0,V}}{V_0 \times S_{0,V}} \qquad \cdots\cdots(3)$$

式中:

K_m ——质量校准系数;

$A_{0,m}$ ——按质量注入标准物质的响应值,以响应值读数为单位;

m_0 ——注入的标准物质的质量,单位为毫克(mg);

$S_{0,m}$ ——注入的标准物质的总硫含量,单位为毫克每千克(mg/kg);

K_V ——体积校准系数;

$A_{0,V}$ ——按体积注入标准物质的响应值,以响应值读数为单位;

V_0 ——注入的标准物质的体积,mL 或 μL(液体);

$S_{0,V}$ ——注入的标准物质的总硫含量,mg/m^3 或 ng/μL(液体)。

校准系数应是按每日的校准来确定的。计算校准系数的平均值,并检查标准物质的偏差是否在允许的范围内。

b) 进样体积的换算

样品在 101.325 kPa,20 ℃下的体积 V_n 用式(4)计算:

$$V_n = \frac{293.15 \times V \times P}{101.325 \times T} \qquad \cdots\cdots(4)$$

式中:

V ——注入样品的体积,单位为毫升(mL);

P ——注入样品的压力,单位为千帕(kPa);

T ——注入样品的温度,单位为热力学温度(K)。

c) 样品中的总硫浓度的计算

用式(5)和式(6)计算样品中的总硫浓度：

$$S_m = \frac{A_m}{m \times K_m} \quad \cdots\cdots(5)$$

或

$$S_V = \frac{A_V}{V_n \times K_V} \quad \cdots\cdots(6)$$

式中：

S_m ——样品中以质量分数表示的总硫含量，单位为毫克每千克(mg/kg)；

A_m ——按质量注入样品时，样品的响应，以响应值读数为单位；

m ——注入样品的质量，单位为毫克(mg)；

S_V ——样品中以体积分数表示的总硫含量，单位为毫克每立方米(mg/m^3)；

A_V ——按体积注入样品时，样品的响应，以响应值读数为单位。

12 质量控制

12.1 在每次校准后，以及此后每日使用中，至少每日应分析一个质量控制样品(见5.5)以确认仪器或测试过程的性能。

12.1.1 如果测试设备已经明确了质量控制/质量保证的条款，则在确认测试结果的可靠性时使用这些标准。

12.1.2 如果测试设备没有明确的质量控制/质量保证的条款，可采用附录A作为质量控制/质量保证的体系。

13 精密度

13.1 下列的精密度与偏差数据是通过一个实验室室间试验研究获得的，其中包括在正丁烷，异丁烷和丙烷/丙烯混合物中的多个样品。

13.2 重复性：同一操作者使用同一仪器在恒定的操作条件下，对相同的样品进行测试，在95%的置信水平下，两个试验结果之间的差异不应超过式(7)的计算结果。

$$r = 0.115\,2X \quad \cdots\cdots(7)$$

式中：

r ——重复性；

X ——为两次测定结果的平均值。

13.3 再现性：由不同操作者在不同实验室中对相同的样品进行测试，在95%的置信水平下，两个单个和独立的结果之间的差异不应超过式(8)的计算结果。

$$R = 0.313\,0X \quad \cdots\cdots(8)$$

式中：

R ——再现性；

X ——为两次测定结果的平均值。

13.4 对于实验结果 X，以绝对值表示，其估算的精密度示例见表4和表5。

表 4 以质量分数表示的重复性 *r* 和再现性 ***R***

总硫浓度/(mg/kg)	重复性 *r*/(mg/kg)	再现性 *R*/(mg/kg)
1	0.1	0.3
5	0.6	1.6
10	1.2	3.1
25	2.9	7.8
50	5.8	15.6
100	11.5	31.3

表 5 以质量浓度表示的重复性 *r* 和再现性 ***R***

总硫浓度/(mg/m^2)	重复性 *r*/(mg/m^3)	再现性 *R*/(mg/m^3)
5	0.6	1.6
10	1.2	3.1
25	2.9	7.8
50	5.8	15.7
100	11.5	31.3
150	17.3	47.0
注：天然气在 101.325 kPa，20 ℃标准参比条件下的密度按 0.69 kg/m^3 进行估算。		

附　录　A
（资料性附录）
质量控制与安全因素

A.1　质量控制

A.1.1　通过分析一个或多个质量控制样品确定仪器或者测量过程的性能。

A.1.2　在监控测量过程之前，试验方法的使用者需要确定质量控制样品的平均值和控制范围。

A.1.3　通过记录质量控制结果并通过对控制图表或其他与之相当的统计技术进行分析来确定对总体测试过程的统计控制状态。调查任何一个失控的数据以寻查其产生的原因。这种调查的结果可能（但不一定）导致对仪器的重新校准。

注：如果测试方法中缺少具体的要求，A.1.4 提供了质量控制测试频率的指南。

A.1.4　质量控制测试的频率取决于被测试样品质量的重要程度、测试过程显示的稳定性和客户的要求。通常，每个工作日的常规样品分析过程中，应采用质量控制样品进行一次分析。如果需要对大量的样品进行常规分析，则质量控频率应提高。但是，如果有证据表明测试是在统计控制下进行的，则质量控制的测试频率可以降低。质量控制样品的测试精密度应定期进行检查，以确保数据的质量。

A.1.5　如果可能，建议将定期测试的质量控制样品的类型能代表日常所检测的样品。在计划使用的时间段内，应可提供充足的质量控制样品材料，并在预期的储存条件下该样品必须保持均匀和稳定。

A.2　操作提示和安全因素的考虑

A.2.1　在注入样品之前，应根据仪器制造商的操作指南将装置完全稳定并准备好，以便进行分析。

A.2.2　除了在样品分析期间，进样系统的取样阀通常处于取样位置。

A.2.3　一旦取样阀充满了样品并建立了平衡，可通过将取样阀快速、完全地旋转到进样位置来完成样品的注入。

A.2.4　在分析结束之前（仪器已经返回到基线状态，并且积分已经完成）始终将取样阀处于进样位置。

A.2.5　检测器响应的长短取决于使用的石英燃烧管的类型，载气、样品的进样量或硫的浓度（或进样量和硫的浓度）。典型的反应时间为 20 s～1 min（见图 A.1）。

A.2.6　进样系统载气的流动可被用于控制样品的燃烧和检测特性。如果载气流量过高（大于 30 mL/min），则可能造成样品的不完全燃烧（形成碳黑）。

A.2.7　在两次进样之间，应给出允许信号返回到基线所需要的时间。

A.2.8　分析仪应使用标准的流动条件。见本试验方法的第 9 章。

A.2.9　强烈建议在导入样品前使用过滤装置。这样可以极大地延长阀门的使用寿命并防止传输导管出现阻塞。

A.2.10　使用低铁或无铁合金和/或经过惰性处理的材料，可提高低含量水平硫的分析。

A.2.11　使用条带记录仪或软件峰值显示有助于进样系统的安装和正常操作。

A.2.12　如果标准物质的材料与被分析样品的基体相匹配，则得到的质量分析结果是最理想的。不鼓励（室温条件下）将溶剂作为校准物或样品注入到仪器，因为这样可能会造成样品流动通道部件中出现严重焦化（形成碳黑）的情况，从而产生较差的分析结果。

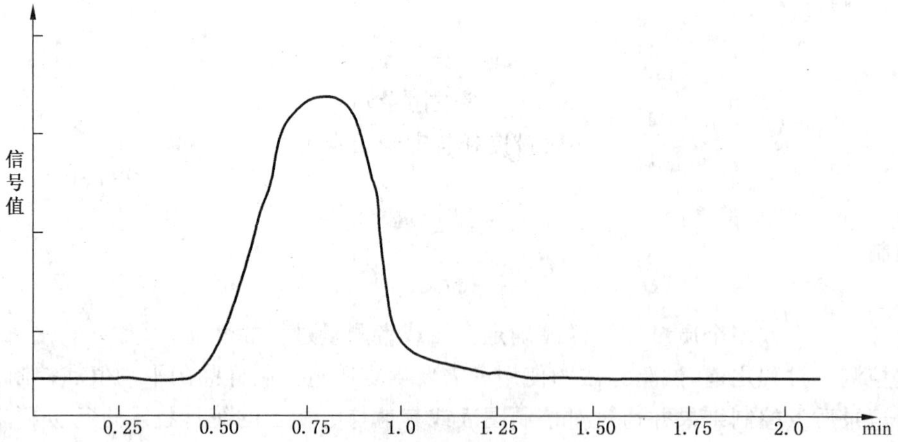

图 A.1 典型的进样响应曲线

A.3 安全考虑

A.3.1 要经常性地检查连接样品容器和进样系统的传输导管和接头，这是由于频繁地弯曲、老化或者使用等原因可能会造成泄漏和应力弱化。

A.3.2 要经常性地检查“快速连接”接头和其他样品输送和排放装置，以便发现泄漏，确保正常操作。

A.3.3 由进样系统放空的废物须远离仪器操作环境和有潜在火源的地方。

A.3.4 用于维持样品容器中的内容物和保证样品输送的压力一般小于 5.1 MPa。不应超过进样系统的整体压力水平(额定为 6.1 MPa)或所使用的样品输送装置的承受能力。

A.3.5 在取样阀取样阶段，使用低速或者中速的对取样环路进行充填。

A.3.6 完成取样系统的吹扫后，使回路和排放系统中的压力平衡。对排空到无潜在火源地区样品应采用安全气泡监控装置，这不但可提供直观的确定，而且还有助于确保注入样品量的均匀稳定。

A.3.7 取样结束后，建议对样品输送管路在控制下进行放空或将压力卸空。

A.3.8 分析结束后，将取样阀处于取样位置，可用与进样系统相连接的惰性气体清洗管路中的样品残余物。

ICS 77.150.30
H 62

GB

中华人民共和国国家标准

GB/T 11087—2012
代替 GB/T 11087—2001

散热器冷却管专用黄铜带

Brass strip for heat-exchanger tubing

2012-12-31 发布　　2013-10-01 实施

中华人民共和国国家质量监督检验检疫总局
中国国家标准化管理委员会　发布

前　　言

本标准按照 GB/T 1.1—2009 给出的规则起草。

本标准代替 GB/T 11087—2001《散热器冷却管专用黄铜带》。本标准与 GB/T 11087—2001 相比，主要变化如下：

——增加 H85 牌号；

——厚度范围由“0.08～0.18”调整为“0.10～0.20”；

——删除厚度偏差普通级精度的规定；

——厚度偏差分段由三段调整为两段；

——增加带材卷重“经合同注明可提供其他卷重要求。”；

——带材的侧边弯曲度由每米不大于 1 mm 修改为每 2 m 不大于 4 mm；

——增加 H85 的室温力学性能；

——增加带材化学成分分析方法 YS/T 482《铜及铜合金分析方法　光电发射光谱法》；

——增加资料性附录 A：带材侧边弯曲度数值的等效换算。

本标准修改采用美国 ASTM B569：2009《热交换器管用窄薄黄铜带材》。本标准与美国 ASTM B569：2009 相比，主要区别如下：

——增加了 H90、H68、HAs68-0.04 牌号；

——对厚度允许偏差进行加严；

——在产品性能中增加硬度的规定。

本标准由全国有色金属标准化技术委员会(SAC/TC 243)归口。

本标准负责起草单位：菏泽广源铜带股份有限公司。

本标准参加起草单位：十堰益民铜材有限公司。

本标准主要起草人：彭作华、马力、于连生、徐继玲、黄建斌。

本标准所代替标准的历次版本发布情况为：

——GB/T 11087—2001；

——GB/T 11087—1989。

散热器冷却管专用黄铜带

1 范围

本标准规定了散热器冷却管专用黄铜带的要求、试验方法、检验规则及标志、包装、运输、贮存、质量证明书和合同(或订货单)内容等。

本标准适用于农业机械、工程机械和汽车制造等工业部门制造散热器冷却管专用黄铜带。

2 规范性引用文件

下列文件对于本文件的应用是必不可少的。凡是注日期的引用文件,仅注日期的版本适用于本文件。凡是不注日期的引用文件,其最新版本(包括所有的修改单)适用于本文件。

GB/T 228.1—2010 金属材料 拉伸试验 第1部分:室温试验方法

GB/T 4340.1 金属材料 维氏硬度试验 第1部分:试验方法

GB/T 5121(所有部分) 铜及铜合金化学分析方法

GB/T 5231 加工铜及铜合金牌号和化学成分

GB/T 8888 重有色金属加工产品的包装、标志、运输和贮存

GB/T 26303.3 铜及铜合金加工材外形尺寸检测方法 第3部分:板带材

YS/T 482 铜及铜合金分析方法 光电发射光谱法

3 要求

3.1 产品分类

3.1.1 牌号、状态、规格

带材的牌号、状态、规格应符合表1的规定。需方要求提供其他状态或规格带材时,由供需双方协商确定,并在订货单(或合同)中注明。

表1 带材的牌号、状态和规格

<table>
<tr><th rowspan="2">牌号</th><th rowspan="2">供应状态</th><th colspan="2">规格/mm</th></tr>
<tr><th>厚度</th><th>宽度</th></tr>
<tr><td>H90、H85、H70、HAs70-0.05
H68、HAs68-0.04</td><td>1/4硬(H01)、1/2硬(H02)、
硬(H04)</td><td>0.10～0.20</td><td>20～100</td></tr>
</table>

3.1.2 标记示例

带材标记按产品名称、本标准编号、牌号、状态、厚度和宽度的顺序表示。标记示例如下:

用HAs68-0.04制造的、H02状态、厚度为0.12 mm、宽度为43 mm的带材标记为:

铜带 GB/T 11087—2012- HAs68-0.04 H02-0.12×43

3.2 化学成分

带材各牌号化学成分应符合GB/T 5231的规定。

3.3 外形尺寸及其允许偏差

3.3.1 带材的厚度、宽度及其允许偏差应符合表2的规定。

表2 带材的厚度、宽度及允许偏差

单位为毫米

厚度	厚度允许偏差	宽度	宽度允许偏差	
			宽度＜45	宽度≥45
0.10～0.15	±0.005	20～100	±0.08	±0.13
＞0.15～0.20	±0.008			
注1：当需方要求单向偏差时，应在合同(或订货单)中注明，其允许偏差值为表中数值的2倍。 注2：经供需双方协议，可提供其他允许偏差的带材。				

3.3.2 带材卷重按单位宽度质量应不小于0.8 kg/mm，每批许可交付不大于10%的单位宽度质量不小于0.5 kg/mm的小卷。经合同注明可提供其他卷重要求的带材。

3.3.3 带材应平直，允许有轻微的波浪。

注：轻微波浪是指用手拉紧3 m的带材波浪即行消失。

3.3.4 带材的侧边弯曲度每2 m应不大于4 mm。不同标距条件下侧边弯曲度数值换算方法见附录A。

3.3.5 带材两边应切齐、无裂边和卷边。

3.3.6 带材应成卷供应，不允许供应有焊接接头的带材。

3.4 力学性能

带材的室温力学性能应符合表3的规定。需方如有硬度要求，应在合同中注明，其值仅供参考。

表3 带材的力学性能

牌号	状态	拉伸试验		硬度试验
		抗拉强度 R_m MPa	断后伸长率 $A_{50\ mm}$ %，不小于	维氏硬度 HV[a]
H90	H01	285～365	10	90～125
	H02	345～435	5	110～145
	H04	415～515	—	130～165
H85	H01	305～370	18	85～115
	H02	350～420	8	105～135
	H04	410～490	—	125～155
H70 HAs70-0.05	H01	340～405	12	95～125
	H02	400～470	10	120～165
	H04	450～560	—	140～180
H68 HAs68-0.04	H01	340～400	16	95～125
	H02	380～460	10	120～165
	H04	440～550	—	140～180
注：经供需双方协议，可提供其他性能的带材。				
[a] 表示最小负荷不小于0.98 N。				

3.5 表面质量

3.5.1 带材表面应光滑清洁。

3.5.2 带材表面不允许有裂缝、起皮、起刺、气泡、分层、压折、夹杂和孔洞。

3.5.3 带材表面允许有轻微、局部、不使带材厚度超出其允许偏差的划伤、斑点、凹坑、擦伤、辊印等缺陷。

3.5.4 带材表面允许有轻微的氧化色或油迹。

4 试验方法

4.1 化学成分分析方法

带材的化学成分分析按 YS/T 482 或 GB/T 5121 的规定进行。化学成分仲裁分析方法按 GB/T 5121 的规定进行。

4.2 外形尺寸检验方法

带材的外形尺寸检验按 GB/T 26303.3 的规定进行。

4.3 力学性能试验方法

4.3.1 带材的拉伸试验按 GB/T 228.1 的规定进行；拉伸试样应符合 GB/T 228.1 表 B.2 中 P5 试样号的规定。

4.3.2 带材的维氏硬度试验按 GB/T 4340.1 的规定进行。

4.4 表面质量检验方法

带材的表面质量应用目视进行检验。

5 检验规则

5.1 检查和验收

5.1.1 产品应由供方技术监督部门进行检验，保证产品质量符合本标准及合同(或订货单)的规定，并填写质量证明书。

5.1.2 需方应对收到的产品按本标准及合同(或订货单)的规定进行复验，如复验结果与本标准及合同(或订货单)的规定不符时，应以书面形式向供方提出，由供需双方协商解决。属于表面质量及尺寸偏差的异议，应在收到产品之日起一个月内提出；其他质量异议，应在收到产品之日起三个月内提出。如需仲裁，仲裁取样应由供需双方在需方共同进行。

5.2 组批

产品应成批提交验收，每批应由同一牌号、状态和规格的产品组成。每批(卷、盘、箱)质量应不大于 3 500 kg(如该批为同一熔次，则批质量不大于 6 000 kg)。

5.3 检验项目

每批带材应进行化学成分、拉伸试验、外形尺寸和表面质量的检验。若需方有硬度要求时，还需进行维氏硬度试验。

5.4 取样

带材取样应符合表 4 的规定。

表 4 取样

检验项目	取样规定	要求的章条号	试验方法的章条号
化学成分	供方在熔铸过程中，每炉取一个试样；需方在每批中任取一个试样	3.2	4.1
外形尺寸偏差	逐卷检验	3.3	4.2
拉伸性能	每批任取两卷，每卷沿轧制方向取一个试样	3.4	4.3
维氏硬度	每批任取两卷，每卷取一个试样	3.4	4.3
表面质量	逐卷检验	3.5	4.4

5.5 检验结果的判定

5.5.1 化学成分不合格时，判该批(或该炉)产品不合格。

5.5.2 外形尺寸偏差和表面质量不合格时，判该卷产品不合格。

5.5.3 力学性能不合格时，应从该批产品(包括该不合格试样代表的那卷产品)中另取双倍数量的试样进行重复试验。重复试验结果全部合格，则判该批产品合格。若重复试验结果中仍有试样性能不合格，则判该批产品不合格。

6 标志、包装、运输、贮存及质量证明书

带材的标志、包装、运输、贮存和质量证明书应符合 GB/T 8888 的规定。

7 合同(或订货单)内容

订购本标准所列产品的合同(或订货单)内应包括下列内容：

a) 产品名称；
b) 牌号；
c) 供应状态；
d) 尺寸规格；
e) 尺寸允许偏差(需方有特殊要求时)；
f) 硬度试验(需方有要求时)；
g) 质量；
h) 本标准编号；
i) 其他。

附 录 A
（资料性附录）
带材侧边弯曲度数值的等效换算

A.1 带材的侧边弯曲度

带材的侧边弯曲度作为评价带材侧边弯曲程度的指标，通常以指定标距长度内带材的侧边弯曲量表示，见图 A.1。

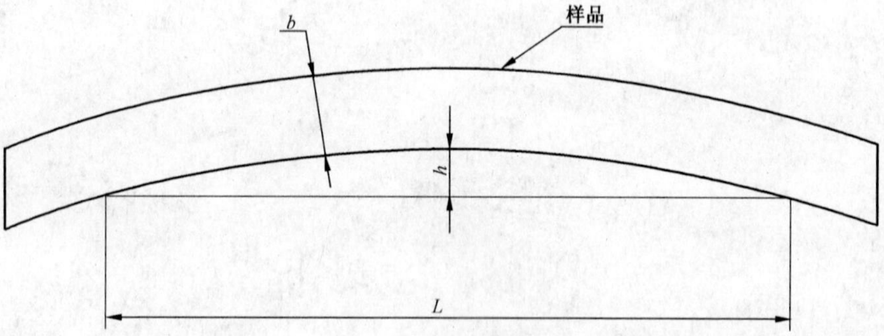

说明：
b ——宽度；
h ——弯曲量；
L ——标距长度。

图 A.1 带材的侧边弯曲度示意图

A.2 不同标距下侧边弯曲度数值的换算

标距可分为长标距和短标距。对于同一单向弯曲程度的带材，采用长标距测量弯曲量的数值大于采用短标距测量弯曲量，且其量值之间存在一定的比例关系，见表 A.1。

表 A.1 侧边弯曲度换算表

标距长度	1.0 m	1.5 m	2.0 m	2.5 m	3.0 m
弯曲量对比关系	0.25h	0.56h	h[a]	1.56h	2.25h
[a] 表示 2 m 标距时带材的侧边弯曲量。					

ICS 77.160
H 16

中华人民共和国国家标准

GB/T 11105—2012
代替 GB/T 11105—1989

金属粉末　压坯的拉托拉试验

Metallic powder—Rattle test for the green compacts

2012-12-31 发布　　2013-10-01 实施

中华人民共和国国家质量监督检验检疫总局
中国国家标准化管理委员会　发布

前　言

本标准按照 GB/T 1.1—2009 给出的规则起草。

本标准代替 GB/T 11105—1989《金属粉末　压坯的拉托拉试验》。本标准与 GB/T 11105—1989 相比，主要变化如下：

——增加了第 2 章中引用文件的内容；

——第 4 章中删除“14 目”；

——5.1 中“试样尺寸”改为“试样数量及试样尺寸”；

——5.1 中“试样高度与直径 11.3 mm 相当”改为“试样的高度为 11.3 mm±0.2 mm，试样的直径为 11.3 mm±0.2 mm”；

——5.2.1 中增加了固体润滑剂合成蜡的推荐；

——6.3 中“87±10 r/min”改为“87 r/min±10 r/min”；

——7.2 中“按偶数修约规则”修改为“按 GB/T 8170 的规定，对数值进行修约”。

本标准由全国有色金属标准化技术委员会(SAC/TC 243)归口。

本标准起草单位：莱芜钢铁集团粉末冶金有限公司、西安宝德粉末冶金有限责任公司、钢铁研究总院。

本标准主要起草人：陈建华、袁勇、赵晶、李霆、董领峰、朱黎冉。

金属粉末　压坯的拉托拉试验

1　范围

本标准规定了测定金属粉末成形性的拉托拉试验方法。

本标准适用于粉末压坯的耐磨性和端角部分的耐撞击性的测定。

2　规范性引用文件

下列文件对于本文件的应用是必不可少的。凡是注日期的引用文件，仅注日期的版本适用于本文件。凡是不注日期的引用文件，其最新版本(包括所有的修改单)适用于本文件。

GB/T 8170　数值修约规则与极限数值的表示和判定

3　原理

将在规定条件下冷压成形的粉末压坯，置于拉托拉试验装置里，启动马达，使金属丝网编制的圆筒形笼子转动，让压坯与网笼碰撞及压坯之间相互摩擦碰撞，求出固定转数下的试样失重。

4　设备

本设备是由网孔为 1 190 μm 青铜网制成的圆形转筒及驱动该转筒的马达和自动控制转数的装置组成的。该转筒的形状和主要尺寸见附录 A。

5　试样

5.1　试样数量及试样尺寸

试样的数量为 5 个，试样为圆柱形，试样的高度为 11.3 mm±0.2 mm，试样的直径为 11.3 mm ±0.2 mm。

5.2　试样制备

5.2.1　根据用户需要或粉末的技术条件可确定如下润滑方式：

a)　模壁润滑：将掺有润滑剂的混合物或掺有润滑剂的挥发性有机溶液(如：1 000 cm^3 的丙酮中加入 100 g 的硬脂酸锌)涂于模壁上。让多余的液体沥干，附着在模壁上的溶液挥发后形成一层很薄的润滑膜。

b)　粉末润滑：粉末中均匀地混入规定数量的固体润滑剂(如：硬脂酸锌或合成蜡等)。

5.2.2　成形模具工作面的粗糙度 Ra 应不大于 0.16 μm。

5.2.3　以单向或双向压制的方式将一定量的粉末压制成形。压制压力可采用一组压力或由双方协商确定。

6 步骤

6.1 测量试样的直径和高度，量具精度为 0.02 mm。

6.2 称量在相同压力下成形的 5 个试样，精确到 0.01 g。

6.3 将称量的 5 个试样，装入滚筒里，启动马达，以 87 r/min±10 r/min 的转数转动 1 000 转。取出试样，并称量，精确到 0.01 g。

7 结果的表示

7.1 按式(1)计算拉托拉值：

$$W=\frac{A-B}{A}\times 100\% \qquad \cdots\cdots(1)$$

式中：

W ——拉托拉值(试验前后试样质量的损失率)，%；

A ——试验前的试样质量，单位为克(g)；

B ——试验后的试样质量，单位为克(g)。

7.2 按 GB/T 8170 的规定，对数值进行修约。

8 试验报告

试验报告应包括以下内容：

a) 本标准编号；

b) 识别试样的所有必要细节；

c) 根据粉末的技术条件或用户的需求，报出在某一成形压力下的拉托拉值(W)，或绘制出成形压力或密度与拉托拉值的关系内容；

d) 润滑方式和润滑剂类型；

e) 成形压力和成形方式；

f) 所得结果；

g) 本标准或参与的标准中未规定的所有细节，或自规定的所有细节；

h) 可能已影响结果的任何情况的细节。

附 录 A
（规范性附录）
拉托拉转筒的形状和主要尺寸示意图

单位为毫米

说明：

1——障碍板；

2——青铜网罩；

3——试样入口。

图 A.1 拉托拉转筒的形状和主要尺寸示意图

ICS 17.180.99
N 30

中华人民共和国国家标准

GB/T 11153—2012
代替 GB/T 11153—1989

激光小功率计性能检测方法

Test methods of laser power meter in lower-range

2012-12-31 发布 2013-06-01 实施

中华人民共和国国家质量监督检验检疫总局
中国国家标准化管理委员会 发布

前　言

本标准按照 GB/T 1.1—2009 给出的规则起草。

本标准代替 GB/T 11153—1989《激光小功率计性能检测方法》，与 GB/T 11153—1989 相比主要变化如下：

——修改了标准的适用范围(见第 1 章，1989 年版的第 1 章)；

——删除了对激光源光束空间参数的要求(见 1989 年版的 5.2a 和 5.2c)；

——增加了对标准激光功率计和参考激光功率计的要求(见 5.3 和 5.7)；

——删除了对参考探测器、显示仪器的要求(见 1989 年版的 5.5、5.6 和 5.7)；

——修改了基本检测装置(框图)(见图 1，1989 年版的图 1)；

——修改了响应度随时间的变化(见 5.7，1989 年版的第 12 章)，删除了由激光照射引起的响应度随时间变化的检测(见 1989 年版的 12.1)；

——修改了响应度校准不确定度的检测(见 5.9，1989 年版的第 14 章)；

——删除了附录 A 和附录 B(见 1989 年版附录 A 和附录 B)。

本标准由中华人民共和国工业和信息化部提出。

本标准由全国电子测量仪器标准化技术委员会(SAC/TC 153)归口。

本标准起草单位：北京光电技术研究所。

本标准主要起草人：满春阳、陆耀东、罗志军。

本标准所替代标准的历次版本发布情况为：

——GB/T 11153—1989。

激光小功率计性能检测方法

1 范围

本标准规定了对功率范围为0.1 mW～100 mW的激光小功率计(简称仪器)性能检测的方法。

本标准适用于0.1 mW～100 mW激光小功率计的研制和生产检验,其他功率范围的激光功率测试仪器也可参考使用。

2 术语和定义

下列术语和定义适用于本文件。

2.1

响应度 responsivity

$S(S=Y/X)$

激光功率计输出量 Y 与产生这一输出量的输入量 X 之商。

2.2

响应度随入射功率的变化 dependence of responsivity on radiant power

F_1

在激光功率计的测量范围内,响应度因待测量激光功率变化而产生的相对变化。

2.3

探测器光敏面上响应度的变化 change of responsivity over the detector surface

F_2

探测器光敏面上各点响应度的最大相对变化。也可以定义为探测器光敏面上各点响应度的相对标准差。

2.4

响应度在辐照期间的变化 change of responsivity during irradiation

F_3

激光功率计在激光辐射期间所产生的可以恢复的响应度相对变化。

2.5

响应度随温度的变化 temperature dependence of responsivity

F_4

激光功率计在规定的环境温度内响应度可以恢复的相对变化。

2.6

零点漂移 zero drift

F_5

激光功率计的示值在没有任何激光和其他光辐射时随时间的相对变化。

2.7

由存储引起的响应度随时间的变化 change of responsivity by storage

F_6

激光功率计由于存储条件而产生的不可恢复的响应度相应变化。

2.8

响应度随入射角及偏振态的变化　dependence of responsivity on the angle of incidence and polarization

F_7

对不同偏振状态的激光光束，当被测激光偏离规定入射激光功率计探测器时，所引起的响应度的最大相对变化。

2.9

相对示值偏差　relative error of indication

F_8

激光功率计响应度的标称值与标准值的相对误差，称为相对示值偏差。

3　基本检测条件

3.1　环境条件

除另有规定外，检测应在室内进行，并应满足下列条件：

a) 环境温度：(23±5)℃；

b) 相对湿度：≤80%；

c) 空气流动速度：≤0.05 m/s；

d) 供电电源：交流 220(1±5%)V，频率 50(1±2%)Hz；

e) 检测系统应避免杂散光，屏蔽电磁辐射和防止机械振动。

3.2　技术要求

除另有规定外，检测时还应注意下列要求：

a) 待检仪器的预热应按照使用说明等技术文件的规定时间进行。没有明确规定的可根据仪器的稳定情况进行 10 min～30 min 的预热。

b) 本标准所给公式中采用的检测数据应是在该点重复测试 n 次的平均值，通常 $n \geqslant 3$。

c) 当光源的输出水平受限时，允许将仪器的衰减器、探测器和显示器等在一定的条件下分解测试。组合后应重新校准。

d) 如果待测仪器的使用说明书等技术文件对其使用条件做出了限制，则在其规定范围内进行检测。

4　基本检测装置

4.1　基本检测装置框图

基本检验装置如图 1 所示，测试时可根据所检参数、环境条件和光源稳定性的需要增减图中虚线所示设备。

4.2　激光光源(或模拟光源)

除另有规定外，激光光源应符合下列规定：

a) 输出波长为待检仪器规定的使用波长，或在其规定使用的波长范围之中；

b) 输出功率的稳定性优于±0.2%/5 min，±0.5%/30 min。

4.3 标准激光功率计

除另有规定外，激光功率计应符合下列规定：

a) 测量范围 0.1 mW～200 mW，可以是多台仪器共同完成；

b) 扩展不确定度小于 4%($k=2$)。

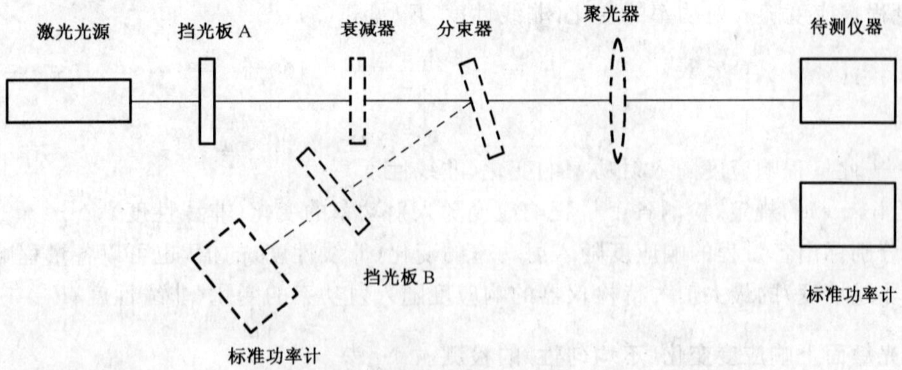

图 1 基本检测装置

5 检测方法

5.1 探测器表面损伤阈值的检测

5.1.1 检测步骤：

a) 按图 1 建立检测装置。

b) 测量照射到仪器探测器光敏面的激光光斑直径，根据仪器给出的损伤阈值指标计算所需激光功率。

c) 移开挡光板，调整激光输出功率，使标准功率计的显示达到检测所需量值。如果激光输出功率低于所需量值，可在光路中插入聚光器，减小激光光斑直径，达到所需量值。

d) 被测仪器不需开机，用激光照射仪器探测器光敏面 10 min。

5.1.2 仪器探测器光敏面应没有烧蚀的痕迹，开机后应能正常工作，各项技术指标应满足技术文件规定的要求。

5.2 响应度随入射功率变化(非线性度)的检测

5.2.1 检测步骤：

a) 按图 1 建立检测装置；

b) 设置并记录待检仪器的量程；

c) 调整激光输出功率，使待检仪器的示值为该量程最大值的 80%，记录待检仪器和标准仪器的示值，并计算比值 s_{1H}，见式(1)：

$$s_{1H}=I_H/Y_H \qquad (1)$$

式中：

s_{1H}——待检仪器的示值为该量程最大值 80%时，与标准仪器示值之比；

I_H——待检仪器的示值；

Y_H——标准仪器的示值。

d) 调整激光输出功率，使待检仪器的示值为该量程最大示值的 30%，记录待检仪器和标准仪器的示值，并计算比值 s_{1L}，见式(2)：

$$s_{1L}=I_L/Y_L \qquad \cdots\cdots(2)$$

式中：

s_{1L}——待检仪器的示值为该量程最大示值的30%时，与标准仪器示值之比；

I_L——待检仪器的示值；

Y_L——标准仪器的示值。

e) 此量程响应度随入射功率的变化(非线性度)F_1 见式(3)：

$$F_1=\pm\left|\frac{s_{1H}-s_{1L}}{s_{1H}-s_{1L}}\right|\times 100\% \qquad \cdots\cdots(3)$$

式中：

F_1——此量程响应度随入射功率的变化(非线性度)；

f) 重复 b)～e)的规定，检测各个量程响应度随入射功率的变化(非线性度)。

5.2.2 可以分别标出各量程的响应度随入射功率的变化(非线性度)的值，也可以各量程响应度随入射功率的变化(非线性度)的最大值为待检仪器的响应度随入射功率的变化(非线性度)F_1。

5.3 探测器光敏面上响应度变化(不均匀性)的检测

5.3.1 检测装置：

a) 检测装置如图1；

b) 待检仪器的探测器安装在二维光学调整架上，使其可以在基本垂直于入射光传播方向上作水平和垂直移动；

c) 需要时可以用聚光器调整入射到待检仪器探测器光敏面上光束的直径。

5.3.2 检测条件：

a) 入射到探测器光敏面上激光光束的直径应在探测器光敏面直径(或对角线)的1/5；

b) 最基本的检测点选取应为待检测探测器光敏面上的中心点，和由中心点出发向上、下、左、右4个方向所做的射线上的点；

c) 激光光斑直径的外沿与光敏面边缘的距离不小于光敏面直径的1/3。

5.3.3 检测步骤：

a) 按5.3.2a)的规定调整好光束直径；

b) 调整待检测探测器的位置使激光光束投射在其光敏面中心点上，记录待检仪器和标准仪器的输出示值，计算其比值 s_{20}：

$$s_{20}=I_0/Y_0 \qquad \cdots\cdots(4)$$

式中：

s_{20}——在中心点上，待检测仪器和标准仪器示值之比；

I_0——待检仪器的示值；

Y_0——标准仪器的示值。

c) 调整待检测仪器探测器的位置，使激光光束投射在第 i 个检测点上；记录待检测仪器和标准仪器的示值，计算其比值：

$$s_{2i}=I_i/Y_i(i=1,2,\cdots,n) \qquad \cdots\cdots(5)$$

式中：

s_{2i}——在第 i 点上，待检测仪器和标准仪器示值之比；

I_i——待检仪器的示值；

Y_i——标准仪器的示值。

d) 在第 i 点上，响应度的变化(不均匀性)为：

$$f_{2i}=(\frac{s_{2i}}{s_{20}}-1)\times 100\% \qquad \cdots\cdots(6)$$

式中：

f_{2i}——在第 i 点上，响应度的变化（不均匀性）。

5.3.4 以各检验点上响应度的变化（不均匀性）的绝对值最大者为待检激光功率计探测器光敏面上响应度的变化（不均匀性）F_2。

5.3.5 待检激光功率计的探测器光敏面上响应度的变化（不均匀性）F_2 也可用式(7)表达：

$$F_2=\frac{1}{\bar{s}}\sqrt{\frac{1}{(i-1)}\sum_{n=1}^{i}(s_{2i}-\bar{s})^2} \qquad (7)$$

式中：

$\bar{s}$——待检测仪器和标准仪器示值之比的平均值；$\bar{s}=\frac{1}{n}\sum_{n=1}^{i}s_{2i}$。

5.3.6 应在待检仪器的有关技术文件中对所采用的处理方法给予说明。

5.4 响应度在辐照期间变化的检测

5.4.1 检测步骤：

a) 检测装置如图 1 所示；

b) 调整激光输出，使待检仪器的示值为该量程挡最高示值的 60%；

c) 记录待检仪器和标准仪器的示值后，计算初始比值 s_{30}：

$$s_{30}=I_0/Y_0 \qquad (8)$$

式中：

s_{30}——待检仪器与标准仪器初始示值之比；

I_0——待检仪器的示值；

Y_0——标准仪器的示值。

d) 用激光连续照射被检仪器一段时间 t 后，记录待检仪器和标准仪器的示值，计算比值 s_{3t}：

$$s_{3t}=I_{t1}/Y_{t1} \qquad (9)$$

式中：

s_{3t}——照射一段时间后，待检仪器和标准仪器的比值；

I_{t1}——待检仪器的示值；

Y_{t1}——标准仪器的示值。

5.4.2 待检激光功率计的响应度在该照射期间的变化 F_3 为：

$$F_3=\pm\left|\frac{s_{3t}}{s_{30}}-1\right|\times 100\% \qquad (10)$$

式中：

F_3——待检激光功率计响应度在辐照期间的变化。

5.5 响应度随温度变化的检测

5.5.1 检测装置：

温度试验箱的容积和待测仪器体积之比不小于 5∶1，温度试验箱应有激光入射窗口。

5.5.2 检测步骤：

a) 检测装置如图 2 所示；

b) 将试验箱的温度恒定在高温工作温度，待测仪器与环境温度平衡后进行测试。记录待检仪器和标准仪器的示值，并求其比值 s_{4H}：

$$s_{4H}=I_H/Y_H \qquad (11)$$

式中：

s_{4H}——高温时，待检仪器和标准仪器示值之比；

I_H——待检仪器的示值；

Y_H——标准仪器的示值。

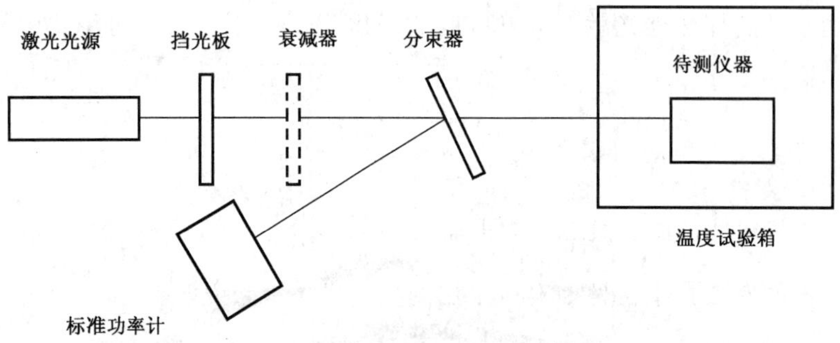

图 2 温度试验装置

c) 将温度恒定在低温工作温度，待测仪器与环境温度平衡后进行测试。记录待检仪器和标准仪器的示值，并求其比值 s_{4L}：

$$s_{4L}=I_L/Y_L \tag{12}$$

式中：

s_{4L}——低温时，待检仪器和标准仪器示值之比；

I_L——待检仪器的示值；

Y_L——标准仪器的示值。

d) 待检激光功率计的响应度随温度的变化 F_4 为：

$$F_4=\pm\left|\frac{s_{4H}-s_{4L}}{s_{4H}+s_{4L}}\right|\times 100\% \tag{13}$$

式中：

F_4——待检测激光功率计响应度随温度的变化。

5.5.3 待检仪器如果有环境防护配件，应加装上之后进行检验。

5.5.4 高温和低温试验的顺序可以改变。

5.5.5 如果受光源等试验仪器和设备的限制不能在温度箱中进行检测，应尽量使用一些模拟替代方法使之在温度应力下测试。次之，允许在箱外进行测试。

5.6 零点漂移的检测

5.6.1 将待检仪器放置在常温下，按规定时间预热后调整零点，在 1 h 内记录待检仪器相对所设定的量程上零点最大漂移量。

5.6.2 待检激光功率计的零点漂移 F_5 为：

$$F_5=\frac{\Delta I}{I_{max}}\times 100\% \tag{14}$$

式中：

F_5——待检仪器的零点漂移；

ΔI——待检仪器的示值相对于起始示值的最大偏离；

I_{max}——所设定量程挡的最大示值。

5.7 由存储引起的响应度随时间变化的检测

a) 检测方法

1) 检测装置如图 1；

2) 记录待检仪器和标准仪器的初始示值，并计算其比值 s_{60}：

$$s_{60}=I/Y_t \qquad (15)$$

式中：

s_{60}——待检仪器和标准仪器示值的初始比值；

I ——待检仪器的示值；

Y_t——标准仪器的示值。

3) 将待检仪器置于温度试验箱内，按照规定的高低温进行存储试验，存储试验结束后，恢复到其温度、湿度与检测环境平衡；

4) 再次记录待检仪器和标准仪器的示值，并计算其比值 s_{6t}：

$$s_{6t}=I/Y_t \qquad (16)$$

式中：

s_{6t}——存储后，待检仪器和标准仪器示值的比值；

I ——待检仪器的示值；

Y_t——标准仪器的示值。

b) 待检激光功率计由存储引起的响应度随时间变化 F_6 为：

$$F_6=\left(\frac{s_{6t}}{s_{60}}-1\right)\times 100\% \qquad (17)$$

式中：

F_6——待检测激光功率计由存储引起的响应度随时间变化。

5.8 响应度随入射角及偏振态变化的检测

5.8.1 检测装置：

在图 1 所述的检验装置中增加起偏器以获得偏振光源，将待检仪器的探测器安装在一个旋转平台上，并可在其带动下左右偏转；在偏转过程中，入射激光光束应始终照射在探测器光敏面的中心。

5.8.2 检测步骤：

a) 使入射到待检测激光功率计探测器上的光为 s 光；

b) 激光入射角以规定的入射方向为中心左右增加，不超过±5°。记录激光入射角为第 i 个入射角时，待检仪器和标准仪器的示值，并计算其比值 s_{si}：

$$s_{si}=Y_i/Y_{ti}(i=1,2,\cdots,n) \qquad (18)$$

式中：

s_{si}——对于 s 光，在第 i 个角上，待检仪器和标准仪器示值之比；

Y_i——在第 i 个角上，待检测仪器示值；

Y_{ti}——在第 i 个角上，标准仪器示值；

n ——激光入射角总数。

c) 在 s 光入射时，待检仪器的响应度随入射角的变化 F_s 为：

$$F_s=\pm\left|\frac{\Delta s_s}{2\bar{s}_s}\right|\times 100\% \qquad (19)$$

式中：

F_s ——s 光入射时，待检测激光功率计的响应度随入射角的变化；

Δs_s ——s 光入射时，不同角度下测得的待检仪器和标准仪器示值之比中，最大值与最小值之差；

$\bar{s}_s$ ——s 光入射时，不同角度下测得的待检仪器与标准仪器示值之比的平均值。

d) 使入射到待检仪器探测器上的光为 p 光，重复 b)步骤；

e) 在 p 光入射时，待检激光功率计的响应度随入射角的变化 F_p 为：

$$F_p = \pm \left| \frac{\Delta s_p}{2\bar{s}_p} \right| \times 100\% \qquad \cdots\cdots(20)$$

式中：

F_p ——p 光入射时，待检测激光功率计的响应度随入射角的变化；

Δs_p ——p 光入射时，不同角度下测得的待检仪器和标准仪器示值之比中，最大值与最小值之差；

$\bar{s}_p$ ——p 光入射时，不同角度下测得的待检仪器和标准仪器之比的平均值。

5.8.3 待检测激光功率计响应度随入射角及偏振态的变化 F_7 为 F_s 与 F_p 中的最大值。

5.9 相对示值偏差的检测

a) 测试装置同图 1。激光波长与待检激光功率计的工作波长一致；

b) 调整激光器输出功率到被检仪器要校准挡位功率范围约 2/3 处，记录标准仪器的示值；

c) 标准仪器和被检仪器反复替换测试，记录标准仪器的示值 s_0 和被检仪器的示值 s，被检仪器相对标准仪器的示值偏差为：

$$F_8 = \left(\frac{s_0}{s} - 1\right) \times 100\% \qquad \cdots\cdots(21)$$

式中：

F_8——待检激光功率计的示值偏差；

s_0 ——标准激光功率计的示值；

s ——待检激光功率计的示值。

ICS 77.140.70
H 44

中华人民共和国国家标准

GB/T 11264—2012
代替 GB/T 11264—1989

热轧轻轨

Hot-rolled light rails

2012-11-05 发布　　2013-05-01 实施

中华人民共和国国家质量监督检验检疫总局
中国国家标准化管理委员会　发布

前　言

本标准按照 GB/T 1.1—2009 给出的规则起草。

本标准代替 GB/T 11264—1989《轻轨》。

本标准与 GB/T 11264—1989 相对比，对下列主要技术内容进行了修改：

——将标准名称修改为“热轧轻轨”；

——轻轨型号增加了 18 kg/m、24 kg/m；

——轻轨尺寸检验项目增加了头高、螺孔中心线上下偏差、截面偏称；

——增加了“经供需双方协商，并在合同中注明，可按其他牌号供货”；

——降低了钢中杂质元素 S、P 含量，增加了小型号轻轨的力学性能；

——取消了落锤试验；

——调整了长度允许偏差要求。

本标准由中国钢铁工业协会提出。

本标准由全国钢标准化技术委员会(SAC/TC 183)归口。

本标准主要起草单位：唐山钢铁集团有限责任公司、河北永洋钢铁有限公司、冶金工业信息标准研究院。

本标准主要起草人：邓翠青、王永红、孙晓玲、赤 荣、刘宝石、陈春生、侯捷。

本标准所代替标准的历次版本发布情况为：

——GB/T 11264—1989。

热 轧 轻 轨

1 范围

本标准规定了热轧轻轨的订货内容、型号、尺寸、外形、重量及允许偏差、技术要求、试验方法、检验规则及包装、标志和质量证明书等。

本标准适用于矿业、林业、建筑等轨道用途的热轧轻轨。

2 规范性引用文件

下列文件对于本文件的应用是必不可少的。凡是注日期的引用文件，仅注日期的版本适用于本文件。凡是不注日期的引用文件，其最新版本(包括所有的修改单)适用于本文件。

GB/T 223.5 钢铁 酸溶硅和全硅含量的测定 还原型硅钼酸盐分光光度法

GB/T 223.12 钢铁及合金化学分析方法 碳酸钠分离-二苯碳酰二肼光度法测量铬量

GB/T 223.53 钢铁及合金化学分析方法 火焰原子吸收分光光度法测量铜量

GB/T 223.54 钢铁及合金化学分析方法 火焰原子吸收分光光度法测量镍量

GB/T 223.59 钢铁及合金 磷含量的测定 铋磷钼蓝分光光度法和锑磷钼蓝分光光度法

GB/T 223.63 钢铁及合金化学分析方法 高碘酸钠(钾)光度法测定锰量

GB/T 223.68 钢铁及合金化学分析方法 管式炉内燃烧后碘酸钾滴定法测定硫含量

GB/T 223.69 钢铁及合金 碳含量的测定 管式炉内燃烧后气体容量法

GB/T 228.1 金属材料 拉伸试验 第1部分:室温试验方法

GB/T 231.1 金属布氏硬度试验 第1部分:试验方法

GB/T 2101 型钢验收、包装、标志及质量证明书的一般规定

GB/T 2975 钢及钢产品力学性能试验取样位置及试样制备

GB/T 4336 碳素钢和中低合金钢火花源原子发射光谱分析方法(常规法)

YB/T 081 冶金技术标准的数值修约与检测数值的判定原则

3 订货内容

按本标准订货时，用户需提供以下信息：

a) 本标准编号；

b) 牌号；

c) 型号；

d) 长度；

e) 重量；

f) 其他要求。

4 型号、尺寸、外形、重量及允许偏差

4.1 型号

轻轨的型号应符合表1的规定，经供需双方协商并在合同中注明，可供其他型号的轻轨。

表 1

轻轨型号/(kg/m)
9,12,15,18,22,24,30

4.2 截面尺寸及允许偏差

4.2.1 9 kg/m、12 kg/m、15 kg/m、18 kg/m、22 kg/m、24 kg/m、30 kg/m 轻轨截面图示及标注符号如图 1 所示。

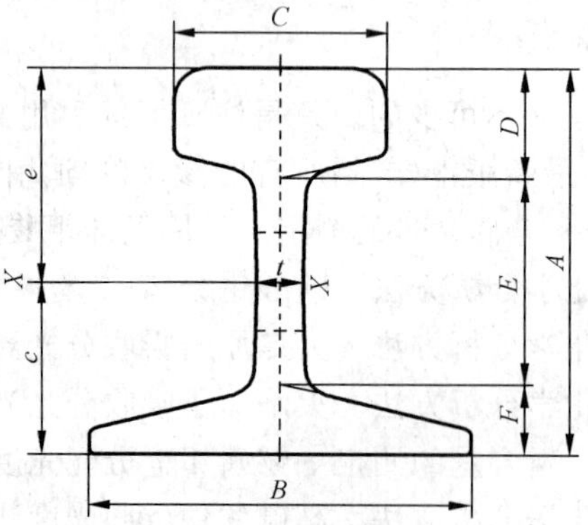

图 1

4.2.2 轻轨截面的型式尺寸应符合附录 A 的规定。

4.2.3 轻轨截面尺寸、截面面积、理论重量及截面特性参数应符合表 2 的规定。

4.2.4 18 kg/m、24 kg/m 轻轨截面尺寸、截面面积、理论重量及截面特性参数应符合表 3 的规定。

表 2

型号/(kg/m)	截面尺寸/mm							截面面积	理论重量	截面特性参数				
	轨高	底宽	头宽	头高	腰高	底高	腰厚			重心位置		惯性矩	截面系数	回转半径
	A	B	C	D	E	F	t	A/cm²	W/(kg/m)	c/cm	e/cm	I/cm⁴	W/cm³	i/cm
9	63.50	63.50	32.10	17.48	35.72	10.30	5.90	11.39	8.94	3.09	3.26	62.41	19.10	2.33
12	69.85	69.85	38.10	19.85	37.70	12.30	7.54	15.54	12.20	3.40	3.59	98.82	27.60	2.51
15	79.37	79.37	42.86	22.22	43.65	13.50	8.33	19.33	15.20	3.89	4.05	156.10	38.60	2.83
22	93.66	93.66	50.80	26.99	50.00	16.67	10.72	28.39	22.30	4.52	4.85	339.00	69.60	3.45
30	107.95	107.95	60.33	30.95	57.55	19.45	12.30	38.32	30.10	5.21	5.59	606.00	108.00	3.98

表 3

型号/(kg/m)	截面尺寸/mm							截面面积 A/cm^2	理论重量 W/(kg/m)	截面特性参数						
	轨高	底宽	头宽	头高	腰高	底高	腰厚			重心位置		惯性矩		截面系数		
	A	B	C	D	E	F	t			c/cm	e/cm	I_x/cm^4	I_y/cm^4	W1 I_x/c/cm^3	W2 I_x/e/cm^3	W3 $I_y/0.5B$/cm^3
18	90.00	80.00	40.00	32.00	42.30	15.70	10.00	23.07	18.06	4.29	4.71	240.00	41.10	56.10	51.00	10.30
24	107.00	92.00	51.00	32.00	58.00	17.00	10.90	31.24	24.46	5.31	5.40	486.00	80.46	91.64	90.12	17.49

4.2.5 轻轨尺寸允许偏差应符合表 4 的规定。

4.3 长度及允许偏差

4.3.1 轻轨的长度应符合表 5 的规定。经供需双方协商，可供其他尺寸的轻轨。

4.3.2 不小于 4 m 的短尺轻轨的交货数量不得大于该批总重量的 3%。

4.3.3 轻轨长度允许偏差应符合表 6 的规定。

表 4

项　　目	允许偏差/mm	
	9 kg/m、12 kg/m	15 kg/m、18 kg/m、22 kg/m、24 kg/m、30 kg/m
轨高 A	+1.25 −0.75	+1.00 −0.75
底宽 B	±2.00	±2.00
头宽 C	±1.00	±0.75
头高 D	±0.50	±0.50
腰高 E	±0.50	±0.50
腰厚 t	+1.00 −0.25	+0.75 −0.25
螺孔间距	±0.75	±0.75
螺孔直径	+1.00 −0.75	±0.75
螺孔至轨端距离	±1.00	±0.75
螺孔中心线上下偏差	±0.50	±0.50
截面偏称 （截面对垂直线轴不对称）	不超过公差之半	不超过公差之半
注：头高 D、腰高 E 由孔型设计保证。		

表 5

型号,kg/m	长度/m
9,12,15,18,22,24,30	12.0,11.5,11.0,10.5,10.0,9.5,9.0,8.5,8.0,7.5,7.0,6.5,6.0,5.5,5.0

表 6

型号/(kg/m)	允许偏差/mm
9,12,15	±15[a]
18,22,24,30	±10[b]
[a] 经供需双方协商,并在合同中注明,允许偏差可为 0～+30 mm。 [b] 经供需双方协商,并在合同中注明,允许偏差可为 0～+20 mm。	

4.4 外形

4.4.1 弯曲度

4.4.1.1 轻轨每米弯曲度不应大于 3 mm,总弯曲度不应大于总长度的 0.3%。

4.4.1.2 轻轨端部弯曲度应符合表 7 的规定。

表 7

型号/(kg/m)	端部弯曲度
9,12	端部 250 mm 内应不大于 1 mm
15,18,22,24,30	端部 500 mm 内应不大于 1 mm

4.4.2 扭转

轻轨不应有影响使用的扭转。

4.4.3 端部形状

轻轨端部形状应符合表 8 的规定。

表 8

型号/(kg/m)	端 部 形 状
9,12,15,18	端面的倾斜在任何方向应不大于 3 mm
22,24,30	端面的倾斜在任何方向应不大于 1 mm

4.5 重量

轻轨按理论重量交货,钢的密度为 7.85 g/cm^3。经供需双方协商,并在合同中注明,也可按实际重量交货。

5 技术要求

5.1 牌号及化学成分

5.1.1 钢的牌号和化学成分(熔炼分析)应符合表9的规定。

表9

牌号	型号/(kg/m)	化学成分(质量分数)/%				
		C	Si	Mn	P	S
50Q	≤12	0.40～0.60	0.15～0.35	≥0.40	≤0.040	≤0.040
55Q	≤30	0.50～0.60	0.15～0.35	0.60～0.90	≤0.040	≤0.040
45SiMnP	≤12	0.35～0.55	0.50～0.80	0.60～1.00	≤0.120	≤0.040
50SiMnP	≤30	0.45～0.58	0.50～0.80	0.60～1.00	≤0.120	≤0.040

5.1.2 Cr、Ni、Cu为残余元素时,Cu≤0.25%,Cr≤0.25%,Ni≤0.30%。供方能保证符合规定时,可不进行这些元素的化学分析。

5.1.3 经供需双方协商,并在合同中注明,可按其他牌号供货。

5.2 冶炼方法

钢应采用氧气转炉或电炉冶炼。除非需方有特殊要求,冶炼方法由供方选择。

5.3 交货状态

轻轨以热轧状态交货。

5.4 力学和工艺性能

5.4.1 轻轨的力学和工艺性能应符合表10的规定。

表10

牌号	型号/(kg/m)	抗拉强度 R_m/MPa	布氏硬度 HBW
50Q	≤12	≥569	—
55Q	≤12	≥685	—
	15～30		≥197
45SiMnP	≤12	≥569	—
50SiMnP	≤12	≥685	—
	15～30		≥197

5.4.2 供方如能保证硬度合格,硬度可不作检验。

5.5 表面质量

5.5.1 轻轨断面不得有缩孔残余和分层。

5.5.2 轻轨表面不应有裂纹、结疤、折叠、气泡、夹渣等对使用有害的缺陷。允许有深度不超过0.75 mm的局部划痕、凹坑。在安装接头夹板(鱼尾板)区域外的轨腰及其相邻上下两斜面上,允许有高度不大于2 mm的凸出部分;与接头夹板接触面内的凸出部分应予清除。

5.5.3 轻轨表面局部缺陷允许清理,清理深度从实际尺寸算起不应超过1.5 mm。

5.5.4 螺栓孔表面应平整,不应有裂纹,毛刺高度不应大于2 mm。

6 试验和检验方法

每批轻轨的检验项目、试样数量、取样方法和试验方法应符合表11的规定。

表11

序号	检验项目	试样数量/个	取样方法	试验方法
1	熔炼分析	1/炉	GB/T 20066	GB/T 223,GB/T 4336
2	拉伸试验	1	GB/T 2975 见图2,试样直径10 mm	GB/T 228.1
3	布氏硬度	1	GB/T 2975 在轨头踏面的纵向中心线上	GB/T 231.1
4	表面质量	逐支	—	目视
5	尺寸、外形	逐支	—	量具

7 验收规则

7.1 检查和验收

轻轨的检查和验收应由供方技术质量监督部门进行。

7.2 组批规则

轻轨应成批验收,每批应由同一牌号、同一熔炼炉号、同一型号的轻轨组成。也可由同一牌号、同一型号、同一冶炼方法的不同炉号的轻轨组成混合批,每批重量不应大于200 t,但各炉号的含碳量差不应大于0.05%,含锰量差不应大于0.15%。

7.3 取样数量和取样方法

取样数量和取样方法应符合表11的规定。

7.4 复验与判定

轻轨复验和判定应符合GB/T 2101的规定。

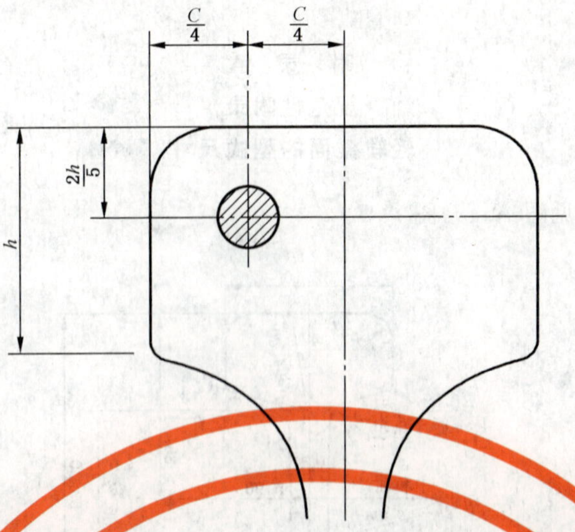

图 2 拉伸试样取样位置

8 包装、标志和质量证明书

8.1 轻轨应成捆交货，每捆至少挂两个标牌，应注有厂标、牌号、炉(批)号、型号。

8.2 轻轨可在轨腰轧上凸起的型号和厂标。

8.3 轻轨的其他包装、标志规定及质量证明书应符合 GB/T 2101 的规定。

9 数值修约规则

数值修约的规定应按照 YB/T 081 的规定。

附 录 A
（规范性附录）
轻轨截面的型式尺寸

A.1 轻轨截面的型式尺寸见图 A.1～图 A.7。

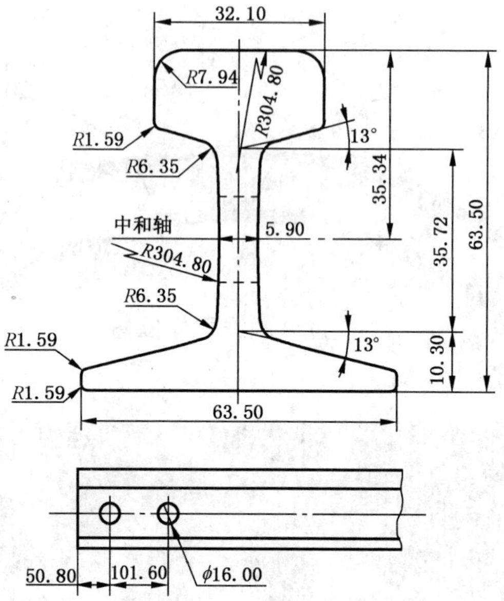

图 A.1 9 kg/m

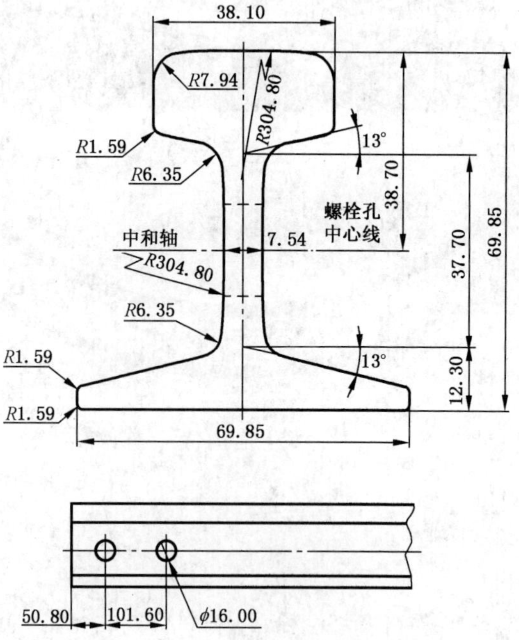

图 A.2 12 kg/m

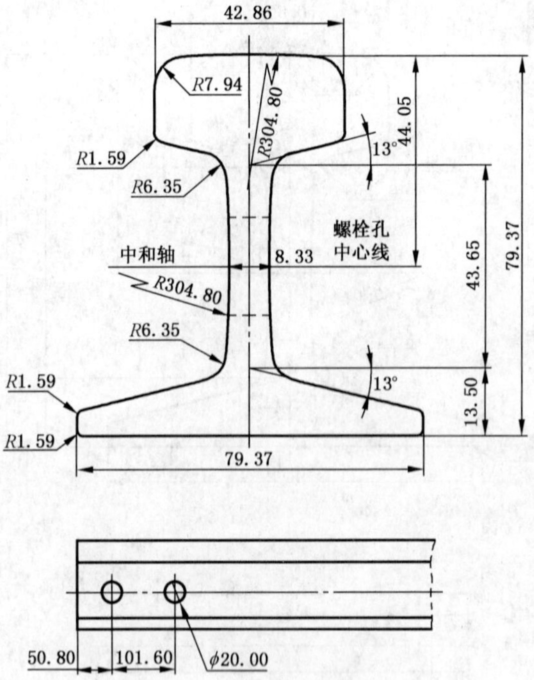

图 A.3　15 kg/m

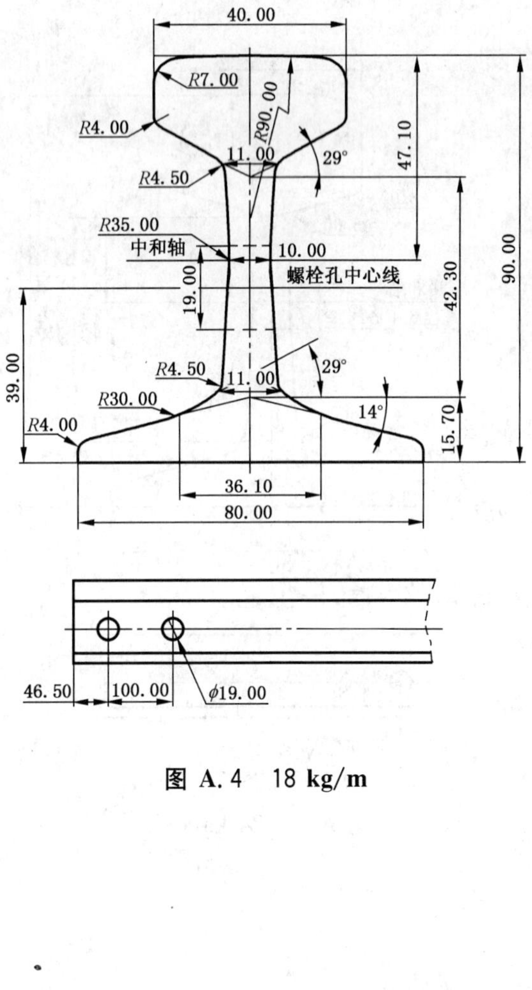

图 A.4　18 kg/m

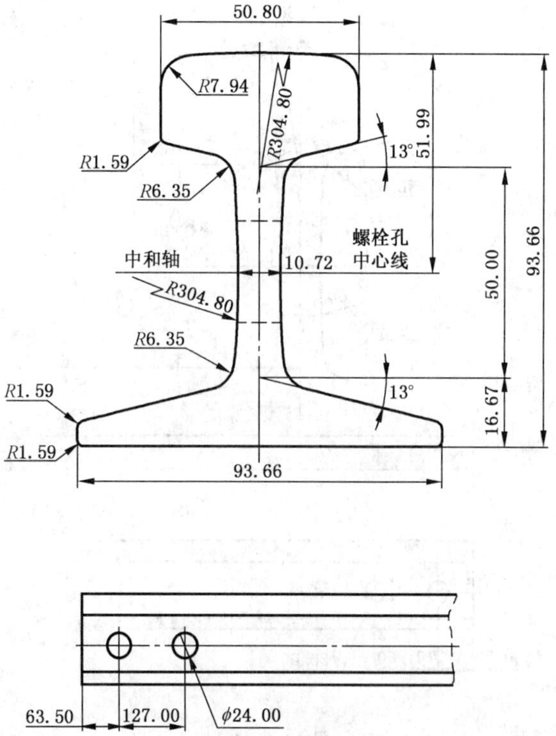

图 A.5 22 kg/m

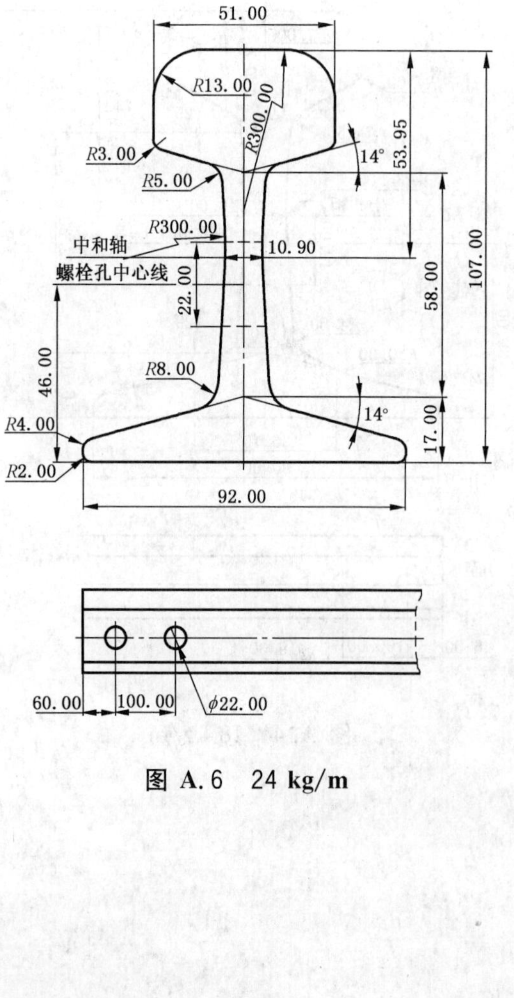

图 A.6 24 kg/m

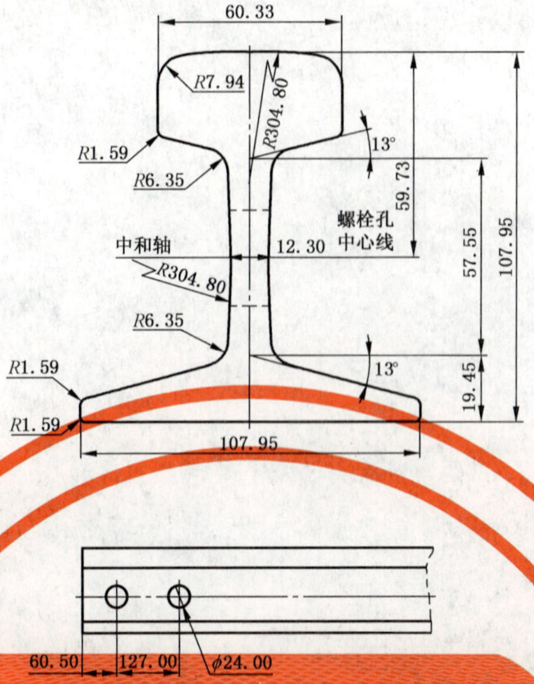
60.33
R7.94
R304.80
R1.59
R6.35
13°
59.73
螺栓孔
中心线
中和轴
12.30
57.55
107.95
R304.80
R6.35
R1.59
13°
19.45
R1.59
107.95
60.50
127.00
φ24.00

图 A.7　30 kg/m

ICS 71.100.40
G 72

中华人民共和国国家标准

GB/T 11277—2012
代替 GB/T 11277—1989

表面活性剂　非离子表面活性剂 浊点指数(水数)的测定　容量法

Surface active agents—Non-ionic surface active agents—Determination of cloud point index(water number)—Volumetric method

(ISO 4320:1977,Non-ionic surface active agents—Determination of cloud point index—Volumetric method,MOD)

2012-12-31 发布　　　　2013-08-01 实施

中华人民共和国国家质量监督检验检疫总局
中国国家标准化管理委员会　发布

前　言

本标准按照 GB/T 1.1—2009 给出的规则起草。

本标准代替 GB/T 11277—1989《表面活性剂　非离子表面活性剂　浊点指数(水数)的测定　容量法》,与 GB/T 11277—1989 相比,主要变化如下:

——增加了前言;

——降低了采标程度为“修改采用”;

——增加了“采样”(见第 7 章);

——增加了“试验报告”中的 a)和 e)(见第 10 章);

——增加资料性附录 A。

本标准使用重新起草法修改采用 ISO 4320:1997《非离子表面活性剂　浊点指数的测定　容量法》。

本标准与 ISO 4320:1997 相比在结构上有较多调整,附录 A 中列出了本标准与 ISO 4320:1997 的章条编号对照一览表。

本标准与 ISO 4320:1997 的技术性差异及其原因如下:

——关于规范性引用文件,本标准做了具有技术性差异的调整,以适应我国的技术条件,调整的情况集中反映在第 2 章“规范性引用文件”中,具体调整如下:

- 用等同采用国际标准的 GB/T 6372—2006 代替了 ISO 607:1980(见第 7 章);
- 增加引用了 GB/T 6682—2008(见 5.1);
- 增加引用了 GB/T 11275—2007(见 5.2)。

——删除 ISO 4320:1997 第 8 章“采样”。

本标准由中国石油和化学工业联合会提出。

本标准由全国化学标准化技术委员会(特种)界面活性剂分技术委员会(SAC/TC 63/SC 8)归口。

本标准起草单位:浙江皇马科技股份有限公司。

本标准主要起草人:唐福伟、钱建芳、刘志湘、颜吉校。

本标准所代替标准的历次版本发布情况为:

——GB/T 11277—1989。

表面活性剂 非离子表面活性剂 浊点指数(水数)的测定 容量法

1 范围

本标准规定了一种测定非离子表面活性剂浊点指数的方法——容量法。

本标准适用于低烷氧基化的非离子表面活性剂(1~5 环氧乙烷基团),它的憎水基是由醇/烷基酚或脂肪酸提供(它们的熔点低于 30 ℃)。

本标准也适用于由醇、烷基酚或脂肪酸衍生的亲油基物。

2 规范性引用文件

下列文件对于本文件的应用是必不可少的。凡是注日期的引用文件,仅注日期的版本适用于本文件。凡是不注日期的引用文件,其最新版本(包括所有的修改单)适用于本文件。

GB/T 6372—2006 表面活性剂和洗涤剂 样品分样法(ISO 607:1980,IDT)

GB/T 6682—2008 分析实验室用水规格和试验方法(ISO 3696:1987,MOD)

GB/T 11275—2007 表面活性剂 含水量测定(ISO 4317:1991,MOD)

3 术语和定义

下列术语和定义适用于本文件。

3.1

浊点指数(水数) cloud point index(water number)

一定体积的溶液中含有一定量的表面活性剂,在特定温度下,使溶液产生混浊所需水的毫升数。

4 原理

在 30 ℃下,将水滴加到非离子表面活性剂的正丙醇溶液中,直至产生混浊,溶液平衡 5 min,混浊不消失,其所滴加的水毫升数即为该表面活性剂的浊点数。

5 试剂

5.1 试验用水

符合 GB/T 6682—2008 中规定的三级水要求。

5.2 正丙醇

水分<0.2%(质量分数)(测定方法见 GB/T 11275—2007 中的卡尔·费休法),分析纯。

6 仪器

6.1 烧杯(见图1)

高80 mm,直径50 mm,带有双层壁,使温度稳定,质量小于200 g,配有聚乙烯,聚四氟乙烯或铝箔盖,盖上有两孔,用以装温度计和滴定管。

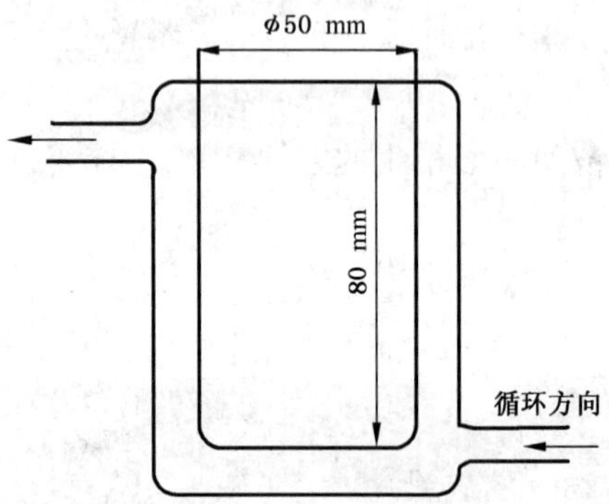

图1 烧杯尺寸示意图

6.2 温度计

0 ℃～50 ℃,精密温度计,分刻度为0.1 ℃。

6.3 单刻度移液管

容量为10 mL。

6.4 滴定管

容量为50 mL。

6.5 磁力搅拌器

6.6 磁条

用聚四氟乙烯包住。

6.7 水浴

有循环,能控制温度±0.1 ℃。

7 采样

按GB/T 6372—2006的规定进行采样、制备和储存试样。

8 试验步骤

8.1 试样

称取 1.0 g±0.1 g 试样(精确至 0.001 g),放入已称准的烧杯中。

8.2 测定

加 10 mL 正丙醇至盛有试样的烧杯中,放入磁条,在烧杯上加盖,将烧杯放在磁力搅拌器上,插入温度计,烧杯与水浴接通,开动水循环和搅拌器(开始慢慢搅拌,以免液体溅到烧杯壁上),温度为 30.0 ℃±0.1 ℃。当试样完全溶解(溶液显透明状)后,从滴定管逐滴加入水,直至液体混浊。

在整个操作过程中,检查烧杯的温度,应保持在 30.0 ℃±0.5 ℃。

试验的结果,取决于加水的速度。因此根据加水的量,加水的时间应该在 20 min～30 min 之间。

在浊点达到后,让溶液平衡 5 min,以保持混浊不消失。

9 测定结果

9.1 计算方法

试样的浊点指数为按 8.2 测试程序,使非离子表面活性剂溶液变成混浊时所加水的毫升数。结果至少取三次测定的平衡值,精度为 0.05 mL。

9.2 重复性

相同样品,同一分析者使用同样仪器,两次相继测定所得结果之最大差,应不超过平衡值的 2 %。

9.3 再现性

相同样品,在两个不同实验室中所测得结果之差,应不超过平衡值 5 %。

10 试验报告

试验报告中,应包括以下内容:

a) 完全鉴定样品所需的所有资料。

b) 使用方法的参考。

c) 得到的结果以用表示结果的形式。

d) 实验条件:

  1) 水浴温度;

  2) 在混浊出现时的产品溶液的温度;

  3) 溶解产品的时间;

  4) 试样的质量;

  5) 加水所用的精确时间;

  6) 测定的时间;

  7) 从清到混浊性质的改变,即变化是否明显或是否在混浊前有一个乳色的阶段。

e) 本标准未包含的或任选的任何操作,以及会影响结果的情况。

附 录 A
（资料性附录）
本标准与 ISO 4320:1997 相比的结构变化情况

本标准与 ISO 4320:1997 相比在结构上有较多调整，具体章条编号对照情况见表 A.1。

表 A.1 本标准与 ISO 4320:1997 的章条编号对照情况

本标准章条编号	对应的 ISO 章条编号
—	0
1	1,2
2	3
3	4
4	5
5	6
6	7
7	8
8	9
9	10
10	11

ICS 31.140
L 21

中华人民共和国国家标准

GB/T 11297.12—2012
代替 GB/T 11297.12—1989

光学晶体消光比的测量方法

Test method for extinction ratio of optical crystal

2012-12-31 发布　　　　2013-06-01 实施

中华人民共和国国家质量监督检验检疫总局
中国国家标准化管理委员会　发布

前　言

本部分按照 GB/T 1.1—2009 给出的规则起草。

本部分代替 GB/T 11297.12—1989《电光晶体铌酸锂、磷酸二氢钾和磷酸二氘钾消光比的测量方法》。

本部分与 GB/T 11297.12—1989 相比，主要有如下变动：

——对原部分的名称进行了修改。原部分名称“电光晶体铌酸锂、磷酸二氢钾和磷酸二氘钾消光比的测量方法”改为“光学晶体消光比的测量方法”。本部分还将标准适用范围扩展到采用其他波长测量的单轴和等轴光学晶体；

——对原部分测量系统消光比指标进行了修改，原部分测量系统指标为 100 000：1，需配备输出功率较高（P≥15 mW）的氦氖激光器。现部分测量系统指标修订为 50 000：1，采用输出功率大于 2 mW 的氦氖激光器；

——原部分消光比指标表示方法只有×××××：1。本部分增加了分贝表示方法；

——本部分增加了将被测晶体置于正交偏光系统中时透射光强取最大值；

——本部分增加了测量系统应采用必要的光屏蔽措施的要求；

——本部分增加了测量环境条件要求；

——本部分增加了被测晶体两通光端面的粗糙度要求；

——本部分增加了测试系统的通光孔径为 5 mm 的规定，供、需双方还可根据样品尺寸协商确定通光孔径的大小；

——本部分增加了光束直径为被测样品直径的 90％的规定，供、需双方还可根据样品尺寸协商确定光束直径的大小。

本部分由中华人民共和国工业和信息化部提出。

本部分由中国电子技术标准化研究所归口。

本部分由中国电子科技集团公司第二十六研究所负责起草。

本部分主要起草人：谢克诚、金中洪、杨洁、张晓梅。

本部分所代替标准的历次版本发布情况为：

——GB/T 11297.12—1989。

光学晶体消光比的测量方法

1 范围

GB/T 11297 的本部分规定了采用波长为 632.8 nm 的光波沿单轴光学晶体光轴方向消光比的测量方法。

本部分适用于采用波长为 632.8 nm、1 064 nm、830 nm、514 nm、488 nm、458 nm 的光波对单轴和等轴光学晶体的消光比测量。

2 规范性引用文件

下列文件对于本文件的应用是必不可少的。凡是注日期的引用文件，仅注日期的版本适用于本文件。凡是不注日期的引用文件，其最新版本（包括所有的修改单）适用于本文件。

GB/T 11293—1989 固体激光材料名词术语

3 术语和定义

GB/T 11293—1989 界定的术语和定义适用于本文件。

4 测量原理

波长为 632.8 nm 的一束光波沿被测晶体光轴方向透过一个置于正交偏光系统中的被测晶体时，以光轴为轴旋转晶体，测量出透射光强最大值，然后转动检偏器成平行偏光系统，测量出透射光强值，通过式(1)计算消光比(E_X)：

$$E_X = I_{\parallel} / I_{\perp} \qquad \cdots\cdots(1)$$

式中：

E_X ——被测晶体的消光比；

$I_{\parallel}$ ——平行偏光系统中透射光强值，单位为毫伏(mV)；

$I_{\perp}$ ——正交偏光系统中透射光强最大值，单位为毫伏(mV)。

也可用式(2)表示：

$$E_X{}' = 10 \times \lg(I_{\parallel} / I_{\perp}) \qquad \cdots\cdots(2)$$

式中消光比 $E_X{}'$ 的单位为分贝(dB)。

5 测量系统

消光比测量系统示意图如图 1 所示，采用波长为 632.8nm 光波的氦氖激光器。采用其他波长的光波测量时，只需更换相应波长的激光器和光功率计。

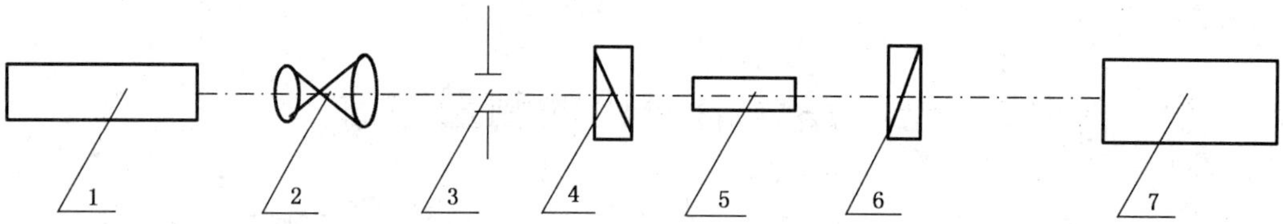

说明：

1——氦氖激光器；
2——扩束准直器；
3——可调光栏；
4——起偏器；
5——被测晶体；
6——检偏器；
7——光功率计。

图1 消光比测量系统示意图

6 要求

6.1 测量环境条件要求

测量应在以下环境条件下进行：

a) 温度范围：22 ℃～28 ℃，温度波动：±1 ℃；

b) 相对湿度：45％～70％；

c) 气压：86 kPa～106 kPa；

d) 测量系统应处于无振动、无空气流动的环境中。

6.2 测量系统要求

测量系统要求如下：

a) 氦氖激光光源：单横模，输出功率＞ 2mW，光源功率的波动应≤1％；

b) 扩束后的光源光束发散角应≤3 mrad；

c) 光功率计：测量精度为 1 nW，或其他同等精度的仪器；

d) 测量系统的通光孔径应为 5 mm；供、需双方也可根据被测晶体通光面尺寸协商通光孔径的大小；

e) 测量系统应采用光屏蔽措施；

f) 测量系统的消光比应≥50 000:1 或者≥47 dB。

6.3 被测晶体的加工要求

被测晶体的加工技术要求如下：

a) 定向偏差应＜5′；

b) 端面垂直度(端面对光轴)的偏差应＜5′；

c) 两端面(平面/平面)的不平行度应＜30″；

d) 两端面的平面度应$<\lambda/4(\lambda=632.8\ nm)$；

e) 两端面的粗糙度应＜5 nm。

7 测量步骤

7.1 测量系统准备

测量系统准备要求如下：

a) 开启系统电源，使氦氖激光光源输出功率的波动满足6.2 a)；
b) 将光栏调成直径5 mm的光束，光束发散角应满足6.2 b)；
c) 校准系统消光比，使系统消光比满足6.2 f)。

7.2 样品测试

样品测试的要求如下：

a) 将被测晶体置于V形槽上，应避免任何引起晶体受应力的因素；
b) 调整光栏，使光束直径为被测样品直径的90%；供、需双方也可根据被测晶体通光面尺寸协商光束直径的大小；
c) 调节各光学元件，使之与测量光束同轴；调节V形槽，使晶体光轴与光束同轴；
d) 测量前应使被测晶体与环境温度相同；
e) 以光轴为轴旋转晶体，测出晶体在正交偏光系统中透射光强的最大值 $I_{\perp}$；
f) 转动检偏器，使测量系统成平行偏光系统，测量透射光强值 $I_{\parallel}$。

7.3 计算

将透射光强 $I_{\parallel}$ 和 $I_{\perp}$ 代入式(1)或式(2)，计算出被测晶体的消光比。

8 测量准确度

本方法的测量准确度为±5%。

9 测量报告

测量报告应包括下列内容：

a) 送检单位；
b) 检测单位；
c) 本部分编号；
d) 被测晶体编号和尺寸；
e) 测量环境温度和湿度；
f) 测量光束直径；
g) 测量系统消光比；
h) 被测晶体消光比；
i) 测试者姓名、测试日期；
j) 其他。

ICS 33.120.30
L 23

中华人民共和国国家标准

GB/T 11313.10—2012
代替 GB/T 14865—1993

射频连接器 第10部分：SMB系列射频同轴连接器分规范

Radio-frequency connectors—
Part 10: Sectional specification-SMB series R. F. coaxial connectors

[IEC 60169-10:1983, Radio-frequency connectors—Part 10: R. F. coaxial connectors with inner diameter of outer conductor 3 mm (0.12 in) with snap-on coupling—Characteristic impedance 50 ohms (Type SMB), NEQ]

2012-12-31 发布　　　　2013-06-01 实施

中华人民共和国国家质量监督检验检疫总局
中国国家标准化管理委员会　发布

前　言

GB/T 11313《射频连接器》已经或计划发布以下部分：

——第 1 部分：总规范　一般要求和试验方法

——第 2 部分：9.52 型射频同轴连接器分规范(GB/T 11313.2—2007；IEC 61169-2：2001，IDT)

——第 3 部分：平衡天线馈线用双插针连接器

——第 4 部分：外导体内径为 16 mm(0.63 in)、特性阻抗为 50 Ω、螺纹连接射频同轴连接器(7-16 型)(GB/T 11313.4—2007；IEC 60169-4：1975，NEQ)

——第 5 部分：96 IEC 50-17 及更大电缆用射频同轴连接器分规范

——第 6 部分：96 IEC 75-17 及更大电缆用射频同轴连接器分规范

——第 7 部分：C 系列射频同轴连接器分规范

——第 8 部分：外导体内径为 6.5 mm(0.256 in)、特性阻抗为 50 Ω(75 Ω)、卡口连接的射频同轴连接器(BNC 型)分规范

——第 9 部分：SMC 系列射频同轴连接器分规范

——第 10 部分：SMB 系列射频同轴连接器分规范

——第 11 部分：4.1/9.5 系列射频同轴连接器分规范

——第 12 部分：UHF 系列射频同轴连接器分规范

——第 13 部分：外导体内径为 5.6 mm (0.22 in)、具有相同插合尺寸的特性阻抗为 75 Ω(1.6/5.6 型)和特性阻抗为 50 Ω(1.8/5.6 型)射频同轴连接器分规范

——第 14 部分：外导体内径为 12 mm (0.472 in)、特性阻抗为 75 Ω、螺纹连接射频同轴连接器(3.5/12 型) 分规范

——第 15 部分：SMA 系列射频同轴连接器分规范

——第 16 部分：外导体内径为 7 mm(0.276 in)、特性阻抗为 50 Ω(75 Ω)、螺纹连接的射频同轴连接器(N 型)分规范

——第 17 部分：外导体内径为 6.5 mm (0.256 in)、特性阻抗为 50 Ω、螺纹连接射频同轴连接器(TNC 型)分规范

——第 18 部分：SSMA 系列射频同轴连接器分规范

——第 19 部分：SSMB 系列射频同轴连接器分规范

——第 20 部分：SSMC 系列射频同轴连接器分规范

——第 21 部分：SC-A 系列和 SC-B 系列射频同轴连接器分规范

——第 22 部分：BNO 系列射频同轴连接器分规范

——第 23 部分：与 3.5 mm 刚性精密同轴电缆配用、外导体内径为 3.5 mm (0.1378 in)射频同轴连接器分规范

——第 24 部分：75 Ω 电缆分配系统用螺纹连接射频同轴连接器(F 型)(GB/T 11313.4—2001；IEC 60196-24：1991，IDT)

——第 25 部分：接双内导体屏蔽对称电缆、外导体内径为 13.56 mm(0.534 in)的双孔螺纹式连接器分规范

——第 26 部分：TNCA 系列射频同轴连接器分规范

——第 27 部分：75 Ω 电缆分配系统用螺纹连接射频同轴连接器(E 型)分规范

——第 28 部分：特性阻抗为 75 Ω、卡锁连接、外导体内径为 5.60 mm (0.220 in)的射频同轴连接

器分规范

——第 29 部分:特性阻抗为 50 Ω、具有螺纹、推拉、快锁或滑轨式机架或面板用小型射频同轴连接器(1.0/2.3 型)分规范

——第 31 部分:外导体内径为 1.0 mm (0.039 in)、特性阻抗为 50 Ω、螺纹连接的射频同轴连接器(1.0 型)分规范

——第 32 部分:外导体内径为 1.85 mm (0.072 in)、特性阻抗为 50 Ω、螺纹连接的射频同轴连接器(1.85 型)分规范

——第 33 部分:BMA 型射频同轴连接器分规范(GB/T 11313.33—2001;IEC 61169-33:1996,IDT)

——第 35 部分:2.92 系列射频同轴连接器分规范

——第 36 部分:特性阻抗为 50 Ω 的搭锁连接微小型射频同轴连接器(MCX 型)(GB/T 11313.36—2006,IEC 61169-36:1996,IDT)

——第 37 部分:STWX8 系列射频同轴连接器分规范

——第 38 部分:50 Ω 背板和面板用模块滑入式射频同轴连接器(TMA 型)分规范

——第 39 部分:CQM 系列快速锁紧射频同轴连接器分规范

——第 40 部分:2.4 系列射频同轴连接器分规范

——第 41 部分:CQA 系列快速锁紧射频同轴连接器分规范

——第 42 部分:CQN 系列快速锁紧射频同轴连接器分规范

——第 43 部分:RBMA 系列盲配射频同轴连接器分规范

——第 44 部分:SMP 系列射频同轴连接器分规范

——第 45 部分:SQMA 系列快速锁紧射频同轴连接器分规范

——第 47 部分:Fquick 系列 75 Ω 电缆分配系统用插入式射频同轴连接器分规范

——第 48 部分:BMP 系列盲配射频同轴连接器分规范

——第 49 部分:SMAA 系列射频同轴连接器分规范

本部分为 GB/T 11313 的第 10 部分。

本部分按照 GB/T 1.1—2009 给出的规则起草。

本部分代替 GB/T 14865—1993《SMB 型射频同轴连接器》,与 GB/T 14865—1993 相比,主要技术变化如下:

——删除了"型号命名"、"型式综述"、"外形尺寸"和"标志、包装、运输和贮存"(见 GB/T 14865—1993 的 1.3、3.1.4、3.1.5 和第 5 章);

——增加了相应的额定值和特性(见 4.2);

——增加了标准试验连接器的形位公差(见图 5 和图 6);

——增加了制定详细规范的指南(见第 5 章);

——增加了"SMB 系列连接器的空白详细规范格式"(见 5.7)。

本部分使用重新起草法参考 IEC 60169-10:1983《射频连接器　第 10 部分:外导体内径为 3 mm (0.12 in)、特性阻抗为 50 Ω、卡锁式连接的射频同轴连接器(SMB 型)》(英文版)(包括修订单 1:1986 和修订单 2:1996)编制,与 IEC 60169-10:1983(包括修订单 1:1986 和修订单 2:1996)的一致性程度为非等效。

本部分与 IEC 60169-10:1983(包括修订单 1:1986 和修订单 2:1996)的主要技术差别如下:

——删除了"IEC 型号命名""额定值""优选的气候类别""结构综述""外形尺寸"和"类型试验一览表"(见 IEC 60169-10:1983 的第 2、3、4、7、8 和 9 章)。

——IEC 60169-10:1983 标准试验连接器未规定形位公差,本部分进行增加(见图 5 和图 6)。

——IEC 60169-10:1983 的修订单 2:1996 中"10.2 额定值和特性"的反射系数指标太差,本部分进

行了提高(见表 7)。

——IEC 60169-10:1983 的修订单 2:1996 中“10.2 额定值和特性”表中放电试验中对接 1.42 mm (0.056 in)半硬电缆电压值设定偏高,与实际不符,本部分进行更改(见表 7)。

本部分由中华人民共和国工业和信息化部提出。

本部分由全国电子设备用高频电缆及连接器标准化技术委员会(SAC/TC 190)归口。

本部分起草单位:陕西华达科技股份有限公司、中国电子技术标准化研究院。

本部分主要起草人:吴晓熙、郭嫌、吴正平、王榕欣。

本部分所代替标准的历次版本发布情况为:

——GB/T 14865—1993。

射频连接器　第10部分：SMB系列射频同轴连接器分规范

1　范围

GB/T 11313 的本部分规定了2级通用连接器和0级标准试验连接器的插合界面尺寸、标准规检测要求、产品的额定值和特性以及从 IEC 61169-1:1998 中选取适用于 SMB 系列连接器的所有相关详细规范的试验一览表和检验要求。

本部分提供了制定 SMB 系列射频同轴连接器的详细规范内容和规则，以及空白详细规范的格式。

本部分提供了当编写一份详细规范时应考虑的推荐性能特性，它包括对于 M 级和 H 级评定水平的试验一览表和检验要求。

本部分适用于 SMB 系列射频同轴连接器，它具有 50 Ω 标称阻抗，用于卡锁连接的微波应用场合，配接射频电缆或微带，这种连接器使用频率至少到 4 GHz。

2　规范性引用文件

下列文件对于本文件的应用是必不可少的。凡是注日期的引用文件，仅注日期的版本适用于本文件。凡是不注日期的引用文件，其最新版本（包括所有的修改单）适用于本文件。

IEC 61169-1:1998　射频连接器　第1部分：总规范　一般要求和试验方法（Radio-frequency connectors—Part 1: Generic specification—General requirements and measuring methods）

3　插合界面和标准规[1]

3.1　通用连接器（2级）

3.1.1　插针连接器

插针连接器界面见图1。

1）　本部分原始尺寸为英寸，所有未注尺寸的图形结构仅供参考。

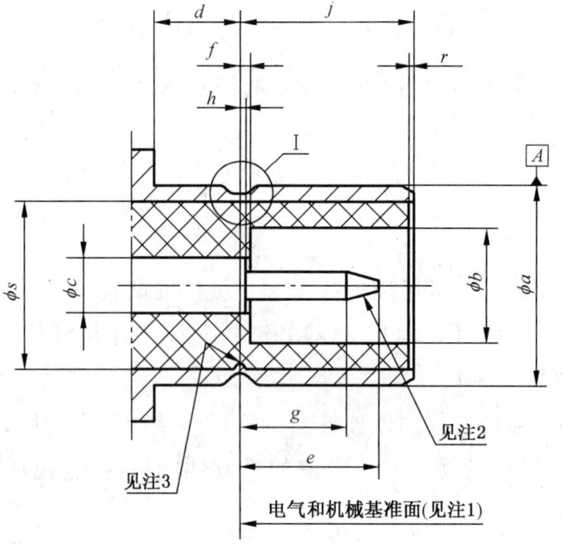

a） 插针连接器界面

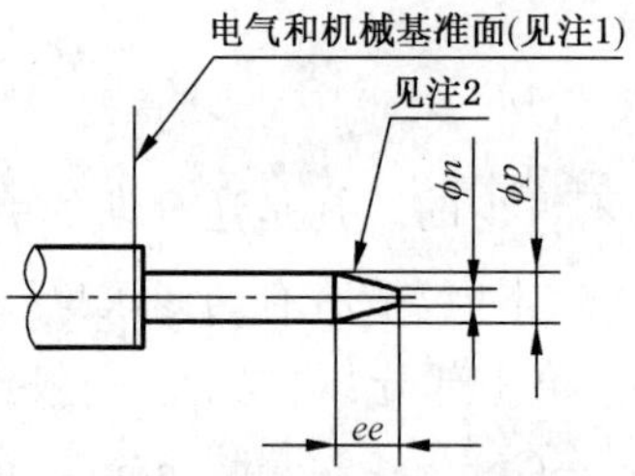

b） 插针接触件详图

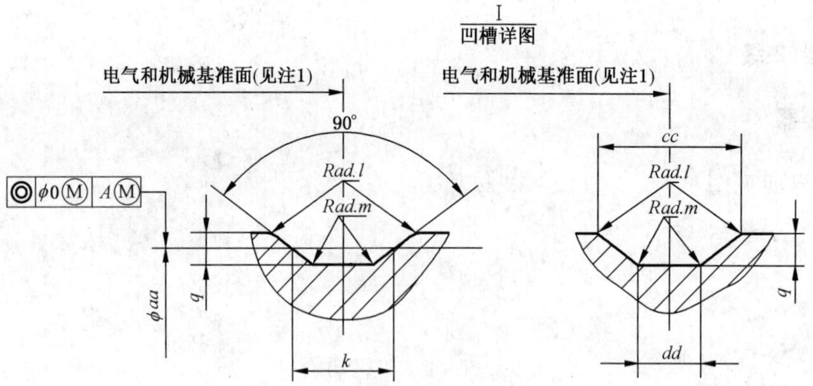

c） 凹槽详图

注 1：基准面即凹槽的中心截面。

注 2：顶端的形状任选。

注 3：凸出形状任选。

图 1 插针连接器(尺寸见表 1)

表 1 插针连接器界面尺寸

代号	mm		in	
	min	max	min	max
a	3.66	3.71	0.144	0.146
b	2.08	—	0.082	—
c[a]	—	—	—	—
d	1.65	—	0.065	—
e	—	2.97	—	0.117
f	—	0.18	—	0.007
g	1.32	—	0.052	—
h	—	0.18	—	0.007
j	3.33	3.58	0.131	0.141
k	0.58(标称值)		0.023(标称值)	
l	0.05	0.15	0.002	0.006
m	—	0.13	—	0.005
n	—	0.25	—	0.010
p	0.48	0.53	0.019	0.021
q	0.15	0.25	0.006	0.010
r	0.0	—	0.00	—
s[a]	3.05(标称直径)		0.120(标称直径)	
aa	3.43	3.53	0.135	0.139
cc	0.69	0.94	0.027	0.037
dd	0.28	0.38	0.011	0.015
ee	0.25	—	0.01	—

[a] 所选的直径应满足 50 Ω 标称阻抗的要求。

3.1.2 插孔连接器

插孔连接器界面见图 2。

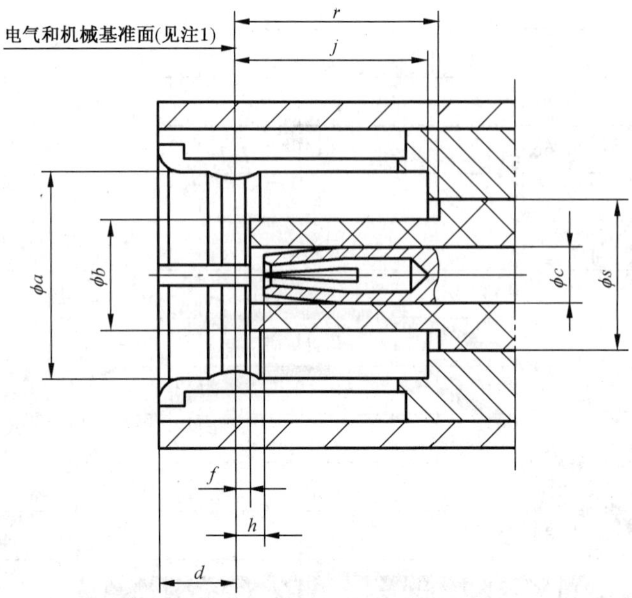

a） 插孔连接器界面

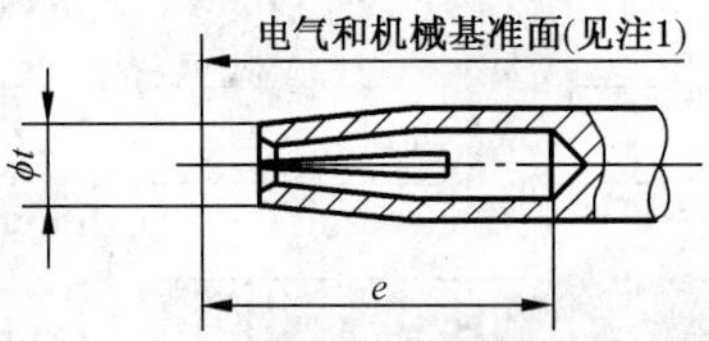

b） 插孔接触件详图

注 1：基准面即凸台的中心截面。

图 2 插孔连接器(尺寸见表 2)

表 2 插孔连接器界面尺寸

代号	mm		in	
	min	max	min	max
a[a]	—	—	—	—
b	—	2.06	—	0.081
c[b]	—	—	—	—
d	—	1.63	—	0.064
e	2.97	—	0.117	—
f	0.18	—	0.007	—
h	0.18	0.94	0.007	0.037
j	3.58	—	0.141	—

表 2（续）

代号	mm		in	
	min	max	min	max
r	3.58	—	0.141	—
s[b]	3.05(标称值)		0.120(标称值)	
t[c]	—		—	

[a] 外接触件的凸台形状和尺寸应满足电气和机械性能要求。
[b] 所选的直径应满足 50 Ω 标称阻抗的要求。
[c] 收口后的孔径应满足电气和机械性能要求。

3.2 标准规

3.2.1 插孔中心接触件用标准规

插孔中心接触件用标准规见图 3。

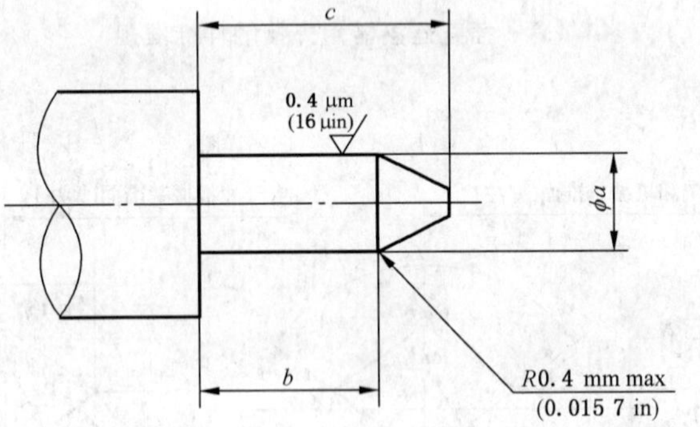

图 3 插孔中心接触件用标准规(尺寸见表 3)

表 3 插孔中心接触件用标准规

代号	标准规 A(稳定尺寸用)				标准规 B(测量内导体保持力用) 标准规质量:(29±1)g			
	mm		in		mm		in	
	min	max	min	max	min	max	min	max
a	0.533	0.538	0.021 0	0.021 2	0.477	0.482	0.018 8	0.190
b	1.27	—	0.05	—	1.27	—	0.05	—
c	—	2.5	—	0.098	—	2.5	—	0.098

注：材料为抛光的钢材。

试验顺序如下：

a) 稳定尺寸试验；

把标准规 A 插入中心接触件三次，这是稳定尺寸操作。

b) 分离力试验。

把标准规 B 沿垂直方向插入插孔中心接触件，此时接触件垂直朝下应能保持住标准规 B 的重量。

3.2.2 插孔连接器用外接触件标准规

插孔连接器用外接触件标准规见图 4。

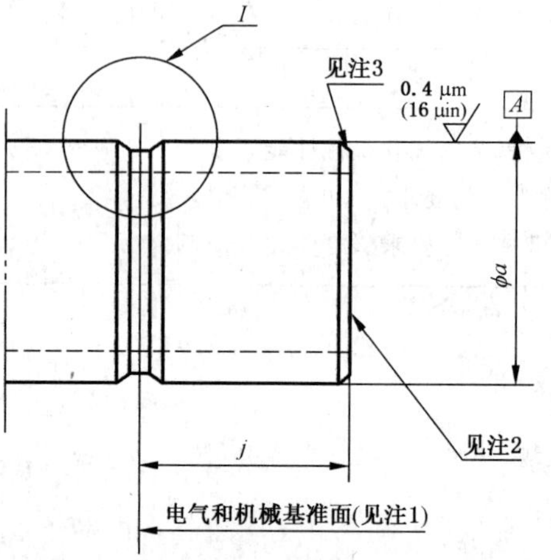

a) 插孔连接器用外接触件标准规

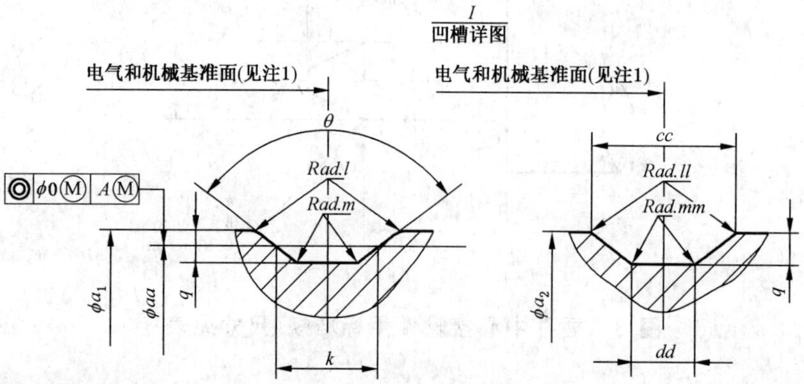

b) 凹槽详图

注 1：基准面即凹槽的中心截面。

注 2：使插孔连接器的内导体和绝缘子能插入内孔。

注 3：允许倒圆或倒角，最大为 0.38 mm。

图 4 插孔连接器用外接触件标准规(尺寸见表 4)

表 4　插孔连接器用外接触件标准规

代号	标准规 A(稳定尺寸用)				标准规 B(测量保持力用) 标准规质量:(805±5)g			
	mm		in		mm		in	
	min	max	min	max	min	max	min	max
a_1	3.70	3.71	0.145 5	0.146 0	3.66	3.67	0.144 0	0.144 5
a_2	3.68	3.71	0.145 0	0.146 0	3.68	3.71	0.145 0	0.146 0
j	3.33	3.58	0.131	0.141	3.33	3.58	0.131	0.141
k	0.584		0.023 0		0.584		0.023 0	
l	0.05	0.08	0.002	0.003	0.10	0.13	0.004	0.005
m	—	0.08	—	0.003	0.08	0.10	0.003	0.004
q	0.25	0.28	0.010	0.011	0.13	0.15	0.005	0.006
aa	3.48	3.49	0.137 0	0.137 5	3.48	3.49	0.137 0	0.137 5
cc	0.91	0.94	0.036	0.037	0.69	0.71	0.027	0.028
dd	0.36	0.38	0.014	0.015	0.28	0.30	0.011	0.012
ll	0.05	0.15	0.002	0.006	0.05	0.15	0.002	0.006
mm	—	0.13	—	0.005	—	0.13	—	0.005
θ	79°		79°		109°		109°	
注：材料为抛光的钢材。								

试验顺序如下：

a)　稳定尺寸试验；

把标准规 A 插入连接器的外接触件三次，这是一次稳定尺寸操作，也可用作测量插入力。

b)　分离力试验。

把标准规 B 沿垂直方向插入外接触件一次，此时外接触件垂直朝下应能保持住标准规 B 的重量。

3.3　标准试验连接器(0 级)

3.3.1　插针标准试验连接器

插针标准试验连接器界面见图 5。图中未给出的尺寸见图 1 和表 1。

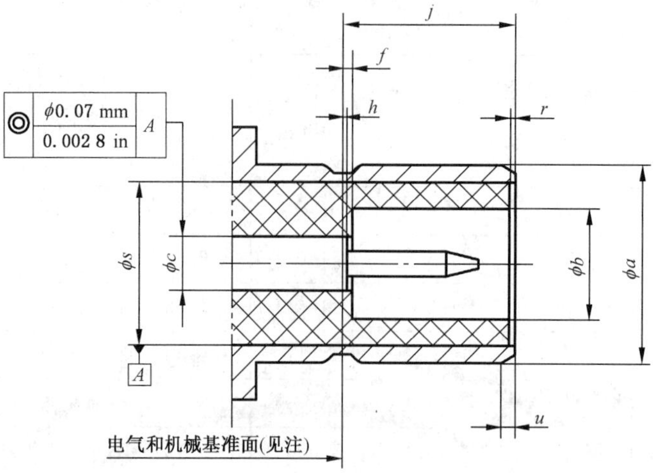

a） 插针标准试验连接器界面

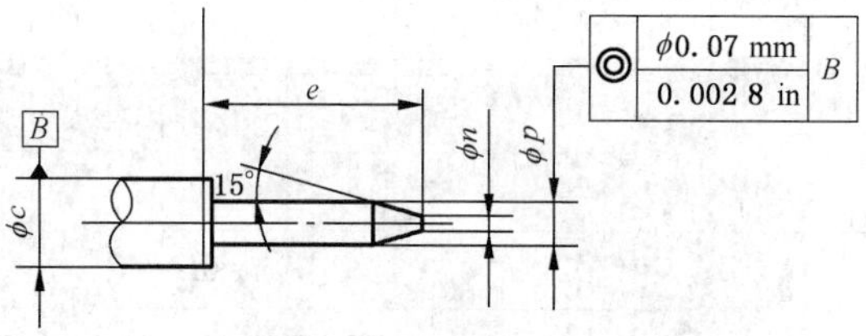

b） 插针中心接触件详图

注：基准面即凹槽的中心截面。

图 5 插针标准试验连接器(尺寸见表 5)

表 5 插针标准试验连接器界面尺寸

代号	mm		in	
	min	max	min	max
a	3.66	3.71	0.144	0.146
b[a]	2.08	2.15	0.082	0.085
c[b]	—	—	—	—
e	2.39	2.72	0.094	0.107
f	−0.24[c]	0.11	−0.009 5[c]	0.004 5
h	−0.11[c]	0.09	−0.004 5[c]	0.003 5
j	3.48	3.53	0.137	0.139
n	—	0.25	—	0.010
p	0.48	0.53	0.019	0.021
r	0.04	0.24	0.001 5	0.009 5
s[b]	3.05	3.07	0.120	0.121
u	0.102(倒角)	0.178(倒角)	0.004(倒角)	0.007(倒角)

[a] 采用介电常数为 2.02 的聚四氟乙烯介质时的尺寸，而且必须采用聚四氟乙烯介质。

[b] 所选的直径应满足 50 Ω±0.5 Ω 特性阻抗的要求。

[c] 相对于基准面的左边(朝着电缆方向)的最大绝对值。

3.3.2 插孔标准试验连接器

插孔标准试验连接器界面见图 6。图中未给出的尺寸见图 2 和表 2。

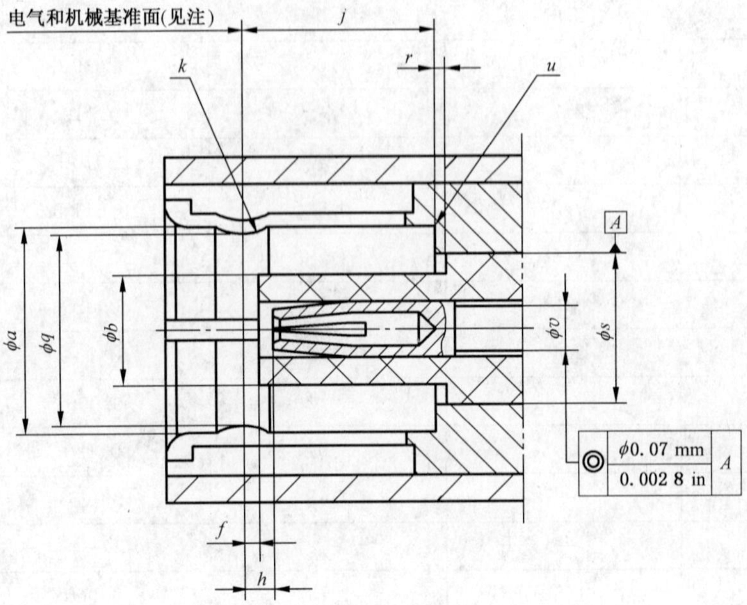

a） 插孔标准试验连接器界面

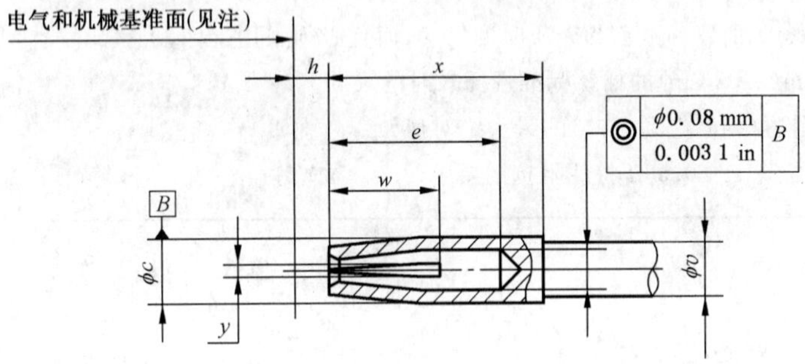

b） 插孔中心接触件详图

注：基准面，即凸台的中心截面。

图 6 插孔标准试验连接器(尺寸见表 6)

表 6　插孔标准试验连接器界面尺寸

代号	mm		in	
	min	max	min	max
a	3.73	3.78	0.147	0.149
b[a]	2.01	2.06	0.079	0.081
c[b]	1.01	1.03	0.039 6	0.040 4
e	2.79	—	0.110	—
f	0.27	0.52	0.010 5	0.020 5
h	0.29	0.57	0.011 5	0.022 5
j	3.58	3.78	0.141	0.149
k	0.64	0.76	0.025	0.030
q	3.40	3.45	0.134	0.136
r	−0.01[c]	+0.29	−0.000 5[c]	+0.011 5
s[d]	3.05	3.07	0.120	0.121
u	—	0.08	—	0.003
v[d]	—	—	—	—
w	1.52	1.78	0.060	0.070
x	3.37	3.49	0.132 5	0.137 5
y	0.13	0.23	0.005	0.009
z	0.05(倒角×45°)	0.15(倒角×45°)	0.002(倒角×45°)	0.005(倒角×45°)

[a] 采用介电常数为 2.02 的聚四氟乙烯介质时的尺寸，而且必须采用聚四氟乙烯介质。

[b] 采用直径 0.51 mm(0.020 in)的插针标准规插入时的尺寸。

[c] 相对于基准面的右边(朝着电缆方向)的最大绝对值。

[d] 所选的直径应满足 50 Ω±0.5 Ω 特性阻抗的要求。

4　质量评定程序

4.1　通则

下列条款规定了当编写一个详细规范时所应考虑的推荐额定值、性能和测试条件。也规定了具有最低质量检验水平适用的试验一览表及程序。

4.2　额定值和特性

下列规定值推荐用于 SMB 系列射频同轴连接器，并供详细规范的制定者参考。这些值适用于当连接器完全插合时的情况。其额定值与特性见表 7。

所列的某些试验没有给出任何推荐值，这些试验通常不作要求。当需要这些试验时，按规范制定者判断在详细规范中填入适用的值。

表 7　额定值和特性

额定值和特性	IEC 61169-1:1998 试验方法章条号	值	备注或与标准试验方法的差异
电气性能			
标称阻抗		50 Ω	
频率范围[a]			
——2 级连接器		DC～4 GHz	
反射系数[a]	9.2.1		
2 级连接器			
——直式		≤0.05	至 1 GHz
		≤0.13	至 4 GHz
——直角弯式		≤0.10	至 1 GHz
		≤0.15	至 4 GHz
——元件安装式		见详细规范	
——焊接槽和印制板安装式		见详细规范	
中心接触件接触电阻[b]	9.2.3		
——初始值		≤5 mΩ	
——环境试验后		≤15 mΩ	
外导体连续性[b]	9.2.3		
——初始值		≤2.5 mΩ	
——环境试验后		≤10 mΩ	
绝缘电阻[b]	9.2.5		
——初始值		≥1 GΩ	
——环境试验后		≥500 MΩ	
海平面耐电压[c,d]	9.2.6		(86～106)kPa
——接 SYV-50-2-1 电缆		750 V	
——接 SYV-50-1 电缆		500 V	
——接 2.16 mm(0.085 in)半硬电缆		750 V	
——接 1.42 mm(0.056 in)半硬电缆		500 V	
在 4.4 kPa 时的耐电压[c,d]	9.2.6		4.4 kPa 相当于 20 km 的高空
——接 SYV-50-2-1 电缆		150 V	
——接 SYV-50-1 电缆		100 V	
——接 2.16 mm(0.085 in)半硬电缆		150 V	
——接 1.42 mm(0.056 in)半硬电缆		100 V	
海平面环境试验后耐电压[c,d]	9.2.6		(86～106)kPa
——接 SYV-50-2-1 电缆		350 V	
——接 SYV-50-1 电缆		170 V	
——接 2.16 mm(0.085 in)半硬电缆		250 V	
——接 1.42 mm(0.056 in)半硬电缆		175 V	
4.4 kPa 时的环境试验后耐电压[c,d]	9.2.6		4.4 kPa 相当于 20 km 的高空
——接 SYV-50-2-1 电缆		85 V	
——接 SYV-50-1 电缆		45 V	
——接 2.16 mm(0.085 in)半硬电缆		65 V	
——接 1.42 mm(0.056 in)半硬电缆	9.2.8	45 V	
屏蔽效率		≥70 dB,	
(仅对直式接电缆连接器)[e]		频率:1 GHz	
放电试验(电晕试验)	9.2.9		熄灭电压

表 7（续）

额定值和特性	IEC 61169-1:1998 试验方法章条号	值	备注或与标准试验方法的差异
电气性能(续)			
——海平面			(86～106)kPa
——接 SYV-50-2-1 电缆		⩾330 V	
——接 SYV-50-1 电缆		⩾245 V	
——接 2.16 mm(0.085 in)半硬电缆		⩾330 V	
——接 1.42 mm(0.056 in)半硬电缆		⩾245 V	
——在 4.4 kPa 时			4.4 kPa 相当于 20 km 的高空
——接 SYV-50-2-1 电缆		⩾250 V	
——接 SYV-50-1 电缆		⩾185 V	
——接 2.16 mm(0.085 in)半硬电缆		⩾250 V	
——接 1.42 mm(0.056 in)半硬电缆		⩾185 V	
机械性能			
中心接触件固定性	9.3.5		
——轴向力		10 N	仅适用于中心件有固定结构的形式，要求各方向最大位移不超过 0.25 mm，且满足界面尺寸的要求
——力矩		0.02 N·m	
啮合力和分离力	9.3.6		
——啮合力		⩽63 N	按正常方式用手动实现
——分离力		8 N～63 N	
标准规保持力(弹性接触件)	9.3.4		
——中心接触件		⩾0.28 N	
——外接触件		⩾8.0 N	
标准规插入力	9.3.4		
——中心接触件		⩽11 N	
——外接触件		⩽63 N	
电缆固紧装置的机械试验			
电缆的最小拉伸力	9.3.7		
——接 SYV-50-2-1 电缆		100 N	
——接 SYV-50-1 电缆		50 N	
——接 2.16 mm(0.085 in)半硬电缆		133 N	
——接 1.42 mm(0.056 in)半硬电缆		90 N	
电缆扭转	9.3.10		
——接 SYV-50-2-1 电缆		0.15 N·m	
——接 SYV-50-1 电缆		0.05 N·m	
连接机构强度	9.3.11	na	
弯曲力矩(和剪切力)	9.3.12	0.5 N·m	相对于基准面
振动	9.3.3	100 m/s^2，(10～500)Hz	$10g_n$ 加速度
碰撞	9.3.13	na	
冲击	9.3.14	500 m/s^2，1/2 正弦波，11 ms	$50g_n$ 加速度

表 7（续）

额定值和特性	IEC 61169-1:1998 试验方法章条号	值	备注或与标准试验方法的差异
环境性能			
气候类别[f]		55/155/21	
非气密封	9.4.5.1	100 kPa·cm³/h	(100～110)kPa 压差
气密封	9.4.5.2	1 Pa·cm³/s	
盐雾	9.4.6	48 h	
耐久性			
机械耐久性	9.5	500 次插拔	
高温耐久性[f]	9.6	155 ℃,1 000 h	

注：
na:不适用。

[a] 这些值适用于通用连接器,实际上,这些值会受到所用电缆的影响,通常应参考详细规范中给出的实际值。
[b] 一对连接器的值。
[c] 除非另有规定,电压值都是(40～65)Hz 时的交流有效电压。
[d] 可与这些连接器一起使用的有些电缆具有的额定值低于本部分给出的值。
[e] 当界面完全插合时。
[f] 对于某些连接器,上限温度受到电缆特性的限制,应参照相应的电缆规范。

4.3 试验一览表和检验要求

4.3.1 交收试验

交收试验见表 8。

表 8 交收试验

项目	IEC 61169-1:1998 试验方法章条号	评定水平 M(较高)				评定水平 H(较低)			
		试验要求	IL	AQL %	周期	试验要求	IL	AQL %	周期
A1 组									
外观检查	9.1.2	a	Ⅱ	1.0	逐批试验	a	S3	1.5	逐批试验
B1 组									
外形尺寸	9.1.3	a	S4	0.40		a	S3	4.0	
机械互换性	9.1.3.3	a	Ⅱ	1.0		a	S3	1.5	
啮合力和分离力	9.3.6	a	S4	0.40		a	S3	1.5	
标准规保持力(弹性接触件)	9.3.4	a	Ⅱ	1.0		ia	S3	1.5	
非气密封	9.4.5.1	ia	Ⅱ	0.65		ia	S3	1.0	
气密封	9.4.5.2	ia	Ⅱ	0.015		ia	Ⅱ	0.025	
耐电压	9.2.6	a	S4	0.40		a	S3	4.0	
可焊性(零件)(d)	9.3.2	ia	S4	0.40		ia	S3	4.0	
绝缘电阻	9.2.5	a	S4	0.40		a	S3	4.0	

注：
a:适用。
ia:要求的试验(适用时)。
IL:检验水平。
AQL:可接受质量水平。
(d):破坏性试验——试验样品不能返回库存。

4.3.2 周期试验

对于评定水平 H 和 M,没有 C 组试验(见表 9)。

表 9 周期试验

项目	IEC 61169-1:1998 试验方法章条号	评定水平 M(较高)				评定水平 H(较低)			
		试验要求	样品数	每组允许失效数[a]	周期	试验要求	样品数	每组允许失效数[a]	周期
D1 组(d)			6	1	3 年		6	1	3 年
可焊性(连接器组件)	9.3.2.1.1	ia				ia			
耐焊接热	9.3.2.1.2	ia				ia			
电缆固紧装置的机械试验									
——电缆旋转(挠动)	9.3.7	na				na			
——电缆拉伸	9.3.8	ia				ia			
——电缆弯曲	9.3.9	na				na			
——电缆扭转	9.3.10	ia				na			
弯曲力矩	9.3.12	na				na			
连接机构强度	9.3.11	a				a			
D2 组(d)			6	1	3 年		6	1	3 年
接触电阻、外导体和屏蔽连续性以及中心导体连续性	9.2.3	a				a			
碰撞	9.3.13	na				na			
振动	9.3.3	a				na			
冲击	9.3.14	a				na			
稳态湿热	9.4.3	a				a			
盐雾	9.4.6	a				na			
D3 组									
尺寸、零件和材料	9.1.3	a	1[b]	1	3 年	a	1[b]	1	3 年
D4 组(d)			6	1	3 年		6	1	3 年
机械耐久性	9.5	a				a			
高温耐久性	9.6	a				a			
二氧化硫	9.4.8	na				na			
D5 组(d)			6	1	3 年		3	1	3 年
反射系数	9.2.1	ia				ia			
屏蔽效率	9.2.8	ia				na			
浸水	9.2.7	na				na			

表 9（续）

项　目	IEC 61169-1:1998 试验方法章条号	评定水平 M(较高)				评定水平 H(较低)			
		试验要求	样品数	每组允许失效数[a]	周期	试验要求	样品数	每组允许失效数[a]	周期
D6 组(d)			6	1	3 年		3	1	3 年
中心接触件固定性	9.3.5	ia				ia			
放电试验(电晕)	9.2.9	a				na			
温度快速变化	9.4.4	a				a			
气候顺序	9.4.2	a				a			
D7 组(d)									
耐溶剂和污染流体	9.7	na	1[c]	0	3 年	na	1[c]	0	3 年

注：

a :适用。

na:不适用。

ia:要求的试验(适用时)。

(d):破坏性试验——试验样品不能返回库存。

[a] 对于鉴定批准，D1～D7 组总共只允许两次失效。

[b] 除非使用同样的零部件，否则每种型号和规格均要求一套产品。

[c] D7 组——每种溶剂要求的连接器对数。

4.3.3 程序

4.3.3.1 质量一致性检验

它包括以逐批为基础的 A1 组和 B1 组试验和以周期为基础的 D1～D7 组试验组成。

4.3.3.2 鉴定批准及其维持

这包括通过 A1 和 B1 组试验的三个连续的批，及随后按适用从批中抽取的试验样品组成。这些试验样品应成功地通过规定的 D 组周期试验。

5 制定详细规范的指南

5.1 通则

详细规范应使用适用的空白详细规范。以下列出了用于 50 Ω 的 SMB 系列连接器的空白详细规范，并已列入了有关下列内容：

a） 适用于所有详细规范的总规范编号，包括分规范规定的连接器系列类型。

b） 连接器的系列名称。

规范制定者应按规定填入要包括的有关连接器类型/规格的详细内容。在空白详细规范的方框中对应位置填入下列内容。

5.2 详细规范的识别

(1) 授权出版详细规范的国家标准机构,当可采购时,可买到详细规范的机构。

(2) 有关国家或国家机构分配给所认可的详细规范的编号、以及有关符号性标志。

(3) 有关 IEC/IECQ 总规范和分规范(适用时)的编号和版本,以及国家标准号(当不同时)。

(4) 如果不同于 IEC/IECQ 号,详细规范的国家编号、发布日期以及国家体系要求的更多信息及其更改单编号。

5.3 元件的识别

(5) 填入以下内容:

——品种:连接器的品种名称,包括固定和密封类型(适用时)。

——连接:对于中心导体和外导体,选取适用的电缆/导线的连接方式。

——特点和标志:适合时。

——系列名称:用粗体字母/数字,约 15 mm 高。

(6) 填入质量评定水平、标称阻抗和气候类别。

(7) 填入外形图和面板开孔(适用时)细则。应规定最大外形尺寸,以及基准面位置,对于固定连接器,相对于连接器前面安装面板的安装板位置。

对于固定连接器,应规定最大面板厚度。

(8) 详细规范包括的所有规格特性,适用时包括下列内容:

——各规格的适用的电缆类型(或规格);

——镀层或防护涂层;

——具有螺纹孔或光孔的安装法兰细则;

——焊接柱或焊线槽的细节,包括与微波集成电路元件(适用时)一起使用的那些细节。

5.4 性能

(9) 按分规范的要求,列出连接器最重要的特性数据。明确指出与最低要求的偏差。不适用的参数应标上"na"。

5.5 标志、订货文件及有关事项

(10) 按适用填入标志和订货文件,以及有关文件和任何引用结构相似性的细则。

5.6 试验、试验条件和严酷度的选择

(11) "na"用来表示不适用的试验。所有由详细规范制定者标上"a"的试验是适用的。

当采用空白详细规范规定的正常程序时,适用时,在有关分规范的试验一览表中指定为适用的每项试验对应的"要求的试验"中填入字母"a"。对要求的任何附加试验中,由规范制定者确定是否也应填入字母"a"。

当需要时,规范制定者也应指出与标准试验方法和试验条件的差异,包括与分规范的试验一览表中给定的任何有关偏离。

鉴定批准和质量一致性检验应是适用的,并与在系统内提供类似可以比较的服务功能的其他连接器相一致,以使国家监督检查机构满意。

5.7 SMB 系列连接器的空白详细规范格式

以下几页包括了完整的空白详细规范。

<table>
<tr><td>(1)</td><td>(2)[a]
IECQ</td></tr>
<tr><td>(3)电子元件质量评定按：
总规范：IEC 61169-1：1998
分规范：GB/T 11313.10—2012</td><td>(4)版本
……
……</td></tr>
<tr><td colspan="2">(5) 射频连接器质量评定详细规定　　　　型号：SMB
品种：……………………　　　　特点和标志：…………………
连接机构形式：……
电缆/导线的连接方式：中心导体—焊接/压接[b]　…………………
外 导 体—焊接/夹接/压接[b]　…………………</td></tr>
<tr><td colspan="2">(6) 评定水平……　　标称阻抗 50 Ω　　气候分类…/…/…</td></tr>
<tr><td colspan="2">(7) 外形图和最大尺寸：　　　　面板开孔尺寸和安装详图：</td></tr>
<tr><td colspan="2">(8)规格
规格号　规格说明　96IEC　其他电缆
-01 ……　……　……　……　………
…………　……　……　……　………
…………　……　……　……　………
…………　……　……　……　………
…………　……　……　……　………
有关拥有按本详细规范鉴定元件的承制方的资料见相关最新版本的合格产品目录。</td></tr>
<tr><td colspan="2">[a] 填入 ISO 国家识别码或××(当由 IEC 委员会制定时)。
[b] 仅填入适用的内容。</td></tr>
</table>

(9) 性能(包括使用的极限条件)

额定值及特性		IEC 61169-1:1998 试验方法章条号	值	备注或与标准试验方法的差异
电气性能				
标称阻抗			50 Ω	
频率范围			…………………	测量频率范围
规格号				
反射系数	-01……	9.2.1	…………………	……………………………………
	……		…………………	……………………………………
	……		…………………	……………………………………
	……		…………………	…
中心接触件接触电阻		9.2.3	≤……………mΩ	初始值
			≤……………mΩ	条件试验后
中心导体连续性	-01……	9.2.3	………………mΩ	初始值
	……		………………mΩ	条件试验后
	……		………………mΩ	
	……		………………mΩ	
外导体连续性	-01……	9.2.3	≤……………mΩ	初始值
	……		≤……………mΩ	条件试验后
绝缘电阻		9.2.5	≥……………GΩ	初始值
			≥……………MΩ	条件试验后
耐电压[a]	-01……	9.2.6	………………kV	(86～106)kPa
(海平面)	……		………………kV	
	……		………………kV	
	……		………………kV	
耐电压[a]	-01……	9.2.6	………………V	……kPa(如果不是 4.4 kPa)
(4.4 kPa)	……		………………V	
	……		………………V	
	……		……………… V	
环境试验后耐电压[a]	-01……	9.2.6	………………V	(86～106)kPa
(海平面)	……		………………V	
	……		………………V	
	……		……………… V	
环境试验后耐电压[a]	-01……	9.2.6	………………V	……kPa(如果不是 4.4 kPa)
(4.4 kPa)	……		………………V	
	……		………………V	
	……		………………V	
屏蔽效率	-01……	9.2.8	≥…dB 在…… GHz	
	……		≥…dB 在…… GHz	
	……		≥…dB 在…… GHz	

（续）

额定值及特性	IEC 61169-1:1998 试验方法章条号	值	备注或与标准试验方法的差异
放电试验(电晕)	9.2.9	熄灭电压	
在海平面　-01……		………………V	(86～106)kPa
……		………………V	
……		………………V	
在 4.4 kPa　-01……		………………V	……kPa(如果不是 4.4 kPa)
……		………………V	
……		………………V	
附加的电气性能			
机械性能			
可焊性-焊头尺寸	9.3.2.1.1	………………	
标准规保持力(弹性接触件)	9.3.4		
——中心接触件		≥…………N	
——外接触件		≥…………N	
中心接触件固定性	9.3.5		
——轴向力		……………N	
——各方向允许位移		……………mm	
——力矩		……………N·m	
啮合力和分离力	9.3.6		
——啮合力		≤…………N	手动
——分离力		≥…………N	
电缆固紧装置的机械试验			
1)电缆旋转	9.3.7		弯曲半径和圈数
-01……		………………	……mm,……圈
……		………………	……mm,……圈
……		………………	……mm,……圈
2)电缆拉伸	9.3.8		施加的点和时间
-01……		………………N	………mm……s
……		………………	………mm……s
……		………………	………mm……s
3)电缆弯曲	9.3.9	循环次数	电缆长度和质量
-01……		………………	………mm……kg
……		………………	………mm……kg
……		………………	………mm……kg
4)电缆扭转	9.3.10	力矩	施加力矩的时间
-01……		……………N·m	………s
……		……………N·m	………s
……		……………N·m	………s

（续）

额定值及特性	IEC 61169-1:1998 试验方法章条号	值	备注或与标准试验方法的差异
弯曲力矩（和剪切力）	9.3.12	……………N·m	相对于参考面
碰撞	9.3.13	……………m/s^2 共……次碰撞	（………g_n 加速度）
振动	9.3.3	……………m/s^2 ……～……Hz	（………g_n 加速度）
冲击	9.3.14	……………m/s^2 ……………波形 ……………ms	（………g_n 加速度）
附加的机械特性			
环境性能			
气候类别		……/……/……	
密封-非气密连接器	9.4.5.1	……kPa·cm^3/h	压差在（100～110）kPa
密封-气密连接器	9.4.5.2	1 Pa·cm^3/s	压差在（100～110）kPa
浸水	9.2.7	………………	
盐雾	9.4.6	………………h	喷雾时间
附加的环境性能			
耐久性			
机械耐久性	9.5	………………次	
高温耐久性	9.6	……℃，……h	
其他耐久性			
化学污染			
耐溶剂和污染流体	9.7		
——使用的流体		……………… ……………… ……………… ……………… ………………	
二氧化硫暴露	9.4.8	………………d	

[a] 除非另有规定，电压值为（40～65）Hz 时的交流有效电压。

(10)补充内容

元件标志：按 IEC 61169-1：1998 中 11.1 的规定，并按如下顺序： 1)制造厂的识别代码：………………………………………………… 2)制造日期代码　………… 3)元件识别代码　规格号/型号　标志 …………………　………………… …………………　………………… …………………　………………… …………………　………………… …………………　…………………
包装的标志和内容：按 IEC 61169-1：1998 中 11.2 的规定。 1)按 IEC 61169-1：1998 中 11.1 的规定详细标上以上内容 2)标称阻抗：50 Ω 3)评定水平字母代码……………… 4)任何要求的附加标志……………
订货文件： 1)详细规范的编号……………………… /规格代号……………………………… 2)评定水平字母代码………………………………………………………… 3)壳体涂覆(如果多于一个)……………………………………………… 4)任何附加内容或特殊要求………………………………………………
有关文件(如果在 IEC 61169-1：1998 或分规范中没有包括)： …………………………………………………………………………………………………… ………………………………………………………………
结构类似元件按 IEC 61169-1：1998 中 10.2.2 的规定。
注：基本品种的相关内容应编入规格号 01。

ICS 17.160
J 04

中华人民共和国国家标准

GB/T 11348.2—2012
代替 GB/T 11348.2—2007

机械振动 在旋转轴上测量评价机器的振动 第2部分:功率大于50 MW,额定工作转速1 500 r/min、1 800 r/min、3 000 r/min、3 600 r/min陆地安装的汽轮机和发电机

Mechanical vibration—Evaluation of machines vibration by measurements on rotating shafts—Part 2: Land-based steam turbine-generators in excess of 50 MW with normal operating speeds of 1 500 r/min, 1 800 r/min, 3 000 r/min and 3 600 r/min

(ISO 7919-2:2009, MOD)

2012-11-05 发布 2013-03-01 实施

中华人民共和国国家质量监督检验检疫总局
中国国家标准化管理委员会 发布

前　言

GB/T 11348《机械振动　在旋转轴上测量评价机器的振动》分为以下五个部分：

——第1部分：总则；

——第2部分：功率大于50 MW，额定工作转速1 500 r/min、1 800 r/min、3 000 r/min、3 600 r/min陆地安装的汽轮机和发电机；

——第3部分：耦合的工业机器；

——第4部分：具有滑动轴承的燃气轮机组；

——第5部分：水力发电厂和泵站机组。

本部分是GB/T 11348的第2部分。

本部分按照GB/T 1.1—2009和GB/T 20000.2—2009给出的规则起草。

本部分代替GB/T 11348.2—2007《旋转机械转轴径向振动的测量和评定　第2部分：50 MW以上，额定转速1 500 r/min、1 800 r/min、3 000 r/min、3 600 r/min陆地安装的汽轮机和发电机》。

本部分与GB/T 11348.2—2007相比，主要修改内容如下：

——修改了标准名称，由原来的"旋转机械转轴径向振动的测量和评价　第2部分：50 MW以上，额定转速为1 500 r/min、1 800 r/min、3 000 r/min、3 600 r/min陆地安装的汽轮机和发电机"改为"机械振动　在旋转轴上测量评价机器的振动　第2部分：功率大于50 MW，额定工作转速1 500 r/min、1 800 r/min、3 000 r/min、3 600 r/min陆地安装的汽轮机和发电机"。

——增加了安全运行的基本假设是避免旋转轴和固定部件之间的金属与金属接触。它们可以作为规定验收规范的基础(见4.1)；

——修改了上一版中多处的"振动幅值"的译文，改为"振动量值"；

——修改了评价区域边界一节中使用不同区域边界值的例子(见4.2.2.4)；

——当新机器没有建立有效的基线数据时，推荐其稳态运行额定工作转速下的报警值修改为不应超过区域边界B/C值(见4.2.3.2)；

——增加了停机值的设定第二次报警的内容(见4.2.3.3)；

——增加了非稳态工况(瞬态运行)期间的振动量值"停机放大因子"概念，在稳态工况建立之前，它会自动地提升"报警值"和"停机值"(见4.2.4)。关于"停机放大因子"的使用，(见4.2.4.4)；

——修改了升速、降速和超速期间的振动量值，并删去了上一版的图1(见4.2.4.3)；

——增加了附录A中关于S_{max}的说明。如果使用的不是峰-峰值位移$S_{(p-p)max}$，而是从测量面上一对正交的传感器的输出导出的S_{max}，作为一般指南表A.1中的值应除以1.85。

本部分使用重新起草法修改采用ISO 7919-2:2009《机械振动　在旋转轴上测量评价机器的振动　第2部分：功率大于50 MW，额定工作转速1 500 r/min、1 800 r/min、3 000 r/min、3 600 r/min陆地安装的汽轮机和发电机》。

本部分与ISO 7919-2:2009相比，主要技术差异是：

——附录A的表A.1和表A.2中推荐的评价区域边界B/C值和C/D值由一个值改为一个限值范围，以适应我国实际应用。

本部分由全国机械振动、冲击与状态监测标准化技术委员会(SAC/TC 53)提出并归口。

本部分起草单位：郑州机械研究所、西安热工研究院有限公司、北京电力建设研究院、哈尔滨大电机研究所，上海发电设备成套设计研究院、东南大学。

本部分主要起草人：黄润华、韩国明、张学延、杨细望、钟苏、孙庆、傅行军、王义翠。

本部分所代替标准的历次版本发布情况为：

——GB/T 11348.2—1997，GB/T 11348.2—2007。

引　言

在旋转轴上测量振动时，GB/T 11348.1是评价各种机器振动一般要求的基础文件。GB/T 11348的本部分是对评价位于或接近大型汽轮机和发电机轴承处转轴径向振动烈度的具体规定。在这些位置的测量能够很好地表征机器的振动状态。基于以往经验的评价准则，能用来评价这些机器的振动状态。

在稳态工况下运行时，提出了评价机器振动的两个准则。第一个准则考虑的是测得的振动量值；第二个准则考虑的是振动量值的变化。另外，对瞬态运行工况规定了不同的准则。然而，旋转轴振动不是评价振动烈度的唯一基础。对于大型汽轮机和发电机，通常也评价在非旋转部件上测量的振动。对非旋转部件上测量振动的要求见GB/T 6075.1和GB/T 6075.2。

GB/T 11348本部分的评价方法是基于宽带测量的。然而，由于技术进步，窄带测量或频谱分析已经日益广泛地得到应用，特别是应用于振动评价、状态监测和诊断。对这些测量的评价准则已超出了本部分的范围。详见ISO 13373(所有部分)确定的机器振动状态监测的规定。

机械振动　在旋转轴上测量评价机器的振动　第2部分：功率大于50 MW，额定工作转速1 500 r/min、1 800 r/min、3 000 r/min、3 600 r/min陆地安装的汽轮机和发电机

1　范围

GB/T 11348的本部分给出了评价位于或靠近主轴承处测得的旋转轴现场径向振动烈度的具体规定。包括：

——正常稳态运行工况下的振动；

——瞬态变化(包括升速或降速、初始加负荷和负荷变化)时，其他(非稳态)工况期间的振动；

——正常稳态运行工况期间发生的振动变化。

本部分适用于额定工作转速1 500 r/min、1 800 r/min、3 000 r/min或3 600 r/min，输出功率大于50 MW的陆地安装的汽轮机和发电机，也适用于直接与燃气轮机连接的汽轮机和(或)发电机(例如联合循环应用)。在这些情况下，本部分的准则仅适用于汽轮机和发电机(包括同步离合器)。燃气轮机振动应按照GB/T 11348.4和GB/T 6075.4评价。

本部分所规定的这些振动数值并不是评价振动烈度的唯一依据。对于大型汽轮机和发电机通常也用非旋转部件上测量的振动值来评价。对这些振动测量的要求见GB/T 6075.1和GB/T 6075.2。

2　规范性引用文件

下列文件对于本部分的应用是必不可少的。凡是注日期的引用文件，仅注日期的版本适用于本部分。凡是不注日期的引用文件，其最新版本(包括所有的修改单)适用于本部分。

GB/T 11348.1—1999　旋转机械转轴径向振动的测量和评定　第1部分：总则(idt，ISO 7919-1：1996)

3　测量方法

测量方法及仪器应符合GB/T 11348.1的通用要求。

汽轮机和发电机早期用接触式传感器测量转轴的绝对振动。目前，随着非接触式传感器的发展，转轴的相对振动测量更普遍。但是，如需要，也可用一个非接触式传感器和一个装在台架上测量结构振动的惯性式传感器，以它们输出的矢量合成得到转轴的绝对振动。目前，这两种方法都普遍使用。因此，对于本部分，转轴相对或绝对振动测量都同样可以接受。但应注意，接触式传感器的频率范围比非接触式传感器的要窄(更受限制)。

对于监测来说，测量系统应能适用于从1 Hz到至少是最高正常工作频率的三倍或125 Hz(取其大者)的频率范围。用于故障诊断的仪器，可能需要覆盖更宽的频率范围和(或)谱分析。在特殊场合，显著的低频振动可能传至机器(例如在地震区)，可能有必要过滤掉仪器的低频响应和(或)提供适当的时间延迟。如果对比不同机器的测量结果，应注意保证使用相同的频率范围。

振动测点的位置应能评价在重要点上轴的横向运动。应当注意，避免把振动测点放在任何振动节点上，并保证测量设备不受外部振源（如空气噪声和结构诱导噪声）的过分影响。通常，要求在每个主轴承上或附近，用一对正交的传感器沿两个径向测量。传感器可以安装在任意角度，但实际上一般选择在轴承同一个半瓦上与垂直方向成±45°的方向或者接近垂直和水平方向。

如果已知用一个径向传感器能够提供轴振动量值的足够信息的话，可以用它代替更典型的一对正交传感器。可是当根据测量平面上单个传感器评价振动时，一般应仔细观察，因为它可能没有位于提供该平面最大测量值的方位。一般不在汽轮机和发电机上测量轴向振动。

应了解环境对测量系统特性的影响，包括：

a) 温度变化；

b) 磁场；

c) 空气噪声和结构诱导噪声；

d) 电源变化；

e) 电缆阻抗；

f) 传感器电缆长度；

g) 传感器方位；

h) 传感器连接刚度。

应特别注意，确保传感器安装正确，而且安装方案不降低测量的精确度（见 ISO 10817-1）。

传感器所在的轴表面应当光滑，而且没有几何不连续、材质不均匀和局部剩磁，以免它们可能产生虚假信号（称之为电气偏摆）。用传感器测量时，电气和机械组合“慢转”偏摆不宜超过在额定工作转速下区域 A/B 边界值（见表 A.1）的 25%。

在汽轮机和发电机升速运行之前，可以进行轴偏摆的慢转测量。如果这样做，测量系统的低频特性应当充分满足要求。这种测量通常不能认为是有效地指出在正常运行状态下转轴偏摆，因为它们会受到转轴的暂时（瞬态）弯曲、在轴承间隙内轴颈不规则移动、轴向运动等因素的影响。如果没有考虑上述因素就不能从工作转速下的振动测量矢量减去慢转下的轴偏摆矢量。因为这种结果会误判机器振动（见 GB/T 11348.1）。

4 评价准则

4.1 概述

GB/T 11348.1 提供了用于评价各种机器轴振动的两个准则的一般说明。第一个准则考虑测得的宽带轴振动的量值，第二个准则考虑轴振动量值的变化，而不论它是增大或减少。

所提供的这些值是这种类型机器的经验总结。如果满足它们，则可望得到可接受的运行。

注： 这些值是基于以前的国际标准、当初起草 GB/T 11348（所有部分）和 GB/T 6075（所有部分）时进行调查的结果以及国内外专家们提供的反馈意见。

提供的这些准则适用于规定的正常工作转速和负荷范围内的稳态运行工况，包括发电机电负荷正常的缓慢变化。也提供了发生瞬态变化时其他非稳态工况下的替代的准则。这些振动准则的目标是保证可避免过大的缺陷或不切实际的要求。尤其是，安全运行的基本假设是避免旋转轴和固定部件之间的金属接触。它们可以作为规定验收规范的基础（见 4.2.2.3）。

该准则涉及汽轮机和（或）发电机产生的振动，不涉及由机组外界传来的振动。如果怀疑被传递的振动（无论稳态的或间断的）有显著影响，则宜在机组停机状态测量其量值。如果被传递振动的量值不能接受，则宜采取措施纠正。

应注意，机器振动状态的通常根据在非旋转部件上的测量和旋转轴上的测量综合评价。

4.2 准则Ⅰ:振动量值

4.2.1 总则

这个准则是有关规定轴振动量值的，该量值与轴承的许用动载荷、机器外壳径向间隙的适当裕度、以及传至支承结构和基础的容许振动协调一致。

4.2.2 在稳态运行工况下额定转速时的振动量值

4.2.2.1 概述

在每个轴承处测得的最大的轴振动量值对照由国内外经验建立的四个评价区域进行评价。

4.2.2.2 评价区域

下列评价区域可用于给定机器在稳态工况额定工作转速下的轴振动评价，并提供可能的操作指南。

区域A:新投产的机器，振动通常在此区域内。

区域B:振动在此区域内的机器，通常认为可以不受限制地长期运行。

区域C:通常认为振动在此区域内的机器，不适宜长期连续运行。通常，该机器可在这种状态下运行有限时间，直到有合适时机采取补救措施为止。

区域D:振动值在该区域通常被认为振动剧烈，足以引起机器损坏。

注：对瞬态运行的指南见4.2.4。

4.2.2.3 验收准则

验收准则均应在机器安装前经过供方和买方协商一致。这些评价区域为新机或大修过的机器规定验收准则提供基础。

注：新机器验收准则历来规定在A区或B区内，但通常不超过区域边界A/B值的1.25倍。

4.2.2.4 评价区域边界

在表A.1和表A.2中，区域边界值是分别针对轴的相对振动和绝对振动给出的。这些边界值适用于在稳态工况额定转速时所有轴承上或靠近轴承处的径向振动测量。这些区域边界值是根据制造厂和用户提供的有代表性的数据制定的，数据中不可避免地有较大的分散性。然而，仍然对表A.1和表A.2中的值做出规定，以保证避免过大的缺陷或不切实际的要求。

在其他的测量位置和瞬态工况时允许较大的振动(见4.2.4)。

在大多数情况下，表A.1和表A.2中给出的值可以保证足够的运转间隙，而且传至轴承的支承结构和基础的动载荷是可接受的。然而，在某些情况下，某些特殊类型的机器可能由于特殊的性能或有效的经验，要求使用不同的区域边界值(较小或较大)，例如：

a) 机器振动可能受它的安装系统和连接从动机器的耦合装置的影响。例如，如果用刚性轴承支承，预计有较大的轴相对振动。反之，用柔性轴承支承，预计有较小的轴相对振动，但轴的绝对振动可能较大。因此，基于满意的运行经验，可以接受使用不同的区域边界值。
b) 宜注意确保轴的相对振动不超过轴承间隙。进一步，宜认识到许可振动可能与轴承直径有关，因为一般直径较大的轴承运行间隙比较大。当使用小间隙轴承时，表A.1中的区域边界值可以减小。区域边界值降低的程度随着所用轴承的型式(圆筒型、椭圆型、可倾瓦等)、测量方向和最小间隙之间的关系而变化。因此，不可能给出精确的建议，但附录B提供了一个有代表性的普通圆筒轴承的例子。
c) 对于相对轻载轴承(例如励磁机转子轴承和同步离合器轴承)或者其他更柔性的轴承，可能用到以机器详细设计为基础的其他准则。

d) 在远离轴承的地方测量振动,可以应用其他的准则。

注 1:在同一旋转轴线不同轴承上的测量可以取不同的区域边界值。

通常,当使用较大的区域边界值时,可能需要技术论证,确认以较高振动运行不损害机器的可靠性。例如,可以机器的详细性能和相似结构设计与支承的机器运行的经验作基础。

注 2:本部分对安装在刚性基础和柔性基础上的汽轮机和发电机未提出不同的区域边界值。这与同类机器在非旋转部件上测量振动的 GB/T 6075.2 一致。但是,如果进一步分析这些机器的调查数据表明采取不同的边界值是有保证的话,则将来修订 GB/T 6075.2 和 GB/T 11348.2 时,可望针对支承的柔度给出不同的准则。

4.2.3 稳态运行的限值

4.2.3.1 概述

为了长期稳态运行,通常的做法是规定运行的振动限值。这些限值采取报警值和停机值的形式。

报警值:振动已经达到某个规定的限值或者振动值发生显著变化,可能有必要采取补救措施时,进行报警。一般来说,如果发生报警,可继续运行一段时间,同时进行研究(例如考查负荷、转速或其他运行参数的影响),以识别振动变化的原因和确定补救措施。

停机值:规定一个振动量值,超过此值继续运行可能引起机器损坏。如超过停机值,应立即采取措施降低振动或停机。

不同的运行限值反映出动载荷和支承刚度的差异,对于不同的测量位置和方向,可以规定不同的运行限值。

4.2.3.2 报警值的设定

对每台机器报警值可以不同。推荐选择的报警值通常是相对于基线值来设定,而基线值根据具体机器的测量位置和方向的经验确定。

推荐设定的报警值应高出基线值某个量,高出的量等于区域边界 B/C 值的 25%。报警值通常不宜超过区域边界 B/C 值的 1.25 倍。如果基线值小,报警值可能小于区域边界 B/C 值以下(见附录 B 的例子)。

在没有建立基线的情况下(例如新机),初始的报警值应根据其他类似机器的经验,或者相对于已同意的验收值来设定。在没有这样有效数据的情况下,稳态工况额定转速下的报警值不应超过区域边界 B/C 值。在运行一段时间之后,建立起稳态基线值并对报警值的设定作相应的调整。

振动信号非稳态和不重复的场合,需要采用某些平均方法。

如果稳态基线发生变化(例如机器大修后),报警值的设定应相应地修改。对于机器上不同的测量位置,报警值设定可以不同,以反映动载荷和支承刚度的差异。

设定报警值的例子在 GB/T 6075.2—2012 的附录 B 中给出。

4.2.3.3 停机值的设定

停机值通常与机器的机械完整性有关,并且取决于使其能承受异常动载荷的各设计特性。因此具有类似设计的所有机器一般采用相同的停机值,而且它通常与设定报警值的稳态基线值没有关系。

不同设计的机器停机值可能存在差异,不可能对绝对的停机值给出更精确的指南。一般来说,停机值在区域 C 或 D 内,但推荐停机值应不超过区域边界 C/D 值的 1.25 倍。依据具体机器的经验,可以取不同的限值。

汽轮机和发电机通常是受自动控制系统控制的,如果超过停机振动值,自动控制系统使机器停机。为了避免虚假信号引起的不必要的停机,实际上通常采用多个传感器控制逻辑,并在触发机器自动停机的任何自控动作之前,规定一个时间延迟。因此,如果收到振动停机信号,而且至少被两个独立的传感器确认超过了规定的有限的延迟时间才可以触发停机。典型的延迟时间是 1 s～3 s。为了慎重可以在报警值和停机值之间插入第二次报警，以预警操作人员正在接近停机值，他们可以采取任何校正措施（例如降低负荷或制造商建议的其他措施），避免满负荷停机。

4.2.4 非稳态工况（瞬态运行）期间的振动量值

4.2.4.1 总则

附录 A 规定了汽轮机和（或）发电机在规定的稳态运行工况下长期运行的振动值。在额定转速下运行工况发生变化，汽轮机或发电机逐渐达到热平衡的过程中，以及升速或降速时，可以允许较大的振动值。这些较大值可能超过 4.2.3 中规定的报警值和停机值。在这种情况下，可以引入“停机放大因子”，在稳态工况建立之前，它会自动地提升“报警值”和“停机值”。

对于非稳态工况下运行的汽轮机和发电机，这些瞬态变化一般与热的变化（例如在初始负荷和负荷改变期间，由于蒸汽温度或转子电流的变化引起的）、凝汽器真空的影响和转速变化（例如启动、停机）有关。

与稳态振动一样，在具体场合采用的任何验收准则应该由机器制造厂家和用户协商一致。然而，本条的规定将保证避免过大的缺陷和不切实际的要求。

4.2.4.2 额定转速瞬态运行期间的振动量值

额定转速瞬态运行工况，包括空载、带初始负荷或快速加负荷或功率因数变化，以及其他相对短期的任何运行工况。对于这些瞬态工况，振动量值不超过区域边界 C/D 值，一般应认为是可以接受的。停机值和报警值宜相应调整。

4.2.4.3 升速、降速和超速期间的振动量值

汽轮机和发电机在升速前应当充分地盘车（或）低速旋转，以保证不出现临时弯曲或弓形，避免可能产生反常的激励。此后，可以进行慢转轴位移测量，以评价低速时的偏摆量大小（该测量不受最低共振转速的影响），此时稳定的轴承油膜已经建立，而离心作用可以忽略。检验在该转速下测量的轴位移及其他的参考参数是否在以前建立的满意的经验之内。这些检验是评价轴线状态是否满意的基础，例如是否存在轴弯曲或者在联轴器之间是否有平行不对中或者夹角不对中（“曲柄效应”）。此外，在升速期间，建议在到达临界（共振）转速之前评估轴的振动，并且与以前满意运转时相同状态下得到的典型振动矢量进行比较。如果发现任何显著的差别，建议在继续下去之前进一步采取措施（例如维持转速或减速直至振动稳定，或者回到以前的值，进行更详细的研究或检查运行参数）。

如果没有盘车或测量慢转轴位移的规定，则遵照供方的替代建议。

升速期间可能需要保持在特定转速暖机（例如为了温度匹配）。如果这样的话，应注意确保在暖机转速和任意临界（共振）转速之间有足够的余量，因为共振时会出现很大的振幅。

升速、降速和超速期间振动限值的规定可能变化很大，这取决于特定机器的结构特性或者具体的运行要求。例如，对于启动次数较少、带基本负荷的机组，可允许有较大的振动限值，而对于需经常规则地切换操作运行、并需要在规定的时间内达到规定输出功率的机组，可采用较小的振动限值。此外，在升速和降速期间通过共振转速时，振动量值将受到阻尼和转速变化率的强烈影响（见 ISO 10814 有关机器不平衡灵敏度的资料）。

适用于升速、降速和超速时的报警值与正常稳态运行工况下所采用的报警值不同。它们通常应当相对特定机器由升速、降速或超速时的经验值设定。建议启动、停机或超速期间的报警值应设定在这些值之上某个量，高出的量等于额定转速下区域边界 B/C 值的 25%。

当没有建立可靠的有效数据时，升速、降速或超速期间的报警值不宜超过下述值：

a) 转速大于0.9倍额定转速时:振动量值相应为额定转速下的区域C/D边界值。

b) 转速小于0.9倍额定转速时:振动量值相应为额定转速下的区域C/D边界值的1.5倍。

如4.2.2.4所述,对小间隙轴承(见附录B)可能需要适当调整。

用不同的方法设定升速或降速时的停机值。例如,如果升速期间振动过大,可能降低转速比触发停机保护更合适。反之,降速期间很少触发高振动停机保护,因为那样做没有改变已采取的措施(即降速)。可是,如果汽轮机或发电机有自动控制系统,它可能需要规定升速或降速期间的停机值。这种情况下,停机值应当与报警值采用相似的比例增加。

注:升速和降速期间,由于动力放大效应,当通过临界转速时通常发生最大的振动。在其他转速下,一般振动较小。

4.2.4.4 “停机放大因子”的使用

某些情况下,如果超过停机值,装有控制系统的汽轮机/发电机会自动停机。运行在瞬态工况下允许有较高的振动值,为了避免不必要的停机,可以引入“停机放大因子”,它会自动地提升稳态的报警值和停机值,以反映4.2.4.2和4.2.4.3中给的修订值。

“停机放大因子”通常适用于以下情况:转子升速或降速过程中;在达到额定转速之后带负荷过程中;以及任何突然的、大负荷变化之后,热状态稳定的短期内。基于已有经验,上述每一种运行工况,可以设定不同的“停机放大因子”。实际的“停机放大因子”值对不同的机器是不同的,而且应当根据以前满意的运行经验而定。

4.3 准则Ⅱ:在额定转速稳态运行工况下振动量值的变化

本准则提出了对振动量值变化的评价,此变化是指偏离以前建立的对特定稳态工况下的参考值。轴振动量值可能明显地增大或减小,甚至在未达到准则Ⅰ的区域C时,就要求采取某种措施。这种变化可以是瞬态的或者随时间逐渐发展的,它可能表明已产生损坏,或是即将失效或是某种其他异常的警告。准则Ⅱ是在额定转速稳态工况下发生的轴振动量值变化的基础上规定的,它包括负荷的微小变化,但不包括负荷大而快的变化,这种变化在4.2.4.2论述。

注意:这一准则应用于带有同步离合器的机器时宜小心,此时由于轴向膨胀的正常变化,振动可能会发生阶跃变化。

该准则的参考值是由对以前具体运行工况下测量得到的典型的、可重复的正常振动值。如果振动量值变化很大(典型的是区域B/C边界值的25%),应采取措施查明变化的原因。不管这种变化引起振动量值增大或减小,都要采取这样的措施。宜在考虑振动的最大值和机器在新工况是否已经稳定之后再决定采取什么行动。尤其,如果振动变化率很大,即使还没有超过以上规定的限值,也宜采取行动。对于小间隙轴承,振动限值宜相应调整。

在应用准则Ⅱ时,传感器的位置和方位必须相同,同一机器运行工况才能进行比较。

应当了解,基于振动变化的准则有其应用的局限性。因为量值和变化率的明显变化可能发生在个别的频率分量,但这些重要特征在宽带振动信号中未必能反映出来(见GB/T 11348.1)。例如转子中裂纹的扩展可能引起旋转频率多倍频振动分量的渐进变化,但它们的量值可能比旋转频率分量的幅值小,所以仅查看宽带振动的变化难以识别裂纹扩展的效应。因此,虽然监测宽带振动的变化能给出潜在问题的某些指示,可能有必要在某些应用中使用能测定单个频率分量振动矢量变化趋势的测量和分析设备。这种设备可能比通常监测用的设备更复杂,它们的应用需要专门知识。对于这种测量规定详细准则已超出本部分的范围(见4.5)。

4.4 补充的方法和准则

本部分中给出的振动测量与评价可以由非旋转部件上的振动测量补充和替代(见GB/T 6075.2)。没有简单办法将轴振动转换为轴承座振动,反之亦然。转轴绝对振动测量和相对振动测量之间的差异和轴承座振动有关，但它在数值上一般并不等于轴承座振动，这是由于工作转速下轴承油膜与支承结构的相对动柔度、传感器安装位置的差异以及相位角不同等因素的影响。因此，当本部分和 GB/T 6075.2 的准则都用于机器振动的评价时，应分别进行转轴振动和轴承座振动的测量。如果应用不同的准则导致不同的振动烈度评价，一般应采用限制较严格的准则，除非有与此相反的有效经验。

4.5 基于振动矢量信息的评价

在本部分中考虑的评价仅限于宽带振动而未涉及频率分量或相位。在大多数情况下，这样做对验收试验和运行监测就足够了。然而，对于长期状态监测和诊断，使用振动矢量信息对发现和确定机器动态变化特别有用。在某些情况下，这种变化只用宽带振动测量可能检测不到。参见 GB/T 6075.1—1995 附录 D。

与相位和频率有关的振动信息越来越多地用于状态监测和诊断。然而，规定这种准则已超出本部分的现有范围。这些在 ISO 13373(所有部分)对机器振动状态监测的规定中详细处理。

附 录 A
（规范性附录）
评价区域边界

表A.1和表A.2给出的值分别用于评价额定转速稳态工况下，在轴承上或靠近轴承处转轴相对振动和绝对振动测量值。这些值可以保证避免重大的缺陷或不切实际的要求。在某些情况下，某些特殊类型机器可能需要不同的限值(参见4.2.2.4)。例如必须确保轴的相对位移不超过许可的轴承间隙(见附录B)。在其他测量位置和瞬态工况下，可以允许较大的振动。

表A.1和表A.2给出的准则是在特定测量位置的轴振动位移峰—峰值(见GB/T 11348.1—1999附录B中的方法B)。如果使用的是从测量面上一对正交的传感器输出导出的S_{max}(见GB/T 11348.1—1999附录B中的方法C)，它取决于轴心轨迹，则宜用较小的区域边界。作为一般指南，表A.1中的值应除以1.85。

注：以往，规定验收准则落在A区或B区，但通常不超过区域边界A/B值的1.25倍。

表A.1 大型汽轮机和发电机各区域边界的轴相对位移的推荐值

区域边界	轴转速 r/min			
	1 500	1 800	3 000	3 600
	区域边界轴相对位移峰—峰值 μm			
A/B	100	95	90	80
B/C	120～200	120～185	120～165	120～150
C/D	200～320	185～290	180～240	180～220

表A.2 大型汽轮机和发电机各区域边界的轴绝对位移的推荐值

区域边界	轴转速 r/min			
	1 500	1 800	3 000	3 600
	区域边界轴绝对位移峰—峰值 μm			
A/B	120	110	100	90
B/C	170～240	160～220	150～200	145～180
C/D	265～385	265～350	250～300	245～270

附　录　B
（资料性附录）
评价区域边界值和轴承间隙

对于流体动压轴承支承的机器，为了安全运行基本的假设是在轴承油膜内的轴振动位移应当避免与轴承接触。因此，应当保证表 A.1 中评价区域边界的轴相对振动的限值与该假设一致。特别是使用小间隙轴承时需要减小该评价区域边界值。减小的必要程度取决于使用的轴承的型式以及测量方向和最小间隙的关系。本附录给出一个典型例子。

假定额定转速 3 000 r/min 的汽轮发电机组的高压转子，用普通圆筒轴承支承，其直径为 180 mm，轴承间隙比 0.1%。这样，轴承（直径）总径向间隙为 180 μm。

从表 A.1 看，区域边界峰—峰值为：

A/B　90μm；

B/C　120 μm～165 μm；

C/D　180 μm～240 μm。

这时，B/C 边界值小于轴承的径向间隙，而 C/D 边界值大于（或等于）轴承间隙。因此，推荐区域边界的峰峰值应相应降低，如下例：

A/B　0.4 倍的轴承间隙=72 μm（取整为 75 μm）；

B/C　0.6 倍的轴承间隙=108 μm（取整为 110 μm）；

C/D　0.7 倍的轴承间隙=126 μm（取整为 130 μm）。

选取因子 0.4，0.6，0.7 仅为说明原理。应用于不同类型轴承的不同因子由供方和用户协商。

上述例子适用于在轴瓦内或非常接近轴瓦处测量轴振动。在径向间隙较大的其他测量位置，较大的限值是可以接受的。

参考文献

[1] ISO 2041,Mechanical vibration,shock and condition monitoring—Vocabulary (GB/T 2298/ISO 2041)

[2] ISO 5348,Mechanical vibration and shock—Mechanical mounting of accelerometers (GB/T 14412/ISO 5348)

[3] ISO 10814,Mechanical vibration—Susceptibility and sensitivity of machines to unbalance (GB/T 19874/ISO 10814)

[4] ISO 10816-1:1995,Mechanical vibration—Evaluation of machine vibration by measurements on non-rotating parts—Part 1:General guidelines (GB/T 6075.1—1999/ISO 10816-1:1995)

[5] ISO 10816-2:2009,Mechanical vibration—Evaluation of machine vibration by measurements on non-rotating parts—Part 2:Land-based steam turbines and generators in excess of 50 MW with normal operating speeds of 1 500 r/min,1 800 r/min,3 000 r/min and 3 600 r/min (GB/T 6075.2—2012/ISO 10816-1:2009)

[6] ISO 10816-3,Mechanical vibration—Evaluation of machine vibration by measurements on non-rotating parts—Part 3:Industrial machines with nominal power above 15 kW and nominal speeds between 120 r/min and 15 000 r/min when measured in situ (GB/T 6075.3/ISO 10816-3)

[7] ISO 10816-4,Mechanical vibration—Evaluation of machine vibration by measurements on non-rotating parts—Part 4:Gas turbine sets with fluid-film bearings (GB/T 6075.4/ISO 10816-4)

[8] ISO 10816-5,Mechanical vibration—Evaluation of machine vibration by measurements on non-rotating parts—Part 5: Machine sets in hydraulic power generating and pumping plants (GB/T 6075.5/ISO 10816-5)

[9] ISO 10816-7,Mechanical vibration—Evaluation of machine vibration by measurements on non-rotating parts—Part 7:Rotodynamic pumps for industrial applications,including measurements on rotating shafts

[10] ISO 10817-1,Rotating shaft vibration measuring systems—Part 1:Relative and absolute sensing of radial vibration (GB/T 21487.1/ISO 10817-1)

[11] ISO 13373-1, Condition monitoring and diagnostics of machines—Vibration condition monitoring—Part 1:General procedures (GB/T 19873.1/ISO 13373-1)

[12] ISO 13373-2, Condition monitoring and diagnostics of machines—Vibration condition monitoring—Part 2: Processing, analysis and presentation of vibration data (GB/T 19873.2/ISO 13373-2)

ICS 25.220.20
A 29

中华人民共和国国家标准

GB/T 11374—2012
代替 GB/T 11374—1989

热喷涂涂层厚度的无损测量方法

Thermal spraying coating—Nondestructive methods for measurement of thickness

2012-09-03 发布　　　　2013-03-01 实施

中华人民共和国国家质量监督检验检疫总局
中国国家标准化管理委员会　发布

前　言

本标准按照 GB/T 1.1—2009 给出的规则起草。

本标准代替 GB/T 11374—1989《热喷涂涂层厚度的无损测量方法》。与 GB/T 11374—1989 相比主要变化如下：

——增加了第二章的引用文件；

——修改了第三章部分术语名称和解释；

——修改了第五章确定参比面的部分内容；

——修改了第六章局部厚度测量的部分内容。

本标准由中国机械工业联合会提出。

本标准由全国金属与非金属覆盖层标准化技术委员会(SAC/TC 57)归口。

本标准起草单位：武汉材料保护研究所，江苏中矿大正表面工程技术有限公司。

本标准主要起草人：汪洪生、严生贵、张冀蜀、洪伟。

本标准所代替标准的历次版本发布情况为：

——GB/T 11374—1989。

热喷涂涂层厚度的无损测量方法

1 范围

本标准规定了热喷涂涂层厚度测量的术语、测量方法的选择、参比面的确定及局部厚度的测量。

本标准适用于所有热喷涂方法，包括火焰喷涂、电弧喷涂、等离子喷涂等所制备的各种磁性金属基体上非磁性涂层和非磁性金属基体上非导电涂层的厚度测量及评定。

2 规范性引用文件

下列文件对于本文件的应用是必不可少的。凡是注日期的引用文件，仅注日期的版本适用于本文件。凡是不注日期的引用文件，其最新版本(包括所有的修改单)适用于本文件。

GB/T 4956 磁性基体上非磁性覆盖层 覆盖层厚度测量 磁性法

GB/T 4957 非磁性基体金属上非导电覆盖层 覆盖层厚度测量 涡流法

GB/T 6463 金属和其他无机覆盖层厚度测量方法评述

GB/T 12334 金属和其他非有机覆盖层 关于厚度测量的定义和一般规则

GB/T 18719 热喷涂 术语、分类

3 术语和定义

GB/T 12334 和 GB/T 18719 界定的以及下列术语和定义适用于本文件。

3.1

主要表面 significant surface

工件上某些已涂覆或待涂覆覆盖层的表面，在该表面上覆盖层对其使用性能或外观是至关重要的。

3.2

测量面 measuring area

作单次测量的主要表面区域。

无损法的测量面为与探头接触的区域或影响读数的区域。

3.3

参比面 reference area

要求作规定次数单次测量的区域。

3.4

局部厚度 local thickness

在参比面内进行的规定次数厚度测量的平均值。

3.5

最小局部厚度 minimum local thickness

在单个工件的主要表面所测得的局部厚度中的最小值。

3.6

最大局部厚度 maximum local thickness

在单个工件的主要表面所测得的局部厚度中的最大值。

3.7

平均厚度　average thickness

在主要表面上均匀散布地进行规定次数的局部厚度测量得到的平均值。

4　测量方法的选择

4.1　测量方法的概述

测量方法应根据基体材料与涂层材料是否具有磁性与导电性选择测量方法(见 GB/T 6463)。

4.2　磁性法

本方法适用于磁性金属基体上非磁性涂层的厚度测量,应用任何热喷涂工艺在磁性金属基体上制备的非磁性涂层均可采用此种方法进行无损测厚(见 GB/T 4956)。

4.3　涡流法

本方法适用于非磁性金属基体上非导电涂层的厚度测量,应用任何热喷涂工艺在非磁性金属基体上制备的非导电涂层均可采用此种方法进行无损测厚(见 GB/T 4957)。

5　参比面的确定

5.1　参比面的大小

5.1.1　主要表面小于 1 cm^2 的试件

用于测量局部厚度的参比面应是试件的整个主要表面。

5.1.2　主要表面大于 1 cm^2 的试件

用于测量局部厚度的每个参比面面积应取 1 cm^2(尽可能取边长 1 cm 的正方形)。

5.1.3　主要表面大于 1 m^2 试件

用于测量局部厚度的每个参比面面积允许增大到 1 dm^2。

5.2　参比面的个数与位置的确定

参比面个数的确定应使参比面的总面积不小于主要表面面积的 5%。参比面的位置应均匀分布在整个主要表面上。

6　局部厚度的测量

6.1　局部厚度测量的点数

6.1.1　对主要表面<1 cm^2 的试件,作 1～3 点测量。

6.1.2　对 1 cm^2≤主要表面<1 m^2 的试件,在选择的参比面内作 3～5 点测量。

6.1.3　对主要表面≥1 m^2 的试件,选择的参比面 1 dm^2 时,作 9 点 10 次测量,第 1 次与第 10 次测量点重合。

6.2　测量点的分布如下图:

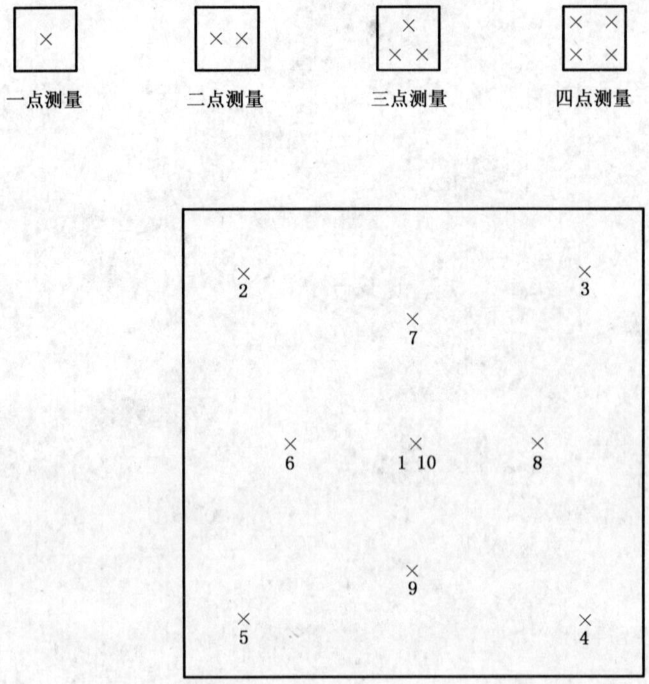

九点十次测量

注：图中×为测量点，数字为测量次数和顺序。

图 1　测量点分布图

7　厚度的报告

7.1　对于不同用途的涂层，可根据用户要求报告平均厚度、最小局部厚度或最大局部厚度。

7.2　如无专门规定，热喷涂涂层的厚度应报告主要表面上测得的最小局部厚度。

ICS 11.040.70
C 40

中华人民共和国国家标准

GB/T 11417.1—2012

眼科光学　接触镜
第1部分：词汇、分类和推荐的标识规范

Ophthalmic optics—Contact lenses—
Part 1: Vocabulary, classification system and recommendations for labeling specifications

(ISO 18369-1:2006, MOD)

2012-12-31 发布　　　　2013-06-01 实施

中华人民共和国国家质量监督检验检疫总局
中国国家标准化管理委员会
发布

前　言

《眼科光学　接触镜》与GB/T 28539《眼科光学　接触镜和接触镜护理产品　防腐剂的摄入和释放的测定指南》和GB/T 28538《眼科光学　接触镜和接触镜护理产品 兔眼相容性研究试验》共同构成接触镜系列国家标准。

《眼科光学　接触镜》分为以下9个部分：

——第1部分：词汇、分类和推荐的标识规范；(GB/T 11417.1)

——第2部分：硬性接触镜；(GB 11417.2)

——第3部分：软性接触镜；(GB 11417.3)

——第4部分：试验用标准盐溶液；(GB/T 11417.4)

——第5部分：光学性能试验方法；(GB/T 11417.5)

——第6部分：机械性能试验方法；(GB/T 11417.6)

——第7部分：理化性能试验方法；(GB/T 11417.7)

——第8部分：有效期的确定；(GB/T 11417.8)

——第9部分：紫外和可见光辐射老化试验(体外法)；(GB/T 11417.9)

本部分为第1部分。

本部分按照GB/T 1.1—2009给出的规则起草。

本部分使用重新起草法修改采用ISO 18369-1:2006《眼科光学　接触镜　第1部分：词汇、分类和推荐的标识规范》。

本部分与ISO 18369-1:2006的主要差异如下：

——删去了ISO 18369-1:2006中接触镜附属用品、接触镜护理产品、接触镜的其他附属用品、吸盘、接触镜容器、接触镜及接触镜护理产品的包装和标签、接触镜卫生管理和接触镜护理产品的内容，这些术语和定义已在相关的标准中作了规定；

——对第3章接触镜分类的内容进行了修改采用。

请注意本文件的某些内容可能涉及专利。本文件的发布机构不承担识别这些专利的责任。

本部分由全国光学和光子学标准化技术委员会医用光学和仪器分技术委员会(SAC/TC 103/SC 1)归口。

本部分起草单位：国家食品药品监督管理局杭州医疗器械质量监督检验中心、浙江省医疗器械检验所等。

本部分主要起草人：齐伟明、文燕、贾晓航、张莉、郑建、谢培英、齐备、林冬青。

眼科光学　接触镜
第1部分：词汇、分类和推荐的标识规范

1　范围

GB/T 11417.1规定和定义了适用于接触镜的物理、化学、光学特性及生产和使用的术语。

本部分给出了一个术语的词汇表，以及部分与特定术语相关的国际通行符号和缩写。

本部分同时给出了接触镜材料的分类和推荐的接触镜标识规范。

2　术语、定义和符号

2.1　术语和定义

2.1.1　基本术语

2.1.1.1

接触镜　contact lens

用于配戴在眼球前表面的所有眼科镜片。

注：该术语包括平光接触镜。

2.1.1.2

角膜接触镜　corneal contact lens

总直径小于可视虹膜外径的接触镜，其设计是将整个接触镜仅配戴在角膜上。

2.1.1.3

巩膜接触镜　scleral contact lens

镜片直径设计较大，可覆盖角膜整体及其周围的部分球结膜。

注：见2.1.5关于巩膜接触镜的专用术语。

2.1.1.4

透镜式接触镜　lenticular contact lens

有前光学区且其直径小于总直径的接触镜。

注：该构造的使用有助于减少正光度接触镜的中心厚度或减少负光度接触镜的边缘厚度。

2.1.1.5

接触眼片　contact shell

非矫正视力的接触镜。

2.1.1.6

巩膜眼片　scleral shell

带有巩膜区的硬性接触眼片。

注：关于巩膜层的专用术语见2.1.5。

2.1.1.7

硬性接触镜　rigid contact lens

hard contact lens

其最终形态在正常条件下不需要支撑即能保持形状的接触镜。

2.1.1.8

硬性透气接触镜　rigid gas-permeable contact lens

RGP 接触镜　RGP contact lens

在接触镜聚合物内包含一个或多个组份,其含量足以使氧气通过的硬性接触镜。

2.1.1.9

软性接触镜　soft contact lens

需要支撑以保持形状的接触镜。

2.1.1.10

水凝胶接触镜　hydrogel contact lens

由吸水材料(其在 20 ℃的标准盐溶液中平衡含水量大于或等于 10%)制成的接触镜。

注:标准盐溶液按 GB/T 11417.4 进行配制。

2.1.1.11

复合接触镜　composite contact lens

由两种或多种不同材料组成的接触镜。

例如:迭层透镜,融合节段型透镜,或中间硬边缘软的透镜。

2.1.1.12

表面处理接触镜　surface treated contact lens

表面经过处理,其表面特性与基质材料不同的接触镜。

2.1.1.13

双焦接触镜　bifocal contact lens

设计有两个光学区的接触镜,通常用于远、近视力的矫正。

注:关于双焦接触镜的专用术语见 2.1.4。

2.1.1.14

多焦接触镜　multifocal contact lens

设计有两个以上光学区的接触镜,具有不同矫正度数。

注:关于多焦接触镜的专用术语见 2.1.4。

2.1.1.15

渐变焦接触镜　progressive power contact lens

varifocal power contact lens

在接触镜整体或部分上,设计用来矫正某段视域,该视域内连续变焦而不是断续变焦的接触镜。

注:关于渐变焦接触镜的专用术语见 2.1.4。

2.1.2　接触镜参数及设计

2.1.2.1　通用术语

2.1.2.1.1

前顶焦度　front vertex power

$\boldsymbol{F}_{\mathrm{v}}$

近轴前顶焦距的倒数。

注:前顶焦度单位为屈光度(D)。

2.1.2.1.2

后顶焦度　back vertex power

$\boldsymbol{F}'_{\mathrm{v}}$

近轴后顶焦距的倒数。

注:后顶焦度单位为屈光度(D)。

2.1.2.1.3

正焦度接触镜　positive power contact lens

plus-power contact lens

将平行入射光(投射到单光学区)聚为实焦点的接触镜。

2.1.2.1.4

负焦度接触镜　negative power contact lens

minus-power contact lens

将入射光(投射到单光学区)聚为虚焦点的接触镜。

2.1.2.1.5

平光接触镜　plano contact lens

无焦接触镜　afocal contact lens

后顶焦度为零的接触镜。

2.1.2.1.6

液体透镜　liquid lens

fluid lens

泪液透镜　tear lens

lacrimal lens

在接触镜后光学区与角膜前表面之间由液体形成的折射层。

注：此种透镜的液体层通常由泪液构成。

2.1.2.1.7

光学区　optic zone

接触镜中具有特定光学作用的部分。

注：如果表面是单光学区，这个术语可以由前缀"后"或"前"进行限定；如果是交替视双焦接触镜，该术语可以由前缀"远"或"近"进行限定；如果是同心多焦接触镜，这个术语可以由前缀"中心"或"周边"进行限定。

2.1.2.1.8

周边弧　peripheral zone

具有特定的尺寸，无特定处方折射作用，在光学区周围的区域。

注：周边弧可以有多个。

2.1.2.1.9

光学位移　displacement of optic

d

非巩膜镜片与镜片边缘相关的光学区位移。

注：该术语不适用于巩膜接触镜。

2.1.2.1.10

几何中心　geometric centre

C

接触镜边缘所在圆的圆心。

注：对于巩膜接触镜，几何中心取自光学区的中心。对于切边接触镜，几何中心取自包括边缘圆形部分的圆心。

2.1.2.1.11

光学偏心　optical decentration

光学中心不位于光学区或中央光学区的几何中心。

2.1.2.1.12

镜轴　contact lens axis

过接触镜片的几何中心，并垂直于镜片的边缘所在平面的直线(见图1)。

2.1.2.1.13

后顶点 back vertex

位于接触镜后表面镜轴上的点。见图1。

2.1.2.1.14

顶点球面 vertex sphere

与后顶点相切的球面。

注：顶点球面曲率半径与接触镜最陡的后光学区半径，后中心光学半径或非球面镜片的后顶点半径相同。见图1。

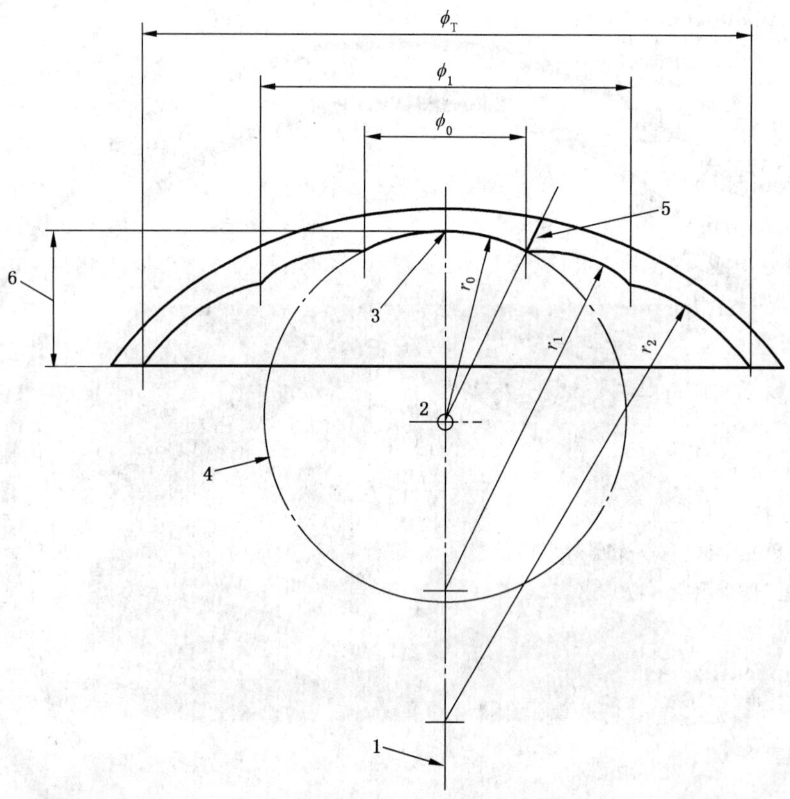

说明：

1——镜轴；

2——顶点球面中心；

3——后顶点；

4——顶点球面；

5——与周边汇结处厚度，t_{PJ0}；

6——总后矢高。

图1 三弧接触镜示意图，包括描述其后表面主要参数标号

2.1.2.1.15

矢高 sagitta

sagittal height

sagittal depth

垂直于镜片表面旋转轴的弦到镜片弧面的最大距离。

2.1.2.1.15.1

总后矢高　overall posterior sagitta

接触镜后顶点到边缘平面的轴向距离。

见图1。

2.1.2.1.16

边缘　edge

连接接触镜前后表面的部分。

2.1.2.1.17

边缘形状　edge form

边缘轮廓　edge profile

接触镜镜轴截面的边缘轮廓。

2.1.2.1.18

斜边弧　bevel

单球面或非球面的狭窄后边弧区域，与接触镜的边缘相邻。

2.1.2.1.19

径向升距　radial lift

翘起

l_R

接触镜后表面的一个规定点与顶点球面之间沿顶点球面半径测量的距离。

见图2。

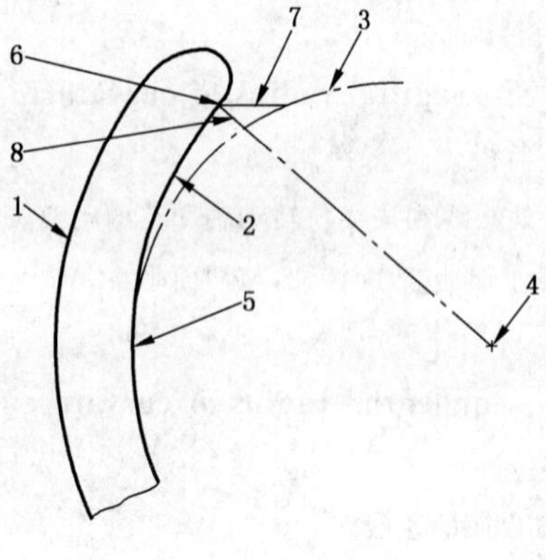

说明：

1——接触镜前表面；

2——接触镜后表面；

3——顶点球面；

4——顶点球面中心；

5——交汇区；

6——接触镜后表面上的规定点；对于径向和轴向升距，接触镜边缘上的规定点；

7——轴向升距，l_A；

8——径向升距，l_R。

图2　径向和轴向升距的差异

2.1.2.1.20

径向边缘升距　radial edge lift

l_{ER}

接触镜边缘后表面上的点与顶点球面之间沿顶点球面半径测量的距离。

见图 2。

注：这是制造商经常计算的一个数值，可在边缘加工中改变这一数值。

2.1.2.1.21

轴向升距　axial lift

l_A

后表面上的规定点与顶点球面之间平行于镜轴测量的距离。

见图 2。

2.1.2.1.22

轴向边缘升距　axial edge lift

l_{EA}

接触镜边缘后表面上的点与顶点球面之间平行于镜轴测量的距离。

见图 2。

注：这是制造商经常计算的一个数值，可在边缘加工中改变这一数值。

2.1.2.1.23

球面　spherical surface

圆围绕其中心线旋转所形成的表面。

2.1.2.1.24

球面　spherical surface

（非环曲面）在所有子午线方向的具有相同曲率半径的表面。

2.1.2.1.25

（弧矢曲率半径）曲面的矢高半径　sagittal radius of curvature

在表面某离轴点的弧矢面曲率半径。

注 1：表面规定点的半径等于沿此点的法线到法线与转动轴交点的距离。

注 2：弧矢面包含了某点表面的法线，但不包括旋转轴，与切面垂直。

2.1.2.1.26

（子午曲率半径）切面曲率半径　tangential radius of curvature

表面某离轴点的切面曲率半径。

注：切面包含了旋转轴以及某离轴点表面的法线。

2.1.2.1.27

双弧接触镜　bi-curve contact lens

后表面由两个相交球面区构成的接触镜。

2.1.2.1.28

三弧接触镜　tri-curve contact lens

后表面由三个相交共轴球面区构成的接触镜。

2.1.2.1.29

多弧接触镜　multi-curve contact lens

后表面由超过三个相交球面区构成的接触镜。

2.1.2.1.30

非球面接触镜　aspheric contact lens

前光学区或后光学区为非球面形状的接触镜

注：关于非球面接触镜的专用术语见 2.1.3。

2.1.2.1.31

环曲面接触镜　toric contact lens

前光学区和(或)后光学区为环曲面形状的接触镜。

2.1.2.1.32

双环曲面接触镜　bi-toric contact lens

前光学区和后光学区均为环曲面形状的接触镜。

2.1.2.1.33

环曲面区　toroidal zone

表面最大曲率半径和最小曲率半径相互垂直的区域。

2.1.2.1.34

环曲面边弧接触镜　toric periphery contact lens

具有一个或多个围绕在球面后光学区的环曲面形状的后边弧区的接触镜。

2.1.2.1.35

汇结　junction

两个相邻区域的相交处。

注：此术语适用于前后表面。

2.1.2.1.36

切面汇结　tangential junction

相邻区域的曲面拥有共同切面的连接处。

见图 3。

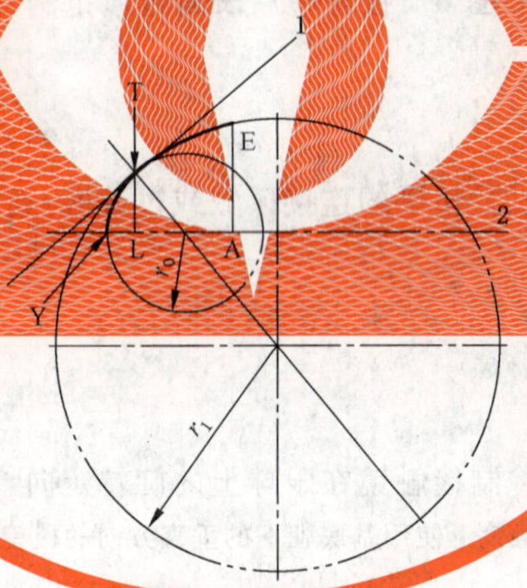

说明：

1——两个圆的共切线；

2——接触镜轴。

注：这是一个接触镜后表面的范例。这是一个带切线连接点 T 的双曲面表面。通过绕接触镜轴旋转弧线 TE 形成后边弧区；通过绕接触镜轴旋转弧线 YT 形成后光学区。后光学区的直径为 2 LT；总直径为 2 EA；总后矢高为 YA。

图 3　切线连接范例

2.1.2.1.37

过渡

过渡区　transition

transition zone

修正的连接区域，以使相邻曲面之间的转换更平滑。

见图 4。

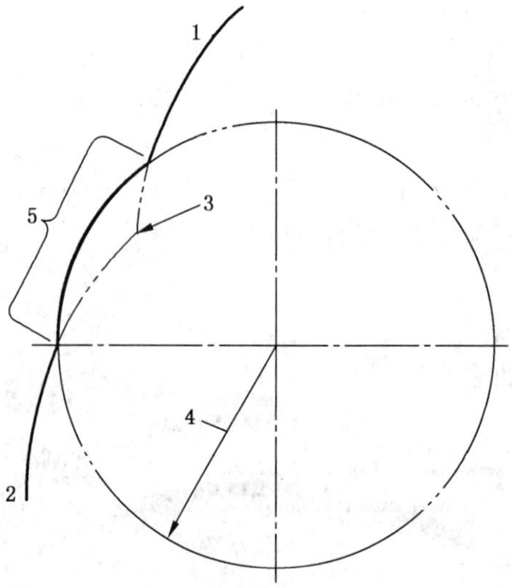

说明：

1——A 区；

2——B 区；

3——A 区与 B 区的原连接；

4——过渡曲率半径；

5——过渡区。

图 4 接触镜后表面过渡范例

2.1.2.1.38

混合区 blend

两个不同的相邻曲面之间抛光的、整平的连接区域或过渡区，通常应用于后区域之间连接（过渡）区域。请参考过渡（2.1.2.1.37）。

注：该术语不构成一个非球面区的成形。

2.1.2.1.39

垂重 ballast

厚度的非对称分布，其目的是控制接触镜在眼球上的旋转定向。

注：实现垂重最常用的方法是在接触镜上使用基底朝下的垂直方向的棱镜。

2.1.2.1.40

棱镜垂重 prism ballast

通过楔体结构形成垂直方向的棱镜，有助于稳定眼内接触镜的旋向。

注 1：垂直方向的棱镜也可用来矫正上隐斜视和上斜视。

注 2：厚度的非对称分布，而不是靠质量效应，与棱镜结合来实现接触镜的稳定。

2.1.2.1.41

楔形设计 wedge design

厚度的旋转非对称分布，来实现要求的眼内接触镜旋向，或改善上方偏位镜片的中心定位。

注：实现楔形结构的一种最常用的方法是将基底朝下的垂直方向的棱镜整合到接触镜。

2.1.2.1.42

边缘削薄 peripheral thinning

薄化 slab-off

朝边缘方向，在一个或多个非连续区域修薄接触镜的前边缘。

注：这通常用来促进接触镜的转动稳定性。它与垂重和透镜式接触镜构造不同。

2.1.2.1.43

切边　truncation

接触镜边缘区被切取一部分，使切边区稳定于下睑缘处。

2.1.2.1.44

微孔　fenestration

接触镜上特定的小通孔。

2.1.2.1.45

载体　carrier

正或负透镜式接触镜的前光学区外围部分。

注：载体在构造上可能是凸，凹或平行的，但它是径向对称的。

2.1.2.1.46

负载体　negative carrier

minus carrier

边缘厚度大于汇结部厚度的载体。

见图 5a)。

2.1.2.1.47

平行载体　parallel carrier

plano carrier

边缘厚度与汇结部厚度相同的载体。

见图 5b)。

2.1.2.1.48

正载体　positive carrier

plus carrier

边缘厚度比汇结部厚度小的载体。

见图 5 c)。

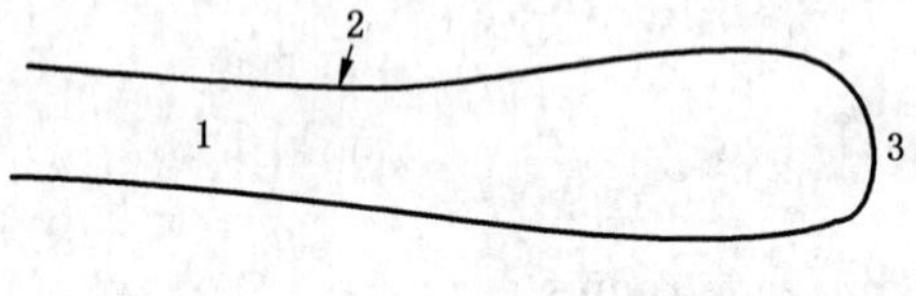

a)　负载体

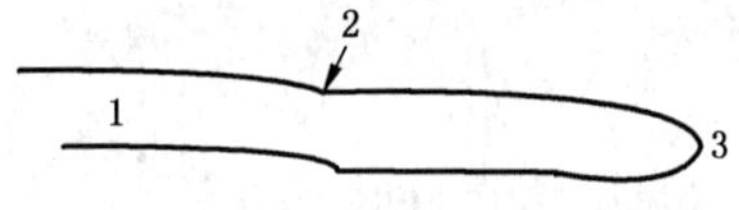

b)　平行载体

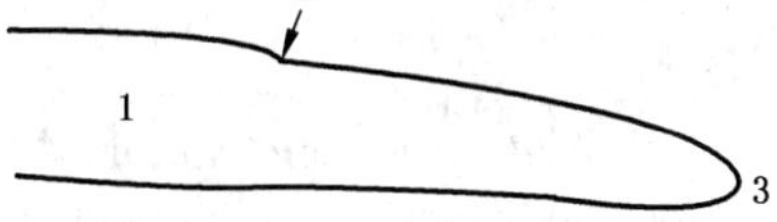

c)　正载体

说明：

1——光学区；

2——汇结；

3——边缘。

图 5　不同类型的载体

2.1.2.2

曲率半径　Radius of curvature

注 1：与接触镜后表面上的区域相关的半径用数字下标表示，下标从 0 开始，r_0 数字下标从镜片中心到镜片边缘逐渐增大。

注 2：与镜片前表面相关的半径用双下标表示，下标的第一部分是字母"a"。第二部分是一个数字从 0 开始往上加，如 r_{a2}。

注 3：如果是非球面区域，可用数学方程式或表达式来描述该区域的曲率。

2.1.2.2.1

后光学区曲率半径　back optic zone radius

基弧半径　base curve radius

r_0

单焦镜片的后表面光学区曲率半径。

注 1：在复曲面区域，有两个半径值。

注 2：用在接触镜中的术语"基弧"不得与用于眼镜片中的相同术语相混淆。

注 3："基弧半径"也常用 BC 来表示。

2.1.2.2.2

后中心光学区曲率半径　back central optic zone radius

r_0

多焦接触镜后表面中心光学区的曲率半径。

2.1.2.2.3

后周边光学区曲率半径　back peripheral optic zone radius

$r_1, r_2, \cdots$

多焦接触镜后周边光学区的曲率半径。

2.1.2.2.4

后周边曲率半径　back peripheral radius

$r_1, r_2, \cdots$

后周边光学区的曲率半径。

注：此术语可前缀第一，第二，第三等。

2.1.2.2.5

前光学区曲率半径　front optic zone radius

r_{a0}

单焦镜片的前表面光学区曲率半径。

2.1.2.2.6

前中心光学区曲率半径　front central optic zone radius

r_{a0}

多焦镜片前表面中心光学区的曲率半径。

2.1.2.2.7

前周边光学区曲率半径　front peripheral optic zone radius

$r_{a1}, r_{a2}, \cdots$

多焦镜片前周边光学区的曲率半径。

2.1.2.2.8

前周边曲率半径　front peripheral radius

$r_{a1}, r_{a2}, \cdots$

前周边区域的曲率半径。

注：此术语可前缀第一，第二，第三等。

2.1.2.3

直径 Diameter

注1：若为椭圆形的，要测量最大和最小尺寸。

注2：环曲面的或临近环曲面区的椭圆区，其直径在最大的子午线上。

注3：在有着同心后表面区的镜片中，该区由下标数字进行标识，下标从0开始，最里面的一个区标为 ϕ_0，见图1。在前表面，下标总是以字母"a"开头，如(ϕ_{a0})。

2.1.2.3.1

总直径 total diameter

overall diameter

ϕ_T

接触镜或接触眼片的最大外部尺寸。

2.1.2.3.2

光学区直径 optic zone diameter

光学区的最大直径。

注：环曲面边弧接触镜的光学区通常为椭圆形。

2.1.2.3.3

后光学区直径 back optic zone diameter

ϕ_0

单焦镜的后表面光学区的直径。

注：在环曲面区会有2个直径值。

2.1.2.3.4

后中心光学区直径 back central optic zone diameter

ϕ_0

同心多焦镜片后中心光学区的直径。

2.1.2.3.5

后周边光学区直径 back peripheral optic zone diameter

ϕ_1，ϕ_2，…

同心多焦镜片后周边光学区的直径。

2.1.2.3.6

后周边区直径 back peripheral zone diameter

ϕ_1，ϕ_2

后周边区的直径。

注：此术语前缀可为第一，第二，第三等。

2.1.2.3.7

前光学区直径 front optic zone diameter

ϕ_{a0}

前表面为单光面的后光学区的直径。

2.1.2.3.8

前中心光学区直径 front central optic zone diameter

ϕ_{a0}

多焦接触镜前中心光学区的直径。

2.1.2.3.9

前周边光学区直径　front peripheral optic zone diameter

$\phi_{a1}, \phi_{a2}, \cdots$

多焦接触镜前周边光学区的直径。

2.1.2.3.10

前周边区直径　front peripheral zone diameter

$\phi_{a1}, \phi_{a2}, \cdots$

注：此术语之前为第一,第二,第三等。

2.1.2.4

厚度　thickness

注：在法国通常用符号 e 表示厚度,而不是用 t 表示厚度。

2.1.2.4.1

几何中心厚度　geometric centre thickness

t_C

接触镜或接触眼片几何中心的厚度。

2.1.2.4.2

光学中心厚度　optical centre thickness

t_0

接触镜光学中心的厚度。

注：只有在光学区与几何区不发生重合的时候才使用该符号。

2.1.2.4.3

调和平均厚度　harmonic mean thickness

t_{HM}

旋转对称接触镜厚度的计算方法为一系列($h+1$)径向厚度的测量,测量从圆形区中心点(点 0)到边缘点(点 h)相等环形区域的间隔,表达式如下：

$$t_{HM}=\frac{h+1}{\sum_{h=0}^{h}(1/t_h)}$$

式中：

h ——从镜片几何中心到某边缘的一系列同心环数；

t_{HM} ——径向对称试验样品的调和平均厚度。

$t_0 \sim t_h$——从圆形区中心点(t_0)到某边缘点(t_h)相等环形区域测量其间隔得出的径向厚度。

注：区的数目为 $h+1$。

2.1.2.4.4

轴向厚度　axial thickness

t_A

在规定点沿接触镜轴的接触镜厚度。

2.1.2.4.5

轴向边缘厚度　axial edge thickness

t_{EA}

从边缘规定距离的轴向厚度。

见图 6。

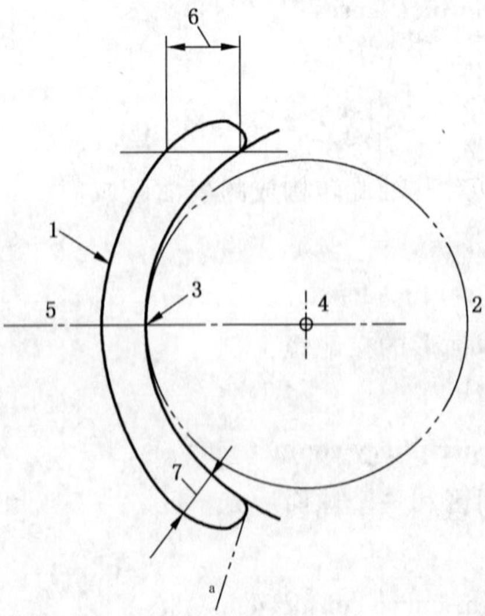

说明：

1——接触镜前表面；

2——顶点球面；

3——后顶点；

4——顶点球面中心；

5——接触镜轴；

6——轴向边缘厚度，t_{EA}；

7——径向边缘厚度，t_{ER}。

[a] 从接触镜边缘测得的径向边缘厚度通常为 0.2 mm～0.8 mm。

图 6　径向和轴向边缘厚度的差异

2.1.2.4.6

径向厚度　radial thickness

t_R

在规定点沿通过顶点球面中心且与接触镜相交的线测得的接触镜厚度。

2.1.2.4.7

径向边缘厚度　radial edge thickness

$t_{ER(x)}$

在规定距离 x 从边缘测量沿法线到前表面的接触镜的距离。

2.1.2.4.8

载体汇结厚度　carrier junction thickness

t_{CJ}

载体汇结处的径向厚度。

注：为了显示相关区域，下标可以跟内区的数字。

2.1.2.4.9

周边汇结厚度　peripheral junction thickness

t_{PJ}

在规定汇结处测得的接触镜径向厚度。

注：下标可以表示相关联的汇结，见图 1。

2.1.3 **非球面接触镜 aspheric contact lenses**

2.1.3.1

非球面区 aspheric zone

一个曲率连续改变的曲面绕其对称轴旋转构成的表面区域。

2.1.3.2

双非球面接触镜 bi-aspheric contact lens

前光学区和后光学区都为非球面形的接触镜。

2.1.3.3

周边非球面接触镜 aspheric periphery contact lens

具有一个或多个后周边非球面区和一个球面后光学区。

2.1.3.4

非球面双弧接触镜 aspheric bi-curve contact lens

后表面由两个相交共轴非球面区组成的接触镜。

2.1.3.5

非球面三弧接触镜 aspheric tri-curve contact lens

后表面由三个相交共轴非球面区组成的接触镜。

2.1.3.6

非球面多弧接触镜 aspheric multi-curve contact lens

后表面由多个相交共轴非球面区组成的接触镜。

2.1.3.7

峭点曲率半径 apical radius of curvature

非球面表面最陡端的曲率半径，其表面的矢高大约等于围绕最陡端的小区域内的非球面表面的矢深。

2.1.4 **双焦和多焦接触镜 bifocal and multifocal contact lenses**

2.1.4.1

附加焦度 addition power

addition

add

近视点顶焦度和远视点顶焦度之间的差值。

2.1.4.2

渐变焦光学区 progressive optical zone

设计用来不断改变表面焦度的非球面区。

2.1.4.3

同心双焦接触镜 concentric bifocal contact lens

具有两个不同焦度光学区的接触镜，光学区几何中心相同。

见图7。

注：不包括衍射双焦接触镜。

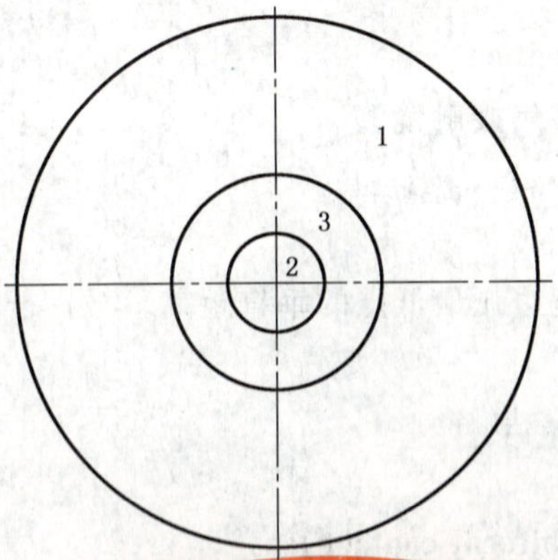

说明：
1——基体；
2——中心光学区；
3——周边光学区。

图7 一体式同心双焦接触镜表面

2.1.4.4

同心多焦接触镜 concentric multifocal contact lens

具有两个或多个不同焦度光学区的接触镜，光学区几何中心相同。

2.1.4.5

中心光学区 central optic zone

同心双焦或多焦接触镜的最近中心的光学区。

2.1.4.6

周边光学区 peripheral optic zone

围绕同心多焦接触镜中心光学区的光学区。

注：可以有多个周边光学区。

2.1.4.7

中心视远接触镜 centre distance contact lens

CD 接触镜 CD contact lens

多焦或渐变焦接触镜，其最大负焦度或最小正焦度在镜片的中心光学区。

2.1.4.8

中心视近接触镜 centre near contact lens

CN 接触镜 CN contact lens

多焦或渐变焦接触镜，其最大正焦度或最小负焦度在镜片的中心光学区。

2.1.4.9

同质双焦接触镜 solid bifocal contact lens

一体双焦接触镜 one-piece bifocal contact lens

非复合双焦接触镜 non-composite bifocal contact lens

只由一种材料构成的双焦接触镜。

2.1.4.10

同质多焦接触镜 solid multifocal contact lens

一体多焦接触镜 one-piece multifocal contact lens

非复合多焦接触镜 non-composite multifocal contact lens

只由一种材料构成的多焦接触镜。

2.1.4.11

融结接触镜　fused segment contact lens

由不同折射率的材料制成的多焦接触镜。

2.1.4.12

融结段高　segment height

融结区最高水平切线到接触镜边弧最低点的垂直距离。

见图8。

注：此尺寸不适用于同心和衍射多焦接触镜。

2.1.4.13

衍射双焦接触镜　diffractive bifocal contact lens

同时视双焦接触镜，其利用衍射以及折射将远处的和近处的物体聚焦成像在视网膜上的方法。

2.1.4.14

同时视多焦接触镜　simultaneous image multifocal contact lens

双焦或多焦接触镜，其性能主要不是取决于对不同视距的镜片移动。

注：其设计是两个或多个区同时覆盖瞳孔区域。

2.1.4.15

交替视双焦接触镜　alternating image bifocal contact lens

translating bifocal contact lens

双焦接触镜，其性能主要取决于接触镜的移动来定位瞳孔区的视近部分或视远部分。

见图8。

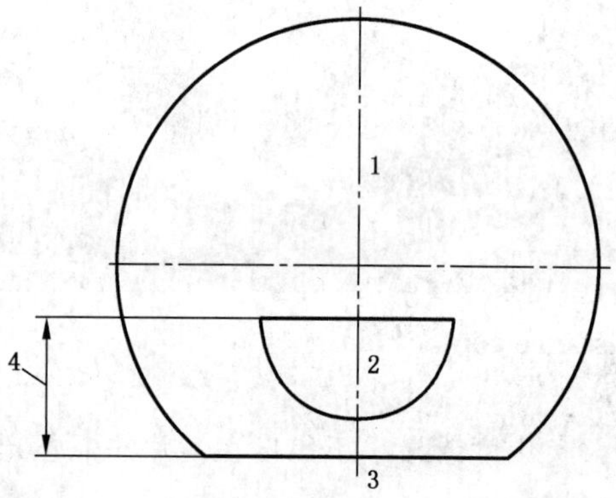

说明：

1——远距离光学区；

2——近距离光学区；

3——切边；

4——融结段高。

图8　交替视双焦接触镜范例

2.1.5　巩膜接触镜和眼片　Scleral contact lenses and shells

2.1.5.1

印模巩膜接触镜　impression scleral contact lens

巩膜接触镜，其后表面面形是根据配戴者眼球形状塑造而成。

2.1.5.2

印模巩膜眼片　impression scleral shell

巩膜眼片，其后表面面形是根据配戴者眼球形状铸(塑)造而成。

2.1.5.3

印模盘　impression tray

用于保持模压材料与眼球接触的薄片。

2.1.5.4

预制巩膜接触镜　preformed scleral contact lens

巩膜接触镜的一种，但不是印模式镜片，其后表面为规定形状。

2.1.5.5

巩膜镜片后尺寸　back scleral size

在尖锐边缘被磨圆之前，巩膜镜片后表面的最大内尺寸。

见图 9。

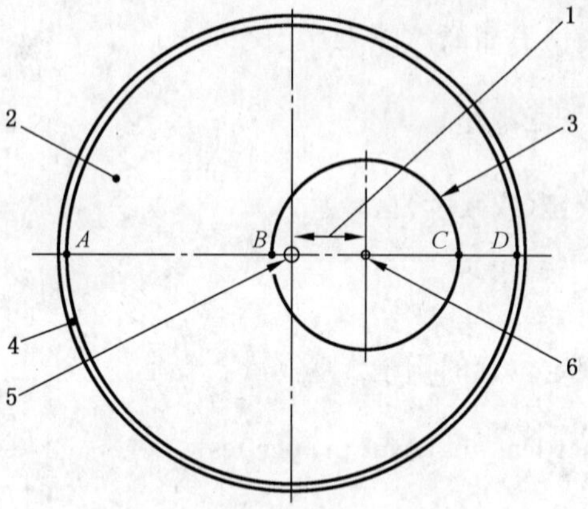

说明：

1——光学中心偏 $d=(AB-CD)/2$；

2——巩膜区；

3——光学区-巩膜区交界；

4——边缘；

5——边缘的圆心；

6——光学区的圆心；

7——后巩膜(尺寸)大小＝AD。

图 9　巩膜接触镜或眼片的后视图

2.1.5.6

光学中心偏　displacement of optic

d

(巩膜镜)最大巩膜弦与最小巩膜弦之差的一半。

见图 9。

注：此假设前提为一个圆形的接触镜带一个圆形的光学区。

2.1.5.7

原光学区直径　primary optic diameter

增加附加(转换)光学区之前的光学区直径。

见图 9。

注：如果原光学区不是圆形的，则使用穿过几何中心最长的弦。

2.1.5.8

原光学平面　primary optic plane

与镜轴垂直且包含原光学直径的投影平面。

2.1.5.9

原矢高　primary sagitta

沿镜轴从光学区后顶点到原光学平面的距离。

2.1.5.10

巩膜镜片弦　scleral chord

在规定子午线上从光学区-巩膜区交界处到巩膜镜片后表面边缘的距离。

注：见图 9，距离 *AB* 和 *CD* 是巩膜弦的范例。

2.1.5.11

巩膜镜片厚度　scleral thickness

巩膜镜片从规定点测得的前后表面的厚度。

2.1.5.12

巩膜区　scleral zone

在设计中位于巩膜表面巩膜镜(或眼片)区域。

2.1.5.13

通道　channel

巩膜接触镜或(眼)片上的规定位置的沟槽。

2.1.6　接触镜材料特性　contact lens material properties

2.1.6.1

尺寸稳定性　dimensional stability

在一定时间内，接触镜维持其原有尺寸的程度。

2.1.6.2

透气性　gas permeability

P

j 在规定条件下受到单位压力差时透过接触镜材料单位厚度的气体流量。

$$P=\frac{V\times t}{A\times\Delta p\times t_{\Delta p}}$$

式中：

V ——气体容积，单位为立方厘米(cm^3)；

t ——接触镜材料的轴向厚度，单位为厘米(cm)；

A ——表面面积，单位为平方厘米(cm^2)；

Δp——压力差，单位为百帕(hPa)；

$t_{\Delta p}$ ——接触镜材料受压力差的时间，单位为秒(s)。

2.1.6.3

透氧系数　oxygen permeability

Dk

j 在规定条件下受到单位压力差时透过接触镜材料单位厚度的氧气流量。

注 1：通常用于描述接触镜材料的透氧性。

注 2：透氧系数 *Dk*，用单位 $10^{-11}(cm^2/s)[mLO_2/(mL \cdot hPa)]$ 表示，或等效地，用 $10^{-11}(cm^3 O_2 \cdot cm)/(cm^2 \cdot s \cdot hPa)$ 表示。为了方便起见，"$10^{-11}(cm^3 O_2 \cdot cm)/(cm^2 \cdot s \cdot hPa)$"可用"*Dk* 单位"表示。

注 3：对于 *Dk* 单位，关于 mmHg 和 hPa 的单位换算(760 mmHg＝1 013.25 hPa)，可用 hPa 乘以 1.333 22 得到 mmHg 数值。

注 4：透氧系数是材料的物理特性，而与接触镜或材料样品的外形或厚度功能无关。

2.1.6.4 氧流量

oxygen flux

j

在规定条件下，包括温度，样品厚度和样品两面的氧气分压，在单位时间内氧气通过接触镜材料样品单位面积的净容量。

注：接触镜材料氧流量单位是 $\mu L/(cm^2 \cdot s)$。

2.1.6.5 透氧量

oxygen transmissibility

Dk/t

被测样品的透氧量为其在规定条件下的透氧系数 *Dk*，除以厚度 *t*，单位用厘米表示。

注 1：透氧量，*Dk/t*，其单位用 $10^{-9}(cm/s)[mLO_2/(mL \cdot hPa)]$ 表示，或者也可用 $10^{-9}(cm^3 O_2)/(cm^2 \cdot s \cdot hPa)$ 表示。为了方便起见，"$10^{-11}(cm^3 O_2 \cdot cm)/(cm^2 \cdot s \cdot hPa)$"可用"*Dk* 单位"表示。

注 2：对于 *Dk/t* 单位，关于 mmHg 和 hPa 的单位换算(760 mmHg＝1 013.25 hPa)，可用 hPa 乘以 1.333 22 得到 mmHg 数值。

注 3：与透氧系数不同的是，透氧量取决于厚度，也就是，截面外形或接触镜设计或材料样品的厚度。

2.1.6.6

含水量　water content

w_{H_2O}

在规定的温度条件下存在于水凝胶接触镜的水的含量(用质量分数百分比来表示)。

注 1：涉及水凝胶材料时常用到这一术语。

注 2：含水量对水凝胶材料的许多物理特性以及接触镜成品的各种参数都有影响。

2.1.6.6.1

低含水量接触镜　low water content contact lens

含水量大于等于 10％且小于 50％的水凝胶接触镜。

2.1.6.6.2

中含水量接触镜　mid water content contact lens

含水量大于等于 50％且小于等于 65％的水凝胶接触镜。

2.1.6.6.3

高含水量接触镜　high water content contact lens

含水量大于 65％的水凝胶接触镜。

2.1.6.7

离子型　ionic

在 pH 为 7.2 的状态下，离子型单体含量大于 1％(用摩尔分数表示)。

2.1.6.8

非离子型　non-ionic

在 pH 为 7.2 的状态下，离子型单体含量不大于 1％(用摩尔分数表示)。

2.1.6.9

光谱透过率　spectral transmittance

τ_{λ}

通过接触镜的某波长光谱辐射通量与入射前的光谱辐射通量的比值。

2.1.6.10

光透过率　luminous transmittance

τ_{V}

通过接触镜的光通量与入射的光通量的比值。

注1：为了计算它，有必要了解人眼光谱光视效率函数。

注2：有必要对光源作出规定(如照明体D65或照明体A)。

注3：可见光谱波长范围的平均光谱透过率可由以下公式得出。

$$\bar{\tau}(\lambda_{V})=\frac{\int_{380\ \text{nm}}^{780\ \text{nm}}\tau(\lambda)\,\mathrm{d}\lambda}{400}$$

2.1.6.11

紫外吸收接触镜　UV-absorbing contact lens

防紫外接触镜　UV-blocking contact lens

滤紫外接触镜　UV-filtering contact lens

符合紫外吸收1类或2类性能的接触镜。

注：见2.1.6.11.3和2.1.6.11.4。

2.1.6.11.1

紫外A段　UVA

316 nm～380 nm之间的光谱辐射。

2.1.6.11.2

紫外B段　UVB

280 nm～315 nm之间的光谱辐射。

2.1.6.11.3

紫外吸收1类　class 1

UVA透过率(τ_{UVA})<10%$\bar{\tau}(\lambda_{V})$和UVB透过率(τ_{UVB})<1%$\bar{\tau}(\lambda_{V})$的接触镜分类。

2.1.6.11.4

紫外吸收2类　class 2

UVA透过率(τ_{UVA})<50%$\bar{\tau}(\lambda_{V})$及UVB透过率(τ_{UVB})<5%$\bar{\tau}(\lambda_{V})$的接触镜分类。

2.1.6.12

接触角　contact angle

由接触镜材料，已知液体和空气组成的固体-液体-气体接触面上的切线相交形成的夹角。

注：接触角是由气体/液体接触面的切线与液体/固体接触面的切线形成的角度。

2.1.6.13

前进接触角　advancing contact angle

液体向干的固体表面移动时产生的角度。

2.1.6.14

静态接触角　equilibrium contact angle

当液体在固体表面上经过一较长时间而没有运动时将产生该接触角。

2.1.6.15

后退接触角　receding contact angle

当液体离开已打湿的固体表面时将产生该接触角。

2.1.7　着色接触镜　tinted contact lenses

2.1.7.1

着色接触镜　tinted contact lens

为特殊或专门用途进行着色的接触镜。

2.1.7.2

不透明着色接触镜　opaque tinted contact lens

眼罩式着色接触镜　eye-masking tinted contact lens

接触镜有足够深的颜色来覆盖全部或大部分虹膜本色。

注：这是通俗口语，此类透镜并非完全不透光。

2.1.7.3

增强着色　enhancing tint

接触镜着色是为了改变配戴者的虹膜颜色

2.1.7.4

着色处理　handling tint

能见性着色　visibility tint

着色处理是为了增加接触镜的显现性而不是为了改变虹膜颜色。

2.1.8　接触镜加工　contact lens manufacture

2.1.8.1

车削成型式接触镜　lathe-cut contact lens

turned contact lens

利用车床对材料进行切削成形的接触镜。

2.1.8.2

离心浇涛成型式接触镜　spin-cast contact lens

液态材料单体注入凹面模具经可控旋转固化成形的接触镜。

2.1.8.3

模压成型式接触镜　moulded contact lens

将液态聚合物注入铸型模具，然后固化成形的接触镜。

2.1.8.4

截切　truncate

将接触镜圆周的特定部分移除使其为非圆形。

2.1.9　接触镜使用和配戴方式　contact lens usage and wear modality

2.1.9.1

抛弃式(型)接触镜　disposable contact lens

一次性使用的接触镜(使用周期)。

注：一次性接触镜不能重复使用，摘下后应丢弃。

2.1.9.2

重复使用式(型)接触镜　reusable contact lens

在配戴周期内,根据制造商的说明可重复使用的接触镜。

注:对于可重复使用的接触镜要经常进行清洗和消毒。

2.1.9.3

更换周期　replacement frequency

制造商推荐的镜片使用寿命。

注:更换周期由第一次镜片使用至制造商推荐的镜片报废时间确定。

2.1.9.3.1

频繁更换式(型)接触镜　frequent replacement contact lens

接触镜的规定更换周期为不大于3个月。

2.1.9.3.2

定期更换式(型)接触镜　planned replacement contact lens

制造商推荐了更换周期的接触镜。

2.1.9.4

接触镜配戴方式　contact lens wear modality

接触镜的配戴处方形式及方式。

2.1.9.4.1

日戴　daily wear

配戴方式为非睡眠时配戴。

2.1.9.4.2

连续配戴　extended wear

配戴方式为在(一定周期内)睡眠与非睡眠时可始终配戴。

2.1.9.5

美容接触镜　cosmetic contact lens

用于改变或妆饰眼球外观的接触镜。

注:美容接触镜可用于特殊医疗目的。

2.1.9.6

美容接触眼片　cosmetic contact shell

美容接触眼片主要用于改变或妆饰眼球的外观。

注:美容接触眼片可用于特殊医疗目的。

2.1.9.7

绷带式接触镜　bandage contact lens

保护性接触镜　protective contact lens

治疗性接触镜　therapeutic contact lens

用于保护、维持或治疗眼组织的接触镜。

注:该类型的接触镜亦可有一定的屈光度。

2.1.9.8

试戴接触镜　trial contact lens

诊断接触镜　diagnostic contact lens

处方前用于配合选择合适的镜片参数,仅用于医师或者验配人员。

2.1.9.8.1

多患者试戴型接触镜　multipatient use trial contact lens

该试用型眼镜可供多患者使用。

2.1.10　**其他　Miscellaneous**

2.1.10.1

无晶状体眼　aphakia

眼的自然晶状体缺如。

2.1.10.2

生物相容性　biocompatibility

眼内生物相容性　ocular biocompatibility

当材料与人的眼组织或泪膜接触时,该材料的特性不会引起过敏、超敏、刺激性或毒性反应。

2.1.10.3

临床调查者　clinical investigator

负责临床研究并对相关研究对象的康复负责的个人或机构。

注:该责任属于个人还是机构由国家法规决定。

2.1.10.4

洗脱　elution

用温和的方式清除接触镜上的化学物质。

注:一般来说解析过程使用蒸馏水、盐水、棉油或组织培养液作为溶剂,室温为特定条件和延长的时间(如 24 h~72 h)来清除或大大稀释镜片材料中的化学物质或者不纯净物。

2.1.10.5

可萃取物　extractable substance

可析出物　leachable substance

残留物　residual

在萃取过程中,合成镜片的材料中萃取出的化学物质。

2.1.10.6

萃取　extraction

通过特定溶剂、特定时间在特定条件下将存留在材料中的残余化学物质提取出的过程。

注:萃取过程需在较有利于萃取的条件下进行,如:较短时间(约 1 h)并在较高回流液温度(如 37 ℃)条件下来提取出材料中的化学物质。

2.1.10.7

准确度　accuracy

试验结果和预期值(真值)之间的接近程度。

注:当用于一系列观察值时,准确度是随机效应和系统效应所引出的结果。

2.1.10.8

精密度　precision

规定条件下多次独立试验结果的一致程度。

注:精密度由随机误差的分布确定,与试验量的真值或期望值无关。重复性和再现性是精密度的表示方式。

2.1.10.8.1

重复性　repeatability

在一较短时间内,在相同实验室由相同操作员用同样实验设备针对特定试验材料采用相同实验方法所获得的多次独立的试验结果的一致程度。

注：重复性限可用试验结果的差值表示，两次独立试验结果的绝对差值期望不大于重复性限的置信水平为95%。

2.1.10.8.2

再现性　reproducibility

在不同的实验室由不同的操作员利用不同的实验设备针对特定材料采用相同的实验方法所得的多次独立的试验结果的一致性。

注：再现性限可用试验结果的差值表示，两次独立试验结果的绝对差值期望不大于再现性限的置信水平为95%。

2.1.10.9

棱镜度　prism dioptre

Δ

pdpt

表示棱镜折偏的单位，棱镜度等于100 tgδ，δ为偏折的角度(°)。

注：棱镜顶焦度用cm/m来表示。

2.1.10.10

角膜曲率计　ophthalmometer

keratometer

可用来测量镜片前后主曲面的曲率半径的仪器。

2.1.10.11

曲率半径仪　radiuscope

光学球径仪　microspherometer

用来测量镜片曲率半径的仪器。

注：该仪器主要用于测量接触镜后光学区曲率半径。

2.2　符号(见表1)

表1　符号

符号	术语	参考章条
r_0	后光学区曲率半径	2.1.2.2.1
r_0	后中心光学区曲率半径	2.1.2.2.2
r_1，r_2	后周边光学区曲率半径	2.1.2.2.3
r_1，r_2	后周边曲率半径	2.1.2.2.4
r_{a0}	前光学区曲率半径	2.1.2.2.5
r_{a0}	前中心光学区曲率半径	2.1.2.2.6
r_{a1}，r_{a2}	前周边光学区曲率半径	2.1.2.2.7
r_{a1}，r_{a2}	前周边曲率半径	2.1.2.2.8
ϕ_0	后光学区直径	2.1.2.3.3
ϕ_0	后中心光学区直径	2.1.2.3.4
ϕ_1，ϕ_2	后周边光学区直径	2.1.2.3.5
ϕ_1，ϕ_2	后周边区直径	2.1.2.3.6

表 1（续）

符号	术语	参考章条
ϕ_{a0}	前光学区直径	2.1.2.3.7
ϕ_{a0}	前中心光学区直径	2.1.2.3.8
ϕ_{a1}，ϕ_{a2}	前周边光学区直径	2.1.2.3.9
ϕ_{a1}，ϕ_{a2}	前周边区直径	2.1.2.3.10
ϕ_T	总直径	2.1.2.3.1
t_A	轴向厚度	2.1.2.4.4
t_{EA}	轴向边缘厚度	2.1.2.4.5
t_{CJ}	载体汇结厚度	2.1.2.4.8
t_C	几何中心厚度	2.1.2.4.1
t_O	光学中心厚度	2.1.2.4.2
t_{HM}	调和平均厚度	2.1.2.4.3
t_{PJ}	周边汇结厚度	2.1.2.4.9
t_R	径向厚度	2.1.2.4.6
t_{ER}	径向边缘厚度	2.1.2.4.7
l_A	轴向升距	2.1.2.1.21
l_{EA}	轴向边缘升距	2.1.2.1.22
l_R	径向升距（翘起）	2.1.2.1.19
l_{ER}	径向边缘升距	2.1.2.1.20
F'_V	后顶焦度	2.1.2.1.2
F_V	前顶焦度	2.1.2.1.1
d	光学位移	2.1.2.1.9
τ_V	光透过率	2.1.6.10
$\tau(\lambda)$	光谱透过率	2.1.6.9
Dk	透氧系数	2.1.6.3
Dk/t	透氧量	2.1.6.5
j	氧流量	2.1.6.4

3 接触镜材料分类

3.1 规范命名

接触镜或镜片材料的规范命名由以下六段编码的形式组成：

（前缀）（识别码）（含水量）（组尾缀）（透氧系数）（修改代码）

上述六段编码体现了镜片的材料和材料分类、含水状况、透氧特性以及表面处理的特征。

3.2 前缀

用来表示材料主单体规范化学英文名称的缩写，用大写字母表示。多个主单体组成的材料，缩写间用"＋"号联接，次序按质量百分数从高到低排列。如：镜片材料是由甲基丙烯酸羟乙酯和少量甲基丙烯酸单体组成，前缀可简标为 HEMA＋MA。

3.3 识别码

用来表示材料前缀名的不同特征，以英文的小写字母从 a 开始顺序排列。

3.4 含水量

用来表示接触镜的含水状况。含水量大于 1%的用含水量数值整数部分表示，整数值按四舍五入法取得，如含水量为 38.3%，含水量标为 38；其他用横杠表示。

3.5 组尾缀

用来表示接触镜材料的分类特征。水凝胶材料按表 2 表示；非水凝胶材料按表 3 表示。

表 2 水凝胶材料的组尾缀

组尾缀	水凝胶材料	描　述
Ⅰ	低含水量，非离子型	材料含水量低于 50%，在 pH 为 7.2 的状态下，离子型单体含量小于 1%(用摩尔分数表示)
Ⅱ	中高含水量，非离子型	材料含水量为 50%或更多，在 pH 为 7.2 的状态下，离子型单体数量小于 1%或更少(用摩尔分数表示)
Ⅲ	低含水量，离子型	材料含水量低于 50%，在 pH 为 7.2 的状态下，离子型单体数量大于 1%(用摩尔分数表示)
Ⅳ	中高含水量，离子型	材料含水量为 50%或更多，在 pH 为 7.2 的状态下，离子型单体数量大于 1%(用摩尔分数表示)

注：含水量低指含水量小于 50%(＜50%)；含水量中等指含水量为 50%～65%，包括 50%和 65%；含水量高指含水量大于 65%(＞65%)。因此，组尾缀Ⅱ和Ⅳ所包含的材料含水量为 50%或更多。

表 3 非水凝胶材料的组尾缀

组尾缀	非水凝胶材料
Ⅰ	不含硅和氟的材料
Ⅱ	含有硅不含氟的材料
Ⅲ	含有硅和氟的材料
Ⅳ	含有氟但不含硅的材料

注：聚合物组成中可同时含有引发剂、催化剂、着色剂、紫外线吸收剂、填充料和润湿剂，这些物质都可以存在于成品材料中。为了简捷明了，这些添加剂可从所述成分中忽略掉。

3.6 透氧系数

用来表示接触镜材料的透氧特性。采用 *Dk* 单位的整数值表示，整数值按四舍五入法取得。

3.7 修改代码

用下标 m 来代替，表示镜片进行了有别于其本体特性的表面改性。该下标仅在接触镜进行了表面改性后才用，例如：

——等离子处理；

——酸/碱的水解反应；

——有物质自本体迁移至材料表面，等等。

除着色处理镜片外，着色镜片可认为是表面改性。如表面无改性情况，该下标为空。

3.8 编码进行分类的实例

示例 1 水凝胶材料

主单体为甲基丙烯酸羟乙酯-甲基丙烯酸的水凝胶材料，含水量为 38%，低含水量，非离子型，透氧系数为 9*Dk* 单位，增强着色镜片可写为如下编码：

HEMA+MAa38I9_m

示例 2 非水凝胶材料

主材料为氟硅甲基丙烯酸酯的非水凝胶材料，含水量小于 1%，含有硅和氟的材料，透氧系数为 100*Dk* 单位，着色处理镜片可写为如下编码：

FSAa-Ⅲ100

附 录 A
（资料性附录）
硬性接触镜的规格说明

A.1 概述

从前面看接触镜，如同戴在眼睛上。所有的线性尺寸均用毫米（mm）为单位来表示。其附加要求，例如焦度的变化、边缘和材料颜色，均可包含在规格说明的“附加说明”部分中。

前表面的几何尺寸和厚度有时未包含在规格说明里面。在这种情况下，制造商将需要为这些参数给出的数值。规格说明可包括制造接触镜的材料的描述。

在双焦接触镜的规格说明中应有图示说明。

规格说明的示例在A.2中给出，示例中所使用的解释符号见表1。

A.2 示例

A.2.1 示例1——带微孔的三弧角膜接触镜

图A.1提供了三种可供选择的带微孔的三弧角膜接触镜规格说明的示例(线框内)。

	r_0	:	ϕ_0	/	r_1	:	ϕ_1	/	r_2	:	ϕ_T	F'_v	t_C
	7.60	:	7.00	/	8.30	:	8.80	/	12.25	:	9.20	−6.00	0.10
指定开孔方法	1孔尺寸：直径0.3 mm，距边缘2 mm												

a） 格式1

r_0	:	ϕ_0	7.60	:	7.00
r_1	:	ϕ_1	8.30	:	8.80
r_2	:	ϕ_T	12.25	:	9.20
F'_v			−6.00		
ϕ_{a0}			7.40		
t_C			0.10		
规定的开孔方法			1孔尺寸：直径0.3 mm，边距2 mm		

b） 格式2

图A.1 带孔的三弧角膜接触镜规格说明

r_0	7.60
F'_v	−6.00
ϕ_T	9.20
t_C	0.10
r_1 / ϕ_0	8.30/7.00
r_2 / ϕ_1	12.25/8.80
ϕ_{a0}	7.40
规定的开孔方法	1 孔尺寸　直径 0.3 mm，距边缘 2 mm

仅在该类型的规格说明中，外围曲线的半径和宽度可能是规定的；在本例中分别为 8.30/0.9 和 12,25/0.2。

c）　格式 3

图 A.1（续）

A.2.2　示例 2——后表面为环曲面，前表面为球面的角膜接触镜

图 A.2 提供了后表面为环曲面，前表面为球面的角膜接触镜规格说明的两个示例(线框内)。

r_0	:	ϕ_0	/	r_1	:	ϕ_1	/	r_2	:	ϕ_2	/	r_3	:	ϕ_T	F'_v
$\frac{8.20}{7.60}$	:	7.50	/	$\frac{8.70}{8.10}$	:	8.30	/	$\frac{9.20}{8.60}$	:	9.10	/	$\frac{9.70}{9.10}$	:	9.50	+0.75

a）　格式

r_0	8.20/7.60
F'_v	+0.75
ϕ_T	9.50
t_C	0.15
r_1	8.70/8.10
ϕ_0	7.50
r_2	9.20/8.60
ϕ_1	8.30
r_3	9.70/9.10
ϕ_2	9.10

b）　格式

环曲面由两条主子午线的曲率半径所规定，较平坦的子午线半径首先画出，在线之上；然后再表示较陡的子午线半径，在线之下。该区域的直径由较平坦的子午线决定。

在空气中的后顶焦度规定为沿着较平坦的子午线方向的(在该例中，+0.75D 特指沿着半径 8.20 方向)。

这仅适用于后表面为环曲面，前表面为球面的角膜接触镜。

图 A.2　后表面为环曲面，前表面为球面的角膜接触镜规格说明

A.2.3　示例 3——周边区环曲面的接触镜

图 A.3 提供了周边区环曲面的接触镜规格说明的两个示例(线框内)。

r_0	:	ϕ_0	7.80	:	7.00
r_1	:	ϕ_1	$\frac{8.80}{8.20}$	:	8.40
r_2	:	ϕ_T	$\frac{11.00}{10.40}$	:	9.00
F'_v			+15.00		
ϕ_{a0}			7.40		

a)　格式 1

r_0	7.80
F'_v	+15.00
ϕ_T	9.00
t_C	0.25
r_1	8.80/8.20
ϕ_0	7.00
r_2	11.00/10.40
ϕ_1	8.40
ϕ_{a0}	7.40

b)　格式 2

周边区环曲面由两个主子午线的半径来确定。该区域直径由较平坦的子午线来决定。

图 A.3　周边区环曲面的接触镜规格说明

A.2.4 示例 4——前环曲面角膜接触镜

图 A.4 提供了前环曲面角膜接触镜规格说明的两个示例(线框内)。

	r_0	:	ϕ_0	/	r_1	:	ϕ_1	/	r_2	:	ϕ_T
	7.95	:	7.60	/	9.20	:	8.80	/	11.00	:	9.30
F'_v	−3.50/−1.50×1.80										
处方棱镜度[a]	1.5 底向 270										
t_C	0.30										

a) 格式 1

r_0	7.95
F'_v	−3.50/−1.50×1.80
ϕ_T	9.30
t_C	0.30
r_1 / ϕ_0	9.20/7.60
r_2 / ϕ_1	11.00/8.80
处方棱镜度[a]	1.5 底向 270

b) 格式 2

[a] 假设在棱镜配戴时,位于基底方向(如 270°)。

图 A.4 前环曲面角膜式接触镜规格说明

A.2.5 示例 5——双环曲面角膜接触镜

图 A.5 提供了双环曲面角膜接触镜规格说明的两个示例(线框内)。

r_0	:	ϕ_0	/	r_1	:	ϕ_1	/	r_2	:	ϕ_T	F'_v
$\frac{8.00}{7.40}$	:	7.50	/	$\frac{9.95}{8.85}$	:	9.00	/	$\frac{12.75}{10.65}$	:	9.50	$\frac{-2.50}{-6.00}$

a) 格式 1

图 A.5 双环曲面角膜接触镜规格说明

r_0	8.00/7.40
F'_v	−2.50/−6.00
ϕ_T	9.50
t_C	0.15
r_1	9.95/8.85
ϕ_0	7.50
r_2	12.75/10.65
ϕ_1	9.00

b） 格式 2

在空气中的后顶焦点是沿着较平坦和较陡的子午线进行规定的(该例中，−2.50 是沿着半径 8.00，−6.00 沿着半径 7.40)。

图 A.5（续）

A.2.6 示例 6——同质前表面同心接触镜

图 A.6 提供了同质前表面接触镜规格说明的示例(线框内)。图 A.7 给出了各部分的规格说明图表。

r_0	:	ϕ_0	8.10	:	8.00
r_1	:	ϕ_1	8.80	:	8.80
r_2	:	ϕ_T	10.75	:	9.20
视远焦度和视近焦度 F'_v			+2.50加 2.00		
远焦区直径			中心前面弦直径为3.00 mm		

图 A.6 同质前表面接触镜规格说明

单位为毫米

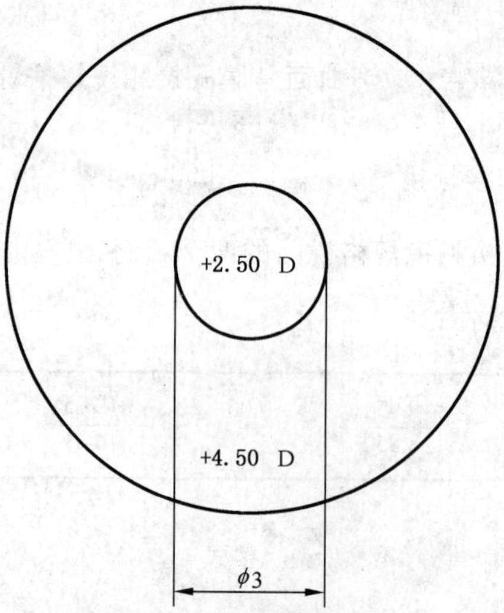

图 A.7 例 6

A.2.7 示例 7——复合的月形双焦点接触镜

图 A.8 提供了复合的月形双焦点接触镜规格说明的两个例子。图 A.9 给出了各部分的规格说明图表。

r_0	:	ϕ_0	7.85	:	8.00
r_1	:	ϕ_1	8.60	:	9.00
r_2	:	ϕ_T	9.70	:	10.00

视远焦度和视近焦度 F'_v	+1.50 加 2.00
处方棱镜	1.5 底向 270
部分尺寸和位置	宽 7.5 mm，高 3.75 mm
指定截面	0.75 mm 长低于 5 指定截面

a） 格式 1

r_0	7.85
F'_v	+1.50
ϕ_T	10.00
t_C	0.30
r_1 / ϕ_0	8.60/8.00
r_2 / ϕ_1	9.70/9.00
附加焦度　处方棱镜	增加 2.00　1.5 底向 270
各部分尺寸和位置	宽 7.5 mm，高 3.75 mm
指定截面	0.75 mm 长低于 5°

b） 格式 2

图 A.8 复合的月形双焦点接触镜规格说明

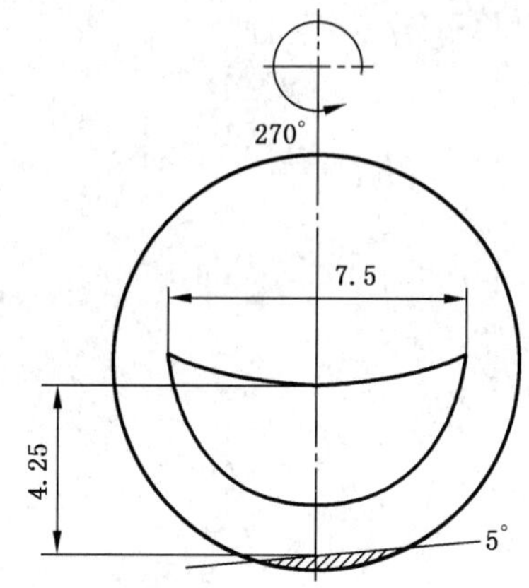

图 A.9 ——示例 7

A.2.8　示例 8——预成型巩膜式接触镜

图 A.10 提供了模制(预成型)巩膜式接触镜的规格说明示例。

r_0	:	ϕ_0	/	r_1	:	ϕ_1	/	r_2^{a}	:	ϕ_T^{b}	[c]	d^{d}	F'_v
8.50	:	12.50	/	11.00	:	14.00	/	13.00	:	23.00×21.00	L30	d1.00in	−8.00

[a] 巩膜部分半径。
[b] 总直径:长轴和短轴。
[c] 用标记对长轴进行定位。
[d] 光学距离(在该例中为鼻子方向的 1.0 mm)。

图 A.10　巩膜式接触镜的规格说明

A.2.9　示例 9——塑模巩膜式接触镜

图 A.11 提供了塑模巩膜式接触镜的规格说明的示例(线框内)。

r_0	:	ϕ_0	/	r_1	:	ϕ_1
8.50	:	8.75	/	10.00	:	10.50

顶点间隙

顶点间隙 0.25

后巩膜尺寸规格　后巩膜尺寸投影大小

图 A.11　塑模巩膜式接触镜规格说明

附 录 B
（资料性附录）
软性接触镜的规格说明

B.1 概述

水凝胶接触镜有时也需要一些参数。这些参数和标准的接触镜设计相一致。水凝胶接触镜的规格应给出接触镜的类型和相关尺寸以区分接触镜。在非标准设计的接触镜规格说明中，所有能用于定义接触镜的参数都应指出。

和硬性接触镜一样，从前面看软性接触镜就像戴在眼球上一样。所有的线性尺寸都用毫米（mm）为单位来表示。额外特别要求，例如焦度变化、边缘形式和材料颜色，可包括在规格说明中的“附加说明”部分。

前表面的几何尺寸和厚度几乎不包括在规格说明中。在这种情况下，制造商将需要为这些参数给出合适的数值。并假定配戴中任何的棱镜的基底定向都是朝下的。

规格说明的示例在 B.2 中给出，示例中所使用的解释符号见表 1。

B.2 示例

B.2.1 例 1——双弧水凝胶接触镜

图 B.1 为双弧水凝胶接触镜的两个不同表述的示例（线框内）。

r_0	:	ϕ_0	/	r_1	:	ϕ_T	F'_v
8.80	:	12.00	/	9.50	:	14.00	−4.00

a） 格式 1

r_0	:	ϕ_0	8.80	:	12.00
r_1	:	ϕ_T	9.50	:	14.00
	F'_v			−4.00	
	ϕ_{a0}			8.00	
	t_C			0.06	

b） 格式 2

图 B.1 双弧水凝胶接触镜规格说明

B.2.2 例 2——前环曲面水凝胶接触镜

图 B.2 提供了前环曲面水凝胶接触镜规格说明的两个例子(线框内)。

	r_0	:	ϕ_0	/	r_1	:	ϕ_T
	8.70	:	12.50	/	9.70	:	14.50
F'_v	−3.50/−1.50×180						
处方棱镜	1.5 底向 270						
t_C	0.30						

a) 格式 1

r_0	:	ϕ_0	8.70	:	12.50
r_1	:	ϕ_T	9.70	:	14.50
	t_C		0.30		
	F'_v		−3.50/−1.50×180		
	处方棱镜		1.5 底向 270		

b) 格式 2

图 B.2 环曲面水凝胶接触镜规格说明

参 考 文 献

［1］ ISO 3534-1:1993,Statistics—Vocabulary and symbols—Part 1:Probability and general statistical terms

［2］ ISO 5725(all parts),Accuracy (trueness and precision) of measurement methods and results

［3］ ISO 11134:1994,Sterilization of health care products—Requirements for validation and routine control—Industrial moist heat sterilization

［4］ ISO 11135:1994,Medical devices—Validation and routine control of ethylene oxide sterilization

［5］ ISO 11137:1995,Sterilization of health care products—Requirements for validation and routine control—Radiation sterilization

［6］ ISO 13666:1998,Ophthalmic optics—Spectacle lenses—Vocabulary

［7］ ISO 14155-1:2003,Clinical investigation of medical devices for human subjects—Part 1: General requirements

［8］ ISO 14534:2002,Ophthalmic optics—Contact lenses and contact lens care products—Fundamental requirements

［9］ ISO 14729:2001,Ophthalmic optics—Contact lens care products—Microbiological requirements and test methods for products and regimens for hygienic management of contact lenses

［10］ ISO 15223:2007,Medical devices—Symbols to be used with medical device labels,labelling and information

［11］ ISO 18369-2,Ophthalmic optics—Contact lenses—Part 2:Tolerances

［12］ ISO 18369-3,Ophthalmic optics—Contact lenses—Part 3:Measurement methods

［13］ ISO 18369-4,Ophthalmic optics—Contact lenses—Part 4:Physicochemical properties of contact lens materials

［14］ EN 980,Graphical symbols for use in the labelling of medical devices

索 引

汉语拼音索引

英文对应词索引

ICS 11.040.70
C 40

中华人民共和国国家标准

GB 11417.2—2012
代替 GB 11417.1—1989

眼科光学　接触镜
第2部分：硬性接触镜

Ophthalmic optics—Contact lenses—
Part 2: Rigid contact lenses specification

2012-12-31 发布　　2013-12-01 实施

中华人民共和国国家质量监督检验检疫总局
中国国家标准化管理委员会　发布

前　　言

本部分4.3.3.2、4.7.1为推荐性的，其余为强制性的。

《眼科光学　接触镜》与GB/T 28539《眼科光学　接触镜和接触镜护理产品　防腐剂的摄入和释放的测定指南》和GB/T 28538《眼科光学　接触镜和接触镜护理产品　兔眼相容性研究试验》共同构成接触镜系列国家标准。

《眼科光学　接触镜》分为以下9个部分：

——第1部分：词汇、分类和推荐的标识规范；(GB/T 11417.1)

——第2部分：硬性接触镜；(GB 11417.2)

——第3部分：软性接触镜；(GB 11417.3)

——第4部分：试验用标准盐溶液；(GB/T 11417.4)

——第5部分：光学性能试验方法；(GB/T 11417.5)

——第6部分：机械性能试验方法；(GB/T 11417.6)

——第7部分：理化性能试验方法；(GB/T 11417.7)

——第8部分：有效期的确定；(GB/T 11417.8)

——第9部分：紫外和可见光辐射老化试验(体外法)；(GB/T 11417.9)

本部分为第2部分。

本部分按GB/T 1.1—2009给出的规则起草。

本部分代替GB 11417.1—1989《硬性角膜接触镜》及1997年第1号修改单。

除编辑性修改外，本部分与GB 11417.1—1989及1997年第1号修改单的技术内容变化如下：

——修改了材料的生物相容性、折射率、光学偏差、几何尺寸、杂质和表面缺陷、微孔、边缘形状、光透射比光谱透射比的要求；

——修改了试验方法(第6章)；

——修改了抽样和检验规则(第7章)；

——修改了标志的内容(第8章)；

——删除了应力、镜片形状要求；

——删除了配戴要求(第9章)；

——补充了紫外光谱过性能、透氧量和透氧系数、机械性能、材料的物理和化学、微生物、稳定性要求。

本部分使用重新起草法参考ISO 14534:2002《眼科光学　接触镜和接触镜护理产品　基本要求》、ISO 18369:2006《眼科光学　接触镜》和ANSI Z80.20《眼科　接触镜　标准术语、允差、测量方法和物理化学特性》编制。

请注意本文件的某些内容可能涉及专利。本文件的发布机构不承担识别这些专利的责任。

本部分由国家食品药品监督管理局提出。

本部分由全国光学和光子学标准化技术委员会医用光学和仪器分技术委员会(SAC/TC 103/SC 1)归口。

本部分起草单位：国家食品药品监督管理局杭州医疗器械质量监督检验中心、浙江省医疗器械检验所。

本部分主要起草人：何涛、贾晓航、文燕、马莉、姜晓路、陈献花、郑建、齐伟明、李家忠、陈靖云。

本部分所代替标准的历次版本发布情况：

——GB 11417.1—1989及1997年第1号修改单。

眼科光学　接触镜
第2部分:硬性接触镜

1　范围

GB 11417 的本部分规定了硬性接触镜(以下简称:接触镜)适用范围、术语和定义、要求、试验方法、抽样和检验规则、标签、标志和随附资料的要求。

本部分适用于硬性角膜及巩膜接触镜。

2　规范性引用文件

下列文件对于本文件的应用是必不可少的。凡是注日期的引用文件,仅注日期的版本适用于本文件。凡是不注日期的引用文件,其最新版本(包括所有的修改单)适用于本文件。

GB/T 2829—2002　周期检验计数抽样程序及表(适用于对过程稳定性的检验)

GB/T 3978—2008　标准照明体及几何条件

GB/T 5702—2003　光源显色性评价方法

GB/T 11417.1—2012　眼科光学　接触镜　第1部分:词汇、分类和推荐的标识规范

GB/T 16886.5　医疗器械生物学评价　第5部分:体外细胞毒性试验

GB/T 16886.10　医疗器械生物学评价　第10部分:刺激与迟发型超敏反应试验

GB/T 16886.11　医疗器械生物学评价　第11部分:全身毒性试验

GB/T 19973.1　医用器材的灭菌　微生物学方法　第1部分:产品上微生物总数的估计

YY/T 0297　医疗器械临床调查

YY/T 0316　医疗器械　风险管理对医疗器械的应用

YY/T 0466.1　医疗器械　用于医疗器械标签、标记和提供信息的符号　第1部分:通用要求

中华人民共和国药典　2010年版二部

3　术语和定义

GB/T 11417.1—2012 界定的术语和定义适用于本文件。

4　要求

4.1　总则

接触镜的安全和性能应通过临床前评价和临床评价,包括按照 YY/T 0316 进行合适的风险分析。

除下述要求外,若制造商声明有其他附加性能时,应给出详细描述,并提供适用的要求和试验方法。

4.2　光学性能

4.2.1　总则

对于特殊医疗目的而不具有光学性能的接触镜,若随附资料和标志中有清晰描述的,下述光学性能要

求可不适用。

4.2.2 后顶焦度、柱镜焦度和柱镜轴位

接触镜片的后顶焦度、处方柱镜焦度和柱镜轴位(如有),标称值应在小包装容器标签上标注,标称值的允差应符合表1的规定。

表1 后顶焦度、柱镜焦度和柱镜轴位

项目名称		允　差
后顶焦度 F'_V	$\|F'_V\|\leqslant 5.00$ D	±0.12 D
	5.00 D< $\|F'_V\|\leqslant 10.00$ D	±0.18 D
	10.00 D< $\|F'_V\|\leqslant 15.00$ D	±0.25 D
	15.00 D< $\|F'_V\|\leqslant 20.00$ D	±0.37 D
	$\|F'_V\|>20.00$ D	±0.50 D
处方柱镜焦度 F'_C	$\|F'_C\|\leqslant 2.00$ D	±0.25 D
	2.00 D < $\|F'_C\|\leqslant 4.00$ D	±0.37 D
	$\|F'_C\|>4.00$ D	±0.50 D
柱镜轴位		±5°

4.2.3 棱镜度

按处方设计的接触镜片,棱镜度标称值应在小包装容器标签上标注,处方设计棱镜度标称值允差及非棱镜度设计的残留棱镜度允差应符合表2的规定。

表2 棱镜度

项目名称		允　差
棱镜度残差	$\|F'_V\|\leqslant 6.00$ D	±0.25 cm/m
	$\|F'_V\|>6.00$ D	±0.50 cm/m
处方棱镜度	—	±0.25 cm/m

4.2.4 光学中心最大偏差

巩膜接触镜的光学中心最大偏差0.50 mm。

4.2.5 透光性能

4.2.5.1 总则

接触镜的可见光区透过率、色觉要求和紫外光区要求应符合下述规定。若用于特殊医疗目的的接触镜的透光性能有特殊要求,应在随附资料中给出详细描述,并提供适用的要求和试验方法。

4.2.5.2 可见光区要求

接触镜光透过率和色觉要求应符合:

a) 模拟眼状态下光透过率 τ_V 应在标准照明体 D65 和 A 下分别测定，其结果应不小于 85%；

b) 光学区着色接触镜片应进行戴镜后色觉是否满足日常应用的分析和评价。色觉影响的分析和评价可采用符合普朗克黑体辐射的照明体和 CIE 照明体 D 的光谱，透过接触镜片后的显色指数降低量分析方法，并结合实际应用来评价。选用照明体的相关色温应表征实际应用，至少选用高、中、低三种色温的照明体，并记录所选用的照明体和相关色温。

注 1：模拟使用状态下的光透过是指透过光路以空气－镜片－盐溶液分界面来模拟空气－镜片－泪液层分界面的反射光损耗，此时计算用盐溶液的折射率取 1.336。

注 2：色觉影响分析中所选用的照明体推荐采用 GB/T 3978—2008 规定的标准照明体 A、照明体 D50 和 D75。

注 3：显色指数计算可参见 GB/T 5702—2003。

如果声称光学区着色接触镜片的光谱透过率有特殊应用目的，而不适用于上述光透过率和(或)色觉要求的，制造商应对戴镜后的视明度和(或)视色觉在应用中的安全性和有效性进行评价，包括按照 YY/T 0316进行适合的风险分析以及按照 YY/T 0297 的有关规定进行的临床评价。

4.2.5.3 紫外光区要求

对于 UV 吸收类接触镜，其 UV 吸收类别应在随附资料中给出，标称值应符合表 3 的规定。

注：标称紫外吸收的接触镜片，应标明属“UV 吸收 1 类”或“UV 吸收 2 类”。

表 3 透过率要求

项目名称		要 求	
紫外光谱平均透过率 τ_{UVR}	UV-A 段透过率 τ_{UVA}	波长范围 316 nm～380 nm	UV 吸收 1 类接触镜 $\tau_{UVA}<0.10\,\bar{\tau}(\lambda_V)$
			UV 吸收 2 类接触镜 $\tau_{UVA}<0.50\,\bar{\tau}(\lambda_V)$
	UV-B 段透过率 τ_{UVB}	波长范围 280 nm～315 nm	UV 吸收 1 类接触镜 $\tau_{UVB}<0.01\,\bar{\tau}(\lambda_V)$
			UV 吸收 2 类接触镜 $\tau_{UVB}<0.05\,\bar{\tau}(\lambda_V)$

4.3 几何尺寸要求

4.3.1 镜片尺寸

基弧半径或底直径的矢高、总直径、中心厚度、光学区直径接触镜片的基弧半径或底直径的矢高、总直径、中心厚度、光学区直径标称值应在小包装容器标签上标注；几何参数标注方法应符合 GB/T 11417.1—2012的要求，允差应符合表 4 的规定。

表 4 几何尺寸要求

单位为毫米

几何参数项目名称		允 差		
		角膜接触镜		巩膜接触镜
		PMMA	透气性材料	
基弧半径(*BC*)		±0.025	±0.05	±0.10
环曲面后光学区曲率半径[a,b]	$0<\Delta r\leqslant 0.2$	±0.025	±0.05	±0.12
	$0.2<\Delta r\leqslant 0.4$	±0.035	±0.06	±0.13
	$0.4<\Delta r\leqslant 0.6$	±0.055	±0.07	±0.15
	$\Delta r>0.6$	±0.075	±0.09	±0.17

表 4（续）

单位为毫米

几何参数项目名称	允差		
	角膜接触镜		巩膜接触镜
	PMMA	透气性材料	
光学区直径[c]	±0.20	±0.20	±0.20
后巩膜曲率半径（仅对预成型镜片）	—	—	±0.10
基本光学区直径	—	—	±0.20
后或前边弧曲率半径[c]（可测量时）	±0.10	±0.10	±0.10
后边弧直径[c]	±0.20	±0.20	±0.20（仅对预成型镜片）
总直径[b]	±0.10	±0.10	±0.25
前光学区直径[c]	±0.20	±0.20	±0.20
双焦点矢高	−0.10～+0.20	−0.10～+0.20	−0.10～+0.20
中心厚度	±0.02	±0.02	±0.10
顶点间隙（仅对模制的巩膜镜）	—	—	±0.02

[a] Δr 为两主子午面的曲率半径的差值。

[b] 允差适用于每个主子午面。

[c] 允差仅适用于球面及弯曲明显的镜片，不适用于测量困难的成品镜片和具有混合过渡区的接触镜。

4.3.2 微孔、切边、位移尺寸

若有微孔、切边、位移，其几何尺寸应标注在小包装容器标签上，实际测定值与标称值的偏差不应大于标称值的10%。

4.4 材料

4.4.1 材料表述

制造商应指明接触镜材料按GB/T 11417.1—2012的要求进行分类和标识，并给出材料的命名和主化学分子结构。

对美容类彩色或加深着色类接触镜应指明所用染料的名称、类别和配比，还应给出其应用安全和可靠的依据。

4.4.2 材料物理性能

4.4.2.1 折射率

接触镜的折射率标称值应在随附资料中给出，标称值有效位应与允差有效位数一致，允差为±0.002。

4.4.2.2 透氧性能

接触镜片的透氧系数和后顶焦度为−3.00 D或典型应用镜片透氧量的标称值应在随附资料中给出。透氧系数相对允差应为±20%，透氧量应不低于标称值的−20%。

4.4.2.3 材料硬度

接触镜材料硬度的标称值应以邵氏硬度(Shore D)在随附资料中给出,允差应为±5。

4.4.2.4 接触角

接触镜材料静态接触角的标称值应在随附资料中给出,允差应为±20%。

4.4.2.5 力学性能

制造商在随附资料中应给出接触镜在断裂时弯曲形变量和负载力,以及变形30%时的负载力,并通过试验进行验证。

4.4.3 材料的化学性能

4.4.3.1 萃取试验

接触镜成品材料按GB/T 11417.7—2012进行萃取的结果应不大于制造商给出的萃取率。

注:制造商给出的萃取率是由已通过生物学评价的材料来确定的。

4.4.3.2 防腐剂的摄入和释放

对于从未使用过的新材料,应进行防腐剂摄入和释放的测定试验。接触镜片和适用的含有防腐剂的接触镜护理产品的防腐剂摄入和释放试验结果,在随附资料中进行描述。

4.4.3.3 褪色试验

对美容类彩色或增强着色类接触镜应进行褪色试验。

4.5 生物相容性评价

4.5.1 总则

接触镜制成品应通过生物学评价以证明其具有良好的生物相容性。生物学评价可考虑4.5.2、4.5.3、4.5.4的生物学试验结果。对于从未使用过的新材料,还应进行4.5.5皮肤致敏试验和4.5.6兔眼相容性研究试验。

注:上述新材料专指接触镜主体材料。

4.5.2 急性全身毒性试验

供试液的制备:按6 cm^2/mL(样品表面积与浸提介质容积之比)的比例浸提,浸提介质分别为0.9%的氯化钠注射液和植物油,浸提温度和时间优选(37±1)℃、72 h。

按照GB/T 16886.11中规定的方法试验,结果应无急性全身毒性反应。

4.5.3 急性眼刺激试验

供试液的制备按照4.5.2中的规定进行,按照GB/T 16886.10中规定的方法试验,结果应无眼刺激性。

4.5.4 细胞毒性试验

接触镜按照GB/T 16886.5中规定的琼脂扩散试验方法(琼脂终浓度为不大于1.5 g/L)进行,结果应无细胞毒性。

4.5.5 皮肤致敏试验

供试液的制备按照 4.5.1 中的规定进行，按照 GB/T 16886.10 中规定的方法检验，结果应无皮肤致敏反应。

4.5.6 兔眼相容性研究试验

接触镜与兔眼相容性应良好。

4.6 微生物要求

接触镜可采用无菌包装供应和非无菌包装供应。

接触镜采用非无菌包装供应时，有效期内生物负载应低于 100 CFU/片。

接触镜采用无菌包装供应时，无菌保证水平(SAL)应不大于 10^{-6}。无菌包装应当有足够的防护，在正常的贮存、运输和处理的条件下，无菌包装打开或毁坏前，应能保持无菌。

上述要求可按照 GB/T 19973.1 和《中华人民共和国药典 2010 年版二部》中规定的方法进行试验。

4.7 稳定性

4.7.1 辐射老化试验

接触镜成品材料在经受紫外线和可见光辐射老化试验后，应能保持稳定性能，符合 4.1、4.3 的要求。

4.7.2 有效期

接触镜制造商应进行稳定性试验以确定贮存有效期，并应在小包装上标示。

4.8 内在质量和表面缺陷

4.8.1 杂质及表面疵病

用 7 倍～10 倍放大镜下观察，接触镜应不存在影响正常使用的内部杂质及表面疵病。材料内部的杂质有：气泡、条纹、残留物；表面缺陷有：裂纹、边缘缺口及擦痕、粗糙。

4.8.2 微孔

用 7 倍～10 倍放大镜下观察，微孔的前、后面边缘形状应与制造商的描述相符。

4.8.3 边缘轮廓

用 7 倍～10 倍放大镜下观察，接触镜的边缘应平滑和光洁，其形状应与制造商所描述的质量特性相符。

5 试验方法

本标准第 4 章中所有的要求，可按附录 A 中所列标准进行检测或试验。附录 A 中未有适合的方法标准时，制造商应提供适用的方法。所提供的检测或试验方法应尽可能考虑模拟人眼实际应用，包括处理(如在标准盐溶液中平衡)。检测方法的再现性，应优于规定允差限的一半。

6 抽样和检验规则

6.1 出厂检验

出厂检验规则由制造商确定。

6.2 型式试验

型式试验分为一般型式试验和特殊型式试验，见表5。

表5 型式试验分类

分类	适用条件	试验章条
一般型式试验	连续生产中每年不少于一次	4.2、4.3、4.4、4.8
	正常生产时，如结构、工艺有较大改变可能影响性能时	
	停产一年以上再恢复生产时	
特殊型式试验	首次市场准入注册前	全部适用的项目
	新材料首次应用前	
	技术条件改变时	
	贮存期内最终产品中的任何变化	
	有迹象表明产品用于人体时会产生副作用	
注：4.2.5、4.4仅适用于材料进料批。		

注：注册检验、市场监督抽查检验项目和检验规则要求按国家法规要求执行。

表5中4.2.2、4.2.3、4.2.4、4.3、4.8检验项目，其试验样品应从合格成品中随机抽取一批样品，要求抽样样品的后顶焦度（包括环曲面镜片的柱镜焦度）具有代表性。每批按分段随机抽样。按GB/T 2829—2002的规定进行，采用一次抽样方案，判别水平Ⅱ，RQL（不合格质量水平）为15，推荐采用的判别数组为$n=8$[Ac=0，Re=1]。

其他检验项目的检验按试验所需量抽样，检验结果应全部合格。

7 标签、标志和随附资料

7.1 标签、标志要求

小包装容器标签上，除第4章规定的标称值标志要求外，还至少应有下列标志：

a) 产品名称和型号；

b) 批号或生产日期；

c) 失效期、或有效期和生产日期。

d) 无菌形式提供的接触镜，应标注YY/T 0466.1规定的符号或“无菌”字样及灭菌方法；

7.2 制造商应提供的随附资料

7.2.1 制造商向患者提供的使用说明书

制造商应要求验配人员将使用说明书提供给患者。除第4章规定随附资料的标称值外，使用说明书还应至少包括以下信息：

a) 主要性能和适用范围，如产品名称和（或）材料名、配戴方式、预计使用目的，无菌形式提供的接触镜其包装上应标注“无菌”字样及灭菌方法或YY/T 0466.1规定的符号等；

b) 使用方法及注意事项，如配戴和摘除镜片的指导、推荐的更换期限、对镜片的安全使用所必需的信息、镜片每天使用过程中要遵守验配人员的指导、回访以及紧急处理程序的提示；
c) 禁忌：何种类型患者不能配戴、仅限个人使用的说明、可能发生或已知的不良反应和副作用等；
d) 制造商所推荐的有关镜片清洁，消毒及储藏方法，并指明适用的护理产品和禁止的护理方法。要改变镜片护理程序需咨询验配人员的指导；
e) 其他必要说明。

7.2.2 制造商向视光学专业人员提供的资料

除第 4 章规定的随附资料和向患者提供的使用说明书标称值外，还应至少包括以下信息：
a) 镜片的材料：包括折射率、透射比、透氧系数或透氧量等包装上未标明的各类标称值；
b) 制造商推荐的验配使用方法、适应症（如近视、远视、散光等屈光不正，圆锥角膜等）、适用范围（如±20.00 D）、镜片的标准适配状态（可用荧光染色图表示）、注意事项，以及有关镜片清洁，消毒及储藏方法；
c) 若制造商声明有其他附加性能时，应给出详细描述并提供适用的要求和试验方法。

附 录 A
（规范性附录）
硬性接触镜试验方法标准目录

硬性接触镜试验方法适用标准如下：

GB/T 5702—2003 光源显色性评价方法

GB/T 11417.4—2012 眼科光学 接触镜 第4部分：试验用标准盐溶液

GB/T 11417.5—2012 眼科光学 接触镜 第5部分：光学性能试验方法

GB/T 11417.6—2012 眼科光学 接触镜 第6部分：机械性能试验方法

GB/T 11417.7—2012 眼科光学 接触镜 第7部分：理化性能试验方法

GB/T 11417.8—2012 眼科光学 接触镜 第8部分：有效期的确定

GB/T 11417.9—2012 眼科光学 接触镜 第9部分：紫外和可见光辐射老化试验（体外法）

GB/T 16886.5 医疗器械生物学评价 第5部分：体外细胞毒性试验（ISO 10993-5）

GB/T 16886.10 医疗器械生物学评价 第10部分：刺激与迟发型超敏反应试验（ISO 10993-10）

GB/T 16886.11 医疗器械生物学评价 第11部分：全身毒性试验（ISO 10993-11）

GB/T 19973.1 医用器材的灭菌 微生物学方法 第1部分：产品上微生物总数的估计

GB/T 28538—2012 眼科光学 接触镜和接触镜护理产品 兔眼相容性研究试验

GB/T 28539—2012 眼科光学 接触镜和接触镜护理产品 防腐剂的摄入和释放的测定指南

ICS 11.040.70
C 40

中华人民共和国国家标准

GB 11417.3—2012
代替 GB 11417.2—1989

眼科光学　接触镜
第3部分:软性接触镜

Ophthalmic optics—Contact lenses—Part 3:Soft contact lenses

2012-12-31 发布　　　　2013-12-01 实施

中华人民共和国国家质量监督检验检疫总局
中国国家标准化管理委员会　发布

前　言

本部分的4.4.3.2、4.7.1为推荐性的，其余为强制性的。

《眼科光学　接触镜》与GB/T 28539《眼科光学　接触镜和接触镜护理产品　防腐剂的摄入和释放的测定指南》和GB/T 28538《眼科光学　接触镜和接触镜护理产品　兔眼相容性研究试验》共同构成接触镜系列国家标准。

《眼科光学　接触镜》分为以下9个部分：

——第1部分：词汇、分类和推荐的标识规范；(GB/T 11417.1)

——第2部分：硬性接触镜；(GB 11417.2)

——第3部分：软性接触镜；(强制性)(GB 11417.3)

——第4部分：试验用标准盐溶液；(GB/T 11417.4)

——第5部分：光学性能试验方法；(GB/T 11417.5)

——第6部分：机械性能试验方法；(GB/T 11417.6)

——第7部分：理化性能试验方法；(GB/T 11417.7)

——第8部分：有效期的确定；(GB/T 11417.8)

——第9部分：紫外和可见光辐射老化试验(体外法)；(GB/T 11417.9)

本部分为第3部分。

本部分代替GB 11417.2—1989《软性亲水接触镜》及1997年修改单。

本部分与GB 11417.2—1989及1997年修改单的差异如下：

——对5.1、5.2、5.3.2、5.3.4、5.3.5、5.3.6、5.3.7、5.3.8中的要求、试验方法及检验规则、标志做了修改；

——删除了5.3.1、第9章中的包装、贮存和第9章配戴规定；

——补充了总则、多焦和具矫正像差作用类接触镜的附加要求、棱镜度基底取向、棱镜度残差、透光性能、光学区直径、材料表述、材料化学性能、稳定性要求和生物相容性的具体规定条款，以及随附资料条款。

本部分使用重新起草法参考ISO 14534:2002《眼科光学　接触镜和接触镜护理产品　基本要求》(英文版)以及ISO 18369:2006《眼科光学　接触镜》系列国际标准编制。

请注意本文件的某些内容可能涉及专利。本文件的发布机构不承担识别这些专利的责任。

本部分由国家食品药品监督管理局提出。

本部分由全国光学和光子学标准化技术委员会医用光学和仪器分技术委员会(SAC/TC 103/SC 1)归口。

本部分起草单位：国家食品药品监督管理局杭州医疗器械质量监督检验中心、浙江省医疗器械检验所。

本部分主要起草人：贾晓航、何涛、文燕、马莉、陈献花、郑建、齐伟明、姜晓路。

本部分所代替标准的历次版本发布情况：

——GB 11417.2—1989。

眼科光学 接触镜 第3部分:软性接触镜

1 范围

GB 11417.3 规定了软性接触镜的术语和定义、要求、试验方法、检验规则、标志、标签和随附资料的要求。

本部分适用于软性接触镜。

2 规范性引用文件

下列文件对于本文件的应用是必不可少的。凡是注日期的引用文件,仅注日期的版本适用于本文件。凡是不注日期的引用文件,其最新本版本(包括所有的修改单)适用于本文件。

GB/T 2829—2002 周期检验计数抽样程序及表(适用于对过程稳定性的检验)

GB/T 3978—2008 标准照明体和几何条件

GB/T 5702—2003 光源显色性评价方法

GB/T 11417.1—2002 眼科光学 接触镜 第1部分:词汇、分类和推荐的标识规范

GB/T 16886.5 医疗器械生物学评价 第5部分:体外细胞毒性试验

GB/T 16886.10 医疗器械生物学评价 第10部分:刺激与迟发型超敏反应试验

GB/T 16886.11 医疗器械生物学评价 第11部分:全身毒性试验

YY/T 0297 医疗器械临床调查

YY/T 0316 医疗器械 风险管理对医疗器械的应用

中华人民共和国药典 2010年版二部

3 术语和定义

GB/T 11417.1—2012 中界定的术语和定义适用于本文件。

4 要求

4.1 总则

接触镜的安全和性能应通过临床前评价和临床评价,包括按照 YY/T 0316 进行的适合的风险分析。

下述要求是对成品的要求。除下述要求外,若制造商声明有其他附加性能,应给出详细描述,并提供适用的要求和试验方法。

4.2 光学性能

4.2.1 总则

对于为了特殊医疗目的而不具有光学性能的接触镜,若在随附资料和标志中有清晰描述,下述要求

可不适用。

4.2.2 后顶焦度、柱镜焦度和柱镜轴位

接触镜的后顶焦度、处方柱镜焦度和柱镜轴位(如有),在空气状态下的标称值应在无菌包装容器上标注,标称值的允差应符合表1的规定。

表1 后顶焦度、柱镜焦度和柱镜轴位允差

项目名称		允差
后顶焦度 F'_V	$\lvert F'_V \rvert \leqslant 10.00$ D	±0.25 D
	10.00 D $< \lvert F'_V \rvert \leqslant 20.00$ D	±0.50 D
	$\lvert F'_V \rvert > 20.00$ D	±1.00 D
处方柱镜焦度 F'_C	$\lvert F'_C \rvert \leqslant 2.00$ D	±0.25 D
	2.00 D $< \lvert F'_C \rvert \leqslant 4.00$ D	±0.37 D
	$\lvert F'_C \rvert > 4.00$ D	±0.50 D
柱镜轴位		±5°
注:不适用于双焦以上(不含双焦)的多焦接触镜。		

对于多焦(包括双焦)设计的接触镜,以及声称具有像差矫正或改良作用的接触镜,制造商应给出要求和验证方法,若适用,还应通过实际检测以证明后顶焦度光轴截面分布符合设计特征。

4.2.3 棱镜度

按处方设计的接触镜棱镜度、棱镜基底取向在空气状态下的标称值应在无菌包装容器上标注。处方设计棱镜度、棱镜基底取向标称值允差及非棱镜度设计的残留棱镜度允差应符合表2的规定。

表2 棱镜度、棱镜基底取向允差

项目名称		允差
棱镜度残差[a]	$\lvert F'_V \rvert \leqslant 6.00$ D	±0.25 cm/m
	$\lvert F'_V \rvert > 6.00$ D	±0.50 cm/m
处方棱镜度	$\lvert F'_V \rvert \leqslant 6.00$ D	±0.25 cm/m
	$\lvert F'_V \rvert > 6.00$ D	±0.50 cm/m
棱镜基底取向[b]		±5°
[a] 以光学区几何中心为基准测量。 [b] 环曲面镜片的棱镜基底取向基准为顶点镜轴。		

4.2.4 透光性能

4.2.4.1 总则

接触镜的可见光区透过率、色觉要求和紫外光区要求应符合下述规定。除下述要求外,若用于特殊医疗目的的接触镜,其透光性能有特殊要求,应在随附资料中给出详细描述并提供适用的要求和试验方法。

4.2.4.2 可见光区要求

接触镜的光透过率和色觉要求应符合下述规定：

a) 模拟使用状态下，光透过率 τ_V 在标准照明体 D65 和 A 下分别测定，其结果应都不小于 89%。

b) 光学区着色接触镜应进行戴镜后色觉是否满足日常应用的分析和评价。色觉影响的分析和评价可采用符合普朗克黑体辐射的照明体和 CIE 照明体 D 的光谱，透过接触镜后的显色指数降低量分析方法，并结合实际应用来评价。选用照明体的相关色温应表征实际应用，至少选用高、中、低三种色温的照明体，并记录所选用的照明体和相关色温。

注 1：模拟使用状态下的光透过是指透过光路模拟使用中的空气—镜片—泪液层分界面的反射光损耗，此时计算用泪液层的折射率取 1.336，测量孔径光阑限定为 6.0 mm。

注 2：色觉影响分析中所选用的照明体推荐采用 GB/T 3978—2008 规定的标准照明体 A、照明体 D50 和 D75。

注 3：显色指数计算可参见 GB/T 5702—2003 光源显色性评价方法。

光学区着色接触镜如果声称其光谱透过率有特殊应用目的而不适用于上述的光透过率和(或)色觉要求，那么制造商应对戴镜后的视明度和(或)视色觉在应用中的安全性和有效性进行评价，包括按照 YY/T 0316 进行的适合的风险分析，以及按照 YY/T 0297 的有关规定进行的临床评价。

4.2.4.3 紫外光区要求

声称 UV 吸收类接触镜，在最小销售单元上应标明属“UV 吸收 1 类”或“UV 吸收 2 类”的类别。

UV 吸收类接触镜对于典型应用镜片在模拟使用状态下的紫外光谱平均透过率应符合表 3 的规定。

表 3 透过率要求

项目名称		要求	
紫外光谱平均透过率 τ_{UVR}	UV-A 段透过率 τ_{UVA}	波长范围 316 nm～380 nm	UV 吸收 1 类接触镜 $\tau_{UVA}<0.10\bar{\tau}(\lambda_V)$
			UV 吸收 2 类接触镜 $\tau_{UVA}<0.50\bar{\tau}(\lambda_V)$
	UV-B 段透过率 τ_{UVB}	波长范围 280 nm～315 nm	UV 吸收 1 类接触镜 $\tau_{UVB}<0.01\bar{\tau}(\lambda_V)$
			UV 吸收 2 类接触镜 $\tau_{UVB}<0.05\bar{\tau}(\lambda_V)$

4.3 几何尺寸

4.3.1 接触镜的基弧半径或给定底直径的矢高、总直径标称值应在无菌包装容器上标注；接触镜的中心厚度在随附资料中应可查获。标称值允差应符合表 4 的规定。

表 4 几何尺寸允差

项目名称	允差	
	含水量<70%	含水量≥70%
基弧半径 r_0 [a]	±0.20 mm	±0.25 mm
给定底直径的矢高[a]	±0.05 mm	±0.07 mm
总直径 ϕ_T	±0.20 mm	±0.25 mm
中心厚度 t_c	±0.02 mm 或±[0.015 mm+0.05t_c]	

[a] 基弧半径或矢高都可用于表征等效球面的后表面曲率，由制造商选择之一标注。推荐测量时底直径统一为 10.00 mm。

4.3.2 接触镜的光学区直径应不小于7.0 mm。如果不能满足该条款要求,制造商应在随附资料中明确说明,并同时给出相应的风险警告。

注:仅适用于全镜单一着色或不着色接触镜。

4.4 材料

4.4.1 材料表述

制造商应按GB/T 11417.1—2012的规则对接触镜材料进行分类和标识。

对美容类彩色或增强着色类接触镜应指明所用染料的名称、类别和配比,同时还应给出证明其应用安全和可靠的依据。

4.4.2 材料物理性能

4.4.2.1 折射率

接触镜的折射率标称值在随附资料中应可查获,标称值有效位须与允差有效位对应,允差应为±0.005。

对于从未使用过的新材料,若上述折射率允差不适用,制造商应提供成品应用的安全性和有效性证据,包括风险分析评估。

4.4.2.2 含水量

接触镜的含水量标称值在最小销售单元上应可查获,其绝对允差应为±2%。

4.4.2.3 透氧

接触镜的透氧系数标称值和后顶焦度为-3.00 D或典型应用镜片的透氧量标称值应可在随附资料中查获。透氧系数标称值相对允差应为±20%;透氧量测量值应不低于标称值的-20%。

4.4.2.4 褪色试验

对美容类彩色或增强着色类接触镜应进行褪色试验。

4.4.3 材料化学性能

4.4.3.1 萃取试验

接触镜成品材料按GB/T 11417.7—2012进行萃取的结果应不大于制造商给出的萃取率。

注:制造商给出的萃取率是由已通过生物学评价的材料来确定的。

4.4.3.2 防腐剂的摄入和释放

对于从未使用过的新材料,应进行防腐剂摄入和释放的测定试验。接触镜和适用的含有防腐剂的接触镜护理产品的防腐剂摄入和释放试验结果,在随附资料中进行描述。

注:无需使用护理产品的接触镜,该条款不适用。

4.5 生物相容性

4.5.1 总则

接触镜成品应通过生物学评价以证明其具有良好的生物相容性。生物学评价可考虑4.5.2、4.5.3、

4.5.4 的生物学试验结果。对于从未使用过的新材料，还应进行 4.5.5 皮肤致敏试验和 4.5.6 兔眼相容性研究试验。

注：上述新材料专指接触镜主材料。

4.5.2 急性全身毒性试验

供试液的制备：按 6 cm^2/mL（样品表面积与浸提介质容积之比）的比例浸提，浸提介质分别为 0.9%的氯化钠注射液和植物油，浸提温度和时间优选 37 ℃±1 ℃、72 h。

按照 GB/T 16886.11 中规定的方法试验，结果应无急性全身毒性反应。

4.5.3 急性眼刺激试验

供试液的制备按照 4.5.2 中的规定进行，按照 GB/T 16886.10 中规定的方法试验，结果应无眼刺激性。

4.5.4 细胞毒性试验

接触镜按照 GB/T 16886.5 中规定的琼脂扩散试验方法（琼脂终浓度为不大于 1.5 g/L）进行，结果应无细胞毒性。

4.5.5 皮肤致敏试验

供试液的制备按照 4.5.2 中的规定进行，按照 GB/T 16886.10 中规定的方法检验，结果应无皮肤致敏反应。

4.5.6 兔眼相容性研究试验

接触镜与兔眼相容性应良好。

4.6 微生物要求

接触镜应采用无菌包装供应，无菌保证水平（SAL）应不大于 10^{-6}，可采用《中华人民共和国药典 2010 年版二部》的方法。无菌包装应当有足够的防护，在正常的贮存、运输和处理的条件下，无菌包装打开或毁坏前，应能保持无菌。

4.7 稳定性

4.7.1 辐射老化试验

除抛弃日期为一个月及以下的接触镜外，接触镜成品材料应进行辐射老化试验以确认光学性能和材料物理性能仍能符合 4.2、4.4.2 的要求。

4.7.2 有效期

接触镜制造商应进行有效期试验以确定镜片贮存寿命，并应按 7.1 方法标注。

4.8 内在质量和表面缺陷

4.8.1 杂质及表面疵病

接触镜在液中放大 7 倍～10 倍时肉眼观察，不应有影响正常使用的任何内含物，如斑点、残留杂物、或晶枝气泡，以及任何缺陷，如表面的裂纹、破边。

4.8.2 边缘轮廓

接触镜的边缘轮廓应与制造商设计给出的形状特征一致。除特定目的外,边缘周围形状应均匀一致。

5 试验方法

本标准第4章中所有的要求,可按附录A中所列标准进行检测或试验。附录A中未有适合的方法标准时,制造商应提供适用的方法。所提供的检测或试验方法应尽可能考虑模拟人眼实际应用,包括处理(如在标准盐溶液中平衡)。检测方法的再现性,应优于规定允差限的一半。

6 检验规则

6.1 出厂检验

产品的出厂检验规则由制造商自己确定,但不得低于型式检验要求的质量水平。

6.2 型式试验

型式试验分为一般型式试验和特殊型式试验,见表5。

表5 型式试验分类

分类		适用条件	试验项目条款
一般型式试验	材料(批)试验[a]	连续生产中每材料批	4.2.4、4.4.2[b]、4.4.3.1
	加工质量检验	连续生产中每年不少于一次	4.2.2、4.2.3、4.3、4.8
		正常生产时,如结构、工艺有较大改变可能影响性能时	
		停产一年以上再恢复生产时	
特殊型式试验		首次市场准入注册前	全部适合的项目
		新材料首次应用前	
		技术条件改变时	
		贮存期内最终产品中的任何变化	
		有迹象表明产品用于人体时会产生副作用	

[a] 材料指与最终产品相同的材料。

[b] 4.4.2.3、4.4.2.4在需要时检验。

注:注册检验、市场监督抽查检验项目和检验规则要求按相关规定执行。

6.2.1 加工质量检验

6.2.1.1 加工质量检验中试验样品应从不少于3个成品合格批中均匀抽样。每批按分段(查抽样相关标准或导则)随机抽样,要求抽样样品的后顶焦度(包括环曲面镜片的柱镜焦度)具有代表性。

6.2.1.2 加工质量的检验按GB/T 2829—2002的规定进行,采用一次抽样方案,判别水平Ⅱ,RQL(不合格质量水平)为15,推荐采用的判别数组为$n=20[Ac=1,Re=2]$,但4.2.2应全部合格。检验项目见表5。

6.2.2 其他检验

其他项目的检验按试验所需量抽样。检验结果应全部合格。

7 标志、标签和随附资料

7.1 标志、标签

7.1.1 镜片无菌包装上，除第 4 章规定的标称值标志要求外，还至少应有下列标志：

a) 产品名称；

b) 批号或生产日期；

c) 失效期，或有效期和生产日期。

7.1.2 镜片最小销售包装上，除第 4 章规定的标称值标志要求外，还至少应有下列信息：

a) 制造商名称、地址及产地；

b) 产品名称、型号；

c) 标准号、注册证号；

d) 批号或生产日期；

e) 失效期，或有效期和生产日期。

7.2 随附资料

随附资料应包括使用说明书和配戴指南。镜片的最小销售单元中应随附有使用说明书。使用说明书除第 4 章规定的标称值标注外，还应至少包括以下信息：

a) 主要性能和适用范围；

b) 使用方法及注意事项；

c) 禁忌事项；

d) 生产商所推荐的有关镜片清洁，消毒及储藏方法，并指明适用的护理产品；

e) 注明所用镜片保存液类型(也可标注于镜片无菌包装上或镜片最小销售包装上)；

f) 其他必要说明。

附　录　A
（规范性附录）
软性接触镜试验方法标准目录

软性接触镜试验和检测方法适用标准如下：

GB/T 11417.4—2012　眼科光学　接触镜　第4部分:试验用标准盐溶液

GB/T 11417.5—2012　眼科光学　接触镜　第5部分:光学性能试验方法

GB/T 11417.6—2012　眼科光学　接触镜　第6部分:机械性能试验方法

GB/T 11417.7—2012　眼科光学　接触镜　第7部分:理化性能试验方法

GB/T 11417.8—2012　眼科光学　接触镜　第8部分:有效期的确定

GB/T 11417.9—2012　眼科光学　接触镜　第9部分:紫外和可见光辐射老化试验(体外法)

GB/T 16886.5　医疗器械生物学评价　第5部分:体外细胞毒性试验

GB/T 16886.10　医疗器械生物学评价　第10部分:刺激和迟发型超敏反应试验

GB/T 16886.11　医疗器械生物学评价　第11部分:全身毒性试验

GB/T 28538—2012　眼科光学　接触镜和接触镜护理产品　兔眼相容性研究试验

GB/T 28539—2012　眼科光学　接触镜和接触镜护理产品　防腐剂的摄入和释放的测定指南

中华人民共和国药典　2010年版二部

ICS 11.040.70
C 40

中华人民共和国国家标准

GB/T 11417.4—2012

眼科光学 接触镜
第4部分：试验用标准盐溶液

Ophthalmic optics—Contact lenses—
Part 4：Saline solution for contact lens testing

(ISO 18369-3：2006，Ophthalmic optics—Contact lenses—
Part 3：Meaaurement methods，NEQ)

2012-12-31 发布　　　　　　　　2013-06-01 实施

中华人民共和国国家质量监督检验检疫总局
中国国家标准化管理委员会　发布

前　言

《眼科光学　接触镜》与GB/T 28539《眼科光学　接触镜和接触镜护理产品　防腐剂的摄入和释放的测定指南》和GB/T 28538《眼科光学　接触镜和接触镜护理产品　兔眼相容性研究试验》共同构成接触镜系列国家标准。

《眼科光学　接触镜》分为以下9个部分：

——第1部分：词汇、分类和推荐的标识规范；(GB/T 11417.1)

——第2部分：硬性接触镜；(GB 11417.2)

——第3部分：软性接触镜；(GB 11417.3)

——第4部分：试验用标准盐溶液；(GB/T 11417.4)

——第5部分：光学性能试验方法；(GB/T 11417.5)

——第6部分：机械性能试验方法；(GB/T 11417.6)

——第7部分：理化性能试验方法；(GB/T 11417.7)

——第8部分：有效期的确定；(GB/T 11417.8)

——第9部分：紫外和可见光辐射老化试验(体外法)。(GB/T 11417.9)

本部分为第4部分。

本部分按照GB/T 1.1—2009给出的规则起草。

本部分使用重新起草法参考ISO 18369-3:2006《眼科光学　接触镜　第3部分:测量方法》编制，与ISO 18369-3:2006的一致性程度为非等效。

请注意本文件的某些内容可能涉及专利。本文件的发布机构不承担识别这些专利的责任。

本部分由全国光学和光子学标准化技术委员会医用光学和仪器标准分技术委员会(SAC/TC 103/SC 1)归口。

本部分起草单位：国家食品药品监督管理局杭州医疗器械质量监督检验中心、浙江省医疗器械检验所。

本部分主要起草人：文燕、姜晓路、贾晓航、陈靖云、陈献花、张莉。

眼科光学　接触镜
第4部分:试验用标准盐溶液

1　范围

GB/T 11417.4 给出了接触镜试验时使用的一种标准盐溶液的规范。

本部分适用于标准盐溶液,该盐溶液可作为接触镜或接触镜材料测试前的平衡溶液,也可作为某些项目测试过程的浸泡液。

2　规范性引用文件

下列文件对于本文件的应用是必不可少的。凡是注日期的引用文件,仅注日期的版本适用于本文件。凡是不注日期的引用文件,其最新版本(包括所有的修改单)适用于本文件。

GB/T 6682—2008　分析实验室用水规格和试验方法

GB/T 11417.1—2012　眼科光学　接触镜　第1部分:词汇、分类和推荐的标识规范

3　术语和定义

GB/T 11417.1—2012 中界定的术语和定义适用于本文件。

4　要求

4.1　总则

当采用本标准盐溶液测试时,应在试验报告中指明应用了符合本部分的标准盐溶液。若不采用该标准盐溶液,结果可能会有变化,应在试验报告中说明使用溶液的成分。

标准盐溶液应是磷酸盐缓冲溶液,其 pH 为 7.4±0.1,渗透压为 310 mOsm/kg±5 mOsm/kg。水合磷酸盐应符合国家药典的规定。若采用无水磷酸盐,其纯度应不低于分析纯。溶剂应是符合 GB/T 6682—2008 所规定的3级或更高纯度级别的水。

4.2　配方

4.2.1　标准盐溶液应采用下述的浓度配制:

a)　氯化钠($NaCl$)　　1.420×10^{-1} mol/L

b)　磷酸二氢钠(NaH_2PO_4)　　3.384×10^{-3} mol/L

c)　磷酸氢二钠(Na_2HPO_4)　　1.673×10^{-2} mol/L

4.2.2　使用无水磷酸盐配方范例:

a)　氯化钠　　8.300 g

b)　磷酸二氢钠　　0.406 g

c)　磷酸氢二钠　　2.376 g

d)　水　　加至1 000 mL

4.2.3 使用符合美国药典(USP)化合物的配方范例：

a)	氯化钠(NaCl)	8.300 g
b)	磷酸二氢钠(含1个结晶水)($NaH_2PO_4 \cdot H_2O$)	0.467 g
c)	磷酸氢二钠(含7个结晶水)($Na_2HPO_4 \cdot 7H_2O$)	4.486 g
d)	水	加至1 000 mL

4.2.4 使用符合欧洲药典(Ph Eur)化合物的配方范例：

a)	氯化钠	8.300 g
b)	磷酸二氢钠(含2个结晶水)($NaH_2PO_4 \cdot 2H_2O$)	0.528 g
c)	磷酸氢二钠(含12个结晶水)($Na_2HPO_4 \cdot 12H_2O$)	5.993 g
d)	水	加至1 000 mL

5 配制程序

5.1 总则

因水合磷酸钠的类型不同，而且暴露在空气中的时间也不同，导致其水合的水分子数目会产生变化，从而影响它们在配方中的质量分数，故4.2所给出的配方不一定能达到标准所规定的浓度和pH。可采用加入正磷酸溶液(5 mol/L)或氢氧化钠溶液(5 mol/L)、使用校准的pH计进行调节，通常只需少量(少于1 mL/L)。

5.2 溶液的配制

将三种化合物依次加入到70%容量的水中(4.2范例中为700 mL)，适当的搅拌，确保所有溶质充分溶解。

用pH计测试溶液的pH，用酸或碱(见5.1)滴定调整直到pH为7.4±0.1，然后再加水稀释到1 000 mL，充分混合后再测试pH，若需要，可再加酸或碱调整。

若使用无水磷酸盐，不需要用酸和碱来调整pH。但推荐在使用前测试其pH。

5.3 包装和标签

如果标准盐溶液需要保存，则应用能经受住高温高压的容器包装，最好是中性玻璃，并按经验证的灭菌程序进行灭菌。容器应密封。

标签上应包括：

a) 本标准编号(如：GB/T 11417.4)；

b) 说明(如：接触镜试验用标准盐溶液)；

c) 配制日期。

如果标准盐溶液不需保存，则应在配制后24 h内使用，无需高压灭菌。

ICS 11.040.70
C 40

中华人民共和国国家标准

GB/T 11417.5—2012

眼科光学 接触镜
第5部分:光学性能试验方法

Ophthalmic optics—Contact lenses—
Part 5: Testing methods for optical properties

(ISO 18369-3:2006, Ophthalmic optics—Contact lenses—
Part 3: Measurement methods, NEQ)

2012-12-31 发布　　2013-06-01 实施

中华人民共和国国家质量监督检验检疫总局
中国国家标准化管理委员会 发布

前　言

《眼科光学　接触镜》与GB/T 28539《眼科光学　接触镜和接触镜护理产品　防腐剂的摄入和释放的测定指南》和GB/T 28538《眼科光学　接触镜和接触镜护理产品　兔眼相容性研究试验》共同构成接触镜系列国家标准。

《眼科光学　接触镜》分为以下9个部分：

——第1部分：词汇、分类和推荐的标识规范；(GB/T 11417.1)

——第2部分：硬性接触镜；(GB 11417.2)

——第3部分：软性接触镜；(GB 11417.3)

——第4部分：试验用标准盐溶液；(GB/T 11417.4)

——第5部分：光学性能试验方法；(GB/T 11417.5)

——第6部分：机械性能试验方法；(GB/T 11417.6)

——第7部分：理化性能试验方法；(GB/T 11417.7)

——第8部分：有效期的确定；(GB/T 11417.8)

——第9部分：紫外和可见光辐射老化试验(体外法)；(GB/T 11417.9)

本部分为第5部分。

本部分按照GB/T 1.1—2009给出的规则起草。

本部分使用重新起草法参考ISO 18369-3:2006《眼科光学　接触镜　第3部分：测量方法》编制。

请注意本文件的某些内容可能涉及专利。本文件的发布机构不承担识别这些专利的责任。

本部分由国家食品药品监督管理局提出。

本部分由全国光学和光子学标准化技术委员会医用光学和仪器分技术委员会(SAC/TC 103/SC 1)归口。

本部分起草单位：国家食品药品监督管理局杭州医疗器械质量监督检验中心、浙江省医疗器械检验所。

本部分主要起草人：贾晓航、文燕、齐伟明、何涛、郑建、张敬东、黄恰恰。

眼科光学 接触镜
第5部分:光学性能试验方法

1 范围

GB/T 11417.5 规定了接触镜光学性能的测试方法。

本部分适用于成品接触镜。

2 规范性引用文件

下列文件对于本文件的应用是必不可少的。凡是注日期的引用文件,仅注日期的版本适用于本文件。凡是不注日期的引用文件,其最新本版本(包括所有的修改单)适用于本文件。

GB/T 5702—2003 光源显色性评价方法

GB/T 11417.1—2002 眼科光学 接触镜 第1部分:词汇、分类和推荐的标识规范

GB/T 11417.4—2002 眼科光学 接触镜 第4部分:试验用标准盐溶液

GB 17341—1998 光学和光学仪器 焦度计

3 术语和定义

GB/T 11417.1—2012 界定的及以下术语和定义适用于本文件。

3.1

再现条件 reproducibility conditions

在不同实验室,由不同操作者使用不同的设备,对同一测试样品采用相同的测试方法,获得相互独立的测试结果的条件。

3.2

再现性限 reproducibility value

R

在再现条件下得到的两个单次测试结果的绝对差值,期望不大于 R 值的概率是 95%。

4 后顶焦度的测定

4.1 总则

接触镜的后顶焦度在空气中可使用焦度计测定,在盐溶液中可使用莫尔偏折仪或哈特曼法测定(见4.2.3和附录A)。

4.2 焦度计测量方法

4.2.1 仪器性能

应采用符合 GB 17341—1998 的焦度计测量,但接触镜片测座需作如下修改。

相对于框架镜片而言,接触镜片矢高更大、光学区直径更小,在焦度计配带的框架镜片测座上,接触

镜后顶点定位不正确，光学区范围不相配。因此，为保证接触镜后顶焦度的准确测量，焦度计的测座应修改为一个专用的接触镜片测座(示例见图1)。该测座应设计为如图2所示仅靠托圈支撑接触镜片。

图1为适用的测座示例。测座的孔径光栏直径为4.50 mm±0.50 mm，高度比被取代的框架镜片测座高度小0.55 mm±0.02 mm。支撑接触镜片后表面的托圈环半径 r_c 是0.50 mm。该设计补偿了后光学区半径为8.00 mm接触镜片的矢高差。若镜片的后光学区半径与此值差异很大，可能需要进一步修正顶点距。

注：虽然接触镜片测座减小了矢高误差，但对减小球差没有作用。

单位为毫米

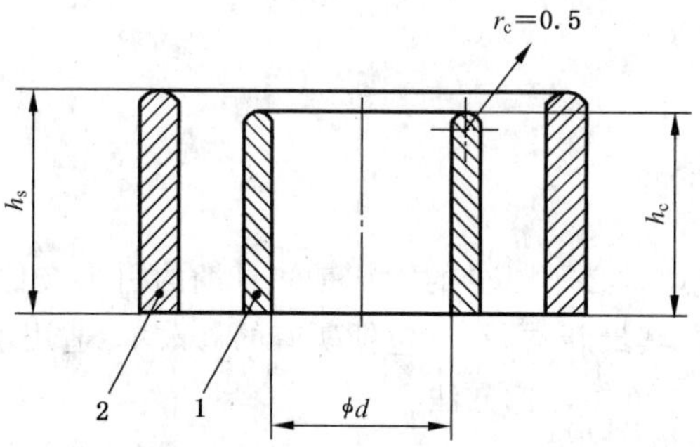

$h_s - h_c = (0.55 \pm 0.02)$ mm　$d = 4.50$ mm ± 0.50 mm

说明：

h_c ——接触镜片测座高度；

h_s ——框架镜片测座高度；

r_c ——接触镜片测座托圈环半径；

1 ——框架镜片测座；

2 ——接触镜片测座。

图1　焦度计用的接触镜片测座

单位为毫米

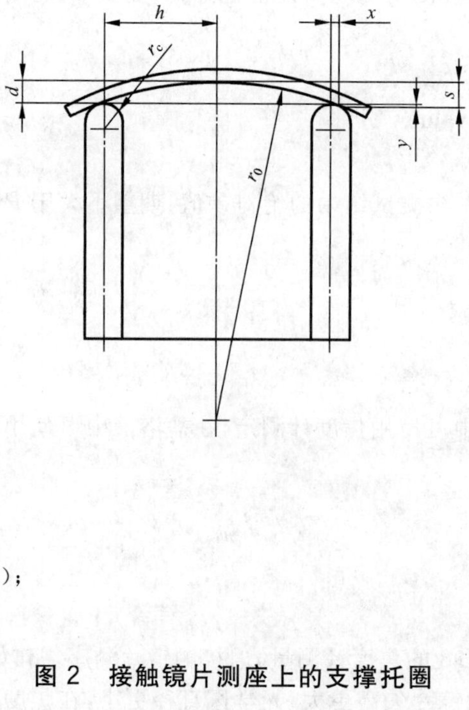

说明：

s ——后中心光学区矢高；

h ——半弦长(弦直径=2 h)；

r_0 ——后光学区半径(基弧半径)；

r_c ——测座托圈环半径。

图2　接触镜片测座上的支撑托圈

4.2.2 硬性和非水凝胶镜片的焦度计测量

若有必要,用两层无纤维软棉布或滤纸夹住镜片吸去表面可见的液体。

在测量前,硬性镜片应保持在 20 ℃±5 ℃温度下至少 30 min。测量期间,焦度计和接触镜片测座维持在 20 ℃±5 ℃环境温度下。把接触镜片的后表面朝下放置于接触镜片测座上,适当调整测量参考点——后顶点的位置,使后顶点位于测座孔的中心。确保接触镜片的表面清洁无杂质和溶液。进行 4 次独立测量并记录后顶焦度读数,计算算术平均值。若需要时,用校准曲线修正,取得修正后的平均值。

4.2.3 水凝胶镜片的焦度计测量

测量后顶焦度前,接触镜片应先通过光学表面质量的检查。

在测量前,水凝胶镜片浸入 20 ℃±0.5 ℃的符合 GB/T 11417.4—2012 的标准盐溶液中平衡至少 30 min。在 10 s 内,用无纤维软棉布或滤纸吸去镜片表面多余水分,然后把接触镜片的后表面朝下放置于接触镜片测座上,并确认镜片没有翻转。步骤应与 4.2.2 相同。

注 1:如果某些镜片聚合材料平衡 30 min 不足够,镜片制造商要声明所需的时间。

去除镜片表面水分时,吸水的可靠性难点限制了本方法的精密度。必须仔细地去除镜片表面全部水分,从而可以获得较佳的光学面。但是,样品不可过度吸水,那样会吸取镜片材料本身的水分。吸水应尽可能的快,以防止测试样本水分蒸发。可用干吸水或湿吸水法来吸去镜片表面的水分。

注 2:干吸水法—样本放置于干净的干性无脱落纤维吸水棉布或亚麻布上,折叠织物覆盖在镜片上,用一个手指轻触。干吸水方法会增加过度吸水的可能性,导致后顶焦度偏差。

注 3:湿吸水法—样本放置于干净的,无脱落纤维的恰好湿润的滤纸或其他等效物上,折叠滤纸覆盖在镜片上,用一个手指轻触。湿吸水方法会增加镜片表面残余水分的可能性,导致光学质量表面不佳。

为使镜片脱水最少,测试过程应在尽短的时间里完成。镜片从液体中取出至测值读出的过程,一般要求为不超过 20 s,环曲面镜片要求不超过 30 s。

若测标像不清晰,镜片可再放回标准盐溶液中平衡,并重复上述步骤。

对于非环曲面镜片,独立测量 5 次,计算算术平均值,若需要时,用校准曲线修正,取得修正后的平均值。

对于环曲面镜片,独立测量 19 次以使测定的球镜度算术平均值准确到±0.25 D 以内;独立测量 17 次以使测定的柱镜度算术平均值准确到±0.25 D 以内;独立测量 7 次以使测定的柱镜轴位算术平均值准确到±5°以内。

通过国际多个实验室比对试验确立了环曲面水凝胶接触镜片的上述规范。如果不需要达到上述的精密度,可减少测量次数。

4.3 水凝胶接触镜片的莫尔偏折仪或哈特曼法测量

附录 A 指定了试验方法。各试验方法的再现性结果比较见表 1。

表 1 后顶焦度测量试验方法的再现性比较

镜片类型/参数	再现性					
	空气中测量		盐溶液中测量			
	焦度计		莫尔法		哈特曼法	
	S_R	R	S_R	R	S_R	R
球面水凝胶镜片						
后顶焦度	0.143 D($\lvert F'_V \rvert \leqslant 10$)	0.400 D($\lvert F'_V \rvert \leqslant 10$)	0.090 3 D	0.252 8 D	0.025 3 D	0.070 8 D

表 1（续）

镜片类型/参数	再现性					
	空气中测量		盐溶液中测量			
	焦度计		莫尔法	哈特曼法		
	S_R	R	S_R	R	S_R	R
环曲面水凝胶镜片						
球镜度	—	—	0.157 9 D	0.442 1 D	0.064 9 D	0.181 7 D
柱镜度	—	—	0.093 D	0.260 4 D	0.087 1 D	0.243 9 D
柱镜轴位	—	—	1.22^0	3.416^0	2.016^0	$5.644\ 8^0$
S_R：再现性的标准差。 R：再现性限。						

5 光谱和光透过率的测定

5.1 原理

5.1.1 光谱透过率 $\tau(\lambda)$：自然光正入射条件下，透过的光谱辐射通量 $\phi_{e\lambda t}(\lambda)$ 与入射的光谱辐射通量 $\phi_{e\lambda i}(\lambda)$ 的比值。实际上，光谱透过率 $\tau(\lambda)$ 的测量是取了一个很小的波长间隔（带宽）$\Delta\lambda$ 对应的辐射通量 $\Delta\phi_{e\lambda}$，可由 $\Delta\phi_{e\lambda}=\phi_{e\lambda}(\lambda)\cdot\Delta\lambda$ 近似给出。此处 $\Delta\phi_{e\lambda}$ 为带宽 $\Delta\lambda$ 的光谱辐射通量和，$\phi_{e\lambda}(\lambda)$ 为带宽 $\Delta\lambda$ 的中心波长的光谱辐射通量或带宽 $\Delta\lambda$ 内的平均光谱辐射通量。

为了测定光谱透过率 $\tau(\lambda)$，对应波长的辐射通量要在有接触镜片和无接触镜片时分别测量，然后由式(1)算出。

$$\tau(\lambda)=\frac{\phi_{e\lambda t}(\lambda)\cdot\Delta\lambda}{\phi_{e\lambda i}(\lambda)\cdot\Delta\lambda}\times100\%=\frac{\Delta\phi_{e\lambda t}}{\Delta\phi_{e\lambda i}}\times100\% \quad\cdots\cdots(1)$$

5.1.2 光透过率 τ_V：某照明体正入射条件下，透过的光通量 $\phi_{vt}(\lambda)$ 与入射的光通量 $\phi_{vi}(\lambda)$ 的比值。在光通量透过率下，人眼明视觉的光谱光视效率函数 $V(\lambda)$ 是辐射评估的标准。光通量是由光谱光视效率函数 $V(\lambda)$ 加权的辐射通量在波长的整个视觉范围的积分。计算公式见式(2)。

$$\tau_V=\frac{\phi_{vt}(\lambda)}{\phi_{vi}(\lambda)}\times100\%=\frac{\int_{380\text{ nm}}^{780\text{ nm}}\phi_{e\lambda}(\lambda)\cdot\tau(\lambda)\cdot V(\lambda)\cdot \mathrm{d}\lambda}{\int_{380\text{ nm}}^{780\text{ nm}}\phi_{e\lambda}(\lambda)\cdot V(\lambda)\cdot \mathrm{d}\lambda}\times100\% \quad\cdots\cdots(2)$$

实际上，积分采用了下列两种方法之一来近似获得。

a) 应用由一个指定的照明体光谱分布和光谱光视效率函数 $V(\lambda)$ 之积加权的光谱透射率数据来总和[见式(3)]；

b) 采用一个响应函数近似于照明体光谱分布和光谱光视效率函数 $V(\lambda)$ 之积的的光度计来测量。

如果应用光谱数据，在整个连续波长范围内求和所用的带宽应不超过 10 nm（$\Delta\lambda\leqslant10$ nm）。

$$\tau_V=\frac{\sum_{380\text{ nm}}^{780\text{ nm}}\phi_{e\lambda}(\lambda)\cdot\tau(\lambda)\cdot V(\lambda)\cdot\Delta\lambda}{\sum_{380\text{ nm}}^{780\text{ nm}}\phi_{e\lambda}(\lambda)\cdot\tau(\lambda)\cdot\Delta\lambda}\times100\% \quad\cdots\cdots(3)$$

当带宽小于 10 nm 时，允许采用线性内插法。

5.1.3 可见光谱平均透过率 $\bar{\tau}(\lambda_V)$：在可见光谱波长范围内，光谱透过率的积分值与可见光谱波长段宽的比值。实际应用中，可见光谱波长范围选取 380 nm～780 nm 段，积分值用总和来近似获得，计算公式见式(4)。

$$\bar{\tau}(\lambda_V)=\frac{\sum_{380\ \mathrm{nm}}^{780\ \mathrm{nm}}\tau(\lambda)\cdot\Delta\lambda}{400}\times 100\% \qquad (4)$$

带宽 $\Delta\lambda$ 应不大于 10 nm。

5.1.4 紫外光谱平均透过率 τ_{UVR}：在给定紫外光谱波长 $\lambda_1 \sim \lambda_2$ 范围内，光谱透过率的积分值与该给定光谱波长段宽的比值。实际应用中，积分值用总和来近似，计算公式见式(5)。

$$\tau_{\mathrm{UVR}}=\frac{\sum_{\lambda_1}^{\lambda_2}\tau(\lambda)\cdot\Delta\lambda}{\lambda_2-\lambda_1}\times 100\% \qquad (5)$$

UV-A 段光谱波长 $\lambda_1 \sim \lambda_2$ 范围为 316 nm～380 nm，UV-B 段光谱波长 $\lambda_1 \sim \lambda_2$ 范围为 280 nm～315 nm。

带宽 $\Delta\lambda$ 应不大于 5 nm。

5.1.5 应详细描述光透过率测量中所用的**参考光源**。推荐采用 CIE 规定的标准照明体 A，或标准照明体 C，或标准照明体 D65。

若采用其他昼光时相照明体 D，其不同相关色温的相对光谱辐射分布函数 $S(\lambda)$ 可按式(6)计算得出：

$$S(\lambda)=S_0(\lambda)+M_1\cdot S_1(\lambda)+M_2\cdot S_2(\lambda) \qquad (6)$$

式(6)中：

$S_0(\lambda)$、$S_1(\lambda)$、$S_2(\lambda)$ 为标准昼光成分的光谱辐射分布，数据可查阅 CIE 15:2004；

M_1、M_2 为计算因子，可由式(7)给出。

$$\begin{cases} M_1=\dfrac{-1.351\,5-1.770\,3x_{\mathrm{D}}+5.911\,4y_{\mathrm{D}}}{0.024\,1+0.256\,2x_{\mathrm{D}}-0.734\,1y_{\mathrm{D}}} \\ M_2=\dfrac{0.030\,0-31.442\,4\,x_{\mathrm{D}}+30.071\,7y_{\mathrm{D}}}{0.024\,1+0.256\,2x_{\mathrm{D}}-0.734\,1y_{\mathrm{D}}} \end{cases} \qquad (7)$$

色座标 x_{D}、y_{D} 计算公式为式(8)、式(9)和式(10)。

$$y_{\mathrm{D}}=-3.000x_{\mathrm{D}}^2+2.870x_{\mathrm{D}}-0.275 \qquad (8)$$

其中相关色温为 4 000 K～7 000 K 时：

$$x_{\mathrm{D}}=-4.607\,0\frac{10^9}{T_{\mathrm{c}}^3}+2.967\,8\frac{10^6}{T_{\mathrm{c}}^2}+0.099\,11\frac{10^3}{T_{\mathrm{c}}}+0.244\,063 \qquad (9)$$

相关色温为 7 000 K～25 000 K 时：

$$x_{\mathrm{D}}=-4.607\,0\frac{10^9}{T_{\mathrm{c}}^3}+2.967\,8\frac{10^6}{T_{\mathrm{c}}^2}+0.099\,11\frac{10^3}{T_{\mathrm{c}}}+0.244\,063 \qquad (10)$$

式(9)、式(10)中 T_{c} 为照明体 D 的相关色温。

若要采用实际光源模拟标准照明体，可使用 CIE 标准推荐的标准光源 A，也可使用模拟标准照明体 C 或 D65 的光源，因为光源色不饱和所致的色差很小。

5.2 设备特征、试验条件和步骤

光谱和光透过率的测定应使用图 3 所示设备或能达到等同效果的设备。光谱测量所用带宽应不超过 5 nm。

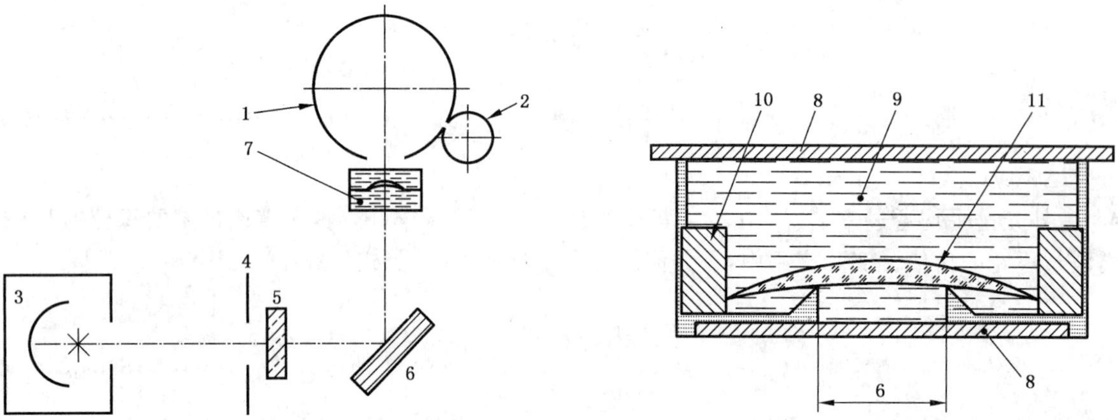

a） 测定光谱和光透过率的设备

b） 充满盐溶液并装有接触镜的透明容器图例

图中：

1 ——积分球；

2 ——接收器；

3 ——灯泡；

4 ——光阑；

5 ——滤光器；

6 ——反光镜；

7 ——装接触镜的透明容器；

8 ——石英玻璃平板；

9 ——盐溶液；

10——定中环；

11——接触镜。

图3 光谱和光透过率测定设备

注1：图3a)中的平面反光镜6仅作为光路折转的一个示意，最终测量光束应保持自然光特征。

软性接触镜应在镜片充分水合并在标准盐溶液中充分平衡后才能在充满标准盐溶液的测量容器内进行测量。如果由于接触镜置入测试液中而改变了测量光路中的测试液厚度，那么透过率的变化对测试结果的影响要予以分析，必要时应进行修正。

注2：一个可行的修正方法是对所置换的等效厚度的测试液进行光谱内透过率测定，作为修正因子。

透过率的测量应在接触镜的光学区中心进行。分别测量有接触镜片和无接触镜片时的值，再由式(1)、式(2)、式(3)、式(4)和式(5)中适用的公式，计算出对应的透过率。

5.3 结果修正

为表征实际使用中接触镜片的透过特性，要对透过光路分界面的反射光损耗进行修正。透过光路应以空气—镜片—盐溶液分界面来模拟空气—镜片—泪液层分界面的反射光损耗。

分界面的反射光损耗，可通过正入射光非传导性介质分界面的菲涅耳反射率公式近似计算，见式(11)。

$$R=\frac{(1-n)^2}{(1+n)^2} \qquad \cdots\cdots(11)$$

式中，

R——分界面的反射率；

n——两种材料的折射率比。

6 色觉影响分析的显色指数测定

见附录 B。

附 录 A
（资料性附录）
接触镜在盐溶液中的后顶焦度测定

A.1 总则

本附录详细描述了接触镜在盐溶液中使用莫尔偏折仪或哈特曼法进行后顶焦度测定的方法。

A.2 原理

A.2.1 莫尔偏折仪

莫尔偏折仪是反映一束通过样品或从样品反射的光线偏折的定量仪器。该技术基于莫尔条纹效应，当两块光栅板以一定偏角叠在一起时出现条纹称为莫尔条纹。将两光栅板平行拉开一定距离后，在准直光束照射下，前光栅的投影和后光栅相叠同样产生莫尔条纹图案。当在前光栅前放入光学单元时，由于光学单元的折光作用，前光栅在后光栅上投影的条纹间距发生变化，莫尔条纹扭转角和宽度也发生改变。

一种方法是采用条纹恢复法如通过光束聚散度的调整或通过后光栅沿光轴的平移以使条纹重新恢复原状，通过调节量的测量可计算出镜片的综合焦度；另一种方法是测量条纹扭转角和（或）宽度的变化量，通过算法可同时计算出光学单元的位置相关焦度和综合焦度。

在接触镜焦度测量的莫尔偏折仪中，系统校准以光路中放入无接触镜片的测量容器时，莫尔条纹的扭转角和（或）宽度作为基准并记存。接触镜片在空气中的后顶焦度计算依赖于测量容器、盐溶液和镜片的参数。

A.2.2 哈特曼法测试仪

哈特曼法采用微透镜获取通过光学单元的细光束以测量细光束的主光线折射的方法，计算出光学单元某位置的相关焦度和综合焦度。在大量微透镜构成的微镜面阵后焦面上，放置如CCD类面阵检测器或含面阵检测器的光组物面。准直光束通过微镜面阵后，各位置细光束分别聚焦于面阵检测器上各对应区域的中心。当在微镜面阵前放入光学单元后，由于光学单元的折光作用，除光轴上光线外，其余细光束在面阵检测器上发生像点横向偏位。测量各微透镜对应区域的像点偏位量以及区域中心与零偏位点的距离，可得到相关位置的主光线折射角与对应的位置座标，从而可计算得到被测光学单元某位置的相关焦度。由大量相关焦度可计算出被测光学单元的综合焦度。为了提高测量准确性，需对像点进行图像改善处理。

在接触镜焦度哈特曼法测量中，系统校准以光路中放入无接触镜片的测量容器时，微透镜产生的参考像作为基准并记存。接触镜片在空气中的后顶焦度计算依赖于测量容器、盐溶液和镜片的参数。

A.3 设备和试剂

A.3.1 莫尔偏折仪或哈特曼法设备

A.3.1.1 焦度测量用的孔径光阑直径应可调节并至少能设置到4.50 mm±0.50 mm。

A.3.1.2　仪器测量范围应不小于－20.00D～＋20.00D。

该焦度范围应为空气中的焦度，系统对于浸入盐溶液中镜片的焦度应对应换算。

A.3.1.3　仪器对于装有镜片的测量容器应有定位装置，以使被测镜片定位于测量系统的中心。

A.3.2　球面标定镜片

选用8个标定镜片，其后顶焦度应能表征－20.00 D～＋20.00 D范围，推荐后顶焦度标称值为：－20.00 D、－15.00 D、－10.00、－5.00 D、＋5.00 D、＋10.00 D、＋15.00 D、＋20.00 D。试验镜片的后顶焦度应能溯源。每个试验镜片的下列参数应给出，准确度应达到如下要求：

——中心厚度，±0.01 mm；

——基弧半径，±0.05 mm；

——直径，±0.05 mm；

——折射率准确到小数点后三位。

A.3.3　校准用测量容器

校准用测量容器中与测量相关的池壁的光学性能应不影响试验结果。

A.3.4　标准盐溶液

标准盐溶液符合GB/T 11417.4—2012规定，盐溶液的折射率应获得并准确到小数点后三位。

A.4　步骤

A.4.1　测试前镜片的处理

测试前镜片的处理如下。

镜片放入充满标准盐溶液的小瓶中保持温度为20 ℃±0.5 ℃历时30 min。

如果某些镜片聚合材料平衡30 min不足够，镜片制造商应声明所需的时间。

A.4.2　校准

A.4.2.1　控制环境温度为20 ℃±5 ℃，把球面试验镜片依次放入已校准过的测量容器内。按照制造商说明书的规定校准仪器。

标定镜片后顶焦度测量的平均值与标称值的偏离应在±0.04 D内。

A.4.2.2　进行三次独立测量并记录平均值。

A.4.2.3　标出校准曲线。

注：校准曲线的最优方法是采用最小二乘法拟合回归。

A.4.3　后顶焦度测量

A.4.3.1　在温度20 ℃±5 ℃环境下，用取片器把平衡在小瓶中的接触镜片放入装有标准盐溶液的测量容器内。

A.4.3.2　确保镜片没有翻转。

A.4.3.3　把测量容器放入仪器制造商指定的定位装置中。

A.4.3.4　按照仪器制造商给出的说明书规定，读取被测镜片的后顶焦度读数。

A.4.4 测量次数

A.4.4.1 总则

非环曲面水凝胶镜片所需独立测次见表 A.1,环曲面水凝胶镜片每个相关焦度参量所需独立测次见表 A.2。

注:所需测次将依赖于被测参量的允差限和由多个实验室比对试验所评估的试验方法再现性限。表 A.1 和表 A.2 是基于 A.4.6 给出的多个实验室比对试验的结果。

A.4.4.2 非环曲面镜片

后顶焦度的独立测次按表 A.1 规定,计算测值的平均值。通过校准曲线得出修正后的平均值。

A.4.4.3 环曲面镜片

环曲面镜片相关焦度参量的独立测次按表 A.2 规定,计算测值的平均值。通过校准曲线得出修正后的平均值。

表 A.1 非环曲面软性镜片所需测次

参 数	允 差	莫尔法测次	哈特曼法测次
后顶焦度			
$\lvert F'_V \rvert \leqslant 10.00$ D	±0.25 D	2	1
$10.00\ \text{D} < \lvert F'_V \rvert \leqslant 20.00$ D	±0.50 D	1	1
$\lvert F'_V \rvert > 20.00$ D	±1.00 D	1	1

表 A.2 环曲面软性镜片所需测次

参 数	允 差	莫尔法测次	哈特曼法测次
球镜度			
$\lvert F'_V \rvert \leqslant 10.00$ D	±0.25 D	7	2
$10.00\ \text{D} < \lvert F'_V \rvert \leqslant 20.00$ D	±0.50 D	2	2
$\lvert F'_V \rvert > 20.00$ D	±1.00 D	2	2
柱镜度			
$\lvert F'_C \rvert \leqslant 2.00$ D	±0.25 D	2	2
$2.00\ \text{D} < \lvert F'_C \rvert \leqslant 4.00$ D	±0.37 D	1	2
$\lvert F'_C \rvert > 4.00$ D	±0.50 D	1	2
柱镜轴位	±5°	2	3

A.4.5 结果表达

A.4.5.1 非环曲面镜片

镜片以屈光度为单位的后顶焦度应以 A.4.4.1 所测定的修正平均值报告。

A.4.5.2 环曲面镜片

镜片以屈光度为单位的球镜度和柱镜度以及以度为单位的柱镜轴位应以 A.4.4.2 所测定的修正平均值报告。

A.4.6 再现性数据

见表1。

注1：球面软性接触镜的再现性限(R)及再现性标准差(S_R)的确定，是在1996和1997年期间由4和5个独立实验室，21个样品镜片，依据ISO 5725：1986标准规范依次进行比对试验得出的。

注2：环曲面软性接触镜的再现性限(R)及再现性标准差(S_R)的确定，是在1996和1997年期间由5个独立实验室，8和19个样品镜片，依据ISO 5725：1986标准规范依次进行比对试验得出的。

在正常情况下，操作方法正确，则两个实验室对同一镜片得出的单一结果的差值大于再现性限R为平均20例中不超过一次。

附 录 B
（规范性附录）
接触镜色觉影响分析的显色指数测定

B.1 原理

采用8个标准检验色样的比较方法，来衡量参考照明体光谱透过接触镜后的辐射与参考照明体直接辐射照射检验色样的色差，得到显色指数 R_a。

B.2 设备

见5.2图3的设备。

B.3 步骤

测试步骤如下：

a) 选择设备的波长步距5 nm；

b) 按5.2、5.3的方法测定380 nm～780 nm段光谱透过率 $\tau(\lambda)$。

B.4 计算

计算步骤如下：

a) 计算参考照明体X作模拟光源输入，经镜片后输出光谱的CIE1931$_{xy}$色品坐标 x_k、y_k，计算公式见式(B.1)和式(B.2)。

$$x_k = \frac{\sum_{\lambda=380}^{780} S_X(\lambda) \cdot \bar{x}(\lambda) \cdot \tau(\lambda) \cdot \Delta\lambda}{\sum_{\lambda=380}^{780} [\bar{x}(\lambda) + \bar{y}(\lambda) + \bar{z}(\lambda)] \cdot S_X(\lambda) \cdot \tau(\lambda) \cdot \Delta\lambda} \quad \cdots\cdots\cdots\cdots (B.1)$$

$$y_k = \frac{\sum_{\lambda=380}^{780} S_X(\lambda) \cdot \bar{y}(\lambda) \cdot \tau(\lambda) \cdot \Delta\lambda}{\sum_{\lambda=380}^{780} [\bar{x}(\lambda) + \bar{y}(\lambda) + \bar{z}(\lambda)] \cdot S_X(\lambda) \cdot \tau(\lambda) \cdot \Delta\lambda} \quad \cdots\cdots\cdots\cdots (B.2)$$

式中：

$S_X(\lambda)$ ——参考照明体X的相对光谱辐射度；

$\bar{x}(\lambda)$,$\bar{y}(\lambda)$,$\bar{z}(\lambda)$ ——标准色度观察者光谱三刺激值。

注：$S_X(\lambda)$ 的数据计算和 $\bar{x}(\lambda)$,$\bar{y}(\lambda)$,$\bar{z}(\lambda)$ 的数据可查阅GB/T 5702—2003。

b) 色品坐标为 x_k、y_k 的光谱设为待测光源，分别按GB/T 5702—2003方法计算GB/T 5702—2003中规定的 $i=1\sim8$ 的8个检验色样的特殊显色指数 $R_1 \sim R_8$。

c) 显色指数 R_a 按式(B.3)计算：

$$R_a = \sum_{i=1}^{8} R_i / 8 \quad \cdots\cdots\cdots\cdots (B.3)$$

式中：

R_i ——对应 $i=1\sim8$ 检验色样的特殊显色指数。

如果需要，可以进一步计算7个饱和色样的特殊显色指数 $R_i(i=9\sim15)$，以供分析评价。

B.5 精密度

重复性是显色指数 R_a 的精密度特征，预计小于1%。

ICS 11.040.70
C 40

中华人民共和国国家标准

GB/T 11417.6—2012

眼科光学　接触镜
第6部分:机械性能试验方法

Ophthalmic optics—Contact lenses—
Part 6:Mechanical properties test methods

2012-12-31 发布　　2013-06-01 实施

中华人民共和国国家质量监督检验检疫总局
中国国家标准化管理委员会　发布

前　言

《眼科光学　接触镜》与GB/T 28539《眼科光学　接触镜和接触镜护理产品　防腐剂的摄入和释放的测定指南》和GB/T 28538《眼科光学　接触镜和接触镜护理产品　兔眼相容性研究试验》共同构成接触镜系列国家标准。

《眼科光学　接触镜》分为以下9个部分：

——第1部分：词汇、分类和推荐的标识规范；(GB/T 11417.1)

——第2部分：硬性接触镜；(GB 11417.2)

——第3部分：软性接触镜；(GB 11417.3)

——第4部分：试验用标准盐溶液；(GB/T 11417.4)

——第5部分：光学性能试验方法；(GB/T 11417.5)

——第6部分：机械性能试验方法；(GB/T 11417.6)

——第7部分：理化性能试验方法；(GB/T 11417.7)

——第8部分：有效期的确定；(GB/T 11417.8)

——第9部分：紫外和可见光辐射老化试验(体外法)；(GB/T 11417.9)

本部分为第6部分。

本部分按照GB/T 1.1—2009给出的规则起草。

本部分技术内容参考了ISO 18369-3：2006《眼科光学　接触镜　第3部分：测量方法》，ISO 18369-4：2006《眼科光学　接触镜　第4部分：理化特性试验方法》中4.3和ANSI Z80.20—2004《眼科美国国家标准　接触镜　标准术语、允差、测量和理化特性》。

请注意本文件的某些内容可能涉及专利。本文件的发布机构不承担识别这些专利的责任。

本部分由国家食品药品监督管理局提出。

本部分由全国光学和光子学标准化技术委员会医用光学和仪器分技术委员会(SAC/TC 103/SC 1)归口。

本部分起草单位：国家食品药品监督管理局杭州医疗器械质量监督检验中心、浙江省医疗器械检验所。

本部分主要起草人：文燕、郑茹、贾晓航、齐伟明、何涛、黄怡怡。

眼科光学　接触镜
第6部分：机械性能试验方法

1　范围

GB/T 11417.6 给出了接触镜包含尺寸在内的机械性能的试验方法。

本部分适用于接触镜机械性能的测试。

2　规范性引用文件

下列文件对于本文件的应用是必不可少的。凡是注日期的引用文件，仅注日期的版本适用于本文件。凡是不注日期的引用文件，其最新本版本(包括所有的修改单)适用于本文件。

GB/T 2411—2008　塑料和硬橡胶　使用硬度计测定压痕硬度(邵氏硬度)

GB/T 11417.1—2012　眼科光学　接触镜　第1部分：词汇、分类和推荐的标识规范

GB 11417.2—2012　眼科光学　接触镜　第2部分：硬性接触镜

GB 11417.3—2012　眼科光学　接触镜　第3部分：软性接触镜

GB/T 11417.4—2012　眼科光学　接触镜　第4部分：试验用标准盐溶液

3　术语和定义

GB/T 11417.1—2012 中界定的定义和术语适用于本文件。

4　曲率半径的测定

4.1　总则

硬性接触镜表面的曲率半径的测定，采用光学球径仪(见 4.2)或带有接触镜托架的角膜曲率计(见 4.3)两种通用仪器。

已知距离的接触镜表面反射形成一个矢标像，角膜曲率计方法(见 4.3)测量该反射像的尺寸，然后运用曲率和反射像的放大关系测定光学区后表面半径。

注：角膜曲率计也可用于含水接触镜的测量，见表1。

水凝胶接触镜表面的曲率半径的测定，可采用超声，机械和光学的方法通过测量矢高得到(见 4.4 和表1)。但不推荐硬性球面接触镜采用这些方法。硬性非球面接触镜也可使用矢高法(见 4.2.4)。

表1　测试方法、应用范围和复现性

条款	测试方法/应用	复现性[a,b]
4.2	光学球径仪 　硬性球面镜片	 ±0.015 mm　空气介质
4.3	角膜曲率计 　硬性球面镜片 　硬性球面镜片 　水凝胶球面镜片(含水量 38%，t_c>0.1 mm)	 ±0.015 mm　空气介质 ±0.025 mm　标准盐溶液介质 ±0.050 mm　标准盐溶液介质

表 1（续）

条款	测试方法/应用	复现性[a,b]
4.4	矢高法 水凝胶镜片（含水量 38%，t_c>0.1 mm） 水凝胶镜片（含水量 55%，t_c>0.1 mm） 水凝胶镜片（含水量 70%，t_c>0.1 mm）	 ±0.050 mm　标准盐溶液介质 ±0.100 mm　标准盐溶液介质 ±0.200 mm　标准盐溶液介质
注：本表给出的硬性球面接触镜的复现性值，是多个实验室循环测试得到的。也适用于非球面和环曲面硬镜。		
[a] 任何方法的复现性值应是 GB 11417.2—2012 和 GB 11417.3—2012 中所规定允差的一半或更小。 [b] 在 GB/T 11417.1—2012 中给出了复现性限 R 的定义。		

4.2 光学球径仪

4.2.1 原理

如下所述，光学球径仪采用 Drysdale 原理寻找表面顶点和曲率中心点的空间像。该两点之间的距离就是球面的曲率半径，也是（截面为二次曲线的）非球面的顶点曲率半径。安装一个特制附件后，光学球径仪可用于测量硬性环曲面镜片的两子午方向的半径。可测量硬性非球面镜的偏心半径。

光学球径仪主要是配有同轴透射照明装置的显微镜。光从测标 T（图 1）出发，在析光镜 M 处反射，并沿光轴向下，通过显微镜的物镜后，在 T' 处形成测标像。若焦点与镜片表面重合，则光线沿反向光路在 T 和 T'' 处成像，当观察者观察到清晰的测标像时，T'' 与 T' 测点共轭［图 1a)］，T'' 是"顶点表面像"。

升高显微镜或降低测座以拉开显微镜到镜片表面的距离，直至物镜所成的像 T' 与镜片曲面球心 C（表面曲率中心）重合。通常来自光标 T 的光线投射于镜片表面，并沿特有的光路反射而成像于 T 及 T'' 处［图 1b)］。这时观察者又看到一个清晰的像，这就是"表面曲率中心的空间像"。显微镜与测座所移动的相对距离就是镜片表面的曲率半径（r）。使用模拟或数字距离测试仪来记录该距离。

对于环曲面测试，两个主子午面应分别与球径仪测标的朝向对齐后测量。

对于镜片前表面的测量，表面曲率中心在镜片顶点下。

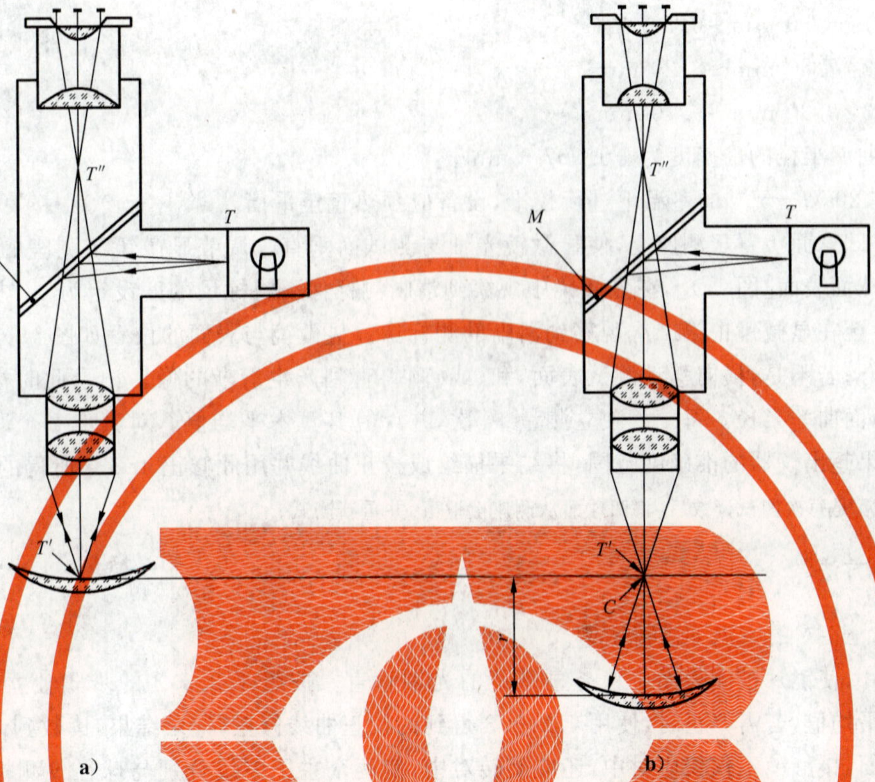

说明：

C ——被测表面；

T ——测标；

T′ ——测标 T 的像；

T″ ——T′的共轭像，T 到 M 的距离等于 M 到 T″的距离；

M ——析光镜；

r ——表面曲率半径。

图 1 球径仪光学系统图

4.2.2 设备要求

球径仪，配有同轴透射照明、测标装置和精密调焦装置的光学显微镜。调焦装置应能使显微镜或测座平稳升降。应配有测距标尺（见注）。

物镜放大率不小于 6.5 倍，数值孔径不小于 0.25。显微镜的总放大倍率不小于 65 倍。显微镜所成的测标实像的直径不大于 1.2 mm。

标尺的分划格值不大于 0.02 mm。在 20 ℃±5 ℃时，在 2.00 mm 或更大尺度时的准确度为±0.010 mm。标尺格值的准确度应为±0.003 mm。

机械标尺可配有某些装置减少空回。若单方向读数，该误差源可以忽略不计。

照明测标通常包含围绕中心的 4 条交叉直线，相邻夹角 45°。

球径仪应配有一个镜片托座，可使镜片放置在一个参考平面上，通常在仪器的光轴上。托座应可横向调节，使镜片的后表面顶点落在光轴上。托座应能抑制接触镜非测量表面的反射。

注：术语“标尺”系指模拟和数字仪器。

4.2.3 校准

4.2.3.1 应采用以下3种曲率半径的光学玻璃凹球面进行校准：

凹球面1：6.30 mm～6.70 mm；

凹球面2：7.80 mm～8.20 mm；

凹球面3：9.30 mm～9.70 mm。

凹球面曲率半径的准确度为±0.007 5 mm。

4.2.3.2 在20 ℃±5 ℃的室温下进行校准，设备应预热直至平衡。

4.2.3.3 将凹球面1置于测座上，使显微镜光轴与测试面垂直。调节显微镜与测座的间距，直至测标像聚焦于凹球面表面[图1a)]，在显微镜中观察到清晰测标像。将标尺刻度设定为0。拉开测座与显微镜的间距，直至在显微镜中第二次观察到清晰的测标像。显微镜与表面的位置如图1b)所示。2个像都应在视场中心；若不是，横向移动测试表面，和(或)倾斜直到产生清晰的像。记录此时标尺刻度所示读数，即为凹球面曲率半径。每一片独立测量10次，并计算其算术平均值。对其他2个凹球面重复以上步骤。若结果超出仪器的准确度范围，将结果描绘成校正曲线并用此修正4.2.4所得的结果。

注："独立"是每次测试读数后，将凹球面从测座上取下，并重新测试。

4.2.4 测量方法

在20 ℃±5 ℃的室温下进行测量。

放置镜片，使镜片被测表面位置与显微镜的光轴垂直。按照4.2.3.3的步骤独立测试读数三次。计算其算术平均值，若需修正时，使用4.2.3.3得到的校正曲线修正，记录结果，读数到0.01 mm。

对环曲面，接触镜不仅仅应对中，还应旋转对中，使两个主子午线分别与球径仪测标线平行。分别对两主子午线进行测量。

对非球面，应测量顶点曲率半径，除了要更精确的放置表面顶点到显微镜的焦点上外，步骤与测量球面镜片一样。

注：非球面的等效球面曲率半径可按照4.4中的方法，采用矢高(s)和光学区域($2h$)的方法测定，按式(1)将矢高换算为等效球面半径：

$$r=\frac{s}{2}+\frac{h^2}{2s} \qquad \cdots\cdots(1)$$

这个方法与离心率(e)无关，可用于验证采用离心值计算的等效半径。另外，这个方法测量非球面等效半径也与圆锥曲面无关。

4.3 角膜曲率计试验方法

4.3.1 原理

角膜曲率计是一个双路短焦望远镜系统，主要用于测量人眼中心角膜的曲率。对于接触镜测量，需要一个镜片托座，可用于放置镜片，使镜片的后表面与角膜曲率计的光轴垂直。采用角膜曲率计中的双路系统测定，分别测定已知尺寸和距离的物体的反射像尺寸，反射像尺寸与镜片表面曲率半径相关，从而可计算得到接触镜的曲率半径。角膜曲率计给出了弦直径在3.0 mm区域中的曲率半径。角膜曲率计的示意图见图2。

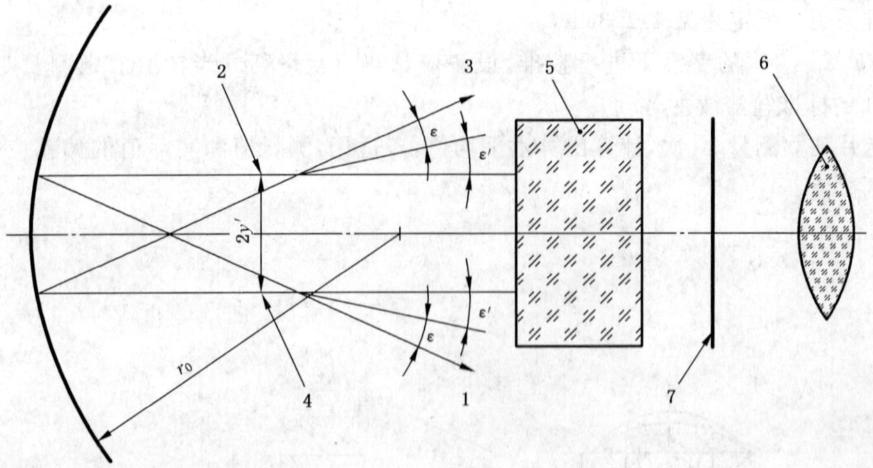

说明：

r_0 ——基弧半径；

$2y'$——反射像之间的距离；

ε、ε'——反射角；

1 ——测标 1；

2 ——测标 1 的像；

3 ——测标 2；

4 ——测标 2 的像；

5 ——物镜双系统；

6 ——目镜；

7 ——物镜像平面＝目镜物平面。

图 2 角膜曲率计的光学系统

假设被测区域为球面，则曲率半径可由式(2)计算得到近似曲率半径值：

$$r_0 = \frac{-y'n}{\sin\varepsilon} \quad \cdots\cdots (2)$$

式中：

r_0——曲率半径；

y'——反射像半间距；

ε ——入射角；

n ——测试溶液的折射率(空气测量时 $n=1$)。

4.3.2 设备要求

角膜曲率计具有一个从垂直于光学系统光轴的光学表面反射的位置测标。还需要一个特制的镜片托座，使镜片放置在合适的位置和方向(见图 3 和图 4 中所示为镜片的后表面)。可调双光路系统应能测定固位测标反射像的尺寸和距离，或光路系统不变，但测标大小可调，以使像大小不变。角膜曲率计应能测量环曲面的两子午线半径。总放大率不小于 20 倍。

刻度格值不大于 0.02 mm，若刻度为屈光度，则最大格值应不大于 0.25 D。转换表可将屈光度转换为曲率半径。

4.3.3 **校准**

4.3.3.1 校准采用的标定片见 4.2.3.1。

4.3.3.2 在 20 ℃±5 ℃的室温下进行校准，设备应预热直至平衡。当在溶液中测量时，应使用符合 GB/T 11417.4 的标准盐溶液。

4.3.3.3 标定片独立测量 10 次，计算出算术平均值，若适用，测量值和实际值的偏差应描绘成校正曲线，用以修正测试值。

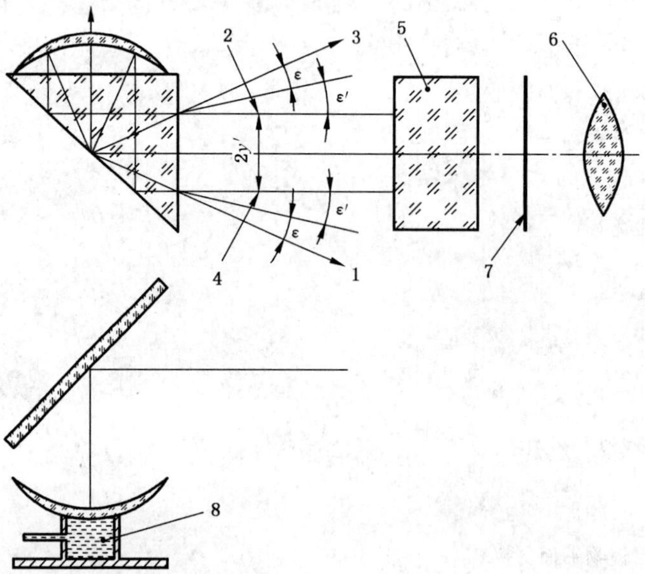

说明：

2y′——反射像的距离；

ε、ε′——反射角；

1 ——测标 1；

2 ——测标 1 的像；

3 ——测标 2；

4 ——测标 2 的像；

5 ——物镜双系统；

6 ——目镜；

7 ——物镜像平面=目镜物平面；

8 ——溶液。

图 3 角膜曲率计空气中测量示意图

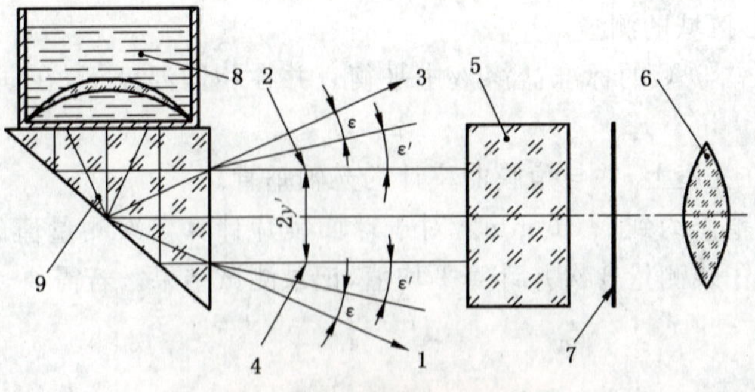

a)

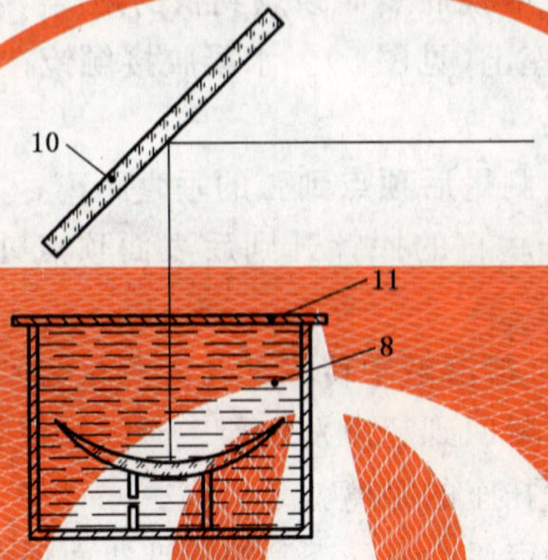

b)

说明：

2y′——反射像的距离；

ε、ε′——反射角；

1 ——测标 1；

2 ——测标 1 的像；

3 ——测标 2；

4 ——测标 2 的像；

5 ——物镜双系统；

6 ——目镜；

7 ——物镜像平面＝目镜物平面；

8 ——溶液；

9 ——棱镜；

10 ——镀银层反光镜的前表面；

11 ——可移动的盖子。

图 4　角膜曲率计溶液中测量示意图

4.3.4　试验方法

4.3.4.1　总则

硬性接触镜一般在空气中测量，但若有要求，也可在溶液中测量。

4.3.4.2　在空气中测量

在 20 ℃±5 ℃的室温下平衡被测镜片和仪器后，进行测量。

将硬性接触镜固定在托座上，并与角膜曲率计的光学轴线垂直。

独立测量 3 次，测量值修约到 0.01 mm。对于球面计算 3 次测试值的算术平均值(若需要，用 4.3.3 的校准曲线进行修正)，对于环曲面，分别对两个主子午线测量 3 次并计算平均值，记录测试结果，若需要，分别对它们进行修正。

4.3.4.3 在溶液中测量

本方法只适用于中心区域的测量。

软性镜片在 20 ℃±0.5 ℃的标准盐溶液中平衡。并在相同温度下，在同种标准盐溶液中悬置和测量。

将软性接触镜定位在托座上，并与角膜曲率计的光轴垂直。

独立测量 3 次，测量值修约到 0.01 mm。对于球面镜片计算 3 次测量值的算术平均值，对于环曲面镜片，分别对两个主子午线测量 3 次并计算平均值，记录测试结果。若需要，分别对它们进行修正。

4.4 矢高法测量

4.4.1 原理

在给定弦长的基础上，矢高是接触镜后表面顶点到弦的距离。在测量后光学区的矢高时，镜片凹面朝下放置在一个固定直径的圆形托座上（见图 5）。水凝胶接触镜在测试前应在标准盐溶液中平衡。

矢高测量可采用以下三种方式：

a) 当采用光学投影仪时，放大测量后顶点到弦的垂直距离；

b) 当采用机械方法时，有一个垂直的探针升到后表面顶点处，探针从弦的位置至接触到后顶点位置的高度就是矢高（见图 7）；

c) 同样也可以采用超声在标准盐溶液中传输的时间测量得到距离。从超声发生器发出一个超声脉冲到达后顶点，然后再反射回到超声发生器。时间乘以特定温度下介质中的声速，使之转化为距离，减去发生器到镜片托座的距离就是矢高。

球面的曲率半径（$e=0$），或有特定离心率（$e>0$）的圆锥曲面顶点的曲率半径，可采用适用的公式由矢高计算得到。

采用上述 a)～c)的测量方法时，低含水量的接触镜常规的重复性期望为 0.05 mm，中含水量为 0.1 mm，高含水量为 0.2 mm。

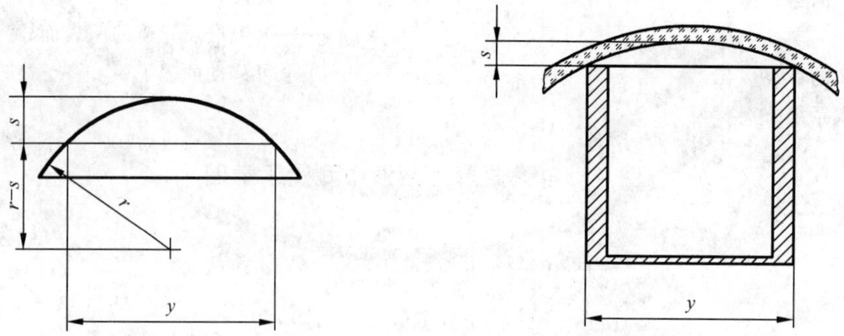

$r^2=(r-s)^2+0.25y^2$　　　　$s=r-(r^2-0.25y^2)^{0.5}$

说明：

r——镜片的曲率半径；

s——矢高；

y——镜片托座的外弦直径。

图 5　曲率半径测量几何图

4.4.2 仪器要求

4.4.2.1 光学投影仪

光学投影仪的放大率应大于10倍，并应有一个装有中空的圆柱型接触镜托座的测池。见图5所示，接触镜凹面朝下居中，水平静止，托座提供的弦长应为10 mm(如图5中所示)。刻线的最小刻度应为0.01 mm。当测量接触镜中心部分(接触镜已居中)时，矢高的目视测量的重复性为±0.02 mm或更好。仪器应配有温控装置。

4.4.2.2 机械球径仪

球径仪将接触镜的轮廓，镜片托座和探针投射到一个屏幕上(见图6)。投影系统的放大倍率不小于10倍。投影系统应使镜片、镜片托座和探头在同一焦面上。并能使操作者观察镜片居中位置，以确保探头与镜轴接近重合，最后，探头正好触及镜片的后顶点(见图7)。终点距即为测试值。固体机械探针从接触镜托座平面到后表面顶点的距离即为矢高(s)。模拟或数字表的精度应不小于0.01 mm。

测池和托座的要求见4.4.2.1。

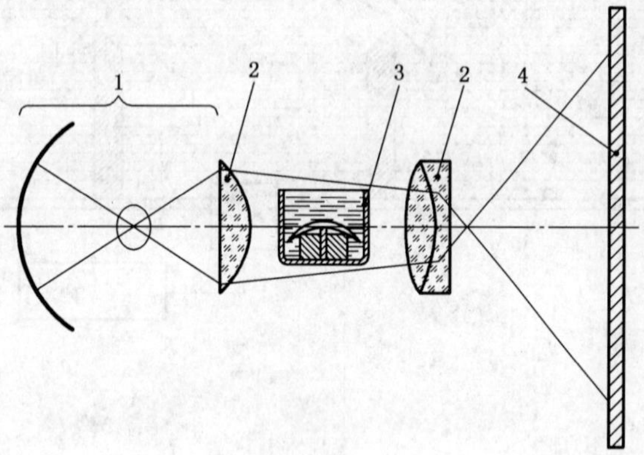

说明：

1——照明系统；

2——镜片；

3——带镜片的测池；

4——屏幕。

图6 溶液中机械分析原理

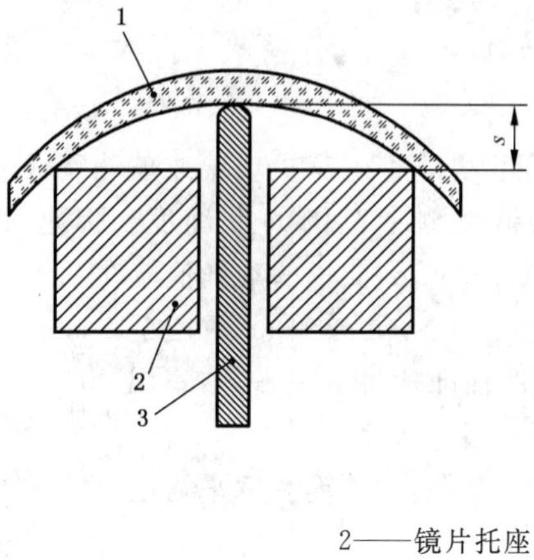

说明：

s——矢高；

1——接触镜；

2——镜片托座；

3——探针。

图7 机械分析的测座和探针示意图

4.4.2.3 超声仪

超声发生器应安装在接触镜托座的中心(见图 8)。频率(f)应大于 18 MHz,带宽($1.4f \pm 5$)MHz。焦距 25 mm～50 mm;束宽 2.0 mm 或更小;一个附属电子设备应能够适用于发生器的电子信号校正。间隔计时器应能计时 0.01 μs,为了采用平均时间推荐使用可调门控时间。应注意接触表面或其他任何声介面都会产生回波。附属设备应能排除和忽略干扰回波信号。

测池和托座的要求见 4.4.2.1。

忽略它的结构,当测量接触镜中心部分(接触镜已居中)的矢高时,测量的重复性为±0.02 mm 或更好。

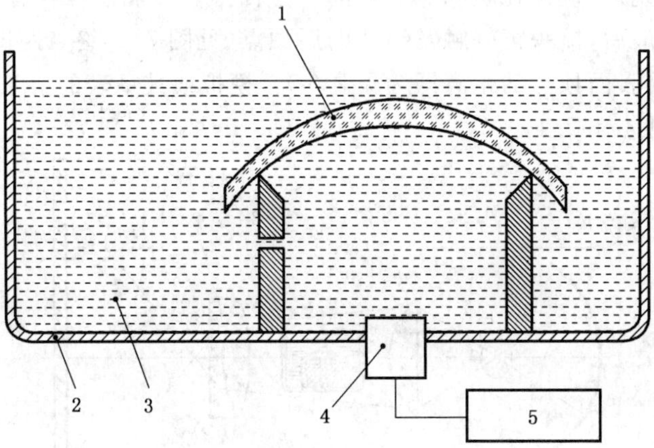

说明:
1——接触镜;
2——容器;
3——标准盐溶液;
4——发生器;
5——附属设备。

图 8 溶液中超声法测试矢高

4.4.3 校准

校准(测定测量准确度)应采用至少 3 种由有机玻璃或玻璃制成的凹的硬性球面标定片,标定片之间的曲率有一定的间隔,以确保整个测量范围的准确度。标定片需包括 7.50 mm±0.10 mm,8.50 mm±0.10 mm,9.50 mm±0.10 mm,曲率的准确值应在 0.01 mm 内。

注:校准块制为平凹型较为方便,推荐中心厚度为 3 mm,直径为 12 mm。

在设备预热平稳后,校准块应在标准盐溶液中平衡,室温 20 ℃±5.0 ℃下校准光学投影仪和球径仪,室温 20 ℃±0.5 ℃下校准超声仪。

每个标定片应在同向测量至少 20 次,并计算算术平均值。若适用,计算值与实际值的偏差应建立校准曲线。

4.4.4 测量方法

被测接触镜以自重的方式漂置在镜片托座上并居中。当测量非球面的矢高时,应更注意镜片的居中。在测试前，镜片应在 20 ℃±0.5 ℃的标准盐溶液下平衡至少 30 min。在 20 ℃±0.5 ℃温度下测量镜片。

光学投影仪，机械方法和超声法都应 3 次独立测量，记录最小位为 0.01 mm。计算 3 次的算术平均值为接触镜表面的矢高(s)。

4.4.5 矢高与曲率半径的转换

若有要求，可采用式(3)将矢高(s)通过测量的直径 ($2y$)转化成为曲率半径(球面)或等效球面曲率半径(非球面)

$$r=\frac{s}{2}+\frac{y^2}{2s} \qquad (3)$$

由校准曲线获得曲率半径。

5 直径和宽度

5.1 总直径

5.1.1 总则

测量硬性接触镜的总直径应采用 5.1.2 的 V 形槽法或 5.1.3 的投影法。

软性接触镜的总直径应采用 5.1.3 的投影法。

任何方法的最小复现性应为±0.05 mm。

5.1.2 V 形槽法

5.1.2.1 原理

当一个圆形盘片滑落在 V 形槽内(见图 9 和图 10)，它所停留的位置至槽顶点的距离是由盘片的直径和 V 形槽的角度决定的。直径的读数可从接触镜的上边缘所对应的 V 形槽的中心或边缘上的刻度上读出。

5.1.2.2 V 形槽规范

V 形槽在 7 mm～11 mm 范围内测量应准确到±0.05 mm。在 V 形槽的边缘或中间应有刻度以便读取直径。刻度线的直径范围 7.0 mm～11.0 mm，最小刻度间隔为 0.10 mm，每 0.50 mm 的刻度线略长，每 1.00 mm 的刻度线最长。在图 9 和图 10 给出了 V 形槽的范例。

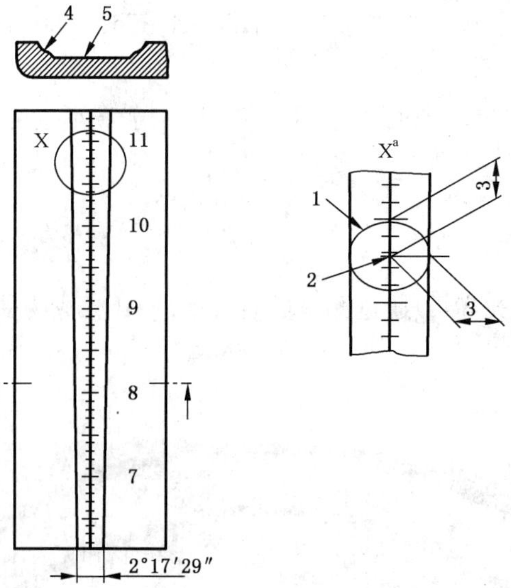

槽深:1.00 mm±0.25 mm　　　　槽宽:宽侧 11.00 mm±0.01 mm

槽长:100.00 mm±0.25 mm　　　　窄侧 7.00 mm±0.01 mm

V形夹角:$2\tan\left(\frac{11.0-7.0}{200}\right)=2°17'29''$

说明:

1——镜片外廓;

2——镜片中心;

3——1/2 镜片直径;

4——防止积灰的倒角;

5——刻线(凸起或刻划)。

[a] 上边缘的刻线位置。

图 9　V形槽直径测量示图

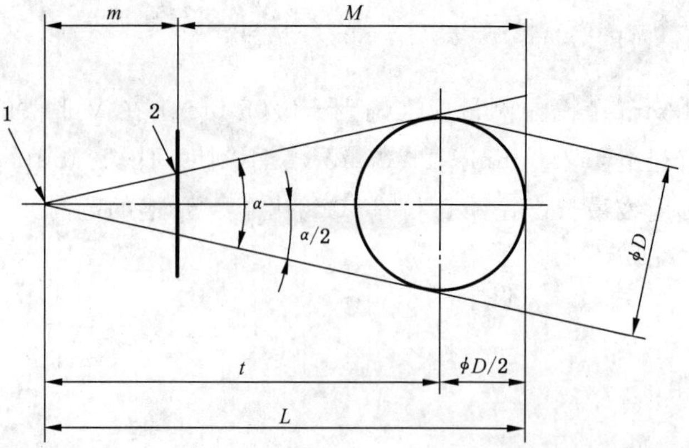

说明:

1——顶点;

2——槽的窄处。

图 10　V形槽测量器各量值的几何关系

5.1.2.3 校准

5.1.2.3.1 标定片

选三片硬性耐用的标定片(见图 11),可采用铝质或合适的塑料材料,精密加工的直径分别为 7.50 mm±0.01 mm、9.50 mm±0.01 mm 和 10.50 mm±0.01 mm,用来校准刻度。

单位为毫米

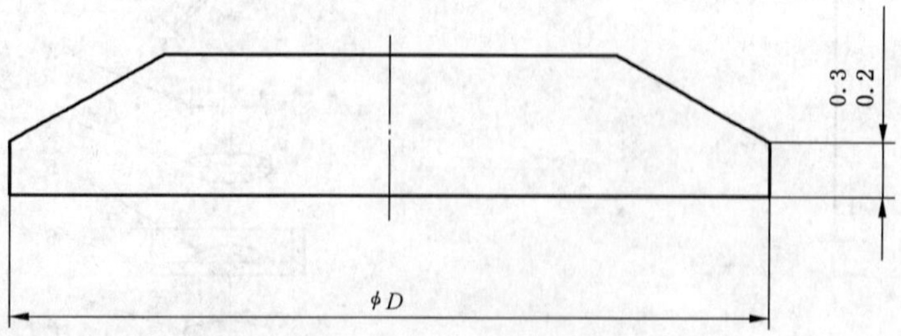

图 11 标定片

5.1.2.3.2 校准步骤

校准时维持温度在 20 ℃±5 ℃,将标定片放置于 V 形槽内,并与槽的两边接触。每一个标定片读取 10 次独立的测值。将结果绘制成一校正曲线,并用于修正 5.1.2.4 所测得的结果。对于本方法的校准而言,直径读数偏差在±0.02 mm 内认为是可以接受的。

5.1.2.4 测量

测试时温度维持为 20 ℃±5 ℃。

将干燥的测试镜片放置于 V 形槽测试器的宽侧,将槽的宽侧抬高大约 45°,让镜片藉自身的重量滑动,无需任何外力滑到槽的窄处。镜片的后表面和边缘会受到一些摩擦,使速度变慢。直到镜片达到一个固定的位置时槽的宽度就是镜片的直径。镜片上边缘所对应的刻度即为镜片直径。

转动镜片,3 次独立测量最大和最小直径。注意在测量时不要使镜片变形。假设镜片直径是均匀的,计算 6 次读数的算术平均值,并用校正曲线修正。如果不是,则分别计算最大和最小直径的平均值。

5.1.2.5 结果的重复性期望

因为直径的测量是依靠目视读数,它的精度取决于观测者的视觉能力。但是,刻线上位置的变化与 V 形槽夹角的正弦值的倒数成比例关系(图中为 25∶1)。因为槽的刻划宽度为 0.25 mm 对应直径变化 0.01 mm,等效于沿直径刻度的距离变化为 0.25 mm。假定 0.38 mm 的距离容易辨别,换算为镜片直径重复性约为 0.015 mm。此外,因为刻度线的间隔表征直径增量为 0.1 mm,这一距离的 1/4 容易被判定。为此,这种算法的精度等于 $0.75\sin(0.5\beta)$,其中 β 是 V 形槽的夹角。在图 9 中所示的槽的准确度为 0.015 mm。

5.1.3 投影法

5.1.3.1 投影法规范

在图 12 中显示了投影法的原理。投影系统应能测量到±0.05 mm,范围应为 0 mm~17 mm。如图 12 所示,接触镜测座(6)水平放置,并可垂直调节。观察屏(1)的刻度上至少有 15 倍的线性放大倍率,且测量接触镜直径的准确度为 0.05 mm。仪器具有远心光路,确保孔阑(3)处于在物镜(4)的后焦面上。

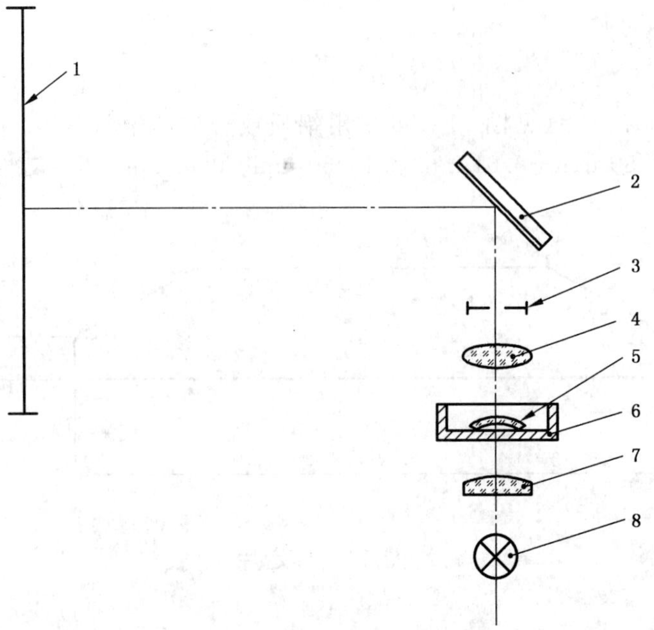

说明：
1——带刻度的观察屏；
2——反光镜；
3——孔栏；
4——物镜；
5——接触镜测试样品；
6——接触镜测座(透明容器)；
7——聚光镜；
8——光源。

图 12 投影原理图

5.1.3.2 校准

5.1.3.2.1 标定片

使用符合 5.1.2.3.1 的标定片，对软镜增加 13.0 mm 和 15.0 mm 的标定片。

5.1.3.2.2 校准过程

校准时维持温度在 20 ℃±5 ℃，将标定片放置于样品位置上，升降调整使其成像于观察屏上。每一个标定片读取 10 次独立的测值。若需要，将结果绘制成一校正曲线，并用于修正 5.1.3.3 所测得的结果。对于本方法的校准而言，直径读数偏差在±0.02 mm 内认为是可以接受的。

5.1.3.3 测量

对于水凝胶镜片，除非制造商有另外规定，应在 20 ℃±0.5 ℃的标准盐溶液至少平衡 30 min。

在空气中测试时环境温度维持为 20 ℃±5 ℃。

将镜片放在测池内，维持测池内标准盐溶液的温度为 20 ℃±0.5 ℃。

转动镜片，3 次独立测量最大和最小直径。注意在测量时不要使镜片变形。假设镜片直径是均匀的,计算 6 次读数的算术平均值。如果不是,则分别计算最大和最小直径的平均值。必要时用校正曲线修正。

软镜 4 个方向的任何 2 个方向上的直径互差超过 0.4 mm 时,该软镜应标识为"非圆形"。

5.2 环带直径和宽度

5.2.1 总则

可用投影法(5.1.3)测量接触镜环带的直径和宽度(如:光学区直径,次弧或外弧直径或宽度),对于硬镜可在空气中使用手持放大仪(5.2.2)进行测量。因为这些区域边缘的界限经常"混合",几个区域互相交融,所以很难测量。

5.2.2 使用手持放大仪方法

5.2.2.1 放大率要求

测量放大仪的最小倍数为 7 倍。放大仪的视场中心应有适用的刻度,最小刻度为 0.10 mm。

5.2.2.2 校准

应使用已知直径的标定片来测定放大率的准确度,应采用不同尺寸的标定片来测定不同刻度的准确度(见 5.1.2.3.1 的标定片要求)。若需要应给出修正因子。在校准时应考虑对焦精度,应包含在修正因子中。

5.2.2.3 测量

测试时环境温度维持在 20 ℃±5 ℃。

沿经过硬镜几何中心的子午线或子午延长线方向测量。沿所测子午线长度上测量环带直径或宽度,测量 3 次并计算算术平均值。

6 厚度

6.1 总则

用千分表测量硬性接触镜的截面厚度,用低测量力装置测量软性接触镜的截面厚度。

光学球径仪或投影仪的光学方法也可用于接触镜厚度的比较,但不能给出镜片的绝对厚度,精度也尚未得到实验室证实。

6.2 百分表法

6.2.1 仪器要求

百分表测量头球面半径应在 1.2 mm～5.0 mm 之间。百分表对接触镜的测量压力应不超过 1.4 N。百分表的格值应优于 0.01 mm,在 0 和 5 mm 之间的精度等于或优于 0.01 mm。百分表应能在测座位置归零,接触镜被测点的两表面分别与测座和测杆接触。

6.2.2 测量

测试时环境温度维持为 20 ℃±5 ℃。

3 次独立测量(图 13),若有修正因子应对测量结果进行修正,计算 3 次的算术平均值。

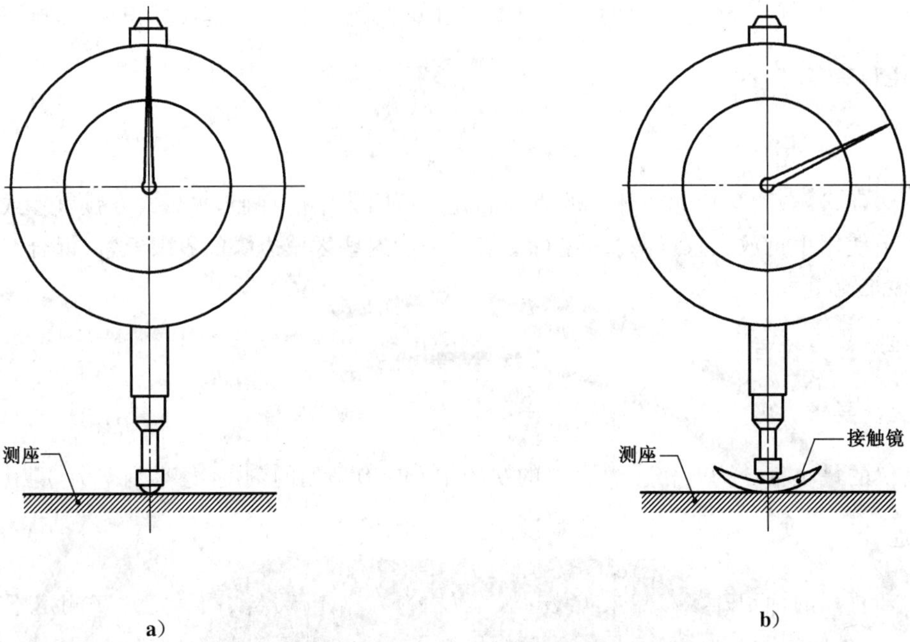

图 13 百分表测量中心厚度

6.3 低测力装置方法

6.3.1 仪器要求

仪器测量直线位移量，该仪器由安装传感器的坚固结构及测座组成，其测量准确度为 0.002 mm。传感器安装在直径不小于 2 mm 探针的顶端，当探针从初始状态移动到 1 mm 时，传感器受到的反压力最大不得超过 0.015 N(1.5 g)。用于支撑测试镜片测座的半径为 7.0 mm～8.0 mm 的凸球面，直径为 14 mm～16 mm。探针的运动应是缓慢的(逐步减弱)，测座上可标同心圆线，以帮助镜片对中。

6.3.2 测量

测试时环境温度维持为 20 ℃±5 ℃。

对于镜片，除非制造商有另外规定，应在 20 ℃±0.5 ℃的标准盐溶液至少平衡 30 min。

5 次独立测量。每次测量都应尽可能的快，以防止水分蒸发，每次测量后镜片重新浸泡在标准盐溶液中。若有修正因子应对测量结果进行修正，计算 5 次的算术平均值。

在表 2 中列出了水凝胶接触镜厚度的复现性。

表 2 使用低测力测量镜片厚度的复现性值

厚度范围 mm	复现性[a] mm	
	S_R	R
0.04～0.60	0.006	0.017

[a] 这些精度值是从镜片的几何中心厚度测量中获得，这些数据不能用于过薄或过厚的镜片。

7 边缘、内含物和表面缺陷的检查

7.1 边缘检查

应在直接照明放大7倍～10倍下目视评价成品的边缘厚度和形状。

检查者应具备检查接触镜边缘的能力。

7.2 测定内含物和表面缺陷

7.2.1 总则

内含物的测试方法应能分辨镜片材料中任何大于6 μm的内含物，如不均匀或气泡。表面缺陷的方法应能分辨任何大于9 μm的缺陷，如划痕或斑点。

有目的的表面标记不是表面缺陷。

7.2.2 仪器规范和试验条件

应使用2个放大仪。观察内含物时应使用10倍，观察表面质量使用7倍。

检查接触镜照度为350 lx±35 lx(包含室内照明)。

图14给出了适用的仪器示例。

测试时环境温度维持为20 ℃±5 ℃。

7.2.3 检查方法

将镜片放于镜片基座上(如图14所示)，并确保镜片不变形，借助于放大仪在暗视场中进行观察并按照表3所示内容记录瑕疵。

观察者必须具有辨别镜片表面缺陷的能力。

其他符合要求的方法也可使用。

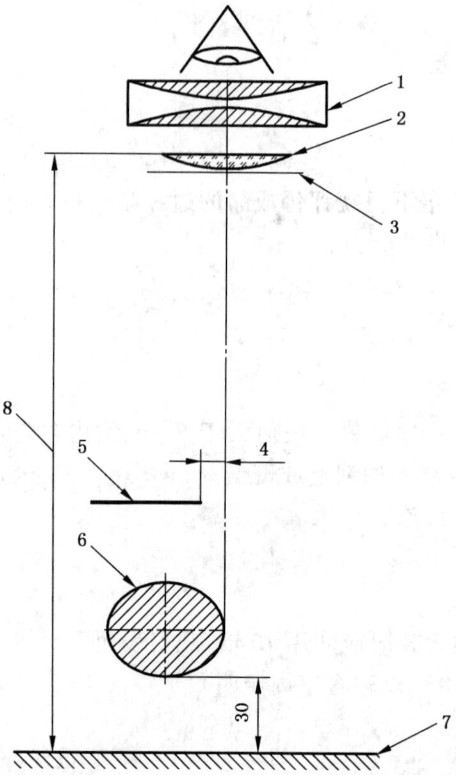

说明：
1——放大装置；
2——接触镜；
3——接触镜托座；
4——照明区域宽度调节；
5——孔栏；
6——荧光灯；
7——150 mm×360 mm 的板，亚光黑；
8——控制距离大约 400 mm。

图 14 测量仪器的范例

表 3 测定镜片疵病大小的分级表(级数次序)

级别	疵病尺寸
0	在仪器放大 10 倍无可见瑕疵
1	在仪器放大 10 倍可见瑕疵、7 倍无可见瑕疵
2	在仪器放大 7 倍可见瑕疵

8 硬镜弯曲形变和断裂

8.1 原理

本试验为破坏性试验，即把硬性接触镜样品置于可连续监测记录负载和弯曲形变的实验装置中，沿接触镜边缘的直径方向逐渐增加负载,直至被测镜片破裂为止。测试出镜片破裂瞬间的负载和弯曲变形值,从负载和弯曲变形曲线中得到形变30%时的负载值。该方法可测试常规生产的和特殊结构的硬性接触镜。

应注意到镜片制造方法的不同会导致结果的变化,这并不反应材料本身特性。

8.2 样品

8.2.1 常规样品

为了测定某材料制成镜片的抗断裂程度,通常被测样品为常规、市场可购的单焦接触镜,不应是特殊定做或调整的接触镜片。

不使用带有环曲面区或切边的试验镜片。

所有样品的后顶焦度(F'_v)应在−0.50D～+0.50D之间。

所有样品的后光学区曲率半径或顶点曲面半径应在7.75 mm～7.85 mm之间。

8.2.2 用于材料比较的样品

如果为了比较不同材料的特殊样品,接触镜必须符合下列规范:

——前表面:单弧,曲率半径为8.00 mm±0.025 mm;

——后表面:单弧,曲率半径为7.80 mm±0.025 mm;

——总直径为:9.5 mm±0.1 mm;

——中心厚度:0.20 mm±0.01 mm;

——边缘厚度:0.24 mm±0.01 mm;

——边缘形态:圆形;

——最大的棱镜度残差:0.5 cm/m。

制造方法应在试验报告中注明。

8.2.3 数量

用于弯曲形变或强度试验的样品,应从3个不同批次产品中各抽取3片镜片(共9片)。

8.3 样品的准备

在试验前样品需浸泡在GB/T 11417.4—2012规定的试验用标准盐溶液中至少达48 h,标准盐溶液的温度为20 ℃±5 ℃。

8.4 装置

8.4.1 测试仪器(见图15),测试仪器以固定的速率在水平和垂直方向对样品施加负载。试验装置见8.4.2～8.4.4的描述。

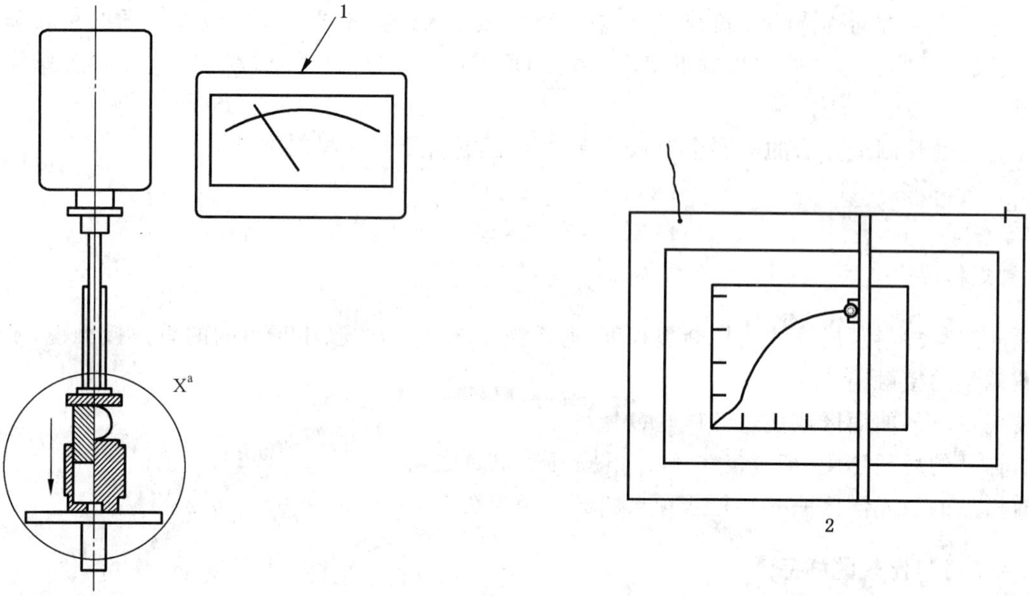

说明：

1——负载显示器；

2——数据记录仪。

图 15 测试仪器

8.4.2 样品夹持器(图 16)：夹持器可给样品的边缘施加负载。

样片应放置在夹持器上下平面的中间位置，以确保负载施加在镜片边缘所在的平面。

注：该负载是作用于样品上的唯一压力。

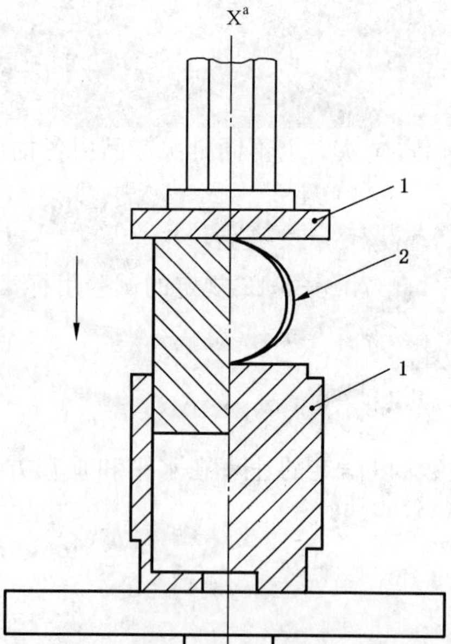

说明：

1——夹持器；

2——测试样品。

图 16 测试用夹持器

8.4.3　负载显示器:显示样品上所承受总负载的读数装置。

8.4.4　数据记录仪:测试仪器连接一个数据记录器,样品开始受力后即进行记录,记录总负载作用于样品与时间的函数关系。可用其他记录装置代替传统的条纹纸记录仪。如果使用传统的条纹纸记录仪,建议最小的速度为 1 cm/s。

8.5　步骤

按照正确的方法操作并对仪器进行校正。

在环境温度为 20 ℃±5 ℃中进行测试。

把试验样品从标准盐溶液中取出并仔细擦干。

按本部分和 GB/T 11417.5—2012 的规定分别测试镜片的后曲率半径、总直径、中心厚度和后顶点焦度。把镜片放置于夹持器上下平面的中心位置。夹持器上下相对移动速度为 20 cm/min(3.33 mm/s)±10%。

样片和夹持器可水平或垂直放置。如使用水平位置,须确保测试结果与垂直位置一致。

开启数据记录仪,开始在试验样品上施加负载。当试验样品破裂时,停止施加负载。记录断裂时的负载值。其余试验样品重复以上的步骤测量。

8.6　测试结果

8.6.1　概述

弯曲变形断裂强度(见 8.6.2),断裂时的弯曲形变(见 8.6.3)和在 30%时的弯曲变形强度的测试结果应计算算术平均值和标准偏差。

用式(4)计算实验标准偏差 $s(x_i)$

$$s(x_i)=\sqrt{(\sum[x-\overline{x}]^2)/(n-1)} \qquad \cdots\cdots(4)$$

式中:

x ——单次测值;

$\overline{x}$ ——算术平均值;

n ——测量次数/样品数据。

8.6.2　断裂时弯曲变形强度

断裂时弯曲变形强度是在测试时断裂瞬间所指示的负载值,单位为克(g)。

8.6.3　断裂时弹性形变

从断裂时间和该时间施加负载的速率,计算当断裂瞬间夹持接触面之间的距离(d)。用变形量和试验样品的总直径(ϕ_T)的百分比表示,见式(5)。

$$\left[1-\frac{d}{\phi_T}\right]\times 100\% \qquad \cdots\cdots(5)$$

8.6.4　变形 30%时弯曲变形强度

从施加负载的速率,计算试验样品的总直径减少 30%的时间和测定此时所施加的负载值,单位为克(g)。该负载值也可从负载-形变曲线上获得。

例:

接触镜总直径为 9.6 mm;

夹持器的相向移动速率为 20 cm/min(3.33 mm/s);

变形 30％＝2.9 mm；

夹持器移动 2.9 mm 的时间为 0.865 s。

则 30％变形的弯曲变形强度即为从发生变形开始到 0.865 s 时所施加的负载。

9 硬度

9.1 总则

有两种方法可以确定材料的硬度。这两种方法都通过硬度计的顶针压入一定厚度的样品表面所产生的痕迹来确定硬度。对接触镜而言，这些方法已经由来自于 GB/T 2411—2008。硬度和压痕的深度成反比关系，与弹性系数及材料样品的黏弹性行为无关。压头的形状和压头的应用条件影响着结果，因此，采用某种形式压头的硬度计和采用其他形式的带其他压头的硬度计所获得的结果之间没有简单对等关系。此外，在由这些测试方法确定的压头硬度和被测材料的基本性质之间没有简单的联系。测试方法是经验结论，主要应用于控制目的。

9.2 通用硬度计

9.2.1 总则

硬度计应装配有标尺和压头，和能够在垂直于平面的方向上上升和下降的标尺。在硬度计上加已知重量使其压头能够顶在被测样品的表面。

9.2.2 邵氏 A 硬度

邵氏 A 型硬度计应配有 GB/T 2411—2008 中规定的压头。邵氏 A 型硬度测试对橡胶聚合物的特性测试非常有用。因此，邵氏 A 型硬度计主要用于水凝胶类、橡胶非水凝胶类接触镜材料及部分稍软的“硬性”接触镜。

9.2.3 邵氏 D 硬度

邵氏 D 型硬度计应配有 GB/T 2411—2008 中规定的压头。邵氏 D 硬度测试对硬性聚合物的特性测试非常有用。因此，邵氏 D 硬度主要用于非水凝胶类硬性接触镜片材料。

9.3 测试样品

测试样品采用接触镜材料毛坯，其厚度至少 6.0 mm，直径至少 12.0 mm。测试镜片下一个硬度值时，应能够在距样片边缘至少 3.0 mm，并距上一个压痕至少 3.0 mm 处进行测试。

样品的前后表面应平坦、平行，并抛光与成品镜片等同的光滑度。在一个圆形不平坦均匀或者粗糙的表面上是不能获得准确的读数的。

9.4 测量

测试时温度维持为 20 ℃±5 ℃。

3 次独立测量，计算 3 次的算术平均值。

ICS 11.040.70
C 40

中华人民共和国国家标准

GB/T 11417.7—2012

眼科光学　接触镜
第7部分：理化性能试验方法

Ophthalmic optics—Contact lenses—
Part 7: Physicochemical properties test methods

2012-12-31 发布　　2013-06-01 实施

中华人民共和国国家质量监督检验检疫总局
中国国家标准化管理委员会　发布

前　言

《眼科光学　接触镜》与GB/T 28539《眼科光学　接触镜和接触镜护理产品　防腐剂的摄入和释放的测定指南》和GB/T 28538《眼科光学　接触镜和接触镜护理产品　兔眼相容性研究试验》共同构成接触镜系列国家标准。

《眼科光学　接触镜》分为以下9个部分：

——第1部分：词汇、分类和推荐的标识规范；(GB/T 11417.1)

——第2部分：硬性接触镜；(GB 11417.2)

——第3部分：软性接触镜；(GB 11417.3)

——第4部分：试验用标准盐溶液；(GB/T 11417.4)

——第5部分：光学性能试验方法；(GB/T 11417.5)

——第6部分：机械性能试验方法；(GB/T 11417.6)

——第7部分：理化性能试验方法；(GB/T 11417.7)

——第8部分：有效期的确定；(GB/T 11417.8)

——第9部分：紫外和可见光辐射老化试验(体外法)；(GB/T 11417.9)

本部分为第7部分。

本部分按照GB/T 1.1—2009给出的规则起草。

本部分技术内容参考了ISO 18369-4:2006《眼科光学　接触镜　第4部分：理化特性试验方法》和ANSI Z80.20—2004《眼科　接触镜　标准术语、允差、测量和理化特性》。

请注意本文件的某些内容可能涉及专利。本文件的发布机构不承担识别这些专利的责任。

本部分由国家食品药品监督管理局提出。

本部分由全国光学和光子学标准化技术委员会医用光学和仪器分技术委员会(SAC/TC 103/SC 1)归口。

本部分起草单位：国家食品药品监督管理局杭州医疗器械质量监督检验中心、浙江省医疗器械检验所。

本部分主要起草人：文燕、贾晓航、何涛、齐伟明、张莉、黄恰恰。

眼科光学　接触镜
第7部分:理化性能试验方法

1　范围

GB/T 11417.7 给出了接触镜材料理化特性的试验方法,包括了萃取、透氧系数、折射率、含水量和接触角。

本部分适用于接触镜理化性能的测试。

2　规范性引用文件

下列文件对于本文件的应用是必不可少的。凡是注日期的引用文件,仅注日期的版本适用于本文件。凡是不注日期的引用文件,其最新本版本(包括所有的修改单)适用于本文件。

GB/T 6682—2008　分析实验室用水规格和试验方法

GB/T 11417.1—2012　眼科光学　接触镜　第1部分:词汇、分类和推荐的标识规范

GB 11417.2—2012　眼科光学　接触镜　第2部分:硬性接触镜

GB 11417.3—2012　眼科光学　接触镜　第3部分:软性接触镜

GB/T 11417.4—2012　眼科光学　接触镜　第4部分:试验用标准盐溶液

GB/T 11417.6—2012　眼科光学　接触镜　第6部分:机械性能试验方法

3　术语和定义

GB/T 11417.1—2012 中界定的术语和定义适用于本文件。

4　接触镜的理化特性

4.1　试验方法、单位、重复性

表1中列出已应用于制作接触镜的水凝胶和非水凝胶材料的理化特性是可测的。另外,表1中给出了这些特性的试验方法、单位、重复性。若采用其他试验方法,也应遵守以下规定。

表1　理化特性试验方法、单位、重复性

项目	重复性	测量单位	试验方法
萃取	b	质量分数	4.2
透氧系数	10%	*Dk* 单位[a]	4.3
折射率	0.01	无量纲	4.4
含水量	2%(绝对值)	%	4.5
接触角	2°	(°)	4.6

[a] *Dk* 的单位是 $10^{-11}(cm^2/s)[mLO_2/(mL \cdot hPa)]$。

[b] 根据 GB/T 11417.1—2012 中的术语和定义,这些测试结果的重复性应由独立实验室建立。

4.2 萃取

4.2.1 概述

采用不同溶剂，通过索氏萃取法定量测定接触镜材料可萃取物是一种标准方法。将镜片干燥至恒重，萃取前后镜片在干燥状态下的质量之差即为镜片可萃取物质的质量。

对于可萃取物质定量和定性的分析有助于对接触镜片新材料进行评价，同时也有助于确定临床前的检查程序。通过合适的色谱法、光度法以及湿法分析来测定镜片萃取出的物质，从而确定聚合过程中残留单体、交联剂和引发剂含量。

4.2.2 原理

本方法使用的是普通的索氏萃取器。萃取中要选用水和至少一种合适的有机溶剂。在选用有机溶剂时，要考虑到溶剂对镜片材料基质的影响。理论上溶剂不应致使镜片材料产生膨胀或降解。然而，对于新研发的接触镜材料，选择一种使其产生可逆溶胀的溶剂将为超时萃取的可能提供有价值的信息。

4.2.3 仪器

标准的硼硅酸盐玻璃索氏萃取器(见图 1)由圆底烧瓶(建议 100 mL)，索氏萃取管(建议 30 mL)，冷凝器和加热套组成。还需使用多孔不锈钢板、烧结玻璃、滤纸或类似带有玻璃棉塞的材质或其他合适密闭材料组成的管套，同时需一个真空干燥箱或类似的干燥仪器和一个具有 0.1 mg 精度的分析天平。

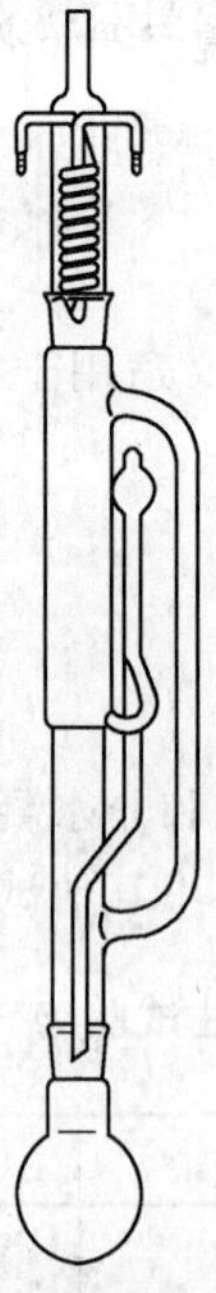

图 1 萃取仪器

4.2.4 试剂

应采用符合 GB/T 6682—2008 中三级要求的蒸馏水或去离子水。应采用分析纯或更高级别的有机溶剂(见表 2)。应采用实验室级沸石或防暴沸颗粒。根据被测材料的特性选用合适的干燥剂。

表 2　镜片萃取用溶剂的选用指导

材　料	溶　剂	萃　　取
水凝胶材料	水(蒸馏水或去离子水) 正己烷 乙醇或甲醇 二氯甲烷或氯仿	温和萃取(模拟眼内萃取) 轻微萃取(非极性溶剂) 萃取多数非交联材料(但可能会引起镜片材料溶胀和降解) 萃取所有非交联材料的(但可能会引起镜片材料溶胀和轻微降解)
硬性镜片和聚硅氧烷弹性材料	水(蒸馏水或去离子水) 正己烷 二氯甲烷或氯仿	温和萃取(模拟眼内萃取) 轻微萃取(非极性溶剂) 萃取所有非交联材料(但可能会引起镜片材料溶胀和轻微降解)

4.2.5　测试样片

测试样片应能代表成品片。应按照接触镜成品状态包装。试样的加工应与其产品的常规制造过程一致。须经灭菌处理的镜片在样品制备时也需同样处理。抽取足够量的镜片，确保镜片样品在萃取之前的总干质量不少于 200 mg。

水凝胶镜片通常是置于含有无机盐的溶液中。当用水作为萃取溶剂时，为减少无机盐对测试结果的影响，应在计算时做出适当的调整，还需了解镜片的含水量，从而能精确计算出无机盐对可萃取物的影响。否则，在测试开始前，要将试样在室温下的水中浸泡，中间至少换水两次，每隔 24 h 换水一次，以达到平衡。

4.2.6　测试步骤

在 60 ℃±5 ℃温度下，最好在真空状态中，将试样干燥至恒重。称重前试样在真空状态中或含活性干燥剂的密闭容器中冷却至室温，称重精确至±0.1 mg(m_1)。将试样放入萃取套管中，向烧瓶加入体积约为其容量 70%的合适溶剂(溶剂选用见表 2)。如需要，可在烧瓶中放入沸石。将圆底烧瓶放在加热套上，萃取套管插入索氏抽提器中，然后再将抽提器与烧瓶连接，在其顶部插入冷凝器。当使用极易挥发或易燃溶剂时，整个装置应置于通风柜中。

接通水源并开始加热，萃取应至少进行 4 h。当溶剂冷却至室温后，从萃取套管中取出试样。按上述方法干燥试样，称重精确至±0.1 mg(m_2)。

注：萃取速率建议为 4 次/h～6 次/h。

4.2.7　结果计算

萃取材料的量应表述为质量分数(%)，见公式(1)：

$$w_{萃取}=\frac{m_1-m_2}{m_1}\times 100\% \qquad (1)$$

式中：

m_1——萃取前试样质量；

m_2——萃取后试样质量。

4.2.8　测试报告

应包含第 5 章和以下内容：

a） 最初水合溶液的成分；

b） 指明是否根据水合溶液中的盐分含量，对所得到的可萃取物百分比进行调整；

c） 本试验前试样是否在水中进行平衡。

4.3 透氧系数

4.3.1 概述

接触镜材料透氧系数的测定有2种标准方法，在4.3.2中列出了它们的共同要素。在4.3.3中给出了极谱法要求，它适用于所有材料，测量范围为0～145。在4.3.4中给出了库仑法的要求，它适用于非水凝胶材料。2种方法的校准见4.3.5，在4.3.6中给出了报告要求。当采用其他方法测量透氧系数与标准方法有偏离时，需在这些偏离被校准后方可应用。

初级测量几个接触镜试样材料的透氧量，从而测定透氧系数。虽然在测量透氧量时可能会产生某些误差，通过对透氧系数求导能有效减少误差(修正)。因此对这些误差进行修正后，从初级(无修正)透氧量测量求导透氧系数是非常实用和方便的。然后对修正的透氧量值进行校准。

4.3.2 方法的共同要素

4.3.2.1 参量

参见GB/T 11417.1—2012中的术语和定义，测量和透氧量求导的重要参量是氧流量(j)、透氧量、透氧系数和厚度(如径向厚度)和调和平均厚度。

当采用库仑法时，j 等于流过库仑探头氧气的速率($\mu LO_2/s$)除以该面积(A)。当采用极谱法时，j 是实测电流与暗电流的差值乘上公式(2)中的系数，然后除以阴极面积。

厚度 t 是测点的径向厚度或测量区域的调和平均厚度。通过测量中心厚度和已知的折射率，后顶中心曲率半径和后顶焦度，计算得到调和平均厚度，除非有其他指定，t 的单位宜为厘米。

当采用库仑法时，Dk 等于测得的透氧量 Dk/t 乘上样品厚度 t。当采用极谱法时，透氧量通过调整氧流过面积来修正，从测量的氧阻 t/Dk 与厚度 t 的曲线得到斜率 $1/Dk$。透氧系数是材料的物理特性，不是材料样品形状或厚度的函数。

当采用库仑法时，Dk/t 等于氧流量 j 除以样品两边氧压差(氧局部压力)。当采用极谱法时，透氧系数是通过边缘和界层修正的透氧量，乘上中心厚度 t。透氧量是镜片材料和镜片厚度的特性值，取决于镜片的设计。

4.3.2.2 测试样品

本部分可用于测定水凝胶和非水凝胶弹性材料成品片的透氧系数。同样也可用于测定水凝胶和非水凝胶弹性材料标准片的透氧系数。

如果研究的目的是通过测量初级透氧量来测定成品镜片透氧系数，应在测试报告(见4.3.6)中给出接触镜与氧流量量(见4.3.2.1)接触中心面上的调和平均厚度。这个厚度与初级透氧量无关[见公式(2)或式(10)]。

测试样品的后光学区域半径无要求，可为平板样品，也可从7.00 mm～9.00 mm范围内变化。后、前光学区域直径应大于用于气体交换的被测中心区域的弦直径(阴极直径2 h)。测试样品表面应清洁，且抛光质量应与人正常使用镜片产品一致。

对于水凝胶材料，在测试前，样品应保存在室温(20 ℃±2.0 ℃)下在标准盐溶液(参照GB/T 11417.4—2012)至少24 h，并且在等效眼温度(35 ℃±0.5 ℃)下至少平衡2 h。

4.3.3 极谱法

4.3.3.1 总则

本部分给出了使用极谱氧探头测定水凝胶和非水凝胶，硬性和弹性接触镜材料的透氧系数。步骤中给出了测量方法和测试条件。

极谱法适用于测量各种光焦度和旋转对称几何镜片，硬性和非水凝胶弹性材料成品片的修正透氧系数(Dk)，同样适用于测定水凝胶和非水凝胶，硬性和弹性接触镜材料标准片的修正透氧系数。

4.3.3.2 原理简述

当氧分子透过材料时，极谱法可通过电化法将它们从溶液中瞬间去除，从而直接测量透过一片测试材料的氧分子扩散数。当从样品中分离出一个氧分子，它与覆盖着样品的后表面的氧传感器中心电极(阴极)接触，瞬间电化转化成 4 个氢离子。产生的离子形成仪器可测量的电流，它与移动的氧分子成比例。测得的电流代入式(2)计算初级(非修正)透氧量，单位为 $mLO_2/(A \cdot s)$

$$Dk/t_{初级}=\frac{(I-I_d)}{p_A \times A}\times 5.804\times 10^{-2} \quad \cdots\cdots(2)$$

式中

p_A ——大气压减水汽压的差乘以 0.209(大气中氧气含量百分比值)，hPa；

A ——探头中心电极(阴极)的面积，cm^2；

I ——安培表测得的电流值，A；

I_d ——探头暗电流(无氧的电流)，A。

在标准温度和压力下，假定每个氧分子减少需要 4 个电荷，1 千克摩尔除以法拉第常数，除以每个氧分子减少所需的电荷数，得到的值为常数 5.804×10^{-2}。

为了导出特定材料的透氧系数，应进行边缘效应修正(见 4.3.3.3)和界层效应修正(见 4.3.3.4)。只有这样才能计算得到符合 GB 11417.2—2012 和 GB 11417.3—2012 中的接触镜材料的修正透氧量。

4.3.3.3 边缘效应修正

在所有扩散方法中都有的效应是“边缘效应”。当氧从样品的一个表面通过材料另一面是不连续的，材料的横截面会发生边缘效应。在极谱法中，氧从样品比较大的前表面穿过，最终接触到镜片后面的阴极，因为前表面大于阴极面积，氧穿过镜片的前表面，像流过漏斗一样汇集到阴极。实际上，公式(2)中的 A 被低估，氧流量不再符合上面给出的阴极面积的线性函数。但是，如果阴极面积和样品厚度的比值是在仪器给出的校准范围中时，可用一个相对简单的计算方法修正边缘效应，精度符合本标准要求。

在 4.3.3.4 中需要用到透氧量的倒数，需要对初级倒数值(t/Dk 或阻率)进行边缘效应修正。可采用适用的公式(3)、式(4)、式(5)、式(6)修正初级 t/Dk 值。在下式中，t 和阴极直径 D 的单位为 mm，为了方便起见，Dk 的单位表述为“Dk 单位”，如在使用公式前，对 10^{-11} 乘上 10^{11}：

当使用球状表面探头测量水凝胶镜片：

$$\left(\frac{t}{Dk}\right)_{修正}=\left(\frac{t}{Dk}\right)_{测量}\times\left(1+\frac{2.35t}{D}\right) \quad \cdots\cdots(3)$$

当使用平面探头测量水凝胶镜片：

$$\left(\frac{t}{Dk}\right)_{修正}=\left(\frac{t}{Dk}\right)_{测量}\times\left(1+\frac{1.89t}{D}\right) \quad \cdots\cdots(4)$$

当使用球状表面探头测量非水凝胶镜片：

$$\left(\frac{t}{Dk}\right)_{修正}=\left(\frac{t}{Dk}\right)_{测量}\times\left[1.01725+\frac{4t[0.587-0.00193(Dk)]}{D}\right] \qquad (5)$$

当使用平面探头测量非水凝胶镜片：

$$\left(\frac{t}{Dk}\right)_{修正}=\left(\frac{t}{Dk}\right)_{测量}\times\left[1.01575+\frac{4t[0.471-0.00193(Dk)]}{D}\right] \qquad (6)$$

非水凝胶镜片修正公式中包含 Dk 值，在这个阶段是未知的。为了解决这个难点，按公式(7)用 t/Dk值(无界层效应修正)计算 Dk，用该方法得到的 Dk 值足够接近于真实值。

$$Dk=\frac{i\sum t_i^2-\frac{(i\sum t_i)^2}{n}}{i\sum t_i(t/Dk)_i-(\sum t_i)[i\sum(t/Dk)_i]/n} \qquad (7)$$

式中：

$i\sum$ ——n 次测量的总和，每次测量都有厚度(t_i)和阻率$(t/Dk)_i$。

公式(7)得到的 Dk 值已经与用于边缘效应修正公式所需的值足够接近。然后 Dk 按照4.3.3.4计算，最后结果 Dk 值是经过边缘和界层效应修正的。

4.3.3.4 界层效应修正

对每种材料测试，至少采用4个具有代表性的不同厚度来测定初级(测量)Dk/t 值，当透氧量倒数 t/Dk 与厚度 t 绘制曲线时，最小二乘回归线的斜率就是修正界层效应的透氧系数的倒数($1/Dk$)。

该步骤用于减少在极谱方法中常见的实验假象，由于在样品前后表面有停滞的水界层，同样在非水凝胶镜片和氧探头的阴极间放置的"水桥"(湿润滤纸)也会产生阻碍。这个界层对氧流量产生了一个稳定的，较大的阻力。这些膜的阻力加上样品的阻力形成了仪器直接测量的总阻力，通过电流计算的初级 Dk/t 值，在经过边缘效应修正后仍然受到这些影响。但是，如果仪器是修正模式和按照下面的正确步骤，这些界层效应随厚度变化阻力为0。这样，通过上述的统计倒数斜率技术可消除界层效应在计算初级 Dk 值的影响。

4.3.3.5 测试的重复性

采用极谱法单次测量透氧系数$(Dk)_{修正}$，每种材料至少4个不同厚度进行测定，重复性偏差应在±10%之内。

4.3.3.6 试剂和材料

4.3.3.6.1 混合氧气：混合氧气(容积百分比20.9%)和氮气或其他气体(容积百分比79.1%)的气体，若大气符合要求也可使用。应进行增湿处理，与测试样品前表面接触时，应为饱和水蒸气气体。

4.3.3.6.2 滤纸：以非水凝胶材料的后表面与氧探头的前表面间的饱和盐溶液作为"水桥"。测试时滤纸层应采用同样的类型和厚度，应持续饱和。代表性的是卷烟纸，其他滤纸也可使用。

4.3.3.7 仪器

在图3和图4中给出了一个透氧仪的示意图，它由一个夹紧装置，O形圈，尼龙网，滤纸，加热箱，热敏电阻，极谱探头，欧姆表和微安表组成。通过夹紧装置把与测试样品前表面接触的尼龙网把测试样品紧压在探头的阴极上，O形圈将尼龙网位固定在适当的位置。当夹紧时，一片水凝胶接触镜测试样品就处于极谱探头与尼龙网之间(见图2和图3)。

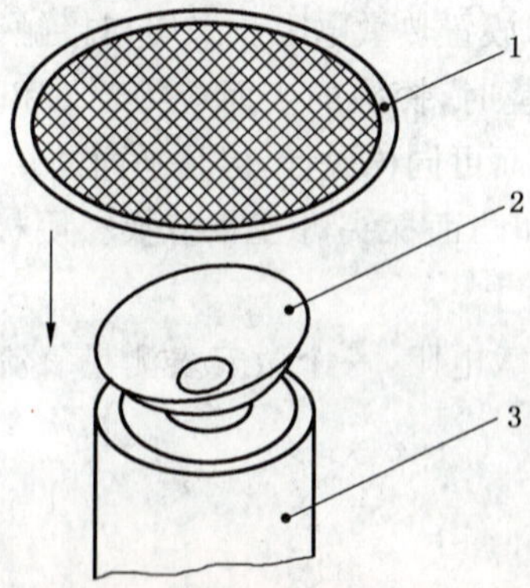

说明：

1——尼龙网；

2——水凝胶镜片；

3——平面电极。

图 2 探头和尼龙网间的水凝胶样品

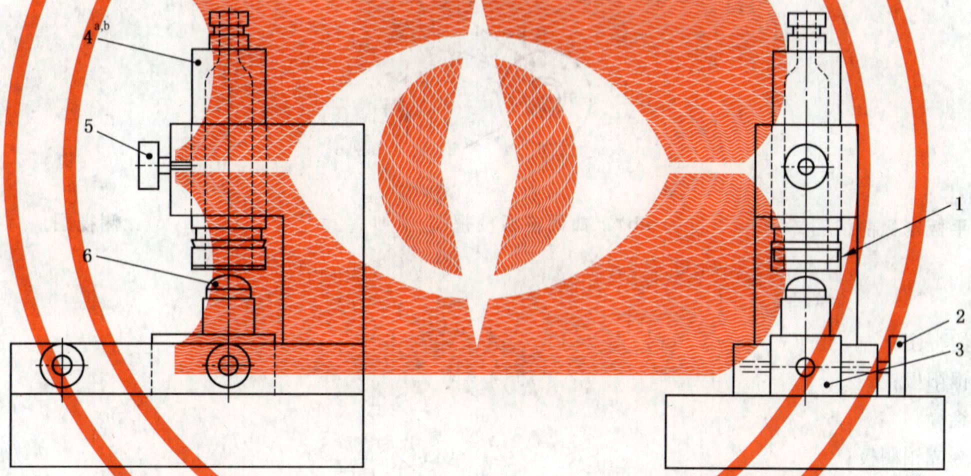

a) 前视图　　b) 侧视图

说明：

1——用于固定样品的套筒末端的尼龙网；

2——极谱电极固定螺钉；

3——适用的电极固定装置；

4——移动套筒；

5——套筒固定螺钉；

6——极谱电极。

[a] 小端口移动套管，用于放置平面样品。

[b] 打断口移动套管，用于放置曲面样品。

图 3 极谱测量的夹紧装置

极谱电极主体(见图 4)带有电极和热敏电阻，由不透氧的聚合体制成。极谱电极的阴极为铂或 24 K金制成，直径为 4 mm。银的阳极(纯度≥99.8%)是环状的，包在阴极外面，中间由不透氧的聚合体与阴极隔开。在阴极上钻一个小孔，放置热敏电阻。采用与接触镜一样的加工过程切削和抛光探头电极表面。当测试硬性和非水凝胶接触镜时，探头的表面应为球面和凸起的(半径为 7.5 mm～9.0 mm)。当测试平面和水凝胶接触镜时，探头表面可同样设计，但是平面的。

极谱探头是可移用的，这样平面和凸面探头可互相替换。阴极深嵌在不透气塑料的中心线上。带有 O 形圈的尼龙网将样品固定在阴极上。

电子装置配有数字伏特表记录热敏电阻，一个微安表测量氧流量量，必要的回路用于在阳极和阴极间维持恒定的电压。

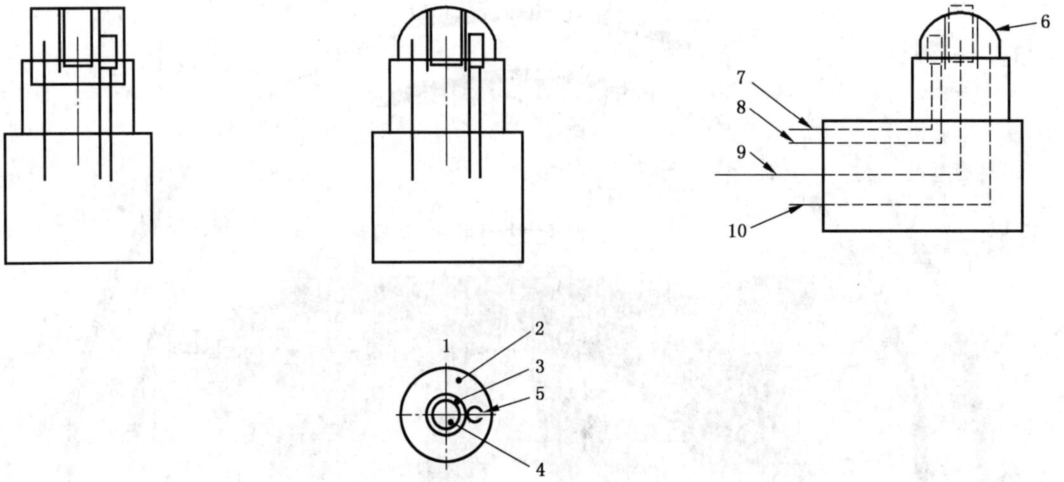

a) 平板电极前视图　　b) 曲面电极前视图　　c) 侧视图

说明：

1 ——俯视图；
2 ——银阳极；
3 ——绝缘；
4 ——金或铂阴极；
5 ——温度探头；
6 ——与样品匹配的曲率；
7 ——温度输出连接；
8 ——温控探头；
9 ——阴极；
10——阳极。

图 4　极谱电极主体

带有测试样品的整个探头放置在加热箱中，温度为 35 ℃±0.5 ℃。箱子储备有水，维持测试样品暴露面的饱和水大气的相对湿度不低于 98%。

对于非水凝胶硬性测试样品，它的后表面应尽可能与探头和阴极的曲率一致。在夹紧前放置一层水饱和纸(薄滤纸或香烟纸)。在非水凝胶测试样品和氧探头间放置一张滤纸，这样可以提供一个前面讲述过的“水桥”使极谱电极达到必须的本征函数(见图 5)。

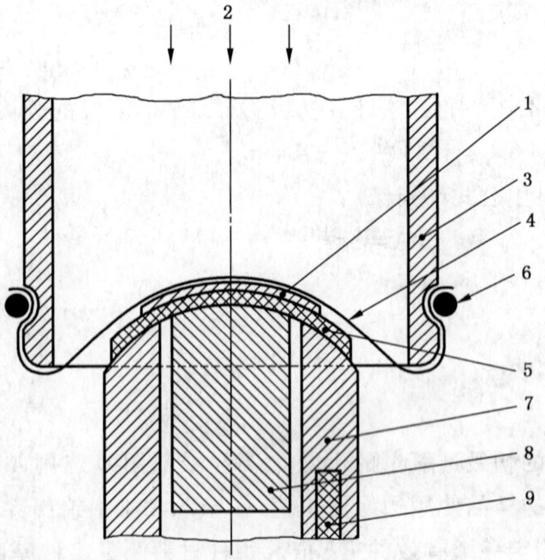

说明：

1——接触镜；
2——氧流量；
3——移动套管；
4——尼龙网；
5——饱和盐溶液的滤纸；
6——O 形环；
7——银阳极；
8——金或铂阴极；
9——热敏电阻。

图 5　带有非水凝胶样品的探头和保持网的极谱电极示意图

4.3.3.8　步骤

4.3.3.8.1　样品厚度

按照 GB/T 11417.6—2012 的方法测量平行或近平行样品的厚度。按 GB/T 11417.1—2012 中的定义和 4.3.2.1 的要求对有焦度样品测量调和平均厚度。

4.3.3.8.2　暗电流 I_d 的测定

这个步骤建立了一个对零透氧材料的参考电流。用一个隔氧屏障代替测试样品，用电表测量平稳电流。这个屏障由两片 PMMA 镜片和一片铝箔片组成。屏障的必要特性是不透氧，它必须紧紧贴于阳极，因此没有氧气能通过它的边缘进入阴极，且它应为非导体。因这个屏障不会透氧，所以阴极不会接受到透过屏障的氧分子，则小的平衡电流就是暗电流。

4.3.3.8.3　平衡电流的测量

将测试设备放置在一个恒定的温度 35 ℃±0.5 ℃中，将测试样品从储存溶液中取出。若样品由不含水材料制成，在探头表面放置一张饱和滤纸，若材料含水，则不需滤纸。将样品紧压在阴极表面，样品处于在阴极和带有 O 形圈的尼龙网之间。

在测试前应达到一个平衡环境。然后，在 35 ℃下读取一个稳定的电流值并记录。这个平稳的电流用于计算初级 Dk/t。

将镜片取下，对每种测试材料，至少对 4 片厚度不同样品重复以上步骤，至少进行 4 次独立测量。厚度建议为：最低可为 0.04 mm，最高可为 0.40 mm。可通过增加每片的测量次数和测试样品的数量提高精度。独立测试是从仪器上取下样品,重新平衡样品,再次测量平衡电流。

4.3.3.9 数据分析

对每个测试样品按照4.4.3.2的方法计算初级 Dk/t,平面阴极的表面积可用公式(8)计算:

$$A=\pi h^2 \qquad \cdots\cdots (8)$$

当使用球状表面电极,可用公式(9)计算:

$$A=2\pi r[r-(r^2-h^2)^{1/2}] \qquad \cdots\cdots (9)$$

式中:

$2h$ ——阴极的弦直径;

r ——阴极表面的曲率半径;

A ——阴极的表面积。

通过计算每个测试样品的初级透氧量的倒数(t/Dk,或氧阻),选用4.3.3.3中适用的边缘修正公式。对同样接触镜材料制成的样品使用边缘修正值,在4.3.3.4中给出界层效应修正。t/Dk 与 t 对应是近似直线关系,这样可以测定一个有效的 Dk 值。每种材料测量多种厚度可增加测试的线性能力,测试范围可达 145×10^{-11} (cm^2/s)[mLO_2/(mL·hPa)]。修正的透氧系数 Dk 最后应按照4.3.5进行校准。

4.3.4 库仑方法

4.3.4.1 总则

本方法描述了用库仑法测定硬性和非水凝胶弹性接触镜材料的透氧系数,并规定了测量的步骤和测量的条件。

库仑法适用于测定有焦度和旋转对称几何镜片的硬性和非水凝胶弹性接触镜片的透氧量。同样适用于接触镜材料的标准片。它特别适用于测定透氧系数值大于 145×10^{-11} (cm^2/s)[mLO_2/(mL·hPa)],它超出了极谱法的测量范围,但库仑法不适用于水凝胶材料和水凝胶镜片。

4.3.4.2 原理

一个硬性的或非水凝胶弹性接触镜放置在仪器上,在眼温度(35 ℃)下使接触镜前、后表面区域接触到气体混合物。接触镜把前气体环境和后气体环境分离开,氧气流从前环境到后环境流动,接触镜形成了一个屏障。净化这两种环境和接触镜中的所有可测氧气。一旦净化后,在前环境室充入一种含氧气体,并通过接触镜扩散。在后接触镜表面的后环境室流过一种无氧的惰性载气,带走已经通过接触镜屏障的氧分子。含有低浓度的氧载气输入一个库仑传感器,该传感器产生一个与流经探测器的氧浓度成比例的电流。仪器经正确校准后,可以精确测量探测器的氧浓度,氧流量量率(μLO_2/s)通过探测器可以得到测定并记录下来。

4.3.4.3 计算值

在知道了氧通过的接触镜的面积(A,单位是 cm^2),接触镜或样品厚度(t),计算出来的氧通量(q_{O_2})或记录下的经过探测器的氧流量量率(μLO_2/s),和测试时前、后环境室氧压力差值(p_A-p_P,单位是hPa,在此 p_A 大约为207 hPa,同时假定 p_P 为零),可用公式(10)推导出氧通量(q_{O_2}),透氧量(Dk/t)和透氧系数(Dk)。

$$Dk=\frac{t\times q_{O_2}}{p_A\times A}\times\frac{1}{10^3} \qquad \cdots\cdots (10)$$

式中：

Dk ——测试样品的透氧系数，$10^{-11}(cm^2/s)\cdot[mLO_2/(mL\cdot hPa)]$；

p_A ——(大气压－水蒸气压)(0.209 是氧分压)，hPa；

t ——径向厚度或平均调和中心厚度，cm；

A ——测试样品的暴露面积，cm^2；

q_{O_2} ——流经探测器的氧流量量率，$\mu LO_2/s$；

$\frac{1}{10^3}$ ——将 μL 转化成 mL 的系数。

4.3.4.4 边缘效应

当氧气流过的前表面和后表面区域之间有差异时，所谓的边缘效应可能影响测得的测试样品的透氧量和透氧系数。当使用库伦法测量时，该前、后表面区域几乎是相同的，所以上面所描述的“边缘效应”是可以忽略不计。

4.3.4.5 界层效应

因为硬性和非水凝胶弹性样品被测表面均没有水溶液，所以边界层是不存在的。因而，对非水凝胶样品的库仑测定法不需要使用针对界层效应的校正因子。

4.3.4.6 测量重复性

单一库仑法测定透氧量(Dk/t)和(或)透氧系数(Dk)的重复性偏差应在±5%之内。

4.3.4.7 试剂和材料

4.3.4.7.1 无氧载气

由混合氮气(体积分数 97%～99.5%)和氢气(体积分数 0.5%～3%)组成。载气应干燥，其氧含量不超过 100 μL/L(100 ppm)。在该气体到达扩散腔之前，氧去除器和水分去除器确保其无氧和干燥，而且水蒸气压 p_P 为零。

4.3.4.7.2 含氧的测试气体

混合氧气(体积分数 20.9%)和氮气(体积分数 79.1%)的气体。在测试气体导入扩散腔的前环境室之前，水分去除器确保干燥。

4.3.4.7.3 密封油脂

几乎不透氧的一种高黏度无硅树脂活塞油脂，或一种高真空油脂。用于密封接触镜片和两个扩散腔。

4.3.4.8 仪器

4.3.4.8.1 氧气传输仪器：如图 6 所描绘，包含一个扩散腔，O 型环和加热腔，流量表，库仑氧传感器，负载阻抗和记录仪。使用不透氧腔室，阀和管路，可用于清除扩散腔内两个环境室中的氧，并引入含氧的测试气体进到前环境室内(图 6 中上室)，和输送载气流经后环境室(图 6 中下室)到达库仑氧传感器。在载气进入后环境室前，氧去除器确保它无氧，而水分去除器确保它干燥。

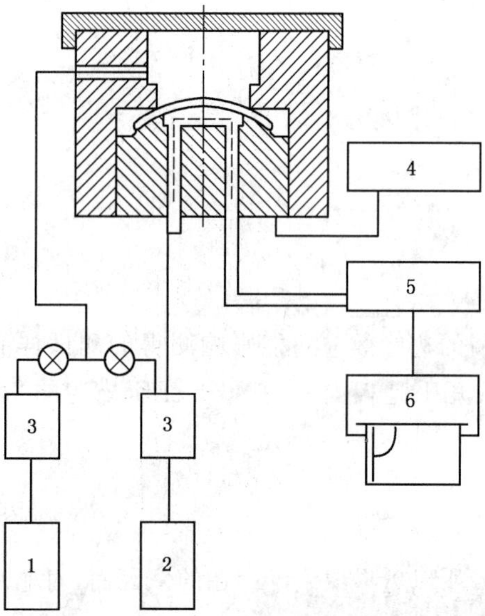

a） 仪器示意图

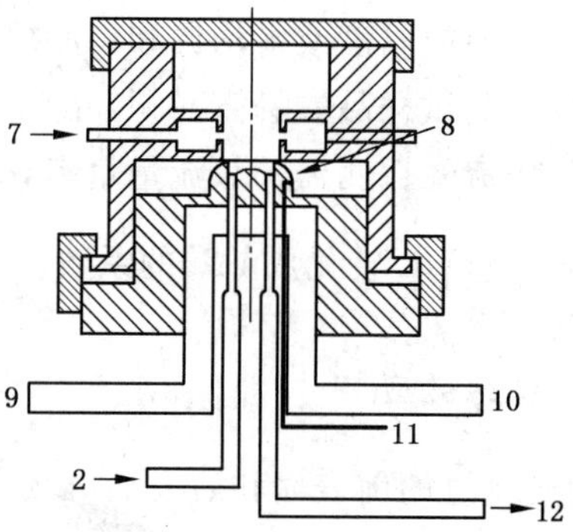

b） 镜片放置示意图

说明：

1——空气源；

2——载气源；

3——气体干燥器；

4——温控；

5——库仑传感器；

6——电压记录仪；

7——测试气体；

8——接触镜；

9——热控回路；

10——加热回路；

11——热电偶反馈回路；

12——载气探测器。

图6　库仑仪器示意图

4.3.4.8.2　扩散腔(见图7)不透氧且为分为两半。当放置一个测试样品时，腔的空间被样品分割为两个环境室。当卡紧时，上下腔容积的准确数值并不是重要因素。这些容积应该足够小，可允许气体快速交换，但是不能太小，否则导致不能支撑一个测试样品，从而发生下垂或者凸起，接触到腔的顶部或底部。腔有一个热敏电阻器测试温度，并安装一个加热装置维持环境室和样品温度在35 ℃±0.5 ℃。扩散腔上半部(这半部输送含氧的测试气体到样品的前表面)有一个尺寸适当的环状沟槽，嵌装一个聚氯乙烯O型环，与测试样品前表面接触。腔下半部的表面有一个平滑的环状固定凸缘，与测试样品后表面相接触。固定凸缘应无径向划痕。

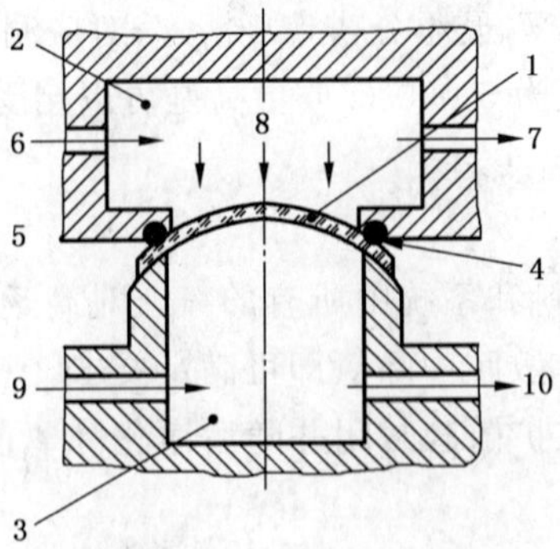

说明：
1——硬性接触镜样品；
2——前室；
3——后室；
4——O 型环；
5——涂抹密封润滑油的表面氧气流；
6——测试气流入；
7——输出；
8——氧流量；
9——输送气体进气；
10——流出到电量氧传感器。

图 7　库仑法扩散腔

4.3.4.8.3　聚氯乙烯 O 型环：当扩散腔两部分封闭时，聚氯乙烯 O 型环压在测试样品前表面，用于界定与氧流量接触的测试样品的面积。当扩散腔除氧时，事先在每个与样品接触的环状区域涂抹密封油脂确保测试样品中心区域是不含氧的。因而，一个环状加压带把测试样品夹在两者之间，这两者分别是：扩散腔前半部中已涂密封油脂的 O 型环和扩散腔后半部的已涂密封油脂环状光滑表面。

在测量氧流量速后，把测试样品从扩散腔上取下，测量留在测试样品前后表面的环状印记，从而测定测试样品暴露于氧气流的面积(A)。印记的内圆直径(2 h)表明了测试时氧流量过的样品区域外缘。2 h 是接触镜样品暴露的后表面的弦直径，应小于后中心光学区直径。对平的测试样品，样品暴露于氧气流的面积(A)等于 πh^2。对于球形样品(如球形接触镜)，当 2 h 已经测出且后中心光学曲率半径已知时，暴露于氧气流的面积(A)可以从公式(9)中确定。

4.3.4.8.4　加热系统和氧去除器：由简单的电阻加热器或等效物，应能加热扩散腔和测试样品的温度到 35 ℃。一个热敏电阻器和适当的电子控制反馈回路将用于监视和维持温度在稳定值(±0.5 ℃)。包含 3 g～5 g 铂或钯(质量分数 0.5%)的铝或等效物的氧分离器。从载气中去除所有残留的氧。氧去除器中的催化剂使氧分子(O_2)与载气的氢分子(H_2)反应来除去氧。这样的去除器有规定的容量，在使用过程中若出现容量已满则需更换。流量范围为 5 mL/min 到 100 mL/min 的流量计用于检测载气和测试气体的流速。

4.3.4.8.5　库仑传感器：用于测量气体湿度。库仑传感器长期与干燥的气体一起使用，可能导致输出下降和响应时间变长。假如电量传感器过于干燥，可以在进口连接处注入大约 2 mL 去离子水到传感器中进行修正。盐水不与库仑传感器接触是很重要的，否则需要替换探测器。因而，在传感器变得过于干燥时，只有去离子水(非盐水)才可被注入传感器中。

4.3.4.8.6　库仑传感器和记录系统：用于测定载气中的氧浓度。经过合适的校准后，氧敏感的库仑传感器按其主要工作效率(95%或更高)将载气的氧浓度转换成通过探测器的氧流量速，单位 μL/s。传感器为多孔状镍介质电极块与石墨块结合体，或等效传感器，应浸泡在钾氢氧化物电解液中的。应避免与盐水游离氯，氧化剂和二氧化碳与传感器接触。

可读电压范围 0.100 mV～50 mV，最小分辨率 10 μV，对应测试的库仑传感器的输出电压，内置负载阻抗值为 5.3 Ω～53 Ω。输入阻抗为 5 000 Ω 或更高是可以接受的。

4.3.4.9 测试样品处理

在测试前，应当去除测试样品材料和系统中所有的氧。对高透氧材料而言，例如有机硅，有机硅丙烯酸酯，有机氟聚合物等，测量前从扩散腔中除氧即可满足要求。然而，对非水凝胶低透氧材料，像有机玻璃(聚甲基丙烯酸甲酯 PMMA)，在扩散腔封闭并随后净化除氧前，测试样品应在氯化钙的干燥剂件下存放最少 48 h。

4.3.4.10 步骤

4.3.4.10.1 样品厚度

平行或接近平行样品的厚度应该参照 4.4.2 来测试。其他样品的调和平均厚度应按 4.4.2 中所描述的来测定。

4.3.4.10.2 仪器准备

如果测试前，仪器暴露在湿度较高的环境中，必须排除系统气体以去除残留的水分。该工作可以通过由水分去除器干燥过的载气过夜吹扫来完成，同时旁路库仑传感器。加热仪器加速干燥和脱气过程。

4.3.4.10.3 安装测试样品

测试样品从其条件环境中取出，其后表面外围放置于后环境室的有油脂的环形光滑表面上。确保样品无皱褶和折缝。下一步放置扩散腔的前半部，使得有油脂的 O 型环直接在环状样品区域接触测试样品的前表面，该区域已经与后固定凸缘相接触。将扩散腔的两部分紧密的夹紧，测试样品被封闭在两者之间。

4.3.4.10.4 除氧系统

库仑传感器被旁路后，输送气体开始以 50 mL/min～60 mL/min 的速率流入扩散腔的前、后环境室。3 min～4 min 后，流速下降到 5 mL/min～15 mL/min，维持 10 min～30 min。接着，已经流过前后两环境室的输送气体被送入库伦传感器。传感器的输出在此时很可能会突然增加，表明载气含有氧气。假定系统中没有渗漏，氧有可能是测试样品连续脱出的结果。输出气体的过程将持续下去，直到传感器输出稳定在一个低的值，这就是零电压输出(V_0)，最好是周期性地分流输送气体到传感器以便监控氧化作用，而不是长时期持续的使用传感器接收气流。对非常低透氧量的、厚的测试样品和(或)材料可能需要除氧几个小时，或甚至过夜，直到得到一个稳定的低的输出电压。有着高透氧量的测试样品可能仅仅需要 10 min～20 min 就能达到 V_0 的要求。

4.3.4.10.5 最终电压输出测定

一旦 V_0 建立起来，流经扩散腔的后环境室的载气与除氧过程维持相同的速率。含氧的测试气体开始以类似的流速经过前环境室，来代替在除氧过程中的不含氧的载气。氧透过接触镜测试样品，由载气导向库仑传感器，探测器输出电压逐渐增加，最后，输出值稳定在一个值，就是最终电压输出(V_E)。低透氧量的接触镜(厚的，低 Dk)的特性，是传感器需要相对长的时间(1 h～2 h)去稳定在一个低的最终电压输出。对高透氧量的接触镜，最终输出在 5 min～10 min 就能达到稳定。因此，可以同时测试试验样品的相对透氧量。

如果测定最终输出(V_E)之前,传感器读数稳定性出现问题时,传感器应该被旁路一整夜(6 h～8 h),此后气流重新恢复,V_E 能被重新测试。如果两个 V_E 估值一样,正确的值应该是初始获得的那个。如果第二个 V_E 高些,那么最初的稳定条件已达到。

4.3.4.10.6 计算氧流量量率($\mu LO_2/s$)

经过库仑传感器的氧流量量率是推导出透氧量和透氧系数的关键值。已知零输出和最终输出电压(V_0 和 V_E)、负载阻抗(R_L)和校正常数(K),氧流量量率按公式(11)能被推算出来:

$$q_{O_2}=\frac{K(V_E-V_0)}{R_L} \qquad (11)$$

式中:

K ——校正常数;

V_E——最终电压输出;

V_0——零电压输出;

R_L——负载阻抗。

4.3.4.10.7 初步校正

通过 4.3.4.10.4～4.3.4.10.5 的方法测定一个已知透氧量(Dk/t)的非水凝胶标准参考材料(SRM)的 V_E 和 V_0。通常情况下,使用参考材料 SRM 1470 进行检测,该材料已被美国国家标准和技术研究所认可。SRM 1470 的 Dk/t 为 0.072±0.004 5Dk/t 单位。氧流量速($\mu LO_2/s$)由公式(10)推导出来,已知参考样品暴露的面积(A)和前环境室的局部氧压力。P_A 大约是 207 hPa(155 mmHg),但是可能受试验时地点和时间的大气压的影响(见方程(10))。已知 R_L 和测得的 V_E 和 V_0,校正常数(K)可用式(11)计算出来。

仪器定标最好用不同标准参照材料样品进行几次校核,以建立一个严格的置信区间校正常数(K)。若 K 值随时间明显漂移可能表示库仑传感器效率的下降。

4.3.4.10.8 关闭程序

在测试结束时,若本次测试完毕后,不久就进行下次测试,仪器应该放置在下述环境:

a) 旁路库仑传感器;

b) 关闭测试气体,并重新将载气输送到前扩散腔室,继续将载气流入后环境室;

c) 减少输送气体流速到小于 5 mL/min;

避免气体反向扩散进入系统是很重要的,因而,在所有的时间内确保输送气体正向流经系统。仪器不使用时,气流可以很低(<5 mL/min)。当仪器可能很长时间不用时,应切断加热部分的电源。

4.3.5 仪器校准

至少应采用 4 组不同厚度的已知透氧系数的参考材料进行校准。参考镜片应设计符合 4.3.2.2 的标准测试镜片。参考镜片的透氧量(Dk/t)和参考材料的透氧系数(Dk)应选择有一定的间隔确保能覆盖测量范围。材料参考 Dk 偏差应在±5%之内。

每个参考镜片的 Dk/t 至少应测量 4 次,并计算算术平均值。若适用,再进行边缘和界层效应的修正。t/Dk 与 t 几乎成直线关系。测试修正的 Dk 和参考材料的参考 Dk 应建立一个校准曲线。

采用库仑法、极普法或其他方法进行校准、修正 Dk 和 DK/t 值的重复性偏差应不大于 10%。

4.3.6 测试报告

除第 5 章外,测试报告还应包括以下内容:

a） 测试时间和地点的气压，测试氧气的氧分量；

b） 建立平均电流测试样品的序号数量(极谱法)，或平均氧流量率(库仑法)；这些值用于计算 Dk 或 Dk/t，和标准偏差。

4.4 折射率

4.4.1 概要

在室温下，采用校准的阿贝折射仪或等效折射仪，在特定波长 546.1 nm(汞 e 线)或 587.6 nm(氦 d 线)下测量发生全反射时的临界角来测定折射率。光线通过折射仪的棱镜表面进入接触镜材料。按照斯奈尔(Snell)定律，临界角与平板样品的折射率，(放置样品)透明参考平面的折射率相关，可用公式(12)计算：

$$n=\frac{n'\sin\alpha}{\sin 90^\circ} \qquad \cdots\cdots(12)$$

式中：

n ——测试样品的折射率；

n'——参考平面的折射率；

α ——参考平面的全反射角。

除了水凝胶材料以外，其他所有的接触镜材料在测试时都必须在材料与折射仪棱镜表面之间注入折射液。折射液的折射率应大于测试样品的折射率，却不能对测试样品和折射仪有伤害。优选使用汞 e 线，若用氦 d 线应指明。折射仪的精度至少为 0.000 5，该方法的重复性限为±0.001。

因接触镜材料的折射率一般不会超过 1.55，所以折射率不小于 1.55 的折射液是足够了。请勿使用有机溶剂。水溶液，例如饱和的溴化锌溶液($n_d=1.564$，$\rho=2.510$ g/mL)是合适的折射液。

4.4.2 测试样品

测试样品应是平面的或在测量时可以平摊在折射仪的参考平面上。与参考平面接触的面应抛光至光面精整。水凝胶样品应在 20 ℃±0.5 ℃的盐溶液(应符合 GB/T 11417.4—2012 的要求)中浸泡至少 2 h，使样品水合到平衡状态。轻吸或甩脱镜片表面多余水分后立刻测量。

4.4.3 表面盐溶液的去除

在测定含水材料折射率前，应有效的吸干或甩脱样品表面多余的盐水，而该操作的优劣将限制本试验方法的精密度。表面所有的盐水都应去除，但也不能过度吸干否则会吸掉材料内部的水分。吸干或甩脱样品表面多余盐水的操作应尽可能的快以防止水分蒸发。

4.4.4 步骤

4.4.4.1 样品的准备

如果测试样品是染色材料，透过材料的光线可能不足以在目镜上形成清晰的明暗分界像。遇到这种情况时，若材料在聚合之后才染色，测试应在该种材料未染色之前进行。

4.4.4.1.1 硬性和非水凝胶材料

准备一个测试样品，它的尺寸与折射仪的棱镜上的光学水平表面(测试面)相符合，将其一面做成光学平面并抛光(测试面)。如果需要使光线由样品的侧面进入测试系统，则样品的侧面必须做成光学平面并精磨且与测试面垂直。

注 1：软性非水凝胶材料样品，例如硅酮类，可用实际的接触镜。

注 2：比较方便操作的样品形状如下：厚度为 0.5 mm～3.0 mm 的矩形，比折射仪的棱镜面略小。

4.4.4.1.2　水凝胶材料

确保测试样品与棱镜(测试面)接触部分的表面为平滑，样品的厚度为基本均匀。测试前，在 20 ℃±0.5 ℃的盐溶液(应符合 GB/T 11417.4—2012 的要求)中浸泡至少 2 h，使样品至平衡状态。

注：厚度均匀的接触镜是水凝胶材料的理想样品。

4.4.4.2　测试

4.4.4.2.1　硬性和非水凝胶材料

使样品和折射仪处于 20 ℃±2 ℃条件下，在折射仪棱镜顶面上滴一滴折射液，将样品抛光面紧密地固定在棱镜上，如需要，对着光源。

注：在目镜中的亮区和暗区有一个清晰的界线时表明测试样品和棱镜之间的接触符合要求。

对于直读式非补偿性折射仪，可在暗区和亮区的分界线上直接读取折射率(或溶质含量)。对于外置刻度的折射仪，可调节折射仪的指针，使亮区和暗区之间的分界线正好位于目镜分划板的叉线中心，再读取折射率。如果折射仪带有消色差棱镜，则在读取折射率之前，须通过调节去除多余颜色。

4.4.4.2.2　水凝胶材料

使折射仪处于 20 ℃±2 ℃条件下，将样品从水合溶液中取出，轻吸或甩脱镜片表面多余的水分，然后立即将样品测试面紧密地固定在折射仪的棱镜顶面上。进行消色差并按 4.4.4.2.1 所述测定折射率。

注：在目镜中的亮区和暗区有一个清晰的界线时指明测试样品和棱镜之间的接触符合要求。如果被测面在棱镜上固定得不够紧密，则在清晰的界线旁边可能可以观察到一条较模糊的线。这是由水合溶液所引起的，它的折射率为 1.336。

4.4.4.2.3　非均质材料

若已知某种材料不同区域的折射率不同，或者希望检查某一材料是否有这种可能，则可以将样品的测试表面部分遮盖，这样就可以测得所选择区域的折射率。

4.4.4.3　结果的表述

每个被测样品的测试结果应该是至少三次独立测试结果的平均值。如果独立测试的次数超过 3 次，并取其平均值，则应在测试报告的中注明。如果折射仪的刻度是用溶质含量百分比表示的或折射仪未采用参考波长，需将读数修正到参考波长时的结果。

4.4.5　测试报告

测试报告应符合第 5 章的要求。

4.5　含水量

4.5.1　概要

本部分规定了用称重测定含水量的方法，也给出了折射率的方法。含水量是水凝胶材料中水的总量，用质量分数(%)表示，w_{H_2O}，水凝胶材料在室温下标准盐溶液中应完全平衡，按公式(13)计算：

$$w_{H_2O}=\frac{m_{H_2O亲水材料}}{m_{亲水材料}}\times 100\% \quad \cdots\cdots(13)$$

式中：

$m_{H_2O亲水材料}$——水凝胶材料中水的质量；

$m_{亲水材料}$ ——水凝胶材料湿态的质量。

此处，水凝胶镜片的质量包含溶解的溶质如氯化钠以及缓冲剂的质量。

4.5.2 称重法测量水凝胶接触镜含水量/蒸发损失

4.5.2.1 概要

使用称重法，在室温下，测量水凝胶和非水凝胶试样样品的干重和水合重量后按公式(14)计算含水量 w_{H_2O}：

$$w_{H_2O}=\frac{m_{含水}-m_{干}}{m_{含水}}\times 100\% \quad \cdots\cdots(14)$$

式中：

$m_{含水}$——水凝胶和非水凝胶测试样品的质量；

$m_{干}$ ——水凝胶和非水凝胶样品干态的质量。

该方法的原理简单易懂。用分析天平称取去除表面多余水分的测试样品重量，然后将测试样品置于传统或微波烘箱中干燥后再测量其重量。两次称量的重量差即为接触镜所含水分的蒸发量。

4.5.2.2 表面盐溶液的去除

4.5.2.2.1 总则

在测定含水材料含水量前，应有效的吸干或甩脱样品表面多余的盐水，而该操作的优劣将限制本试验方法的精密度。表面所有的盐水都应去除，但也不能过度吸干否则会吸掉材料内部的水分。吸干或甩脱样品表面多余盐水的操作应尽可能的快以防止水分蒸发。

尽量减少因去除多余盐溶液产生误差，应选用重量范围在 100 mg～300 mg 内的水凝胶试验样品。对比试验结果表明，厚样品多次(3 次)测量的含水量偏差为±0.4%。单个镜片的含水量测试结果的再现性为±1.0%。如果试验样品重量少于 100 mg，则要求用多个试验样品进行测试，以获得稳定的再现性。

4.5.2.2.2 干吸水法

将样品放在一个干的、洁净的、无脱落纤维吸水棉布或亚麻布上。布折叠覆盖在样品上，用手指轻触样品。干吸方法可能导致过吸，导致含水量偏低。

4.5.2.2.3 湿吸水法

将样品放在一个洁净的，无脱落纤维的已被盐溶液湿润的滤纸上。滤纸折叠覆盖在样品上，用手指轻触样品。湿吸方法可能对表面水分去除不完全，导致含水量偏高。

4.5.2.3 水凝胶测试样品质量的测量

吸干表面水分的试验样品马上置于已干燥并称量过的载玻片上，立即称取载玻片和试验样品的总重量，读数至 0.1 mg。减去载玻片重量得到水凝胶样品质量。吸水及称量过程应尽可能迅速，以减少试验样品水分蒸发而造成的失水。

4.5.2.4 测试样品的烘干

载玻片和测试样品在传统烘箱内烘干至一个恒定的质量，温度为 100 ℃～110 ℃(一般 16 h～

18 h)，然后把载玻片和样品放置在一个带有活性干燥剂的密封容器中(如：$CaSO_4$ 即无水硫酸钙)密封，冷却到室温，平衡 30 min。

注：如果样品在 100 ℃～110 ℃会降解，应按 4.2.6 的方法干燥。

另外一种方法，用镊子将水凝胶样品放置在一个已称重的聚四氟乙烯盘上。将聚四氟乙烯盘和样品放入一个带活性干燥剂的容器中，密封后放入微波烘箱中，最大功率下进行 10 min 干燥处理。微波烘箱的容积推荐在 0.015 m^3～0.05 m^3 间，最大输出功率 500 W～650 W。将罐从烘箱中取出并冷却到室温。

4.5.2.5 干测试样品质量的测量

称取测试样品和载玻片或聚四氟乙烯盘的总重量，读数至 0.1 mg。用该值减去载玻片或聚四氟乙烯盘的重量得到水凝胶样品质量，称量过程应尽可能迅速，以减少试验样品从空气中吸水。

4.5.2.6 含水量的计算

用公式(14)计算含水量。

4.5.3 用折射率测定含水量

对于确定含水容量的水凝胶接触镜材料，其折射率是其水的折射率和干体折射率的函数。材料各成分的比例关系符合 Gladstone 和 Dale 原理。所以水凝胶的含水容量 φ_{H_2O} 可用含水材料的折射率($n_{湿}$)，干材料的折射率($n_{干}$)和标准盐溶液(用于材料平衡)的折射率($n_{盐}$)，通过公式(15)计算得到：

$$\varphi_{H_2O}=\frac{n_{干}-n_{湿}}{n_{干}-n_{盐}}\times 100\% \quad \cdots\cdots(15)$$

按照 4.5 的要求测量水凝胶测试样品的折射率，若已知干材料的折射率和假定水溶液的折射率为 1.333，可用公式(15)计算含水容量。否则，在代入公式前，干材料的折射率和盐溶液的折射率也要按照 4.4 的方法测量。在知道测试样品密度后，含水容量 φ_{H_2O} 能转化成质量单位含水量 w_{H_2O}。

因材料折射率是估计值，所以含水容量也是估计值，同样含水量也是估计值。

4.5.4 试验报告

试验报告见第 5 章。

4.6 接触角

4.6.1 总则

当一滴液体落在平坦的聚合物表面或当一个气泡紧贴在处于水中的平坦聚合物表面时，就形成了气—液—固的交界面。在所有其他的影响因素都进行规范后，与聚合物表面特性相关的接触角就确定了，比如水凝胶/非水凝胶和表面电荷等。在本标准中有两种方法可以用来测量聚合物表面的接触角。参见滴液法或气泡捕获法。

4.6.2 滴液法

4.6.2.1 原理

一滴 2 μL 的标准盐溶液滴在室温条件下经水蒸气预处理后的聚合物平坦表面上，就在气—液—固交界面形成了“接触角”。测量接触角角度。

4.6.2.2 仪器规格说明

接触角测角仪应配置一个用来保存塑料材质的平面镜片的圆柱形筒。该筒中应有一个可更换的环境室，该室应能够存放去离子水，且不与样品接触。这样，样品的环境中充满了水蒸气。测角仪应能在适当的背景中观察到经放大的高对比度的液滴和聚合物表面的轮廓。测角仪应配有以度为最小单位的量角器和一条用于通过旋转调整使其和三态交界面处液滴的切线平行的刻线。镊子、棉签和微量加样器对于准备表面和放置液滴都是必要的。微量加样器能够取得 2 μL 的标准盐溶液。

4.6.2.3 样品的准备

4.6.2.3.1 非水凝胶类镜片样品准备

每种非水凝胶类的接触镜材料都应准备五片毛坯镜片(大约直径 13 mm，厚度 4 mm)，镜片表面经车削加工，并抛光到与接触镜成品片一致。

每个经过平整加工和抛光的测试表面，应清洁去污至少 24 h。完成清洁后，测试表面应用标准盐溶液进行深度漂洗。

经过抛光和漂洗，采用无绒布或滤纸吸干表面。该表面在光学球径仪下观察应是均匀的。表面所成的像相对于亮背景而言，应清晰、无扭曲变形。

测试表面应再次浸入市场上可以购买到的接触镜清洗和保存液中进行清洁。再次清洁过程应模拟实际应用，持续约 30 s。接着测试表面应在室温条件下，置于清洗/保存液浸泡约 6 d 时间。完成储存后，在测量之前，每个测试表面应从储存液中取出，用标准盐溶液进行深度漂洗。接着将其置于标准盐溶液中至少 24 h，使其达到平衡状态。在按 4.6.2.3 规定测量接触角前，立即用无绒布或滤纸吸干表面水分。

4.6.2.3.2 水凝胶镜片表面准备

需要五片抛光至与成品镜片一致，在室温下置于标准盐溶液中进行水合平衡。如果能够在量角仪的圆柱形支持筒上保持平整，那么成品接触镜片也可以使用。

4.6.2.4 测试方法

经过预处理的吸湿测试表面应置于筒的环境室中，镜片抛光面朝上，被标准盐溶液包围但不要和贮液器碰到。如果是水凝胶镜片，那么要使用棉签除去表面上的所有水分和皱折。为使镜片表面和环境达到平衡，该系统应保持密封 3 min。通过微量加样器，在镜片表面上滴上 2 μL 液滴。微量加样器的针尖从密闭环境室上端且位于聚合物表面上部的 1 mm 直径的小孔伸入。液滴和聚合物表面接触区域的宽度约为 2 mm～3 mm，此后再次保持 3 min 使其保持平衡。

左右两边获得的接触角的读数值应取平均，作为评价接触角的依据。

对每一个表面而言，应记录 10 个接触角读数。50 个读数的平均值记录为被测样品表面的“接触角”，并附上 50 个读数值的标准差。

4.6.3 气泡捕获法

4.6.3.1 原理

一个 10 μL 大小的气泡形成于事先在室温下浸过标准盐溶液的平坦聚合物表面的下侧，这样就在气—液—固三态交界面形成了“接触角”。该接触角在聚合物表面和气泡切线之间形成，从液体切线一边进行测量。

4.6.3.2 仪器规格说明

接触角测角仪应配有放置镜片的基座，并将其浸入带有标准盐溶液的“气泡室”中。测角仪应在合适的背景上提供对气泡和聚合物表面轮廓的高对比度放大像。该仪器应配有以度为最小分度的量角器和用以旋转调整使其与三态交界面上气泡切线平行的标线。需要镊子和微量加样器用于放置镜片和释放气泡。加样器应配有弯头针，要求它能够在样品下侧释放 10 μL 大小的气泡，气泡上升并与聚合物表面接触。

4.6.3.3 样品准备

样品的准备见与 4.6.2.3。

4.6.3.4 测试方法

经过预处理的表面应置于气泡室中的基座上，浸入标准盐溶液中。为使镜片表面和环境达到平衡，该系统应保持密封 3 min。通过加样器，迫使一个 10 μL 气泡吸附在镜片表面下侧。注射器的针尖从密闭环境室一侧且位于聚合物表面上部的 1 mm 直径的小孔伸入。借助于针尖的曲度可以伸入到盐分表面以此深入到聚合物下方。气泡和聚合物表面接触区域的宽度约为 2 mm～3 mm，此后再次保持 3 min 使其保持平衡。

测量并记录左右两边的接触角，取平均值，作为评价接触角的依据。

对每一个表面而言，应记录 10 个接触角读数。50 个读数的平均值记录为被测样品表面的“接触角”，并附上 50 个读数值的标准差。

4.6.4 测试结果

对于每种材料的平均接触角值和 50 个读数值的标准差都应进行记录。同时也应记录被测材料、所使用的方法、接触镜清洁器具、清洁/保存液和其他任何与规定的程序偏离之处。

5 试验报告

若按照本标准的试验方法进行试验，则试验报告应至少包含以下内容：

a） 实验室名称；

b） 适用时，接触镜试验的所有需要的细节；

c） 依据的标准和相应的条款；

d） 与标准方法的偏离；

e） 测试结果，适用时，包括可能的估计误差；

f） 测试数据和责任人。

ICS 11.040.70
C 40

中华人民共和国国家标准

GB/T 11417.8—2012

眼科光学 接触镜 第8部分:有效期的确定

Ophthalmic optics—Contact lenses—Part 8:Determination of shelf-life

(ISO 11987:1997,Ophthalmic optics—Contact lenses—Determination of shelf-life,MOD)

2012-12-31 发布 2013-06-01 实施

中华人民共和国国家质量监督检验检疫总局
中国国家标准化管理委员会 发布

前　言

《眼科光学　接触镜》与GB/T 28539《眼科光学　接触镜和接触镜护理产品　防腐剂的摄入和释放的测定指南》和GB/T 28538《眼科光学　接触镜和接触镜护理产品　兔眼相容性研究试验》共同构成接触镜系列国家标准。

《眼科光学　接触镜》标准分为以下9个部分：

——第1部分：词汇、分类和推荐的标识规范；(GB/T 11417.1)

——第2部分：硬性接触镜；(GB 11417.2)

——第3部分：软性接触镜；(GB 11417.3)

——第4部分：试验用标准盐溶液；(GB/T 11417.4)

——第5部分：光学性能试验方法；(GB/T 11417.5)

——第6部分：机械性能试验方法；(GB/T 11417.6)

——第7部分：理化性能试验方法；(GB/T 11417.7)

——第8部分：有效期的确定；(GB/T 11417.8)

——第9部分：紫外和可见光辐射老化试验(体外法)；(GB/T 11417.9)

本部分为第8部分。

本部分按照GB/T 1.1—2009给出的规则起草。

本部分使用重新起草法，修改采用ISO 11987:1997《眼科光学　接触镜　有效期的确定》(英文版)。

关于规范性引用文件，本部分做了具有技术性差异的调整，以适应我国的技术条件，调整的情况集中反映在第2章"规范性引用文件"中，具体调整如下：用一致性程度为非等效的GB/T 11417.5—2012代替了ISO 10369-3:2006。

请注意本文件的某些内容可能涉及专利。本文件的发布机构不承担识别这些专利的责任。

本部分由国家食品药品监督管理局提出。

本部分由全国光学和光子学标准化技术委员会医用光学和仪器分技术委员会(SAC/TC 103/SC 1)归口。

本部分起草单位：国家食品药品监督管理局杭州医疗器械质量监督检验中心、浙江省医疗器械检验所。

本部分主要起草人：马莉、何涛、郑建、陈献花、张莉、陈靖云、文燕、贾晓航、齐伟明、姜晓路、李家忠。

眼科光学　接触镜
第8部分:有效期的确定

1　范围

GB/T 11417.8给出了接触镜经最终包装后,确定其贮运期间稳定性的试验方法。

注:试验结果可用于确定镜片的包装失效日期。

2　规范性引用文件

下列文件对于本文件的应用是必不可少的。凡是注日期的引用文件,仅注日期的版本适用于本文件。凡是不注日期的引用文件,其最新本版本(包括所有的修改单)适用于本文件。

GB 11417.2—2012　眼科光学　接触镜　第2部分:硬性接触镜

GB 11417.3—2012　眼科光学　接触镜　第3部分:软性接触镜

GB/T 11417.5—2012　眼科光学　接触镜　第5部分:光学性能试验方法(ISO 10369-3:2006,NEQ)

GB/T 11417.6—2012　眼科光学　接触镜　第6部分:机械性能试验方法

GB/T 11417.7—2012　眼科光学　接触镜　第7部分:理化性能试验方法

3　原理

在可控的贮存条件下,通过选择能代表接触镜稳定性的适用的试验方法,来确定接触镜的有效期。

在已知制作接触镜所用材料的特性和接触镜的贮存条件基础上,建立稳定性试验的设计方案。

注1:可萃取物质的定性和定量特性(见GB/T 11417.7)有助于评价新的接触镜材料和提供确定稳定性试验中所需要的信息。

注2:稳定性的研究结果尽可能反映在接触镜生产和有效期到期时所应有的特性,尤其是能反映出与接触镜有效性、安全性和可接收性有关的参数。

注3:在设计稳定性试验时,制造商应考虑无菌要求。无菌过程的验证和要求在其他标准中另有规定。此外,无菌试验在药典中也有规定。

4　保存液

保存液是制造商在接触镜包装中所用的贮存溶液。

5　试验装置

5.1　试验箱,能维持25 ℃±2 ℃的温度,并装有连续地记录温湿度的装置。

注:在加速试验研究中会要求额外的贮存条件,如35 ℃±2 ℃和45 ℃±2 ℃。

5.2　测量设备,用于后顶焦度、总直径、曲率半径和光谱透过率的测定。测量设备应尽可能集中,易使贮存在液体中的接触镜在测量前和测量中处于试验方法指定的可控条件下。

6 测试样品

6.1 受试镜片应为具有代表性的常规产品,其参数应能表征正常生产中的参数范围,尤其是高、低后顶焦度(见表1)。若产品是以无菌方式提供的,则接触镜应经常规的灭菌过程。

表1 受试镜片参数举例表

参数	软性接触镜	硬性接触镜
总直径(见 GB/T 11417.6—2012)	12.0 mm～16.0 mm	8.0 mm～11.0 mm
曲率半径(见 GB/T 11417.6—2012)	7.0 mm～10.0 mm	7.0 mm～9.0 mm
后顶焦度(见 GB/T 11417.5—2012)	−7 D～−10 D 0 D～−4 D +7 D～+10 D	−7 D～−10 D 0 D～−4 D +7 D～+10 D
可见光透过率(见 GB/T 11417.5—2012 和下面的注2)	0 D～−4 D	0 D～−4 D

注1:通过模压或离心浇铸方式制作的接触镜,在初始生产时其后顶焦度通常在0 D～−5 D范围内,稳定性研究试验应采用极端后顶焦度的接触镜。如果后顶焦度范围在此之后有所扩展,应继续对新的极端后顶焦度的接触镜进行稳定性研究。

注2:其他特性,如紫外光透过率,测量应根据接触镜的自身特性选择。

6.2 受试镜片应从不少于两个批次的接触镜材料中、最好有一定生产量的产品中随机抽取。

注:实际上,制造商会从小规模制造接触镜或材料批研究中得到稳定性的数据。对此数据分析表明,稳定性的研究宜选择两批以上的产品进行。

6.3 接触镜的包装要与正常销售时的包装一样。对于以无菌方式提供的接触镜,要求其在包装开封前或有效期满前能保持无菌状态。

注1:接触镜有效期常受包装材料的水蒸气渗透性、接触镜的水合程度和(或)盐浓度对参数变化敏感度的影响。包装不当是有效期缩短的最主要原因,因此,要有足够数量的接触镜用于试验,以清楚地区分材料的不稳定性和包装不当。

注2:包装材料本身也可能会有游离物质被萃取到溶液中,而影响接触镜的性能和安全性。在制造商选择材料时,无论是选自经过验证的材料,还是符合相关国家或国际规定和国家药典规定的包装,要认识到这种可能性。

7 试验步骤

7.1 实时试验

7.1.1 测量和记录受试镜片(见第6章)的原始参数,利用其包装上唯一性标识区别每一个镜片。

7.1.2 将镜片移至试验箱,置于25 ℃±2 ℃中。记录实际的温度、湿度和日期。

7.1.3 定期从三个不同后顶焦度组各取出至少三片接触镜,且至少两批聚合物材料,最少18片接触镜(见表1)。在取出接触镜并按下列顺序进行测量前,应使接触镜在原包装下达到平衡:

a) 后顶焦度(见 GB/T 11417.5—2012);

b) 总直径(见 GB/T 11417.6—2012);

c) 曲率半径(见 GB/T 11417.6—2012)。

记录测得的每一特性参数。测量结束后适当处理受试镜片。

注：对于软性镜片，测量总直径和基弧时要在湿态容器中进行，所用的液体为原包装中的保存液与原始参数测量条件一致。如果无此条件，则应在取出每一个接触镜放置测量容器后立即进行。以确保接触镜没有足够时间在新鲜测试溶液中达到平衡。

7.1.4 对于硬性接触镜，检查测得的参数与初始测得的参数之差是否在 GB 11417.2—2012 所规定的允差之内。对于水凝胶接触镜，检查测得的参数与初始测得的参数之差是否在 GB 11417.3—2012 所规定的允差之内。

7.1.5 按 GB/T 11417.6—2012 中表述的试验方法，对接触镜及表面进行检查，注意任何不正常的颜色、表面沉淀物或外观情况。

7.1.6 在试验的起始点和最终点时，按 GB/T 11417.5—2012 中表述的方法对接触镜在两种情况下的可见光透过率进行测量。

7.1.7 在整个试验最终点时：

a) 检查包装的完整性；

b) 对于以无菌方式提供的接触镜，进行无菌试验。

注：包装完整性检查可以通过水蒸气渗透性（重量损失或渗透压测定），及染料渗透性测试进行。

7.1.8 在试验最终点时，记录实际的温度和湿度以及整个试验过程中的温度范围和平均湿度。

7.1.9 在试验过程中，如果发现参数超过允差范围或有明显变化的接触镜，需从所有后顶焦度组中再取接触镜进行试验，以确定该异常情况。

7.2 加速老化试验

7.2.1 测量和记录受试接触镜（见第 6 章）的原始参数，利用其包装上唯一性标识区别每一个镜片。

注：在更加极端条件下进行试验（见 5.1 的注），很可能引起性能上的退化，允许以此推断 25 ℃下的有效期。这需要长期的实时试验验证，通常在产品推向市场前，要有至少 6 个月的实时试验期，以获得相关的研究数据。

7.2.2 如果需要进行加速试验，选择足够的接触镜贮存于 35 ℃±2 ℃和（或）45 ℃±2 ℃下。

注：一般情况为，贮存温度每增加 10 ℃会加倍加速合成材料的性能退化（即：如在 35 ℃下可贮存 6 个月，则 25 ℃下可贮存 12 个月）。

7.2.3 在规定的时间间隔，从试验箱取出试样，在重新测定所要求的参数前，恢复至原始测定时的温度（如：20 ℃），使其达到平衡。

7.2.4 记录检测时的实际温度和湿度以及整个试验过程中的温度范围和平均湿度。

7.2.5 在试验过程中，如果发现参数超过允差范围或有明显变化的接触镜，需从所有后顶焦度组中再取接触镜进行试验，以确定该异常情况。

8 结果表述

给出一个结果概述。对于每一个批次产品，给出初始结果和贮存后特性数据参数结果以及预计有效期的报告。

注：正在进行的实时测试结果若有效，可增加有效期。

9 试验报告

应包括以下内容：

a) 结果概述及预计有效期；

b) 指明受试接触镜，包括批号和所用材料类型；

c) 批次、批量、制造日期和接触镜材料制造商的名称；

d) 包装详情，包括所用的材料，容器以及密封的描述和保存液的组成(如有)；

e) 接触镜贮存环境的描述，包括温度，湿度和光照条件；

f) 实验室名称和地址，实验日期和授权人的签字。

ICS 11.040.70
C 40

中华人民共和国国家标准

GB/T 11417.9—2012

眼科光学　接触镜
第9部分：紫外和可见光辐射
老化试验（体外法）

Ophthalmic optics—Contact lenses—
Part 9:Ageing by exposure to UV and visible radiation(in vitro method)

(ISO 11985:1997,Ophthalmic optics—Contact lenses—Ageing by exposure to UV and visible radiation(*in vitro* method),MOD)

2012-12-31 发布　　　　2013-06-01 实施

中华人民共和国国家质量监督检验检疫总局
中国国家标准化管理委员会　发布

前　言

《眼科光学　接触镜》与GB/T 28539《眼科光学　接触镜和接触镜护理产品　防腐剂的摄入和释放的测定指南》和GB/T 28538《眼科光学　接触镜和接触镜护理产品　兔眼相容性研究试验》共同构成接触镜系列国家标准。

《眼科光学　接触镜》分为9部分：

——第1部分：词汇、分类和推荐的标识规范；(GB/T 11417.1)

——第2部分：硬性接触镜；(GB 11417.2)

——第3部分：软性接触镜；(GB 11417.3)

——第4部分：试验用标准盐溶液；(GB/T 11417.4)

——第5部分：光学性能试验方法；(GB/T 11417.5)

——第6部分：机械性能试验方法；(GB/T 11417.6)

——第7部分：理化性能试验方法；(GB/T 11417.7)

——第8部分：有效期的确定；(GB/T 11417.8)

——第9部分：紫外和可见光辐射老化试验(体外法)。(GB/T 11417.9)

本部分为第9部分。

本部分按照GB/T 1.1—2009给出的规则起草。

本部分使用重新起草法修改采用ISO 11985:1997《紫外和可见光辐射老化试验(体外法)》。

本标准与ISO 11985:1997的技术性差异及其原因如下：

——关于规范性引用文件，本标准做了具有技术性差异的调整，以适应我国的技术条件，调整的情况集中反映在第2章“规范性引用文件”中，用一致性程度为非等效的GB/T 11417.4—2012代替了ISO 18369-3:2006；

——调整“范围”中的表述；

——增加4.1有关试验装置光源输出的辐照度分布的基本要求；

——在增加4.1款后，对相应的条款编号及图示编号进行调整。

本部分中给出的方法与试验装置均为推荐性，其他等效方法和试验装置亦可采用。

请注意本文件的某些内容可能涉及专利。本文件的发布机构不承担识别这些专利的责任。

本部分由国家食品药品监督管理局提出。

本部分由全国光学和光子学标准化技术委员会医用光学和仪器分技术委员会(SAC/TC 103/SC 1)归口。

本部分起草单位：国家食品药品监督管理局杭州医疗器械质量监督检验中心、浙江省医疗器械检验所。

本部分主要起草人：郑建、贾晓航、马莉、文燕、张莉、何涛、齐伟明。

眼科光学 接触镜 第9部分：紫外和可见光辐射老化试验（体外法）

1 范围

GB/T 11417.9 规定了一种用于模拟硬性和软性接触镜在日光照射下老化的体外试验方法。

2 规范性引用文件

下列文件对于本文件的应用是必不可少的。凡是注日期的引用文件，仅注日期的版本适用于本文件。凡是不注日期的引用文件，其最新本版本（包括所有的修改单）适用于本文件。

GB/T 11417.4—2012 眼科光学 接触镜 第4部分：试验用标准盐溶液（ISO 18369-3:2006，NEQ）

3 原理

接触镜在正常使用过程中产生的光老化，可以在强光源照射下进行模拟。

4 试验装置

4.1 基本要求

试验装置光源输出的光谱辐照度分布应与海平面 D65 照明体的光谱辐照度分布接近，如图1所示。

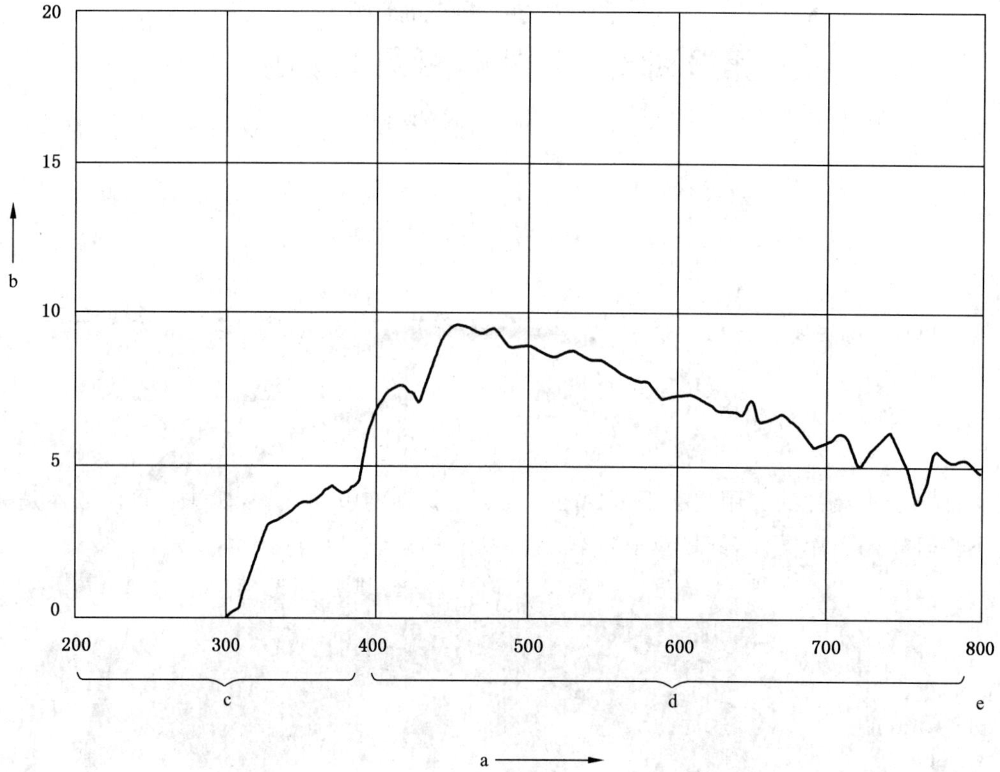

a　波长,nm。

b　光谱辐照度,W/(m^2·5 nm)。

c　紫外光(UV)。

d　可见光。

e　红外光(IR)。

图 1　D65 标准照明体光谱辐照度分布

4.2　试验装置举例

4.2.1　高压氙灯,带有一个石英外罩和能够得到与日光光谱分布接近的滤光器。

注 1:图 2 给出了日光和试验装置光谱辐照度分布的示例。

注 2:若无合适的遮蔽和安全防护,高强度的紫外光可引起辐射伤害。

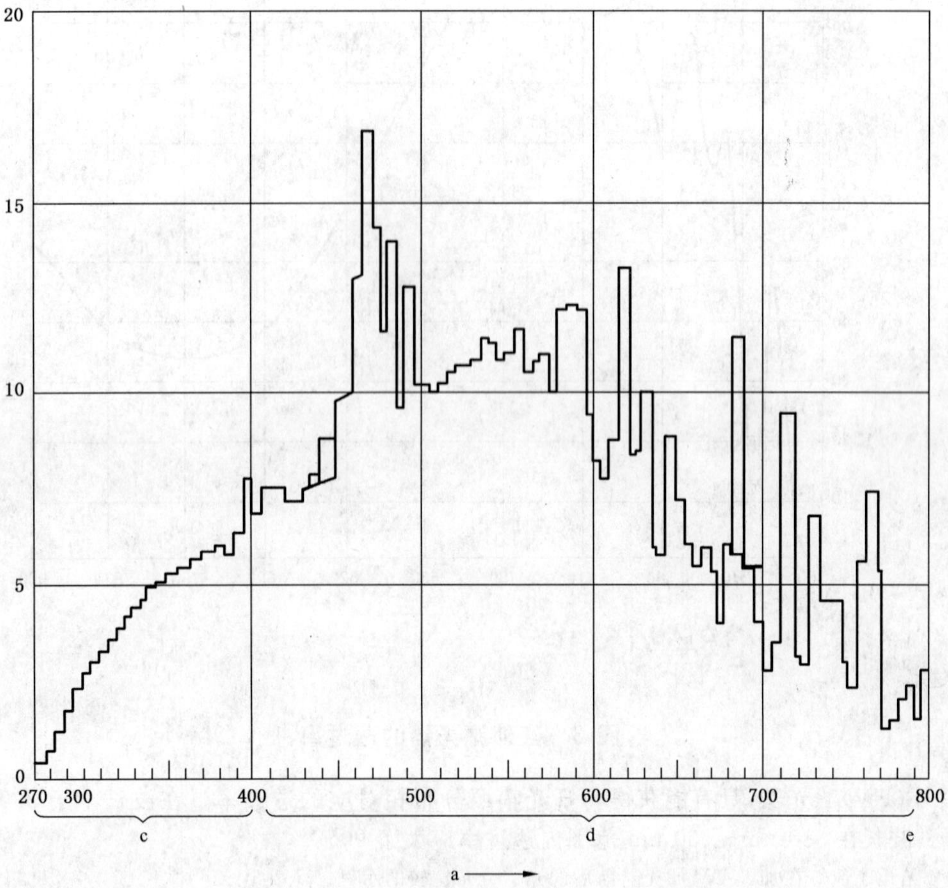

a 波长,nm。

b 光谱辐照度,W/(m² · 5 nm)。

c 紫外光(UV)。

d 可见光。

e 红外光(IR)。

图 2 氙灯光谱分布

4.2.2 红外(IR)滤光器,在 650 nm～850 nm 波长范围内入射辐射的透过率小于 50%。

注:图 3 给出了红外(IR)滤光器的透过率曲线的示例。

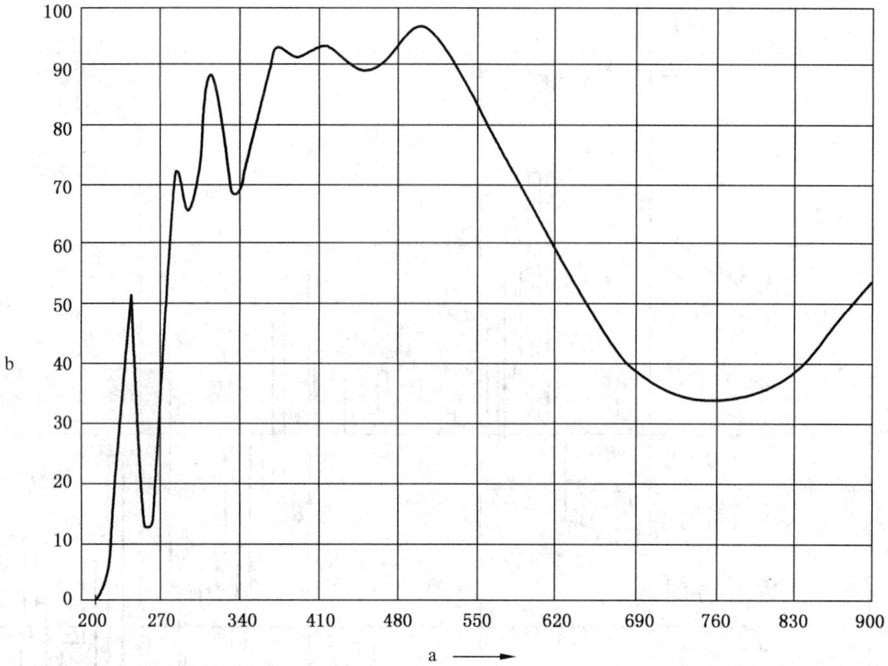

a 波长,nm。
b 透过率,%。

图 3 红外滤光器的透过率

4.2.3 紫外(UV)滤光器,具有能获得与日光辐照分布相对应的透过率。在波长小于 290 nm 时透过率应为 0%,波长在 380 nm～750 nm 范围内透过率应大于 90%。

注:图 4 给出了氙灯在加入 UV 滤光器前后的光谱分布比较的示例。

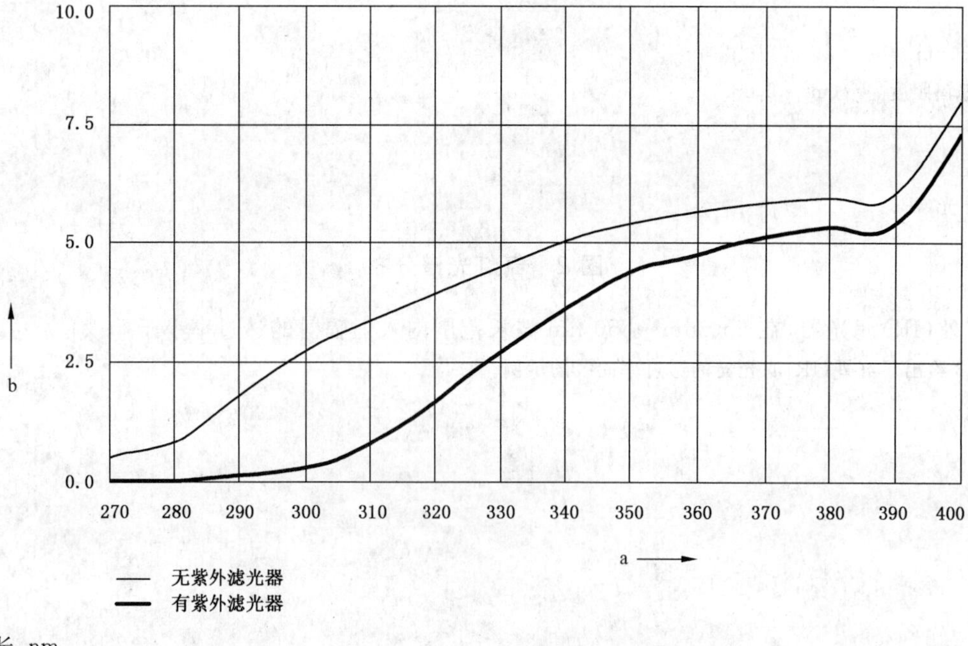

a 波长,nm。
b 光谱辐照度,W/(m^2·5 nm)。

图 4 氙灯的紫外光谱分布

4.2.4 两个反射镜,能够反射紫外和可见光辐射。

4.2.5 辐射光源,由一个氙灯(4.2.1)、IR 滤光器(4.2.2)、UV 滤光器(4.2.3)、反射镜(4.2.4)和抛物线形反射装置组成,示例见图 5。

单位为毫米

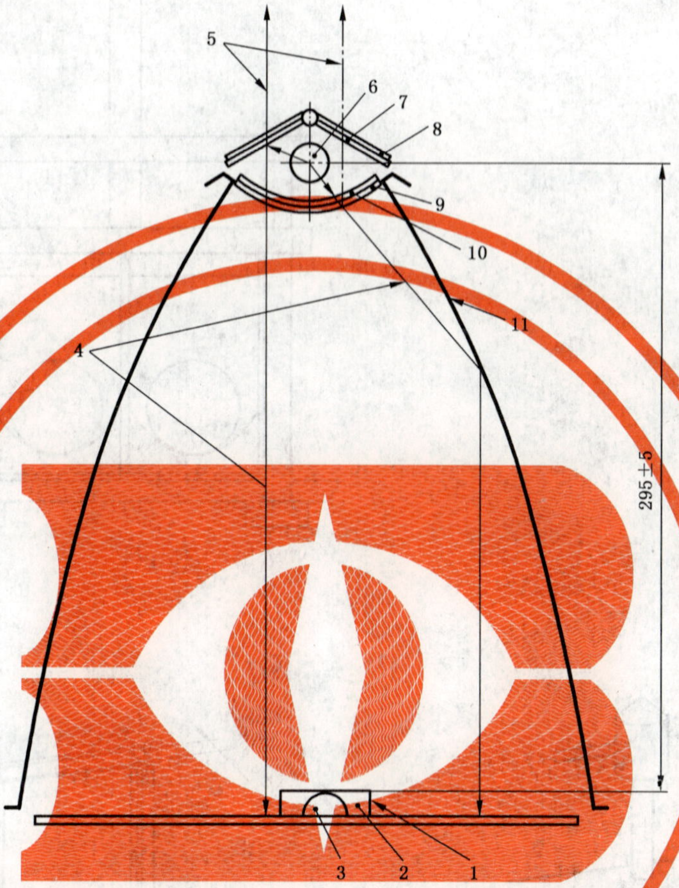

说明:

1——透明容器(见图 6);

2——盐溶液;

3——接触镜;

4——紫外-可见光;

5——红外光;

6——氙灯;

7——紫外反射镜;

8——可见光反射镜;

9——红外滤光器;

10——紫外滤光器;

11——抛物线性反射装置。

图 5 辐照源和装置示例

4.2.6 透明容器,由石英制成,设计用于放置接触镜。容器用盖(例如硅橡胶)密封盖压好,并用适当的夹具固定。在装满符合 GB/T 11417.4—2012 规定的测试用标准盐溶液时,容器在 290 nm~750 nm 波长间的光谱吸收不得超过 2%。

注:图 6 为两个透明容器固定在一起的装置示例。

单位为毫米

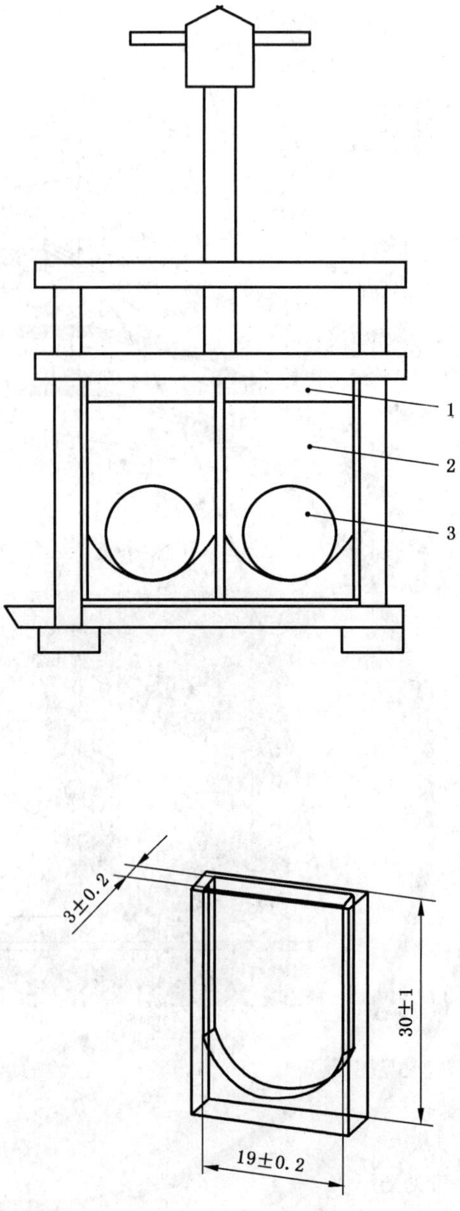

说明：

1——硅橡胶密封盖；

2——盐溶液；

3——接触镜。

图 6　透明容器的结构示例

5　样品

选用未开封的接触镜成品作为样品。确保接触镜样品在试验前未经专门的处理或改变。

6 试验步骤

6.1 在每个透明容器(4.2.6)中放入一个样品。在透明容器中注满符合 GB/T 11417.4—2012 所规定的试验用标准盐溶液,用密封盖(例如:硅橡胶材料密封盖)压住透明容器的顶部,确保没有气泡,然后用夹具固定好密封盖。

6.2 在 300 nm~800 nm 波长范围,总辐照度控制在 240 W/m^2~260 W/m^2 之间,并确保辐照光线基本垂直于放置接触镜的容器。如要同时进行多片接触镜辐照试验时,要确保每个镜片处于相同的照射状况。

将样品置于照射光源(见 4.2.5)下,距离为(295±5)mm,除非制造商另有规定,受照射时间为 20 h~21 h。在受照射期间,应将透明容器中的盐溶液温度控制在 40 ℃以下。

7 试验报告

试验报告中应至少含有如下内容:

a) 本部分标准号;

b) 接触镜试样的标识;

c) 送样日期。

ICS 29.030
L 19

中华人民共和国国家标准

GB/T 11436—2012
代替 GB/T 11436—1989

软磁铁氧体材料成品、半成品化学分析方法

Chemical analysis methods for products and semi-finished products made of soft ferrite materials

2012-12-31 发布　　2013-06-01 实施

中华人民共和国国家质量监督检验检疫总局
中国国家标准化管理委员会　发布

前　言

本标准按照 GB/T 1.1—2009 给出的规则起草。

本标准代替 GB/T 11436—1989《软磁铁氧体材料成品、半成品化学分析方法》。

本标准与 GB/T 11436—1989 相比，主要变化如下：

——增加了“范围”和“规范性引用文件”。

——将原标准 1.3.2“……铬黑 T 指示剂：10%”，改为 4.4.2“……铬黑 T 指示剂：1%”。

——对式(6)进行了修正(见 4.5.4，1989 年版的 4.4.4)。

——将原标准 4.5.1“……形成橙色铬离子”，改为 5.6.1“……配位化合物”。

——将各公式中元素含量的符号分别用 X_i 表示，对标准条款号重新进行了编排。

——增加了镍铜锌、镁铜锌、镍镁铜锌、锰镁铜锌等材料的主成分分析。

——增加了对材料中添加的常规杂质 SiO_2 的成分分析。

——删除了原标准中“铝片还原法”和“锰的测定”。

本标准由中华人民共和国工业和信息化部提出。

本标准由全国磁性元件与铁氧体材料标准化技术委员会(SAC/TC 89)归口。

本标准起草单位：浙江春晖复合材料有限公司。

本标准主要起草人：陆明岳、陈俊青、韩国华、顾丽军。

本标准所代替标准的历次版本发布情况为：

——GB/T 11436—1989。

软磁铁氧体材料成品、半成品化学分析方法

1 范围

本标准规定了软磁铁氧体材料成品、半成品化学分析。

本标准适用于软磁铁氧体材料中锰锌铁氧体材料、镍锌铁氧体材料、镍铜锌铁氧体材料、镁(铜)锌铁氧体材料、镍镁(铜)锌铁氧体材料、锰镁(铜)锌铁氧体材料的化学分析。

2 规范性引用文件

下列文件对于本文件的应用是必不可少的。凡是注日期的引用文件,仅注日期的版本适用于本文件。凡是不注日期的引用文件,其最新版本(包括所有的修改单)适用于本文件。

GB/T 601—2002 化学试剂 标准滴定溶液的制备

GB/T 602—2002 化学试剂 杂质测定用标准溶液的制备

GB/T 603—2002 化学试剂 试验方法中所用制剂及制品的制备

GB/T 6682—2008 分析实验室用水规格和试验方法

3 试剂和水

试验方法中所用试剂和水,在没有注明其他要求时,均指分析纯试剂和GB/T 6682—2008中规定的水,试验中所用标准滴定溶液、杂质标准溶液、制剂及制品,在没有注明其他要求时,均按GB/T 601—2002、GB/T 602—2002、GB/T 603—2002的规定制备。

4 锰锌铁氧体材料分析

4.1 试样溶液的制备

称取试样1 g(精确至0.000 2 g),置于250 mL烧杯中,加入盐酸(1∶1)30 mL,加热使其溶解,冷却后,移入200 mL容量瓶中,用水稀释至刻度,摇匀,备用。此为溶液A。

4.2 铁的测定

4.2.1 方法提要

用氯化亚锡还原三价铁离子为二价铁离子,加入氯化高汞除去过量的氯化亚锡,以二苯胺磺酸钠为指示剂,用重铬酸钾标准溶液滴定。

4.2.2 试剂和溶液

所用试剂和溶液应符合下列规定:

a) 盐酸:1∶1;

b) 氯化亚锡溶液:10%;称取10 g氯化亚锡溶于10 mL盐酸(ρ=1.19 g/cm^3,ρ为密度,以下同)

中,加水稀释至 100 mL;

c) 氯化高汞饱和溶液;

d) 硫磷混酸:将 15 mL 浓硫酸(ρ=1.84 g/cm^3)缓缓倒入 70 mL 水中,冷却后加入 15 mL 浓磷酸(ρ=1.69 g/cm^3),混匀;

e) 二苯胺磺酸钠指示剂:0.2%;称取 0.1 g 二苯胺磺酸钠溶于 50 mL 浓硫酸中,混匀;

f) 重铬酸钾标准溶液:c($K_2Cr_2O_7$)=0.01 mol/L。

4.2.3 分析步骤

准确吸取试样溶液 A 20 mL 于 250 mL 锥形瓶中,加入盐酸 10 mL,加热后趁热滴加氯化亚锡溶液至试液无黄色再过量 1~2 滴,迅速用流水冷却至室温,加入氯化高汞溶液 5 mL,摇荡至白色丝状沉淀出现,静置 2 min~3 min 后,用水稀释至 100 mL,加入硫磷混酸 10 mL,二苯胺磺酸钠指示剂 3 滴,用重铬酸钾标准溶液滴定至试液呈稳定的紫色为终点。同时作试剂空白试验。

4.2.4 分析结果的计算

以质量分数表示的氧化铁(Fe_2O_3)的含量 X_1 按式(1)计算:

$$X_1 = \frac{c \times (V - V_0) \times 0.4791}{m \times (20/200)} \times 100\% \quad \cdots\cdots (1)$$

式中:

c ——重铬酸钾标准溶液的浓度,单位为摩尔每升(mol/L);

V ——滴定试样溶液消耗重铬酸钾标准溶液的体积,单位为毫升(mL);

V_0 ——滴定空白消耗重铬酸钾标准溶液的体积,单位为毫升(mL);

0.479 1——与 1.00 mL $K_2Cr_2O_7$ 标准滴定液[$c(K_2Cr_2O_7)$=1.000 mol/L]相当的以克表示的氧化铁的质量;

m ——试样的质量,单位为克(g)。

4.2.5 精密度

平行测定两次结果之差不大于 0.25%(或符合 A.5 的规定)。

4.3 锰的测定

4.3.1 方法提要

在大量磷酸络合剂存在下,加入高氯酸将锰氧化成三价状态,然后用亚铁标准溶液滴定三价锰。

4.3.2 试剂和溶液

所用试剂和溶液应符合下列规定:

a) 磷酸:ρ=1.69 g/cm^3;

b) 高氯酸:ρ=1.68 g/cm^3;

c) 硫磷混酸:将 15 mL 浓硫酸(ρ=1.84 g/cm^3)缓缓倒入 70 mL 水中,冷却后加入 15 mL 浓磷酸(ρ=1.69 g/cm^3),混匀;

d) 邻苯氨基苯甲酸溶液:1%;称取 0.1 g 邻苯氨基苯甲酸,溶于 100 mL 0.2%碳酸钠溶液中;

e) 重铬酸钾标准溶液:0.015 mol/L;称取 0.75 g 于 105 ℃~110 ℃烘干至恒重的基准重铬酸钾(精确至 0.000 2 g),用水溶解后移入 1 000 mL 容量瓶并稀释至刻度,摇匀。重铬酸钾基准溶液浓度 c_1 按式(2)计算:

$$c_1=\frac{m}{49.03} \qquad\qquad (2)$$

式中：

m ——称取基准重铬酸钾的质量，单位为克(g)；

49.03 ——重铬酸钾($1/6\ K_2Cr_2O_7$)的摩尔质量，单位为克每摩尔(g/mol)。

f) 硫酸亚铁铵标准滴定溶液：$c\approx0.015$ mol/L；

配制：称取约 6 g 硫酸亚铁铵 [$Fe(NH_4)_2(SO_4)_2\cdot6H_2O$]，溶于 300 mL 硫酸(1∶8)溶液中，再加入 700 mL 水，摇匀，该溶液使用前标定。

标定：用移液管移取 20 mL 重铬酸钾基准溶液置于 500 mL 锥型瓶中，加 150 mL 水、20 mL 硫-磷混合酸溶液，用硫酸亚铁铵标准溶液滴定至溶液呈黄绿色，然后加入适量邻苯氨基苯甲酸指示剂，继续滴定至溶液由紫红色变为亮绿色为终点。

硫酸亚铁铵标准滴定溶液浓度 c_2 按式(3)计算：

$$c_2=\frac{V_1\times c_1}{V} \qquad\qquad (3)$$

式中：

V_1 ——移取重铬酸钾基准溶液的体积，单位为毫升(mL)；

c_1 ——重铬酸钾基准溶液的实际浓度，单位为摩尔每升(mol/L)；

V ——滴定消耗硫酸亚铁铵标准滴定溶液的体积，单位为毫升(mL)。

4.3.3 分析步骤

准确吸取试样溶液 A 20 mL 于 250 mL 锥形瓶中，置于电炉上加热蒸发至小体积，加入磷酸 25 mL，在电炉上继续加热至刚有磷酸烟冒出(此时瓶内溶液平静，无气泡)，加入 20 滴高氯酸，缓冷摇动 1 min 后，低温加热至溶液液面气泡消失，加 30 mL～50 mL 水，待溶液冷却后，加入适量邻苯氨基苯甲酸指示剂，用硫酸亚铁铵标准溶液滴定至溶液至黄色为终点。同时作试剂空白试验。

4.3.4 分析结果的计算

以质量分数表示的氧化锰(MnO)的含量 X_2 按式(4)计算：

$$X_2=\frac{c\times(V-V_0)\times0.070\,94}{m\times(20/200)}\times100\% \qquad\qquad (4)$$

式中：

c ——硫酸亚铁铵标准滴定溶液的实际浓度，单位为摩尔每升(mol/L)；

V ——滴定试样溶液所消耗的硫酸亚铁铵标准滴定溶液的体积，单位为毫升(mL)；

V_0 ——滴定空白消耗硫酸亚铁铵标准滴定溶液的体积，单位为毫升(mL)；

0.070 94——与 1.00 mL 硫酸亚铁铵标准滴定溶液[$c(Fe(NH_4)_2(SO_4)_2\cdot6H_2O)=1.000$ mol/L]相当的以克表示的氧化锰的质量，单位为克(g)；

m ——试样的质量，单位为克(g)。

4.3.5 精密度

平行测定两次结果之差不大于 0.10 %(或符合 A.5 的规定)。

4.4 锌的测定

4.4.1 方法提要

在盐酸介质中，以二安替吡啉甲烷、1,2-二氯乙烷萃取分离锌，在 pH=10 时，以铬黑 T 作指示剂，用 EDTA 二钠盐标准溶液滴定。

4.4.2 试剂和溶液

所用试剂和溶液应符合下列规定：

a) 盐酸：1∶1；

b) 抗坏血酸：固体；

c) 无水亚硫酸钠：固体；

d) 1,2-二氯乙烷；

e) 乙醇；

f) 氯化铵-氨水缓冲溶液：pH=10，称取 54 g 氯化铵加水溶解后，加浓氨水 350 mL，用水稀释至 1 000 mL；

g) 三乙醇胺：1∶4；

h) EDTA 二钠盐标准溶液：0.01 mol/L；

i) 硫脲溶液：10%；

j) 铬黑 T 指示剂：1%；称取铬黑 T 指示剂 0.5 g 加 50 g 氯化钠，研磨均匀烘干备用；

k) 二安替吡啉甲烷、1,2-二氯乙烷萃取液：称取 3 g 二安替吡啉甲烷溶于 100 mL 1,2-二氯乙烷中，溶解混匀；

l) 氧化锌标准溶液：1 mL 含 1mg ZnO。

4.4.3 分析步骤

准确吸取试样溶液 A 20 mL 于 100 mL 烧杯中，加热蒸至近干，加入盐酸(1∶1)8 mL 及 15 mL 水溶解残渣。往溶液中加入抗坏血酸 1 g，振荡至黄色消失，加 0.1 g 亚硫酸钠，摇动几次将溶液移入分液漏斗中，用水稀释至 30 mL，加 10 mL 二安替吡啉甲烷、1,2-二氯乙烷萃取液，振荡萃取 2 min，静置分层后，把有机相放入预先加入 0.2 g 抗坏血酸的 250 mL 烧杯中，再往水相中加入 1,2-二氯乙烷 5 mL，重复萃取一次，把有机相合并于 250 mL 烧杯中，加三乙醇胺 2 mL，加 pH=10 的缓冲液 5 mL、乙醇 50 mL及适量铬黑 T 指示剂，用 EDTA 二钠盐标准溶液滴定至紫红色变为纯蓝色为终点。

同时吸取适量氧化锌标准溶液在与样品分析相同条件下，求出 EDTA 二钠盐标准溶液对氧化锌的滴定度。同时作试剂空白试验。

4.4.4 分析结果的计算

以质量分数表示的氧化锌(ZnO)的含量 X_3 按式(5)计算：

$$X_3 = \frac{T \times (V - V_0)}{m \times (20/200)} \times 100\% \qquad (5)$$

式中：

T ——EDTA 二钠盐标准溶液对氧化锌的滴定度，单位为克每立方厘米(g/cm^3)；

V ——滴定试液消耗 EDTA 二钠盐标准溶液的体积，单位为毫升(mL)；

V_0——滴定空白消耗 EDTA 二钠盐标准溶液的体积，单位为毫升(mL)；

m ——试样的质量，单位为克(g)。

4.4.5 精密度

平行测定两次结果之差不大于 0.12%(或符合 A.5 的规定)。

注：试样中如含有铜及钴，则在滴定前先加入硫脲(10%)3 mL ～5 mL 及镍试剂(1%)2 mL ～3 mL 后再滴定。

4.5 钙的测定

4.5.1 方法提要

试样溶液用空气-乙炔火焰按原子吸收仪器条件要求，在波长 422.7 nm 处测定吸收度，作浓度对吸收度工作曲线。从工作曲线上求出被测元素含量。

4.5.2 试剂和仪器

所用试剂和溶液应符合下列规定：

a) 原子吸收分光光度计；

b) 乙炔气(G.R.)；

c) 盐酸(G.R.)：1∶1；

d) 钙标准溶液：1 mg/mL。准确称取于 105 ℃～110 ℃烘干至恒重的高纯碳酸钙 2.497 g，加 20 mL盐酸溶解，移入 1 000 mL 容量瓶中，用水稀释至刻度；

e) 锶溶液：用氯化锶(G.R.)配成 2%水溶液。

4.5.3 分析步骤

称取试样 1 g，精确至 0.001 g。用 20 mL 盐酸溶解后移入 100 mL 容量瓶中，用水稀释至刻度。准确移取四份试液，每份 10 mL，分别注入四个 50 mL 容量瓶中，同时分别加入 10 mL 氯化锶溶液。第一份试液不加钙标准溶液，第二、三、四份试液加入成比例的钙标准溶液，用水稀释至刻度。以空白溶液调零，按原子吸收仪器条件要求用空气-乙炔火焰，在波长 422.7 nm 处测定吸收度，作加入标准溶液浓度对吸收度工作曲线。将工作曲线反向延长与横坐标相交于 c_x，即为被测元素的浓度，如图 1。

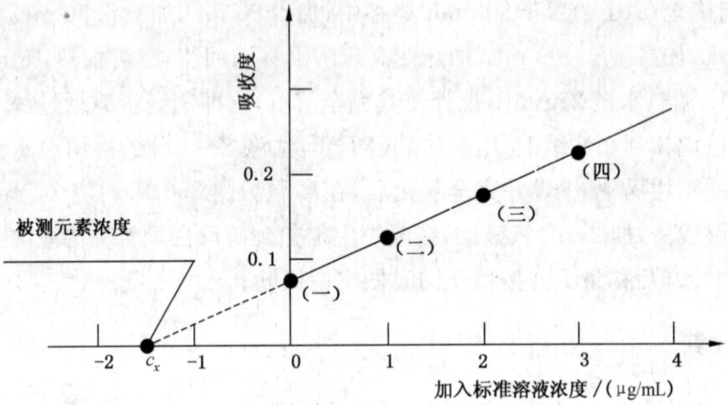

图 1

注：此标准加入法是抵消干扰的简便方法。此方法要求被测元素在使用浓度范围内与吸收度符合线性关系，否则不能使用。

4.5.4 分析结果的计算

以质量分数表示的钙的含量 X_4 按式(6)计算：

$$X_4 = \frac{c_x \times V}{m \times 10^6 \times 10/100} \times 100\% \qquad (6)$$

式中：

c_x——从工作曲线中求出试样被测元素之浓度，单位为毫克每毫升(μg/mL)；

V——试液的体积，单位为毫升(mL)；

m——试样质量，单位为克(g)。

4.5.5 精密度

平行测定两次结果之差不大于0.03%(或符合A.5的规定)。

4.6 二氧化硅含量的测定

4.6.1 方法提要

试样用王水溶解后,加高氯酸脱水,过滤后灼烧,加氢氟酸使二氧化硅挥发,从失重求出二氧化硅含量。

4.6.2 试剂和装置

所用试剂和溶液应符合下列规定:

a) 王水;

b) 高氯酸;

c) 盐酸:1∶1,1∶10;

d) 硫酸:1∶1;

e) 氢氟酸:$\rho \approx 1.13\ g/cm^3$;

f) 铂坩埚:30 mL;

g) 高温箱式炉。

4.6.3 分析步骤

称取试样10 g(精确至0.01 g)置于500 mL烧杯中,加水50 mL,加王水50 mL,在电炉上加热溶解,溶解完全后浓缩至80 mL,加高氯酸100 mL,加热使高氯酸沿杯壁回流,继续加热15 min。取下烧杯冷却后加入盐酸(1∶1)30 mL,温热水至250 mL,搅拌使其完全溶解,立即用定量滤纸过滤,将附着在烧杯内壁的残渣用带有橡皮头的玻璃棒刮在滤纸上,用热盐酸(1∶10)洗涤8~10次,再用温水洗4~5次。把沉淀及滤纸一并放入已恒重的铂坩埚中,干燥并完全灰化后,在高温炉内850 ℃灼烧30 min,在干燥器内冷却后称量。加3滴硫酸润湿残渣,加2 mL氢氟酸,在电炉上加热到硫酸白烟冒完为止,再在高温炉内850 ℃灼烧30 min,在干燥器内冷却后称量。并按操作同时做空白试验。

4.6.4 分析结果的计算

以质量分数表示的二氧化硅(SiO_2)含量X_5按式(7)计算:

$$X_5 = \frac{m_1 - m_2 - m_0}{m} \times 100\% \qquad \cdots\cdots(7)$$

式中:

m_1——灼烧后坩埚与二氧化硅及残渣的质量,单位为克(g);

m_2——氢氟酸处理后坩埚与残渣的质量,单位为克(g);

m_0——空白试验中二氧化硅的质量,单位为克(g);

m——试样质量,单位为克(g)。

4.6.5 精密度

平行测定两次结果之差不大于0.002%(或符合A.5的规定)。

5 镍锌铁氧体材料分析

5.1 试样溶液的制备

称取 10 g 焦硫酸钾于 30 mL 的瓷坩埚中，加热熔融停止冒气泡，冷却；准确称约 1 g 已研细混匀的样品（称准至 0.000 2 g），置于已放有焦硫酸钾的坩埚中，在高温炉中约 800 ℃熔融，待试样熔解完后，冷却。用水浸取于 250 mL 的烧杯中，加入盐酸（1：1）10 mL，加热至熔块溶解，冷却后，移入 200 mL 的容量瓶中用水稀至刻度，摇匀，备用。此为试液 B。

注：若试样能用盐酸溶解，就不必按上述处理。

5.2 铁的测定

同 4.2 铁的测定。

5.3 镍的测定

5.3.1 方法提要

在氨性溶液中，用丁二酮肟试剂（镍试剂）使镍生成沉淀与其他元素分离，沉淀用盐酸溶解，加入过量 EDTA 二钠盐，在 pH＝5.4 的条件下，以二甲酚橙作为指示剂，用氯化锌进行返滴定。

5.3.2 试剂和溶液

所用试剂和溶液应符合下列规定：

a) 柠檬酸：20％；
b) 氯化铵：20％；
c) 丁二酮肟乙醇溶液（镍试剂）：1％乙醇溶液；
d) 氨水：1：1；
e) 盐酸：1：1；
f) 对硝基酚指示剂：1％；
g) 二甲酚橙指示剂：0.2％；
h) EDTA 二钠盐标准溶液：0.025 mol/L；
i) 氯化锌滴定溶液：0.025 mol/L；
j) 六次甲基四胺缓冲溶液：pH＝5.4；称取六次甲基四胺 10 g，加水 100 mL 溶解后，加浓盐酸 10 mL 混匀。

5.3.3 分析步骤

准确吸取试样溶液 B 20 mL 于 250 mL 烧杯中，加入柠檬酸 25 mL 及氯化铵 25 mL，以氨水调节 pH 至 9，再加入 5 mL 氨水，把溶液稀释至约 200 mL 并加热至近沸，在不断搅拌下按 1 mg 镍加入 4 mg 沉淀剂的比例加入镍试剂，静置 10 min 后，用快速定性滤纸过滤，用热水洗涤沉淀 8～10 次。用玻璃棒将滤纸穿孔，将沉淀洗入 250 mL 烧杯中，先用热盐酸洗涤滤纸，再用热水洗净滤纸 3～4 次。加热溶解沉淀，冷却后，准确加入 EDTA 二钠标准溶液 20 mL，加几滴对硝基酚，用氨水和盐酸调溶液 pH 至溶液黄色刚消失，加入 pH＝5.4 的缓冲溶液 15 mL 及适量二甲酚橙指示剂，用氯化锌进行返滴定，溶液由黄色变为红色即为终点。

准确吸取 EDTA 二钠盐标准溶液 10 mL 于 250 mL 锥形瓶中，在 pH＝5.4 的条件下，以二甲酚橙作为指示剂，用氯化锌进行滴定，求出 EDTA 二钠盐标准溶液对氯化锌溶液的比值 K。同时作试剂空白试验。

5.3.4 分析结果的计算

以质量分数表示的氧化镍(NiO)的含量 X_6 按式(8)计算:

$$X_6=\frac{(20-V\times K-V_0)\times c\times 0.074\ 69}{m\times(20/200)}\times 100\% \qquad \cdots\cdots(8)$$

式中:

c ——EDTA二钠盐标准溶液的摩尔浓度,单位为摩尔每升(mol/L);

V ——滴定消耗氯化锌溶液的体积,单位为毫升(mL);

V_0 ——滴定空白消耗氯化锌溶液的体积,单位为毫升(mL);

K ——EDTA二钠盐标准溶液对氯化锌溶液的比值;

0.074 69——与1.00 mL EDTA标准滴定液[c(EDTA)=1.000 mol/L]相当的氧化镍的质量,单位为克(g);

m ——试样的质量,单位为克(g)。

5.3.5 精密度

平行测定两次结果之差不大于0.08%(或符合A.5的规定)。

5.4 锌的测定

5.4.1 方法提要

在盐酸介质中,以二安替吡啉甲烷、1,2-二氯乙烷萃取分离锌,在pH=10时,以铬黑T作指示剂,用EDTA二钠盐滴定。

5.4.2 试剂和溶液

所用试剂和溶液应符合下列规定:

a) 盐酸:1∶1;
b) 抗坏血酸:固体;
c) 无水亚硫酸钠:固体;
d) 1,2-二氯乙烷;
e) 乙醇;
f) 氯化铵-氨水缓冲溶液:pH=10;称取54 g氯化铵加水溶解后,加浓氨水350 mL,用水稀释至1 000 mL;
g) 三乙醇胺:1∶4;
h) EDTA二钠盐标准溶液:0.01 mol/L;
i) 硫脲溶液:10%;
j) 铬黑T指示剂:1%;称取铬黑T指示剂0.5 g加50 g氯化钠,研磨均匀烘干备用;
k) 二安替吡啉甲烷、1,2-二氯乙烷;称取3 g二安替吡啉甲烷溶于100 mL 1,2-二氯乙烷中,溶解混匀;
l) 氧化锌标准溶液:1 mL含1 mg ZnO。

5.4.3 分析步骤

准确吸取试样溶液B 20 mL于100 mL烧杯中,加热蒸至近干,加入盐酸(1∶1) 8 mL及15 mL水溶解残渣。往溶液中加入抗坏血酸1 g,振荡至黄色消失,加0.1 g亚硫酸钠,摇动几次将溶液移入分液漏斗中,用水稀释至30 mL,加10 mL二安替吡啉甲烷、1,2-二氯乙烷萃取液,振荡萃取2 min,静置分层后,把有机相放入预先加入 0.2 g 抗坏血酸的 250 mL 烧杯中，再往水相中加入 1,2-二氯乙烷 5 mL，重复萃取一次，把有机相合并于 250 mL 烧杯中，加三乙醇胺 2 mL，加 pH=10 的缓冲液 5 mL、乙醇 50 mL 及适量铬黑 T 指示剂，用 EDTA 二钠盐标准溶液滴定至紫红色变为纯蓝色为终点。

同时吸取适量氧化锌标准溶液在与样品分析相同条件下，求出 EDTA 二钠盐标准溶液对氧化锌的滴定度。同时作试剂空白试验。

5.4.4 分析结果的计算

以质量分数表示的氧化锌(ZnO)的含量 X_7 按式(9)计算：

$$X_7=\frac{T\times(V-V_0)}{m\times(20/200)}\times100\% \quad \cdots\cdots(9)$$

式中：

V ——滴定试液消耗 EDTA 二钠盐标准溶液的体积，单位为毫升(mL)；

V_0——滴定空白消耗 EDTA 二钠盐标准溶液的体积，单位为毫升(mL)；

T ——EDTA 二钠盐标准溶液对氧化锌的滴定度，单位为克每毫升(g/mL)；

m ——试样的质量，单位为克(g)。

5.4.5 精密度

平行测定两次结果之差不大于 0.12%(或符合 A.5 的规定)。

注：试样中如含有铜及钴，则在滴定前先加入硫脲(10%)3 mL～5 mL 及镍试剂(1%)2 mL～3 mL 后再滴定。

5.5 锰的测定

5.5.1 方法原理

在硫酸介质中，以硝酸银作催化剂，用过硫酸铵将二价锰氧化成紫红色的高锰酸借此进行比色。

5.5.2 试剂和溶液

所用试剂和溶液应符合下列规定：

a) 硫磷混酸：将 15 mL 硫酸(ρ=1.84 g/cm^3)缓缓倒入 70 mL 水中，冷却后加入 15 mL 磷酸(ρ=1.69 g/cm^3)，混匀；

b) 硝酸银溶液：1.7%；

c) 过硫酸铵溶液：20%；

d) 氧化锰标准溶液：1 mL 含 0.50 mg MnO；

e) EDTA 二钠盐溶液：5%。

5.5.3 分析步骤

准确吸取试液 B 10 mL 于 200 mL 的烧杯中，加入硫磷混合酸 20 mL 蒸发至冒浓白烟，冷却后加入水 50 mL，硝酸银 5 mL，过硫酸铵 10 mL，加热至大气泡产生并煮沸片刻，冷却后移入 100 mL 容量瓶中，用水稀释至刻度，摇匀。将显色液倒入 1 cm 比色皿中在波长 530 nm 处测其吸光度，将剩余部分加入 2～3 滴 EDTA 溶液，摇匀，待溶液红色褪尽后作参比溶液。在标准曲线上查出相应的锰量以计算样品中氧化锰的含量。

5.5.4 标准曲线的绘制

正确吸取锰标准溶液 1.00 mL，2.00 mL，3.00 mL，4.00 mL，5.00 mL，分别置于 200 mL 的烧杯中，按上述分析步骤进行后，以水作参比，测定吸光度。以氧化锰含量为横坐标，吸光度为纵坐标绘制标准曲线。

5.5.5 分析结果的计算

以质量分数表示的氧化锰(MnO)的含量 X_8 按式(10)计算：

$$X_8=\frac{m_1}{m\times(10/100)}\times100\% \qquad \cdots\cdots(10)$$

式中：

m_1——由标准曲线上查得氧化锰质量，单位为克(g)；

m ——试样质量，单位为克(g)。

5.5.6 精密度

平行测定两次结果之差不大于0.05%(或符合A.5的规定)。

5.6 钴的测定

5.6.1 方法提要

在醋酸钠存在的条件下，利用钴离子与亚硝基红盐试剂形成橙色配位化合物，作钴的比色测定，干扰元素加硝酸消除。

5.6.2 试剂和仪器

所用试剂和溶液应符合下列规定：

a) 亚硝基红盐：0.2%，贮于棕色瓶中；

b) 醋酸钠溶液：50%；

c) 硝酸：1∶1；

d) 硫磷混酸：将15 mL浓硫酸(ρ=1.84 g/cm^3)缓缓倒入70 mL水中，冷却后加入15 mL浓磷酸(ρ=1.69 g/cm^3)，混匀；

e) 氧化钴标准溶液：0.010 mg/mL；

f) 分光光度计。

5.6.3 分析步骤

称取研细并在110 ℃烘干的试样0.1 g～0.2 g，精确至0.000 2 g于100 mL烧杯中，加硫磷混酸20 mL，加热溶解，移入100 mL容量瓶中，用水稀至刻度。准确移取5 mL溶液于100 mL烧杯中，加醋酸钠溶液10 mL、亚硝基红盐10 mL及硝酸10 mL，加热煮沸1 min～2 min，冷却后移入50 mL容量瓶中，用水稀至刻度，混匀，在分光光度计上，于波长550 nm处，用2 cm比色皿进行比色。由标准曲线查得钴的含量。

5.6.4 标准曲线的绘制

分别取相当于每毫升含0.01 mg氧化钴的标准溶液0.2 mL、0.4 mL、0.6 mL、0.8 mL、1.0 mL于100 mL烧杯中，按上述分析方法显色后在相同条件比色，取吸收度读数与其对应氧化钴质量绘制标准曲线。

5.6.5 分析结果的计算

以质量分数表示的氧化钴(CoO)的含量 X_9 按式(11)计算：

$$X_9=\frac{m_1}{m\times(5/100)}\times100\% \qquad \cdots\cdots(11)$$

式中：

m_1——从标准曲线查得氧化钴的质量，单位为克(g)；

m ——试样质量，单位为克(g)。

5.6.6 精密度

平行测定两次结果之差不大于0.03%（或符合A.5的规定）。

6 镍铜锌铁氧体材料分析

6.1 试样溶液的制备

称取10 g焦硫酸钾于30 mL的瓷坩埚中，加热熔融停止冒气泡；冷却；准确称约1 g已研细混匀的样品(称准至0.000 2 g)，置于已放有焦硫酸钾的坩埚中，在高温炉中约800 ℃熔融，待试样熔解完后，冷却。用水浸取于250 mL的烧杯中，加入盐酸(1∶1)10 mL，加热至熔块溶解，冷却后，移入200 mL的容量瓶中用水稀至刻度，摇匀，备用。此为试液C。

注：若试样能用盐酸溶解，就不必按上述处理。

6.2 铁的测定

6.2.1 方法提要

试样溶液用氨水分离出铁，沉淀用盐酸溶解后，加入氯化亚锡还原三价铁离子为二价铁离子，加入氯化高汞除去过量的氯化亚锡，以二苯胺磺酸钠为指示剂，用重铬酸钾标准溶液滴定。

6.2.2 试剂和溶液

所用试剂和溶液应符合下列规定：

a) 盐酸：1∶1；1∶9；

b) 氨水：1∶1；

c) 氯化铵；

d) 氯化亚锡溶液：10%；称取10 g氯化亚锡溶于10 mL盐酸(ρ=1.19 g/cm^3)中，加水稀释至100 mL；

e) 饱和氯化高汞溶液；

f) 硫磷混酸：将15 mL浓硫酸(ρ=1.84 g/cm^3)缓缓倒入70 mL水中，冷却后加入15 mL浓磷酸(ρ=1.69 g/cm^3)，混匀；

g) 二苯胺磺酸钠指示剂：0.2%；

h) 重铬酸钾标准溶液：c= 0.01 mol/L。

6.2.3 分析步骤

准确吸取试样溶液C 20 mL于250 mL的烧杯中，加入氯化铵5 g，用水稀释至约100 mL，在不断搅拌下加入氨水(1∶1)至产生氢氧化铁沉淀再过量20 mL，加热煮沸片刻，趁热用快速滤纸过滤，热水洗涤数次。用热盐酸(1∶1)将沉淀溶入原烧杯中，先用热盐酸(1∶9)洗涤滤纸，再用热水洗涤滤纸。将溶液蒸发至小体积，加热后趁热滴加氯化亚锡溶液至试液无黄色再过量1～2滴，迅速用流水冷却至室温，加入氯化高汞溶液5 mL，摇荡至白色丝状沉淀出现，静置2 min～3 min后，用水稀释至100 mL，加入硫磷混酸10 mL，二苯胺磺酸钠指示剂3滴，用重铬酸钾标准溶液滴定至试液呈稳定的紫色为终点。同时作试剂空白试验。

6.2.4 分析结果的计算

以质量分数表示的氧化铁(Fe_2O_3)的含量 X_{10} 按式(12)计算：

$$X_{10}=\frac{c\times(V-V_0)\times 0.479\ 1}{m\times(20/200)}\times 100\% \qquad \cdots\cdots(12)$$

式中：

c ——重铬酸钾标准溶液的浓度,单位为摩尔每升(mol/L)；

V ——滴定试样溶液消耗重铬酸钾标准溶液的体积,单位为毫升(mL)；

V_0 ——滴定空白消耗重铬酸钾标准溶液的体积,单位为毫升(mL)；

0.479 1——与 1.00 mL $K_2Cr_2O_7$ 标准滴定液[$c(K_2Cr_2O_7)$=1.000 mol/L]相当的以克表示的氧化铁的质量；

m ——试样的质量,单位为克(g)。

6.2.5 精密度

平行测定两次结果之差不大于 0.25%(或符合 A.5 的规定)。

6.3 镍的测定

同 5.3 镍的测定。

注：因试样中含有氧化铜,需用镍试剂使镍重复沉淀一次。

6.4 锌的测定

同 5.4 锌的测定。

6.5 锰的测定

同 5.5 锰的测定。

6.6 铜的测定

6.6.1 方法提要

在氨性介质中,加入铜试剂(二乙胺硫代甲酸钠)与铜生成黄色络合物借此进行比色测定铜。铁镍等元素的干扰用柠檬酸和 EDTA 络合消除。

6.6.2 试剂和溶液

所用试剂和溶液应符合下列规定：

a) 柠檬酸铵溶液:50%；

b) 氢氧化铵:1∶1；

c) 阿拉伯树胶溶液:1%,煮沸后过滤；

d) 铜试剂溶液:0.2%；

e) EDTA 二钠盐溶液:1%；

f) 硫酸镁溶液:0.67%;称取硫酸镁($MgSO_4\cdot 7H_2O$)0.67 g 溶于 100 mL 水中；

g) 氧化铜标准溶液:1 mL 含 0.10 mg CuO。

6.6.3 分析步骤

正确吸取试液 C 10 mL 于 100 mL 容量瓶中,以水稀释至刻度,摇匀。此为试液 C_1。

正确吸取试液 C_1 10 mL 两份，分别置于 100 mL 的容量瓶中，按下述进行：

a) 着色溶液：加入柠檬酸铵溶液 10 mL，氢氧化铵 10 mL（溶液的 pH≥9），阿拉伯树胶溶液 10 mL，EDTA 溶液 7 mL，摇匀后立即加入硫酸镁溶液 7 mL，在不断摇动下，立即加入铜试剂溶液 10 mL，以水稀释至刻度，摇匀。

b) 空白溶液：除不加铜试剂外，其余按着色溶液操作。

将上述两种溶液各注入 1 cm 的比色皿中，以空白溶液作参比溶液，在 440 nm 波长下，测定吸光度，在标准曲线上查出相应的铜量以计算试样中铜的含量。

6.6.4 标准曲线的绘制

正确吸取铜标准溶液 0 mL，0.50 mL，1.00 mL，1.50 mL，2.00 mL，2.50 mL 分别置于 6 个 100 mL容量瓶中，按上述分析步骤进行并测定吸光度。以氧化铜质量为横坐标，吸光度为纵坐标绘制标准曲线。

6.6.5 分析结果的计算

以质量分数表示的氧化铜(CuO)的含量 X_{11} 按式(13)计算：

$$X_{11}=\frac{m_1}{m\times(10/200)\times(10/100)\times1\,000}\times100\% \quad\cdots\cdots(13)$$

式中：

m_1——由标准曲线上查得氧化铜质量，单位为毫克(mg)；

m ——试样质量，单位为克(g)。

6.6.6 精密度

平行测定两次结果之差不大于 0.05%（或符合 A.5 的规定）。

7 镁（铜）锌铁氧体材料分析

7.1 试样溶液的制备

称取试样 1 g（精确至 0.000 2 g），置于 250 mL 烧杯中，加入盐酸(1∶1)30 mL，加热使其溶解，冷却后，移入 200 mL 容量瓶中，用水稀释至刻度，摇匀，备用。此为溶液 D。

7.2 铁的测定

7.2.1 方法提要

试样溶液用氨水分离出铁，沉淀用盐酸溶解后，加入氯化亚锡还原三价铁离子为二价铁离子，加入氯化高汞除去过量的氯化亚锡，以二苯胺磺酸钠为指示剂，用重铬酸钾标准溶液滴定。

7.2.2 试剂和溶液

所用试剂和溶液应符合下列规定：

a) 盐酸：1∶1；1∶9；

b) 氨水：1∶1；

c) 氯化铵；

d) 氯化亚锡：称取 10 g 氯化亚锡溶于 10 mL 盐酸（ρ=1.19 g/cm^3）中，加水稀释至 100 mL；

e) 氯化高汞饱和溶液；

f) 硫磷混酸：将 15 mL 硫酸(ρ=1.84 g/cm^3)缓缓倒入 70 mL 水中，冷却后加入 15 mL 磷酸(ρ=1.69 g/cm^3)，混匀；

g) 二苯胺磺酸钠指示剂：0.2%；

h) 重铬酸钾标准溶液：$c(K_2Cr_2O_7)$ = 0.01 mol/L。

7.2.3 分析步骤

正确吸取试样溶液 D 20 mL 于 250 mL 的烧杯中，加入氯化铵 5 g，用水稀释至约 100 mL，在不断搅拌下加入氨水(1∶1)至产生氢氧化铁沉淀，再过量 20 mL，加热煮沸片刻，趁热用快速滤纸过滤，热水洗涤数次。用热盐酸(1∶1)将沉淀溶入原烧杯中，先用热盐酸(1∶9)洗涤滤纸，再用热水洗涤滤纸。将溶液蒸发至小体积，加热后趁热滴加氯化亚锡溶液至试液无黄色再过量 1～2 滴，迅速用流水冷却至室温，加入氯化高汞溶液 5 mL，摇荡至白色丝状沉淀出现，静置 2 min～3 min 后，用水稀释至 100 mL，加入硫磷混酸 10 mL，二苯胺磺酸钠指示剂 3 滴，用重铬酸钾标准溶液滴定至试液呈稳定的紫色为终点。同时作试剂空白试验。

7.2.4 分析结果的计算

以质量分数表示的氧化铁(Fe_2O_3)的含量 X_{12} 按式(14)计算：

$$X_{12}=\frac{c\times(V-V_0)\times0.4791}{m\times(20/200)}\times100\% \qquad\cdots\cdots(14)$$

式中：

c ——重铬酸钾标准溶液的浓度，单位为摩尔每升(mol/L)；

V ——滴定试样溶液消耗重铬酸钾标准溶液的体积，单位为毫升(mL)；

V_0 ——滴定空白消耗重铬酸钾标准溶液的体积，单位为毫升(mL)；

0.479 1——与 1.00 mL $K_2Cr_2O_7$ 标准滴定液[$c(K_2Cr_2O_7)$=1.000 mol/L]相当的以克表示的氧化亚铁的质量；

m ——试样的质量，单位为克(g)。

7.2.5 精密度

平行测定两次结果之差不大于 0.25%(或符合 A.5 的规定)。

注：试样中如不含有氧化铜，则不需用氨水分离铁，可直接吸取试液 20 mL 于 250 mL 的锥形瓶中，加入盐酸(1∶1)10 mL，以下同分析步骤进行。

7.3 镁的测定

7.3.1 方法提要

在微酸性溶液中，用铜试剂将铁锌等沉淀与镁分离，滤液在 pH=10 以铬黑 T 作指示剂，用 EDTA 二钠盐标准溶液滴定。

7.3.2 试剂和溶液

所用试剂和溶液应符合下列规定：

a) 盐酸：1∶1；

b) 磺基水杨酸溶液：10%；

c) 六次甲基四胺溶液：30%；

d) 铜试剂溶液：10%；

e) 过氧化氢溶液：3%；

f) 氨-氯化铵缓冲液:pH=10;

g) 铬黑 T 指示剂:1%;

h) EDTA 二钠盐标准溶液:0.01 mol/L;

i) 氧化镁标准溶液:1 mL 含 1 mg MgO。

7.3.3 分析步骤

称取试样 0.2 g(精确至 0.000 2 g),置于 250 mL 烧杯中,加入盐酸(1∶1)20 mL,加热使其溶解,冷却后,移入 200 mL 容量瓶中,加入磺基水杨酸 10 mL,用水稀释至 120 mL~130 mL,滴加六次甲基四胺,调节 pH=5(此时溶液由紫红色变为橙红色),加入铜试剂 30 mL,摇荡 2 min,加过氧化氢 0.5 mL,再摇荡片刻,用水稀释至刻度,摇匀,放置 15 min 后用干滤纸过滤,准确吸取 100 mL 滤液于 250 mL 锥形瓶中,加缓冲液 20 mL,适量铬黑 T 指示剂,用 EDTA 二钠盐标准溶液滴定溶液由紫红色变为纯蓝色为终点。

同时吸取标准镁溶液在与样品分析相同条件下,求出 EDTA 二钠盐标准溶液对氧化镁的滴定度。同时作试剂空白试验。

7.3.4 分析结果的计算

以质量分数表示的氧化镁(MgO)的含量 X_{13} 按式(15)计算:

$$X_{13}=\frac{T\times(V-V_0)}{m\times(100/200)}\times100\% \qquad \cdots\cdots(15)$$

式中:

V ——滴定试液消耗 EDTA 二钠盐标准溶液的体积,单位为毫升(mL);

V_0——滴定空白消耗 EDTA 二钠盐标准溶液的体积,单位为毫升(mL);

T ——EDTA 二钠盐标准溶液对氧化镁的滴定度,单位为克每毫升(g/mL);

m ——试样的质量,单位为克(g)。

7.3.5 精密度

平行测定两次结果之差不大于 0.05%(或符合 A.5 的规定)。

7.4 锌的测定

7.4.1 方法提要

在大量氨和氯化铵存在的条件下,使铁沉淀与锌分离。大部分镁存在于溶液中,但不影响锌的测定。滤液在 pH=5 时,以二甲酚橙为指示剂,用 EDTA 二钠盐滴定。

7.4.2 试样和溶液

所用试剂和溶液应符合下列规定:

a) 盐酸:1∶1;

b) 浓氨水(ρ=0.9 g/cm^3);

c) 氯化铵:固体;

d) 二甲酚橙指示剂:0.2%;

e) EDTA 二钠盐标准溶液:0.015 mol/L;

f) 六次甲基四胺缓冲溶液:pH=5.4,称取六次甲基四胺 40 g 溶于 100 mL 水中,加 10 mL 浓盐酸,混匀。

7.4.3 分析步骤

称取约 0.2 g 试样，精确至 0.000 2 g 于 250 mL 烧杯中，加盐酸 20 mL 溶解，试样溶解完后，加氯化铵 5 g，用水稀释至 100 mL，在不断搅拌下加入氨水 40 mL，加热煮沸 2 min～3 min，冷却至室温后补加浓氨水 5 mL，把溶液与沉淀移入 200 mL 容量瓶中，用水稀释至刻度，混匀。用干滤纸过滤，准确移取滤液 100 mL 于 250 mL 烧杯中，加热煮沸 10 min。冷却后用盐酸中和至 pH=5，加缓冲溶液 15 mL 及二甲酚橙指示剂 3 滴，用 EDTA 二钠盐标准溶液滴定至溶液由紫红色变成纯黄色为终点，同时作空白试验。

7.4.4 分析结果的计算

以质量分数表示的氧化锌(ZnO)的含量 X_{14} 按式(16)计算：

$$X_{14}=\frac{c\times(V-V_0)\times 0.081\,37}{m\times(100/200)}\times 100\% \qquad (16)$$

式中：

c ——EDTA 二钠盐标准溶液的浓度，单位为摩尔每升(mol/L)；

V ——滴定试液消耗 EDTA 二钠盐标准溶液的体积，单位为毫升(mL)；

V_0 ——滴定空白消耗 EDTA 二钠盐标准溶液的体积，单位为毫升(mL)；

m ——试样质量，单位为克(g)；

0.081 37 ——与 1.00 mL 乙二胺四乙酸二钠标准滴定溶液[c(EDTA)=1.000 mol/L]相当的以克表示的氧化锌的质量，单位为克(g)。

7.4.5 精密度

平行测定两次结果之差不大于 0.12%(或符合 A.5 的规定)。

注：本方法只适用于不含 Cu 的情况，如含有 Cu，则采用同 5.4 锌的测定。

7.5 铜的测定

同 6.6 铜的测定。

8 镍镁(铜)锌铁氧体材料分析

8.1 试样溶液的制备

称取 10 g 焦硫酸钾于 30 mL 的瓷坩埚中，加热熔融停止冒气泡，冷却；准确称约 1 g 已研细混匀的样品(精确至 0.000 2 g)，置于已放有焦硫酸钾的坩埚中，在高温炉中约 800 ℃熔融，待试样熔解完后，冷却。用水浸取于 250 mL 的烧杯中，加入盐酸(1∶1)10 mL，加热至熔块溶解，冷却后，移入 200 mL 的容量瓶中用水稀至刻度，摇匀，备用。此为试液 E。

注：若试样能用盐酸溶解，就不必按上述处理。

8.2 铁的测定

同 5.2 铁的测定。试样中若含有铜时，则同 6.2 铁的测定。

8.3 锌的测定

同 5.4 锌的测定。

8.4 镁的测定

同 7.3 镁的测定。

8.5 铜的测定

同 6.6 铜的测定。

8.6 镍的测定

8.6.1 方法原理

在碱性介质中当有氧化剂存在时，镍与丁二肟生成酒红色的络合物，借此进行镍的比色。

8.6.2 试剂和溶液

所用试剂和溶液应符合下列规定：

a) 酒石酸钾钠溶液：20%；

b) 过硫酸铵溶液：5%；

c) 氢氧化钠溶液：5%；

d) 丁二肟溶液：1%；1 g 丁二肟溶于 100 mL 5%氢氧化钠溶液中；

e) 氧化镍标准溶液：1 mL 含 0.10 mg NiO。

8.6.3 分析步骤

正确吸取试液 E 10 mL 于 100 mL 容量瓶中，以水稀释至刻度，摇匀。此为试液 E_1。

正确吸取试液 E_1 10 mL 两份，分别置于 100 mL 的容量瓶中，按下述进行：

a) 着色溶液：加 10 mL 酒石酸钾钠溶液，5 mL 氢氧化钠溶液，10 mL 过硫酸铵溶液，10 mL 丁二肟溶液，用水稀释至刻度。

b) 空白溶液：加 10 mL 酒石酸钾钠溶液，5 mL 氢氧化钠溶液，10 mL 过硫酸铵溶液，用水稀释至刻度。

将上述两种溶液各注入 1 cm 的比色皿中，以空白溶液作参比溶液，在 530 nm 波长下，测定吸光度，在标准曲线上查出相应的镍量以计算试样中镍的含量。

8.6.4 标准曲线的绘制

正确吸取镍标准溶液 0 mL，0.50 mL，1.00 mL，1.50 mL，2.00 mL，2.50 mL 分别置于 6 个 100 mL容量瓶中，按上述分析步骤进行并测定吸光度。以氧化镍含量为横坐标，吸光度为纵坐标绘制标准曲线。

8.6.5 分析结果的计算

以质量分数表示的氧化镍(NiO)的含量 X_{15} 按式(17)计算：

$$X_{15}=\frac{m_1}{m\times(10/200)\times(10/100)\times1\ 000}\times100\% \qquad \cdots\cdots(17)$$

式中：

m_1——由标准曲线上查得氧化镍质量，单位为毫克(mg)；

m ——试样质量，单位为克(g)。

8.6.6 精密度

平行测定两次结果之差不大于0.05%(或符合A.5的规定)。

注：若试样中镍含量较高时,同6.3镍的测定。

9 锰镁(铜)锌铁氧体材料分析

9.1 试样溶液的制备

称取试样1 g(精确至0.000 2 g),置于250 mL烧杯中,加入盐酸(1∶1)30 mL,加热使其溶解,冷却后,移入200 mL容量瓶中,用水稀释至刻度,摇匀,备用。此为溶液F。

9.2 铁的测定

同4.2铁的测定。试样中若含有铜时,则同6.2铁的测定。

9.3 锰的测定

同4.3锰的测定。

9.4 锌的测定

同7.4锌的测定。

9.5 镁的测定

同7.3镁的测定。

9.6 铜的测定

同6.6铜的测定。

附 录 A
（规范性附录）
补 充 要 求

A.1 试样凡需烘干时，均在试样称重前于 105 ℃～110 ℃下烘干。除特别规定外，试样应称准至 0.000 2 g。

A.2 分析所用试剂，除特别注明外，均为分析纯；EDTA 二钠盐系乙二胺四乙酸二钠盐的简称。

A.3 分析所用溶液，除特别注明外，均为水溶液。

A.4 试剂配制及操作用水，一律为去离子水或蒸馏水。

A.5 方法的精密度可根据试样中成分的百分含量确定，两份试样平行测定结果允许之差，一般情况可参考表 A.1 数据，特殊情况可根据实际要求调整偏差范围。

表 A.1 %

试样中成分的百分含量	两份试样平行测定结果允许之差
80～100	0.30
40～80	0.25
20～40	0.20
10～20	0.12
5～10	0.08
1～5	0.05
0.1～1	0.03
0.1	可变数字(*X*)的位数为 0.0*X*
0.01	可变数字(*X*)的位数为 0.00*X*
0.001	可变数字(*X*)的位数为 0.000*X*

A.6 试验中所需标准溶液、杂质标准溶液、制剂和制品，在没有注明其他规定时，均按 GB/T 601—2002、GB/T 602—2002、GB/T 603—2002 的规定制备。

ICS 29.180
L 17

中华人民共和国国家标准

GB/T 11441.1—2012/IEC 60740-1:2005
代替 GB/T 11441—1989

通信和电子设备用变压器和电感器铁心片 第1部分:机械和电性能

Laminations for transformers and inductors for use in telecommunication and electronic equipment—Part 1:Mechanical and electrical characteristics

(IEC 60740-1:2005,IDT)

2012-12-31 发布　　2013-06-01 实施

中华人民共和国国家质量监督检验检疫总局
中国国家标准化管理委员会　发布

前　言

GB/T 11441《通信和电子设备用变压器和电感器铁心片》分为 2 个部分：

——第 1 部分：机械和电性能；

——第 2 部分：软磁金属叠片最低磁导率规范。

本部分为 GB/T 11441 的第 1 部分。

本部分按照 GB/T 1.1—2009 给出的规则起草。

本部分代替 GB/T 11441—1989《通信和电子设备用变压器和电感器铁心片》。

本部分与 GB/T 11441—1989 相比，主要变化如下：

——增加了叠装铁心带的规定(见第 5 章)；

——增加了叠装铁心带 YS、YSUI 1、YSUI 2 和叠装铁心片 YEx 4、YEE 2-… L 的型号(见第 13 章)；

——扩展了 YEI 1 的尺寸(见第 13 章)；

——取消了型号为 YED 2、YEE 4、YEF 4 的叠装铁心片(见第 13 章)；

——规定了叠装铁心的电气特性(见第 14 章)；

——增加了叠装铁心的机械特性(见第 17 章)；

——增加了 YEI 1、YUI 1、YUI 2、YM 1 的开孔(见第 13 章)；

——增加了附录 A。在附录 A 中，阐述了磁场极化强度 $\hat{J}$ 和磁场强度 $\hat{H}$ 与单位总视在功率的换算关系，规定了无功功率和有功损耗的特性、因子和相关公式。

本部分等同采用 IEC 60740-1:2005《通信和电子设备用变压器和电感器铁心片　第 1 部分：机械和电性能》。

本部分与 IEC 60740-1:2005 相比，还做了下列编辑性修改：

——用“本部分”代替“本国际标准”；

——规范性引用文件中，引导词按 GB/T 1.1—2009 的规定；

——引用文件中有部分标准用采用国际标准的国家标准或行业标准代替；

——用小数点“.”代替 IEC 标准中作为小数点的“,”；

——在计算公式中，数值相乘用乘号“×”代替圆点“·”；

——删除了 IEC 标准的前言。

本部分由中华人民共和国工业和信息化部提出。

本部分由全国磁性元件与铁氧体材料标准化技术委员会(SAC/TC 89)归口。

本部分起草单位：四川长虹器件科技有限公司。

本部分主要起草人：朱伟、王庆东、阳涛。

本部分所代替标准的历次版本发布情况为：

——GB/T 11441—1989。

通信和电子设备用变压器和电感器铁心片 第1部分:机械和电性能

1 范围

GB/T 11441 的本部分规定了铁心片的特性。

本部分适用于铁心片主要用于变压器和电感器。这些铁心片是用 IEC 60404-8-4:1998 和 IEC 60404-8-7:1998 规定的磁性电工钢片(带)制成的。

2 规范性引用文件

下列文件对于本文件的应用是必不可少的。凡是注日期的引用文件,仅注日期的版本适用于本文件。凡是不注日期的引用文件,其最新版本(包括所有的修改单)适用于本文件。

GB/T 21219—2007　磁性材料　分类(IEC 60404-1:2000,IDT)

IEC 60050-221:1990　电工术语　磁性材料与元件[International electrotechnical vocabulary (IEV) chapter 221:Magnetic materials and component]

IEC 60404-8-4:1998　磁性材料　第8部分:单项材料规范　第4节:以全工艺状态交货的冷轧无取向电工钢片(带)(Magnetic materials—Part 8-4:Specifications for individual materials cold-rolled electrical steel sheet and strip delivered in the fully-processed state)

IEC 60404-8-7:1998　磁性材料　第8部分:单项材料规范　第7节:以全工艺状态交货的冷轧晶粒取向电工钢片(带)(Magnetic materials—Part 8-7:Specifications for individual materials cold-rolled gain-oriented electrical steel sheet and strip delivered in the fully-processed state)

IEC 60404-11:1999　电工钢片(带)表面绝缘电阻、涂层附着性测试方法(Magnetic materials—Part 11:Mathod of test for the determination of surface insulation resistence of magnetic sheet and strip)

IEC 61021-1:1990　通信和电子设备用变压器和电感器的叠片铁心包　第1部分:尺寸(Laminated core packages for transformers and inductors in telecommunication and electronic equiment—Part 1:Demensions)

IEC 61021-2:1995　通信和电子设备用变压器和电感器的叠片铁心包　第2部分:用 YEE 2 叠片铁心的电性能(Laminated core packages for transformers and inductors in telecommunication and electronic equipment—Part 2:Electrical characteristics for core using YEE2 laminations)

ISO 286-1:1988　ISO 极限与配合制　第1部分:公差、偏差和配合的基础(ISO system of limits and fits—Part 1:Bases of tolerances deviations and fita)

3 术语、定义和符号

IEC 60050-221:1990 界定的以及下列术语和定义、符号适用于本文件。

3.1

铁心片　lamination

用磁性电工钢带或合金制成的一种薄片,通常是由单片组成或几片对拼在一起组成插片铁心中完整的一层。

3.2

铁心带 lamination strip

用磁性电工钢带或合金制成的一种薄带，直接组成铁心中完整的一层或叠装起来组成铁心的腿或轭。

3.3

方形叠装 square stack

叠装高度 h_p 与腿宽度 d 相等。

3.4

单位有功损耗 specific power loss

在规定频率的正弦波产生的交变磁场中，磁心单位有功损耗按式(1)计算：

$$p_{Fe}=\frac{P_{Fe}}{m_{Fe}} \quad \cdots\cdots(1)$$

式中：

p_{Fe}——单位有功损耗，单位为瓦每千克(W/kg)；

P_{Fe}——有功损耗，单位为瓦(W)；

m_{Fe}——磁心质量，单位为千克(kg)。

注 1：功率损耗包括磁滞损耗和涡流损耗。

注 2：在有气隙和无气隙状态下均适用。

3.5

单位无功功率 specific reactive loss

在规定频率的正弦波产生的交变磁场中，磁心单位无功功率按式(2)计算：

$$p_{BFe}=\frac{P_{BFe}}{m_{Fe}} \quad \cdots\cdots(2)$$

式中：

p_{BFe}——单位无功功率，单位为伏安每千克(VA/kg)；

P_{BFe}——无功功率，单位为伏安(VA)；

m_{Fe}——磁心质量，单位为千克(kg)。

3.6

气隙的单位无功功率 specific reactive power of the air gap

在规定频率的正弦波产生的交变磁场中，磁通密度采用有效值，气隙单位无功功率按式(3)计算：

$$p_{BL}=0.25\times\frac{l_L\cdot f\cdot\hat{B}^2}{l_{Fe}\cdot\rho} \quad \cdots\cdots(3)$$

式中：

p_{BL}——气隙的单位无功功率，单位为伏安每千克(VA/kg)；

$\hat{B}$——峰值磁通密度，单位为特(T)；

f——频率，单位为赫(Hz)；

ρ——磁心密度，单位为千克每立方分米(kg/dm³)；

l_L——气隙长度，单位为微米(μm)；

l_{Fe}——磁路长度，单位为厘米(cm)。

3.7

无气隙磁心的单位总视在功率 specific total apparent power of cores without air gap

在均匀磁路中，单位总视在功率由单位无功功率和单位磁心有功损耗构成，也等于正弦波电压和电流的有效值乘积除以磁心质量：

$$p_S = \sqrt{p_{BFe}{}^2 + p_{Fe}{}^2} \qquad \cdots\cdots (4)$$

$$p_S = \frac{U \cdot I}{m_{Fe}} = \frac{P_S}{m_{Fe}} \qquad \cdots\cdots (5)$$

式中：

P_S ——无气隙磁心的总视在功率，单位为伏安(VA)；

p_S ——无气隙磁心的单位总视在功率，单位为伏安每千克(VA/ kg)；

p_{BFe}——单位无功功率，单位为伏安每千克(VA/kg)；

p_{Fe} ——单位有功损耗，单位为瓦每千克(W/kg)；

U ——电压，单位为伏(V)；

I ——电流有效值，单位为安(A)；

m_{Fe}——磁心质量，单位为千克(kg)。

3.8

有气隙磁心的单位总视在功率　specific total apparent power of cores with air gap

在均匀磁路中，单位总视在功率由单位无功功率，气隙的无功功率和单位磁心有功损耗构成：

$$p_S = \sqrt{(p_{BFe} + p_{BL})^2 + p_{Fe}{}^2} \qquad \cdots\cdots (6)$$

式中：

p_S ——有气隙磁心的单位总视在功率，单位为伏安每千克(VA/kg)；

p_{BFe}——磁心的单位无功功率，单位为伏安每千克(VA/kg)；

p_{BL} ——气隙的单位无功功率，单位为伏安每千克(VA/kg)；

p_{Fe} ——单位有功损耗，单位为瓦每千克(W/kg)。

3.9

磁路长度　magnetic path length

磁路长度为忽略铁心圆角的最长磁路和最短磁路长度的算术平均值。

注：对于每种磁心磁路长度的详细计算方法，参见13.3～13.10。

3.10　符号

A_{Fe} ——磁心横截面积，单位为平方毫米(mm^2)；

$\hat{B}$ ——峰值磁通密度，单位为特(T)；

$\hat{B}_n$ ——标称峰值磁通密度，单位为特(T)；

$\hat{B}_0$ ——表示单位无功功率特性的峰值磁通密度，单位分特(dT)；

C_1 ——磁心因数1，单位为每毫米(mm^{-1})；

C_2 ——磁心因数2，单位为每三次方毫米(mm^{-3})；

c_1, c_2 ——单位无功功率的磁心因数；

c_3, c_4 ——单位有功损耗的磁心因数；

d ——磁心中腿宽度，单位为毫米(mm)；

f ——频率，单位为赫(Hz)；

$\hat{H}$ ——峰值磁场强度，单位为安每米(A/m)；

h_p ——叠装高度，单位为毫米(mm)；

I ——电流，单位为安(A)；

I_1, I_2, I_3 ——三相铁心各相的电流，单位为安(A)；

$\hat{J}$ ——峰值极化强度，单位为特(T)；

l ——磁路长度，单位为毫米(mm)；

l_{Fe} ——磁路长度，单位为毫米(mm)；

l_{Fe1}，l_{Fe2} ——三相铁心的磁路长度，单位为毫米(mm)；

l_L ——气隙长度，单位为微米(μm)；

l_q ——与铁心轧制方向相反的磁路长度，单位为毫米(mm)；

l_w ——铁心轧制方向的磁路长度，单位为毫米(mm)；

m_{Fe} ——磁心质量，单位为千克(kg)；

N ——匝数；

N_1 ——绕组 N_1 的匝数；

N_2 ——绕组 N_2 的匝数；

P_1，P_2，P_3 ——三相铁心各相的有功损耗，单位为瓦(W)；

P_{BFe} ——磁心的无功功率，单位为伏安(VA)；

P_{BL} ——气隙的无功功率，单位为伏安(VA)；

P_{Fe} ——有功损耗，单位为瓦(W)；

P_m ——有功损耗的测试值，单位为瓦(W)；

P_S ——总视在功率，单位为伏安(VA)；

p_B ——单位无功功率，单位为伏安每千克(VA/kg)；

p_{BFe} ——磁心的单位无功功率，单位为伏安每千克(VA/kg)；

p_{BL} ——气隙的单位无功功率，单位为伏安每千克(VA/kg)；

p_{Fe} ——单位有功损耗，单位为瓦每千克(W/kg)；

p_{Fe0} ——单位有功损耗的本征值，单位为瓦每千克(W/kg)；

p_S ——单位总视在功率，单位为伏安每千克(VA/kg)；

p_{S0} ——总视在功率的本征值，单位为伏安每千克(VA/kg)；

$p_{S,sin}$ ——正弦电流时的单位总视在功率，单位为伏安每千克(VA/kg)；

R_1 ——绕组 N_1 的电阻，单位为欧(Ω)；

R_2 ——绕组 N_2 的电阻，单位为欧(Ω)；

R_n ——精密电阻器，单位为欧(Ω)；

R_V ——电压表的电阻值，单位为欧(Ω)；

R_W ——功率表电压分路的电阻值，单位为欧(Ω)；

U ——电压，单位为伏(V)；

U_1 ——电源电压，单位为伏(V)；

$U_{2\,r.m.s}$ ——绕组 N_2 的电压有效值，单位为伏(V)；

$U_{2\,avg}$ ——绕组 N_2 的电压平均值，单位为伏(V)；

$\hat{U}_n$ ——R_n 两端的峰值电压，单位为伏(V)；

V_{Fe} ——磁心体积，单位为立方毫米(mm^3)；

x ——公差因子；

y ——单位无功功率特性的修正值；

y_1，y_2 ——单位无功功率特性因子；

y_3 ——单位有功损耗特性因子；

η ——叠装系数；

μ_0 ——磁常数($=4\pi\times10^{-9}$ H/cm)，单位为亨每厘米(H/cm)；

μ_a ——振幅磁导率；

μ_i ——初始磁导率；

π ——圆周率(本标准中取 3.141 6)；

ρ ——磁心密度，单位为千克每立方分米(kg/dm³)。

4 材料和铁心片厚度

4.1 材料

铁心片应从表1规定的材料中选用其中一种来制造。

表1 用于制造铁心片的优选硅钢与合金

材料	除铁以外其他主要成分的大致含量	密度 kg/dm³	牌号 GB/T 21219—2007	牌号 IEC 60404-8-4 IEC 60404-8-7
无取向硅钢片(带)	硅 1%~3%	7.65	C 21	M 270-35A 5
				M 330-35A 5
				M 330-50A 5
		7.70		M 400-50A 5
				M 530-50A 5
		7.80		M 800-50A 5
晶粒取向硅钢片(带)	硅 3.2%	7.65	C 22	M 165-35S 5
铁镍合金	镍 72%~83%	8.70	E 1	—
	镍 45%~50%(无取向和晶粒取向)	8.25	E 3	
	镍 35%~40%	8.15	E 4	
铁钴合金	钴 47%~50%(各向同性)		F 1	

4.2 铁心片标称厚度

铁心片厚度应按所用材料，从表2中选用其中规定的一个厚度值。

表2 材料及铁心片厚度

材料牌号	厚度 mm 0.50	0.38	0.35	0.30	0.20	0.10	0.05
C 21	○	—	○	—	—	—	—
C 22	—	—	○	—	—	—	—
E 1	—	×	×	○	○	○	×
E 3(无取向)	—	×	×	○	○	○	×
E 3(晶粒取向)	—	—	—	—	—	○	×
E 4	—	×	×	○	○	○	×
F 1	—	—	×	○	○	○	×

注：○：优先选用；×：常用；—：不常用。

表3所列的铁心片厚度的允许公差来源于IEC 60404-8-4:1998和IEC 60404-8-7:1998。

表 3　铁心片厚度的公差

单位为毫米

材料牌号	公　　差	
	厚度 0.5	厚度 0.35
C 21	±0.04	±0.028
C 22	—	±0.03

4.3　最小叠装系数

将铁心片单片交插成叠装铁心，使其高度不小于 10 mm，并在垂直于铁心面方向施加 15 kN/m² 的均匀压力，根据所用材料及其厚度，所测得的叠装系数 η 应不小于表 4 规定的值。

表 4　铁心片厚度和叠装系数

铁心片厚度 mm	最小叠装系数 η		
	无取向硅钢片(带) C 21	晶粒取向硅钢片(带) C 22	铁镍和铁钴合金 E,F
0.50	0.95	—	—
0.35	0.94	0.95	0.94
0.30	—	—	0.92
0.20	—	—	0.90
0.10	0.90	0.90	0.85
0.05	—	0.88	0.80

5　铁心片和铁心带的牌号

铁心片(带)的牌号应完整准确的表示出铁心片(带)的所有信息。

5.1　规定完整的形状

5.1.1　铁心片外形

示例： LAM　GB/T 11441.1　Y　UI 1-50　H　M 530-50A 5

- LAM——铁心片
- GB/T 11441.1——标准号
- Y——GB/T 11441.1 规定的铁心片标志代号
- UI 1-50——形状和尺寸(见 13.3 ～ 13.10)
- H——H 代表铁心上有孔，× 代表无孔
- M 530-50A 5——材料牌号(见表 1)

5.1.2 规定铁心带的形状

示例：LAM GB/T 11441.1 Y S UI 1-50 × M 165-35S 5

- 铁心片
- 标准号
- GB/T 11441.1 规定的铁心片标志代号
- 由铁心带制成
- 形状和尺寸(见 13.4.2 或 13.5.2)
- H 代表铁心上有孔，× 代表无孔
- 材料牌号(见表 1)

5.2 特定形状的铁心牌号

5.2.1 磁轭用铁心带

示例：LAM GB/T 11441.1 Y S UI 1-50 Y × M 165-35S 5

- 铁心片
- 标准号
- GB/T 11441.1 规定的铁心片标志代号
- 由铁心带制成
- 形状和尺寸(见 13.4.2 或 13.5.2)
- 磁轭用的铁心带
- H 代表铁心上有孔，× 代表无孔
- 材料牌号(见表 1)

5.2.2 铁心腿用的铁心带

示例：LAM GB/T 11441.1 Y S UI 1-50 L × M 165-35S 5

- 铁心片
- 标准号
- GB/T 11441.1 规定的铁心片标志代号
- 由铁心带制成
- 形状和尺寸(见 13.4.2 或 13.5.2)
- 铁心腿用的铁心带
- H 代表铁心上有孔，× 代表无孔
- 材料牌号(见表 1)

5.3 无特殊要求的铁心带牌号

示例：LAM GB/T 11441.1 Y S 100×500 × M 165-35S 5

- LAM——铁心片
- GB/T 11441.1——标准号
- Y——GB/T 11441.1 规定的铁心片标志代号
- S——铁心带(见 13.2)
- 100——铁心带的宽度(单位为毫米)
- 500——铁心带的长度(单位为毫米)
- ×——H 代表铁心上有孔，× 代表无孔
- M 165-35S 5——材料牌号(见表 1)

6 包装和标识

铁心片应采用合适的方法包装，以保证运输时不会受到损坏；若无其他规定，对两部分对拼的铁心片，其对拼部分应包装在一起。

包装上必须有以下信息：

——铁心片牌号；

——铁心片的质量或数量；

——制造商批号或生产日期；

——制造商。

示例：

——铁心片：LAM GB/T 11441.1 YEI 1-40 H M 330-35A 5；

——铁心数量；

——生产日期；

——制造商。

7 电气试验

7.1 概述

叠装好的铁心应根据表 1 规定的相应材料，按表 5、表 6、表 7 规定的试验条件进行电气试验。有效参数见 7.2～7.4。

7.2 磁心因数

磁心因数一般按式(7)、式(8)进行计算：

$$C_1 = \frac{l_{Fe}}{A_{Fe}} \quad \cdots\cdots(7)$$

$$C_2 = \frac{l_{Fe}}{A_{Fe}^2} \quad \cdots\cdots(8)$$

式中：

C_1 ——磁心因数 1，单位为每毫米(mm^{-1})；

C_2 ——磁心因数2,单位为每三次方毫米(mm^{-3});

l_{Fe} ——磁路长度,单位为毫米(mm),计算方法见7.3;

A_{Fe} ——考虑到叠装系数 η 的磁心横截面积,单位为平方毫米(mm^2)(见7.4)。

此外,磁心体积 V_{Fe}(mm^3)、磁心质量 m_{Fe}(kg)按式(9)、式(10)计算:

$$V_{Fe} = l_{Fe} \cdot A_{Fe} \qquad (9)$$

$$m_{Fe} = V_{Fe} \cdot \rho \qquad (10)$$

式中:

ρ——合金密度,单位为千克每立方分米(kg/dm^3)。

叠装系数为0.95的方形截面叠装铁心有效参数计算见表17～表27。13.3、13.4.1和13.5.1中的叠装铁心片,在相关表格中给出了按磁心因数的计算公式得出的计算结果。

7.3 磁路长度

磁路长度 l_{Fe} 按磁心不计圆弧半径的最长和最短磁路长度的算术平均值来进行计算。

注:对于每一种磁心,其磁路长度的具体计算方法见13.3、13.4.1和13.5.1。

7.4 磁心横截面积

磁心横截面积 A_{Fe} 按中腿宽度、叠装高度及叠装系数的乘积来进行计算:

$$A_{Fe} = d \cdot h_p \cdot \eta \qquad (11)$$

式中:

A_{Fe} ——磁心横截面积,单位为平方毫米(mm^2);

d ——中腿宽度,单位为毫米(mm);

h_p ——叠装高度,单位为毫米(mm);

η ——叠装系数。

对于表17～表27所示的方形叠装的铁心,$h_p = d$ 和 $\eta = 0.95$,因此:

$$A_{Fe} = 0.95 \times d^2 \qquad (12)$$

对于其他叠装高度和叠装系数(见表4)的铁心,净横截面积 A_{Fe} 和磁心因数 C_1 应乘以下列数值:

对于 A_{Fe}: 乘以 $\frac{h_p \cdot \eta}{d \times 0.95}$

对于 C_1: 乘以 $\frac{d \times 0.95}{h_p \cdot \eta}$

注:此外,对于某一给定的叠装铁心,其铁心横截面积可按式(13)来确定:

对于YEI、YEx、YUI和YM型铁心: $$A_{Fe} = \frac{m_{Fe}}{l_{Fe} \cdot \rho} \qquad (13)$$

8 电气测量的一般条件

8.1 大气条件

若无其他规定,所有实验应在室温下进行。

8.2 测试线圈

第15章和第16章的电气测量是针对方形叠装铁心的。测试线圈和铁心的高度在不影响测量结果的情况下均可改变。但是,测试线圈应能适合测试叠装铁心。电压绕组 N_2 应为内绕组,尽可能紧靠铁心,而且该绕组的电阻 R_2 应小于该绕组的负载电阻。

电源电路的电阻,包括线圈电阻 R_1 和电流测量装置(电流表、电流放大器或精密电阻器)的内阻都应足够小,使电压不会出现任何明显的失真。

8.3 测试磁心

铁心片的物理性能应符合第 4 章和第 13 章的要求,且铁心片应从已经全部加工完毕可供最终使用的铁心片中随机抽取。这些铁心片单片交插成叠装铁心。对于由两部分对拼组成的叠装铁心,每部分的铁心片数量应相同。

注:晶粒取向和无取向硅钢铁心片可以交错对称的装配,只有在仲裁时,铁心片才一片片的在叠装面上交错装配。

铁心带制成的测试铁心由用户和制造商协商解决。

8.4 电压谐波分量

为了获得可比较的测量结果,应采用正弦的磁通密度来进行测量。试验时,磁通谐波分量应不超过 6%,当两个电压表 V_1 和 V_2 并联接到电压绕组 N_2 上[如图 1 a)所示]时,利用前者测量电压有效值,后者测量电压平均值。波形因数即可根据所测得的电压有效值与平均值之比来确定。当此波形因数在 1.10 与 1.12 之间,同时在示波器上观察到的波形没有明显失真,则绕组 N_2 上的次级电压的谐波分量,亦即磁通密度的谐波分量将认为是很小的。

9 强磁场强度下的测量

9.1 概述

测量应按图 1 a)、图 1 b)或图 2 规定的电路,测量条件应接表 5 的规定。许多项目的试验合格证应在用户与制造商中协商一致。

表 5 材料 C 21、C 22 和 F 1 有功损耗和总视在功率的测量条件

材料牌号	厚度 mm	频率 Hz	峰值磁通密度 T
无取向硅钢片 C 21	0.35、0.50	50 或 60	1.5
	0.10	400	1.0
晶粒取向硅钢片 C 22	0.35	50 或 60	1.7
	0.10、0.15	400	1.0
铁钴合金 F 1	0.20、0.35	50 或 60	2.0
	0.10	400	1.7

以下公式中使用的符号:

U_2 ——绕组 N_2 的电压值,单位为伏(V);

f ——频率,单位为赫(Hz);

$\hat{B}$ ——峰值磁通密度,单位为特(T);

A_{Fe} ——磁心横截面积,单位为平方毫米(mm^2);

I ——电流,单位为安(A);

I_2、I_2、I_3 ——三相铁心各相的电流,单位为安(A);

m_{Fe} ——磁心质量,单位为千克(kg);

N_1 ——绕组 N_1 的匝数；

N_2 ——绕组 N_2 的匝数；

P_{Fe} ——有功损耗，单位为瓦(W)；

P_m ——有功损耗的测试值，单位为瓦(W)；

P_S ——总视在功率，单位为伏安(VA)；

P_1、P_2、P_3——三相铁心各相的有功损耗，单位为瓦(W)；

R_2 ——绕组 N_2 的电阻，单位为欧(Ω)；

R_V ——电压表 V_2 的电阻值，单位为欧(Ω)；

R_W ——功率表电压分路的电阻值，单位为欧(Ω)。

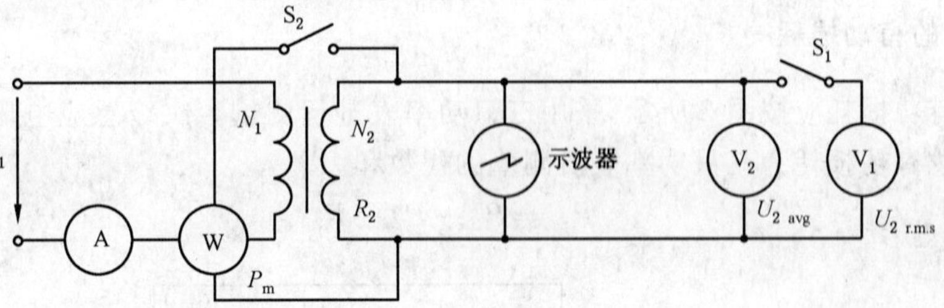

a) 直接法

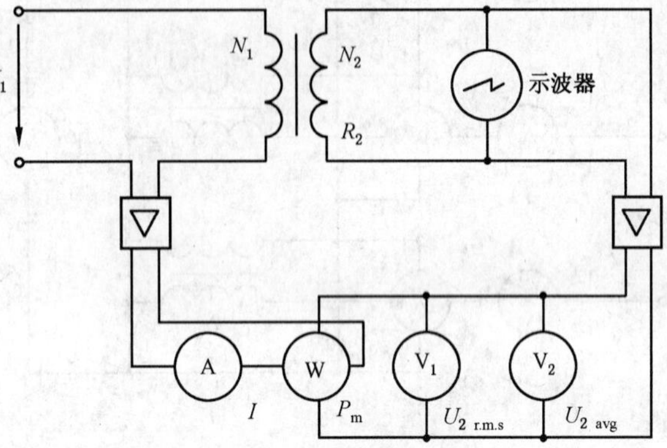

b) 间接法

图 1 单相铁心强磁场强度下的测量

9.2 有功损耗的测量

9.2.1 单相铁心的有功损耗

当采用图 1 a)所示的电路时，先将两个开关闭合，测量波形因数(见 8.4)，然后将开关 S_1 打开，并调节初级电压，使平均值灵敏电压表 V_2 指示的次级电压读数 U_2 达到按式(14)计算所得的数值：

$$U_2=\frac{2\pi f}{\sqrt{2}}\cdot A_{Fe}\cdot\hat{B}\cdot N_2\cdot\frac{1}{1+R_2(1/R_V+1/R_W)} \quad\cdots\cdots(14)$$

在开关 S_1 打开和开关 S_2 闭合的情况下，读取功率表读数。如果忽略绕组 N_1 和电流表铜损，则有功损耗 P_{Fe} 可根据测得的 P_m 按式(15)进行计算：

$$P_{Fe}=\left[P_m\cdot\frac{N_1}{N_2}-U_2^{\ 2}\cdot\left(\frac{1}{R_V}+\frac{1}{R_W}\right)\right]\cdot\left[1+R_2\cdot\left(\frac{1}{R_V}+\frac{1}{R_W}\right)\right] \quad\cdots\cdots(15)$$

注：有功损耗的测量结果常表达成单位(质量)有功损耗，即 $p_{Fe}=P_{Fe}/m_{Fe}$，单位为瓦每千克(W/kg)。

当采用线性前置放大器[如图 1 b)所示]或对电压测量具有很高输入阻抗的装置,且如果能从这类仪表直接读取电压和功率的实际数值时,则这些计算式可简化成下列表达式:

$$U_2 = \frac{2\pi f}{\sqrt{2}} \cdot A_{Fe} \cdot \hat{B} \cdot N_2 \qquad \cdots\cdots(16)$$

$$P_{Fe} = P_m \cdot \frac{N_1}{N_2} \qquad \cdots\cdots(17)$$

注:当这类仪表的阻抗并不是很高,但仍比 R_2 高得多,则可采用下列简化的计算式:

$$P_{Fe} = P_m \cdot \frac{N_1}{N_2} - U_2{}^2\left(\frac{1}{R_V} + \frac{1}{R_W}\right) \qquad \cdots\cdots(18)$$

因为直接读取一般是不可能的,在实际测量中,使用前置放大器,应考虑这些放大器的增益。

9.2.2 三相铁心的有功损耗

三相铁心的有功损耗应按图 2 所示,采用三只功率表进行测量。次级感应电压在绕在中腿上的次级绕组上测量。总有功损耗为三只功率表所测值的代数和。

$$P_{Fe} = P_1 + P_2 + P_3 \qquad \cdots\cdots(19)$$

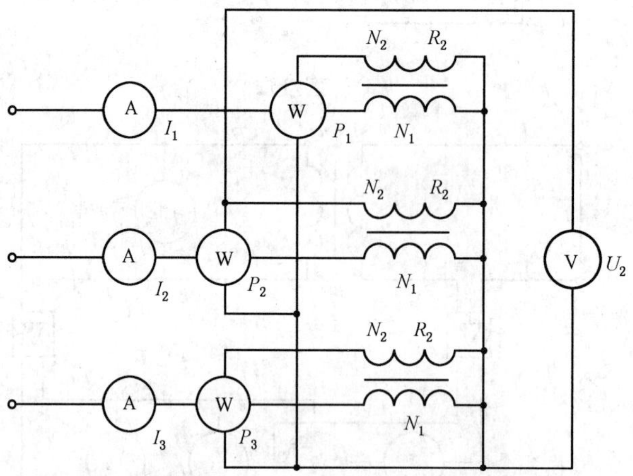

图 2 三相铁心强磁场强度下的测量:直接法

9.3 总视在功率的测量

9.3.1 单相铁心的总视在功率

当采用图 1 a)所示的电路时,先将两个开关闭合,测量波形因数(见 8.4)。然后将开关 S_1 打开,并按 9.2.1 的规定,调节初级电压。在开关 S_1 和 S_2 均打开的情况下,测量初级电流 I 和次级电压 U_2。总视在功率可按式(20)进行计算:

$$P_S = U_2 \cdot I \cdot \frac{N_1}{N_2} \cdot \frac{R_V + R_2}{R_V} \qquad \cdots\cdots(20)$$

注:总视在功率测量结果常表达成单位质量(总)视在功率,即 $p_S = P_S / m_{Fe}$,单位为伏安每千克(VA/kg)。

当采用线性前置放大器[如图 1 b)所示]或对电压测量具有很高输入阻抗的装置时,如果能从这类仪表直接读取电压和功率的实际数值时,则此计算式可以简化成式(21):

$$P_S = U_2 \cdot I \cdot \frac{N_1}{N_2} \qquad \cdots\cdots(21)$$

因为直接读取一般是不可能的,在实际测量中,使用前置放大器,应考虑这些放大器的增益。

9.3.2 三相铁心的总视在功率

三相铁心的总视在功率应按图 2 所示进行测量，其值为三相电流的和与电压 U_2 的乘积：

$$P_S = U_2 \cdot (I_1 + I_2 + I_3) \qquad \cdots\cdots(22)$$

10 弱、中磁场强度下的测量

10.1 概述

测量应按图 3 规定的电路。测量条件按表 6、表 7 的规定。许多项目的试验合格证应在用户与制造商中协商一致。

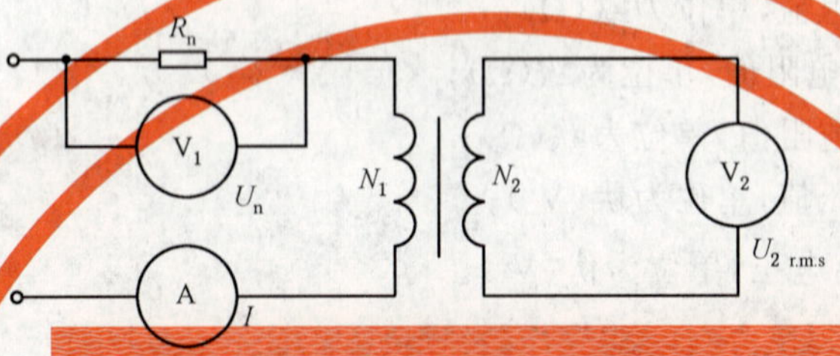

图 3 弱、中磁场强度下的测量

表 6 硅钢插片铁心振幅磁导率的测量条件

厚 度 mm	频 率 Hz	峰值磁通密度 T
0.05～0.50	50 或 60	0.1 或 1.0

表 7 镍铁合金叠片制成的铁心振幅磁导率的测量条件

材料牌号	厚 度 mm	优先频率 Hz			磁场强度幅值 A/m
		50 或 60	300 或 400	1 000	
E 1	0.05	×	×	×	0.2 或 0.4
	0.10	×	×	—	
	0.20	×	—	—	
	0.35	×	—	—	
E 3 (取向及无取向)	0.05	×	×	—	0.4
	0.10	×	×	—	
	0.20	×	—	—	
	0.35	×	—	—	
E 4	0.05	×	×	×	0.4 或 1.6
	0.10	×	×	—	
	0.20	×	—	—	
	0.35	×	—	—	

下列的公式中使用的符号：

A_{Fe}——磁心横截面积，单位为平方毫米(mm^2)(见7.4)；

$\hat{B}$ ——峰值磁通密度，单位为特(T)；

C_1 ——磁心因数1，单位为每毫米(mm^{-1})(见7.2)；

f ——频率，单位为赫(Hz)；

$\hat{H}$ ——峰值磁场强度，单位为安每米(A/m)；

μ_0 ——磁常数($=4\pi\times10^{-9}$ H/cm)，单位为亨每厘米(H/cm)；

μ_a ——振幅磁导率；

N_1——绕组 N_1 的匝数；

N_2——绕组 N_2 的匝数；

R_2 ——绕组 N_2 的电阻值，单位为欧(Ω)；

R_n ——精密电阻器的电阻值，单位为欧(Ω)；

R_V——电压表 V_2 的电阻值，单位为欧(Ω)；

U_2 ——绕组 N_2 的电压值，单位为伏(V)；

$\hat{U}_n$ ——R_n 两端的峰值电压，单位为伏(V)。

10.2 振幅磁导率的测量

调节初级电压，使电压表 V_2 指示的次级电压的读数 U_2 的有效值达到按式(23)计算所得的数值：

$$U_2=\frac{2\pi f}{\sqrt{2}}\cdot A_{Fe}\cdot\hat{B}\cdot N_2\cdot\frac{R_V}{R_V+R_2} \qquad \cdots\cdots(23)$$

初级电流的峰值 $\hat{I}$ 可利用峰值电压表接在初级电路中已知阻值的精密电阻器 R_n 的两端来进行测量，或利用仪器探头来进行测量。振幅磁导率 μ_a 可按式(24)导出：

$$\mu_a=\frac{1}{\mu_0}\cdot\frac{\hat{B}}{\hat{H}}=\frac{1}{\mu_0}\cdot\frac{\sqrt{2}\times U_2}{\hat{U}_n}\cdot\frac{C_1}{2\pi f}\cdot\frac{1}{N_1N_2}R_n\cdot\frac{R_V+R_2}{R_V} \qquad \cdots\cdots(24)$$

注1：在电流很小时，μ_a 趋近于起始磁导率 μ_i。

注2：在有些情况下，使用复数磁导率及其分量更方便。

注3：软磁金属叠片最低磁导率规范见 GB/T 11441.2—2011。

11 铁心片优先尺寸范围

表8列出了铁心片优先形状及中腿宽度 d 的优先范围，并做了一些简要说明。

表8 优先形状汇总表

形状	条款	中腿宽度 d/mm	说　明
YS	13.2	—	铁心带
YEI 1	13.3	10～80	能进行无废料冲制系列
YUI 1	13.4	10～80	能进行无废料冲制系列
YUI 2	13.5	10～80	能进行无废料冲制系列
YEx 2	13.6	2.4～12	小尺寸系列
YEE 2-…L	13.7	6～12	小尺寸，使用两个长E形零件

表 8（续）

形状	条款	中腿宽度 d/mm	说　明
YEx 3	13.8	10～40	小尺寸大窗口面积
YEx 4	13.9	2.4～12	小尺寸小安装面积
YM 1	13.10	5～34	具有低漏磁的铁心片

12　尺寸和公差

12.1　尺寸

优先系列铁心片的尺寸、公差以及尺寸和公差的关系按 13.3～13.10 的要求，铁心片厚度与公差的关系见表 3。

12.2　公差

公差应符合 ISO 286-1 的要求，13.3～13.10 铁心片尺寸表中，每一尺寸栏目上标注代码所对应的公差值列于表 9。

表 9　ISO 286-1 规定的公差数值

尺寸范围 mm	ISO 公差代码				
	IT 10 μm	IT 11 μm	IT 12 μm	IT 13 μm	IT 14 μm
～3	40	60	100	140	250
>3～6	48	75	120	180	300
>6～10	58	90	150	220	360
>10～18	70	110	180	270	430
>18～30	84	130	210	330	520
>30～50	100	160	250	390	620
>50～80	120	190	300	460	740
>80～120	140	220	350	540	870
>120～180	160	250	400	630	1 000
>180～250	185	290	460	720	1 150
>250～315	210	320	520	810	1 300
>315～400	230	360	570	890	1 400
>400～500	250	400	630	970	1 550

注：公差代码表明了与标称尺寸相关的公差值。

例如：在表 17 中，YEx 2-10：

尺寸 a=32 mm 公差 IT 12 js=a±0.5×250 μm=32 mm±0.125 mm；

尺寸 e=22.4 mm 公差+IT 11=e+130 μm=22.4 mm±0.13 mm。

12.3 对称公差

铁心片尺寸表中的尺寸 a 和 e，其相对于中心线的对称公差不超过中腿宽度(尺寸 d)公差的 1/2。

13 尺寸和有效参数

13.1 概述

以下图中，铁心片的轧制方向用双箭头标出。

13.3～13.10 给出了尺寸(并附公差)和等效参数及相关公式。等效参数是按叠装系数为 0.95 和叠装高度 $h_p=d$ 计算而得。对于其他叠装系数和叠装高度，等效参数的计算方法见 7.4。

13.2 YS 型铁心带

单个铁心带只有标称宽度 d 和长度 a(如图 4 所示)，对方形铁心条，需标明轧制方向。是否打孔，由用户和厂家协商。YS 型铁心带的尺寸公差按表 10 的规定。

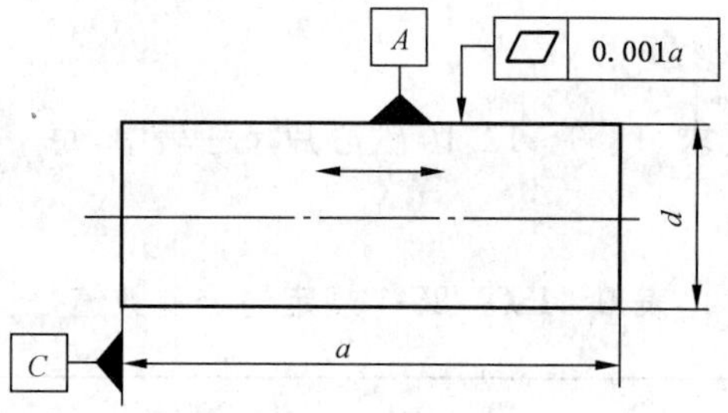

图 4 YS 型铁心带的尺寸和公差

表 10 铁心带的公差

单位为毫米

长度 a	公差	宽度 d	公差
≤200	+0.25	≤150	+0.2
200<a≤400	+0.30	150<d≤250	+0.4
400<a≤800	+0.35	>250	+0.5
>800	+0.50		

13.3 YEI 1 型铁心片

常见的 YEI 1 系列铁心片为 YEI 1-10～YEI 1-80，其中 10～80 表示的是铁心中腿的标称宽度。

d 的优先尺寸：10、13(YEI 1-13 中腿宽度为 12.8)、14、16、18、20、22、25、28、32、36、40、45、50、58、64、72 和 80，单位为毫米(mm)。

YEI 1 型铁心片的其他尺寸与 d 的关系见表 11。

孔的直径 h 及公差因子 x 与尺寸 d 没有固定的关系，这些尺寸根据表 12 与尺寸 d 相关。尺寸的标注见图 5。

铁心片是否打孔,由用户和厂家协商。

注:YEI 1 型铁心片可使用 IEC 61797-1:1996 中的线圈骨架 YEI 1。

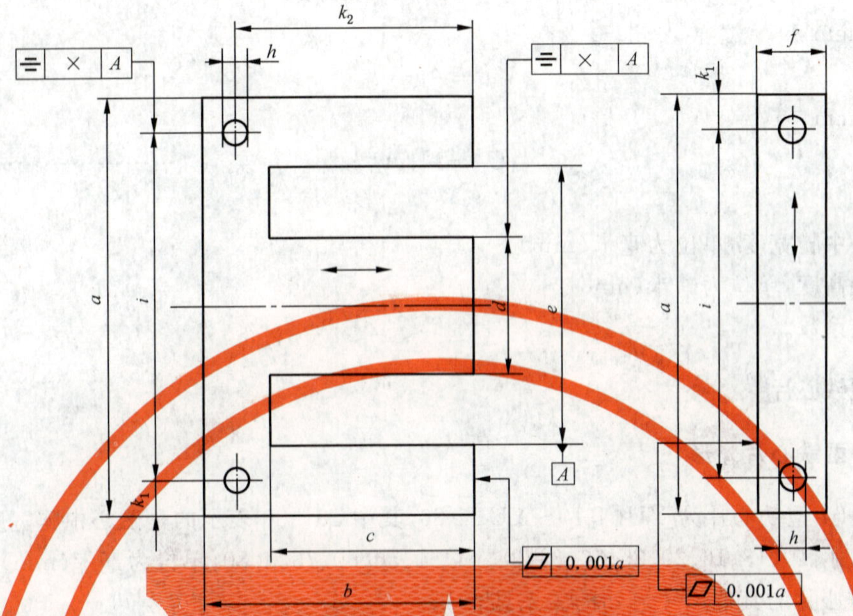

图 5 YEI 1 型铁心片的尺寸

表 11 YEI 1 型铁心片尺寸的相关因子和公差

尺寸	相关因子	公差代码
a	3 d	IT 12 js
b	2 d	IT 12 js
c	1.5 d	IT 12 JS
d	1 d	IT 12 js
e	2 d	IT 12 JS
f	0.5 d	IT 12 js
i	2.5 d	IT 12 JS
k_1	0.25 d	—
k_2	1.75 d	IT 12 JS

表 12 YEI 1 型铁心片孔的直径和公差因子 x

尺寸	公差代码	铁心片 YEI 1-…,尺寸 d/mm							
		10～13	14～16	17～20	21～28	29～36	37～45	45～59	60～80
h	JS 14	—	3.5	3.5	4.5	5.5	6.6	8	10.5
x	—	0.1	0.1	0.2	0.2	0.2	0.4	0.4	0.5

有效参数按式(25)～式(28)计算:

磁心横截面积(mm^2)

$$A_{Fe}=d\cdot h_{p}\cdot\eta \qquad (25)$$

磁路长度(mm)

$$l_{Fe}=b+c+f+(a+e-d)/2=6\times d \qquad (26)$$

磁心体积(mm^3)

$$V_{Fe}=A_{Fe}\cdot l_{Fe} \qquad (27)$$

磁心因数(mm^{-1})

$$C_1=l_{Fe}/A_{Fe} \qquad (28)$$

式中:

d ——磁心中腿宽度,单位为毫米(mm)。

h_p——叠装高度,单位为毫米(mm)。

η ——叠装系数。

13.4 YUI 1 型铁心片

13.4.1 YUI 1 型铁心片外形

常见的 YUI 1 型铁心片为 YUI 1-10～YUI 1-80,其中 10～80 表示的是磁心中腿宽度的近似值。

d 的优先尺寸:10、13、16、20、25、30、34、38、44、50、56、60、70 和 80,单位为毫米(mm)。

YUI 1 型铁心片的其他尺寸与 d 的关系见表 13。

孔的直径 h 及公差因子 x 与尺寸 d 没有固定的关系,这些尺寸根据表 14 与尺寸 d 相关。尺寸的标注见图 6。

铁心片是否打孔,由用户和厂家协商。

注:YUI 1 型铁心片可使用 IEC 61797-1:1996 中的线圈骨架 YUI 1。

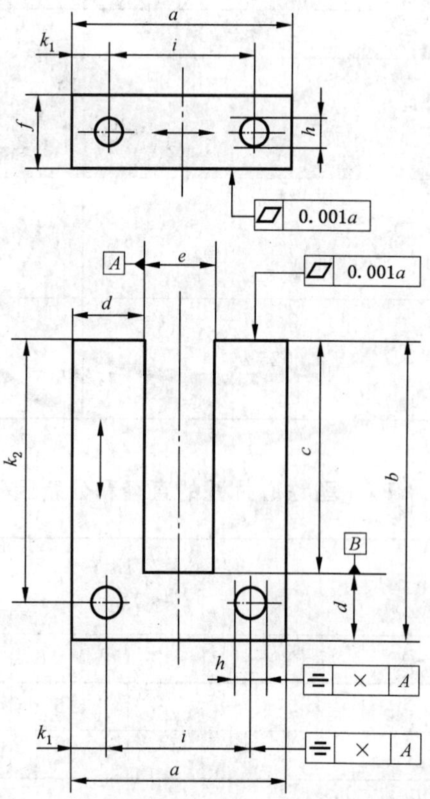

图 6 YUI 1 型铁心片的尺寸

表 13 YUI 1 型铁心片尺寸的关系和公差

尺寸	相关因子	公差代号
a	3 d	IT 12 js
b	4 d	IT 12 js
c	3 d	IT 12 JS
d	1 d	—
e	1 d	IT 12 JS
f	1 d	IT 12 js
i	2 d	IT 12 JS
k_1	0.5 d	—
k_2	3.5 d	IT 12 JS

表 14 YUI 1 型铁心片孔的直径和公差因子 x

尺寸	公差代码	铁心片 YEI 1-…,尺寸 d/mm							
		10～14	15～19	20～24	25～29	30～37	38～43	44～60	61～80
h	JS 14	3.5	4.5	4.5	5.5	7.8	11	11	15
x	—	0.1	0.1	0.2	0.2	0.2	0.2	0.4	0.4

有效参数按式(29)～式(32)计算：

磁心横截面积(mm²)

$$A_{Fe}=d\cdot h_p\cdot \eta \qquad (29)$$

磁路长度(mm)

$$l_{Fe}=2\times b+2\times(a-d)=12\times d \qquad (30)$$

磁心体积(mm³)

$$V_{Fe}=A_{Fe}\cdot l_{Fe} \qquad (31)$$

磁心因数(mm⁻¹)

$$C_1=l_{Fe}/A_{Fe} \qquad (32)$$

式中：

d ——磁心中腿宽度，单位为毫米(mm)；

h_p——叠装高度，单位为毫米(mm)；

η ——叠装系数。

13.4.2 YSUI 1 型铁心带外形

YUI 1 型铁心片也可由铁心带构成，层平面图见图 7，带的尺寸和公差依照外部轮廓的尺寸和公差。铁心带是否打孔，由用户和厂家协商，孔的尺寸和位置应与图 6 的孔类似。其他位置是否打孔由用户和厂家协商。

注：YSUI 1 型铁心带可使用 IEC 61797-1:1996 中的线圈骨架 YUI 1。

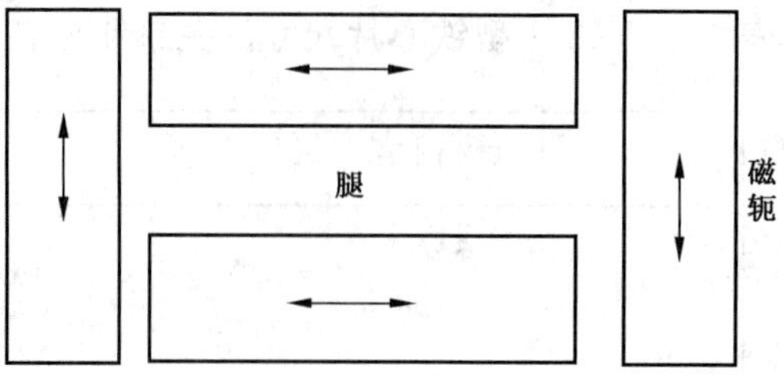

图 7 YSUI 1 型铁心带层平面图

13.5 YUI 2 型铁心片

13.5.1 YUI 2 型铁心片外形

常见的 YUI 2 型铁心片为 YUI 2-10～YUI 2-80，其中 10～80 表示的是磁心中腿宽度的近似值。

d 的优先尺寸：10、13、16、20、25、30、34、38、44、50、56、60、70 和 80，单位为毫米(mm)。

YUI 2 型铁心片的其他尺寸与 d 的关系见表 15。

孔的直径 h 及公差因子 x 与尺寸 d 没有固定的关系，这些尺寸根据表 16 与尺寸 d 相关。尺寸的标注见图 8。

铁心片是否打孔，由用户和厂家协商。

表 15 YUI 2 型铁心片尺寸的关系和公差

尺寸	相关因子	公差代码
a	5 d	IT 12 js
b	4 d	IT 12 js
c	3 d	IT 12 JS
d	1 d	IT 12 js
e	1 d	—
i	4 d	IT 12 JS
k_1	0.5 d	—
k_2	3.5 d	IT 12 JS

表 16 YUI 2 型铁心片孔的直径和公差因子 x

尺寸	公差代码	铁心片 YUI 2-…，尺寸 d/mm						
		10～14	15～19	20～24	25～29	30～37	38～60	61～80
h	JS 14	3.5	4.5	4.5	5.5	7.8	11	15
x	—	0.1	0.1	0.2	0.2	0.2	0.4	0.4

有效参数按式(33)～式(38)计算：

磁心横截面积(mm²)

$$A_{Fe}=d\cdot h_p\cdot \eta \qquad \cdots\cdots(33)$$

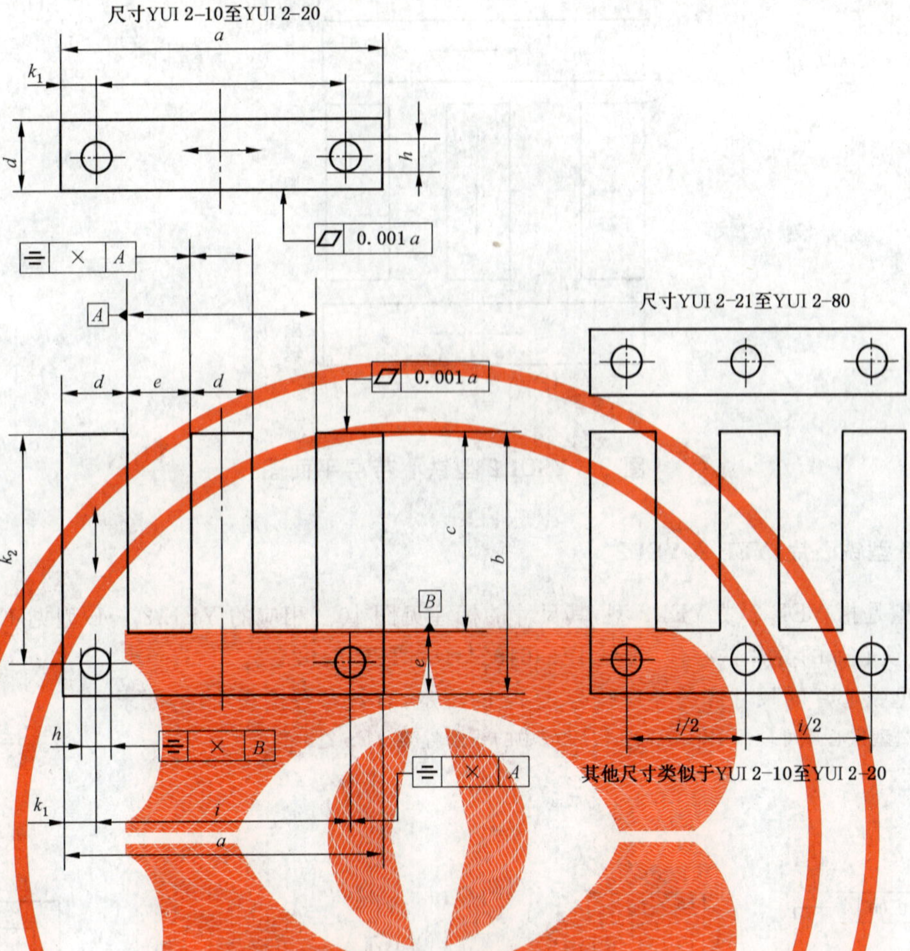

图 8　**YUI 2 型铁心片的尺寸**

磁路长度(mm)

$$l_{Fe1}=b+d \quad \cdots\cdots (34)$$

$$l_{Fe2}=b+3\times d \quad \cdots\cdots (35)$$

$$l_{Fe}=l_{Fe1}+2\times l_{Fe2}=19\times d \quad \cdots\cdots (36)$$

磁心体积(mm^3)

$$V_{Fe}=A_{Fe}\cdot l_{Fe} \quad \cdots\cdots (37)$$

磁心因数(mm^{-1})

$$C_1=l_{Fe}/A_{Fe} \quad \cdots\cdots (38)$$

式中：

d ——磁心中腿宽度,单位为毫米(mm);

h_p——叠装高度,单位为毫米(mm);

η ——叠装系数。

13.5.2　YSUI 2 型铁心带

YUI 2 型铁心片也可由铁心带构成,层平面图见图 9,带的尺寸和公差依照外部轮廓的尺寸和公差。铁心是否打孔,由用户和厂家协商,孔的尺寸和位置应与图 8 的孔类似。其他位置是否打孔由用户和厂家协商。

注：YSUI 2 型铁心带可使用 IEC 61797-1:1996 中的线圈骨架 YUI 1。

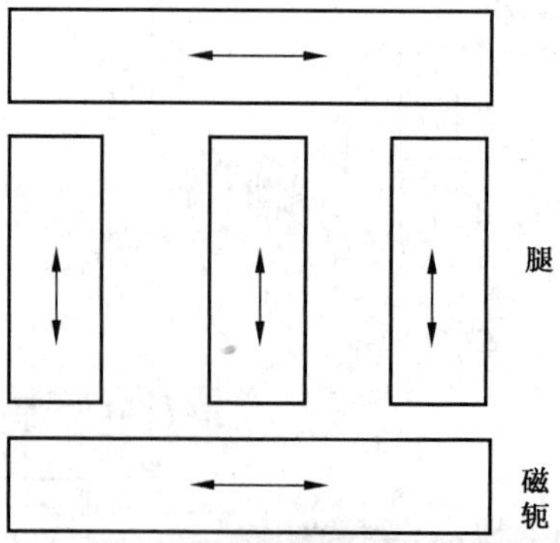

图 9　YSUI 2 型铁心带层平面图

13.6　YEx 2 型铁心片:YEE 2,YEI 2

YEx 2 型是指 YEE 2 或 YEI 2 型,其尺寸的标注见图 10。相应的 YEE 2-…L 型见 13.7。对于使用 YEE 2 型铁心片的叠片铁心包,参见 IEC 61021-1 和 IEC 61021-2。

YEx 2 型铁心片的尺寸和公差应符合表 17 的规定,有效参数按表 18 的要求。

注：YEx 2 型铁心片可使用 IEC 61797-1:1996 中的线圈骨架 YEx 2。

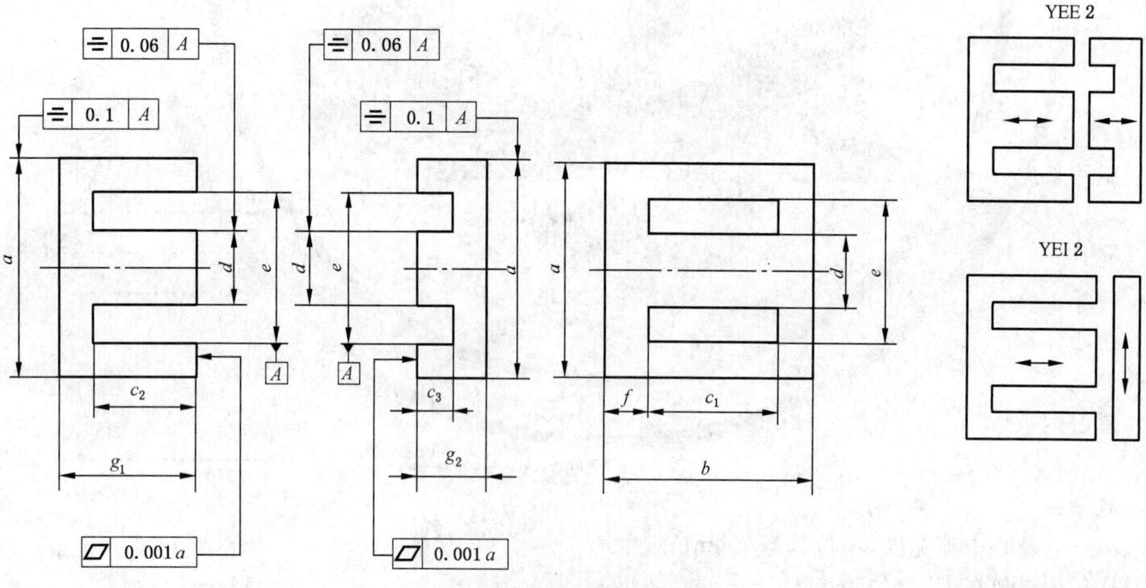

图 10　YEx 2 型铁心片的尺寸

表 17 YEx 2 型铁心片的尺寸和公差

牌号	标注字母和公差代码(见表 9)									
	a	b	c_1	c_2	c_3	d	e	f	g_2	g_2
	IT 12 js	IT 13 js	+IT 13 0	+IT 12 0	+IT 12 0	0 −IT 11	+IT 11 0		IT 12 js	IT 12 js
YEx 2-2	8	8	5.6	4.3	1.3	2.4	5.6	1.2	5.5	2.5
YEx 2-3	10	10	7	5.5	1.5	3	7	1.5	7	3
YEx 2-4	12.6	12.6	8.8	6.7	2.1	3.8	8.8	1.9	8.6	4
YEx 2-5	16	16	11.2	8.6	2.6	4.8	11.2	2.4	11	5
YEx 2-6	20	20	14	11	3	6	14	3	14	6
YEx 2-8	25	25	17.4	13.2	4.2	7.6	17.4	3.8	17	8
YEx 2-10	32	32	22.4	17.2	5.2	9.6	22.4	4.8	22	10
YEx 2-12	40	40	28	22	6	12	28	6	28	12
相关因子	$3.33\times d$	$3.33\times d$	$2.33\times d$			$1\times d$	$2.33\times d$	$0.5\times d$		

表 18 YEx 2 型铁心片的有效参数

牌号	有效参数($h_P=d$,$\eta=0.95$)			
	磁心横截面积 A_{Fe}/mm^2	磁路长度 l_{Fe}/mm	磁心体积 V_{Fe}/cm^3	磁心因数 C_1/cm^{-1}
YEx 2-2	5.47	19.2	0.105	35.1
YEx 2-3	8.55	24.0	0.205	28.1
YEx 2-4	13.7	30.2	0.414	22.0
YEx 2-5	21.9	38.4	0.841	17.5
YEx 2-6	34.2	48.0	1.64	14.0
YEx 2-8	54.9	59.8	3.28	10.9
YEx 2-10	87.6	76.8	6.73	8.77
YEx 2-12	136.8	96.0	13.1	7.02

磁路长度

$$l_{Fe}=b+c_1+(a+e-d)/2 \qquad \cdots\cdots(39)$$

13.7 YEE 2-…L 型铁心片

使用两个长 E 零件的 YEE2…L 型铁心片的尺寸标注见图 11,其尺寸和公差按表 19 的规定,有效参数应符合表 20 的要求。

注:YEE 2-…L 型铁心片可使用 IEC 61797-1:1996 中的线圈骨架 YEE 2-…L。

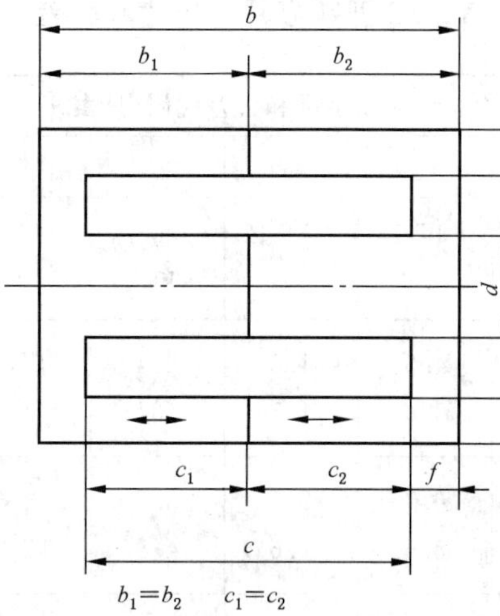

图 11 使用两个长 E 零件的 YEE 2-…L 型铁心片的尺寸

表 19 使用两个长 E 零件的 YEE 2-…L 型铁心片的尺寸和公差

牌号	标注字母和公差代码(见表 9)					
	a	*b*	*c*	*d*	*e*	*f*
	IT 13 js	IT 14 js	IT 14 JS	0 −IT 11	+IT 11 0	
YEE 2-6 L	20	28	22	6	14	3
YEE 2-8 L	25	34	26.4	7.6	17.4	3.8
YEE 2-10L	32	44	34.4	9.6	22.4	4.8
YEE 2-12L	40	56	44	12	28	6
相关因子	3.33×*d*	4.67×*d*	3.67×*d*	1×*d*	2.33×*d*	0.5×*d*

表 20 使用两个长 E 零件的 YEE 2-…L 型铁心片的有效参数

牌号	有效参数($h_P=d, \eta=0.95$)			
	磁心横截面积 A_{Fe}/mm^2	磁路长度 l_{Fe}/mm	磁心体积 V_{Fe}/cm^3	磁心因数 C_1/cm^{-1}
YEE 2-6 L	34.2	64	2.19	18.7
YEE 2-8 L	54.9	77.8	4.27	14.2
YEE 2-10 L	87.6	100.8	8.83	11.5
YEE 2-12 L	136.8	128	17.51	9.36

磁路长度

$$l_{Fe}=b+c+(a+e-d)/2 \qquad \cdots\cdots(40)$$

13.8 YEx 3 型铁心片:YEE 3,YEF 3,YEI 3 或 YEL 3

YEx 3 型是指 YEE 3,YEF 3,YEI 3 或 YEL 3 型。

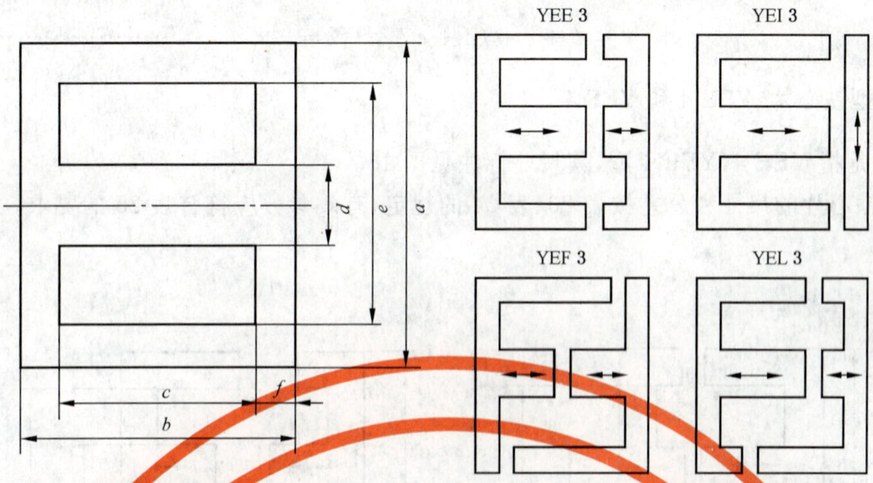

图 12　YEx 3 型铁心片的尺寸

表 21　YEx 3 型铁心片的尺寸和公差

牌号	标注字母和公差代码(见表 9)					
	a	*b*	*c*	*d*	*e*	*f*
	±IT 12	±IT 12	+IT 12 0	0 −IT 12	+IT 12 0	
YEx 3-10	40	35	25	10	30	5
YEx 3-12	48	42	30	12	36	6
YEx 3-16	64	56	40	16	48	8
YEx 3-20	80	70	50	20	60	10
YEx 3-25	100	87.5	62.5	25	75	12.5
YEx 3-32	128	112	80	32	96	16
YEx 3-40	160	140	100	40	120	20
相关因子	4×*d*	3.5×*d*	2.5×*d*	1×*d*	3×*d*	0.5×*d*

表 22　YEx 3 型铁心片的有效参数

牌号	有效参数($h_P=d,\eta=0.95$)			
	磁心横截面积 A_{Fe}/mm^2	磁路长度 l_{Fe}/mm	磁心体积 V_{Fe}/cm^3	磁心因数 C_1/cm^{-1}
YEx 3-10	95	90	8.55	9.47
YEx 3-12	136.8	108	14.8	7.89
YEx 3-16	243.2	144	35.0	5.92
YEx 3-20	380	180	68.4	4.74
YEx 3-25	594	225	134	3.79
YEx 3-32	973	288	280	2.96
YEx 3-40	1 520	360	547	2.37

磁路长度

$$l_{Fe}=b+c+(a+e-d)/2=9\times d \quad \cdots\cdots(41)$$

13.9 YEx 4 型铁心片:YEE 4 和 YEF 4

YEx 4 型是指 YEE 4,YEF 4 型,其尺寸标注见图 13。

YEx4 型铁心片的尺寸和公差按表 23、表 24 的规定,有效参数应符合表 25 的要求。

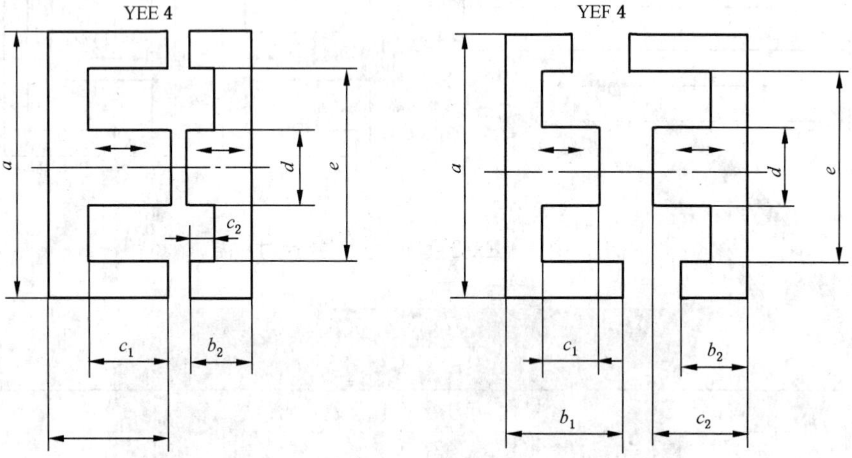

图 13 YEx 4 型铁心片的尺寸

表 23 YEE 4 型铁心片的尺寸和公差

牌号	标注字母和公差代码(见表 9)						
	a	b_1	b_2	c_1	c_2	d	e
	+IT 12 0	+IT 12 0	+IT 12 0	+IT 12 0	+IT 12 0	0 −IT 11	+IT 10 0
YEE 4-2	8.4	4	2	2.8	0.8	2.4	6
YEE 4-3	10.5	5	2.6	3.5	1.1	3	7.6
YEF 4-4	13.4	6.4	3.2	4.5	1.3	3.8	9.6
YEE 4-5	16.8	8	4	5.6	1.6	4.8	12
YEF 4-6	21	10	5	7	2	6	15
YEE 4-8	26.6	12.7	6.3	8.9	2.5	7.6	19
YEF 4-10	33.6	16	8	11.2	3.2	9.6	24
YEE 4-12	42	20	10	14	4	12	30
相关因子	$3.5\times d$	$1.67\times d$	$0.83\times d$	$1.17\times d$	$0.33\times d$	$1\times d$	$2.5\times d$

表 24 YEF 4 型铁心片的尺寸和公差

牌号	标注字母和公差代码(见表 9)						
	a	b_1	b_2	c_1	c_2	d	e
	+IT 12 0	0 −IT 12	0 −IT 12	+IT 12 0	+IT 12 0	0 −IT 11	+IT 10 0
YEF 4-2	8.4	4	2	1.8	3	2.4	6
YEF 4-3	10.5	5	2.6	2.3	3.8	3	7.6
YEF 4-4	13.4	6.4	3.2	2.9	4.8	3.8	9.6
YEF 4-5	16.8	8	4	3.6	6	4.8	12
YEF 4-6	21	10	5	4.5	7.5	6	15
YEF 4-8	26.6	12.7	6.3	5.7	9.5	7.6	19
YEF 4-10	33.6	16	8	7.2	12	9.6	24
YEF 4-12	42	20	10	9	15	12	30
相关因子	$3.5\times d$	$1.67\times d$	$0.83\times d$	$0.75\times d$	$1.25\times d$	$1\times d$	$2.5\times d$

表 25 YEx 4 型铁心片的有效参数

牌号	有效参数($h_P=d,\eta=0.95$)			
	磁心横截面积 A_{Fe}/mm^2	磁路长度 l_{Fe}/mm	磁心体积 V_{Fe}/cm^3	磁心因数 C_1/cm^{-1}
YEx 4-2	5.47	15.2	0.083 2	27.8
YEx 4-3	8.55	19.75	0.169	23.1
YEx 4-4	13.72	25	0.343	18.2
YEx 4-5	21.89	31.2	0.683	14.3
YEx 4-6	34.2	39	1.33	11.4
YEx 4-8	54.87	49.4	2.71	9.0
YEx 4-10	87.55	62.4	5.46	7.13
YEx 4-12	136.8	78	10.7	5.70

YEE 型磁路长度

$$l_{Fe}=b_1+b_2+c_1+c_2+(a+e-d)/2=6.5\times d \quad\cdots\cdots(42)$$

YEF 型磁路长度

$$l_{Fe}=2\times c_1+2\times c_2+(a+e-d)/2=6.5\times d \quad\cdots\cdots(43)$$

13.10 YM 1 型铁心片

YM 1 型铁心片的尺寸标注见图 14,其尺寸和公差按表 26 的规定,有效参数应符合表 27 的要求。

注: YM 1 型铁心片可使用 IEC 61797-1:1996 中的线圈骨架 YM 1。

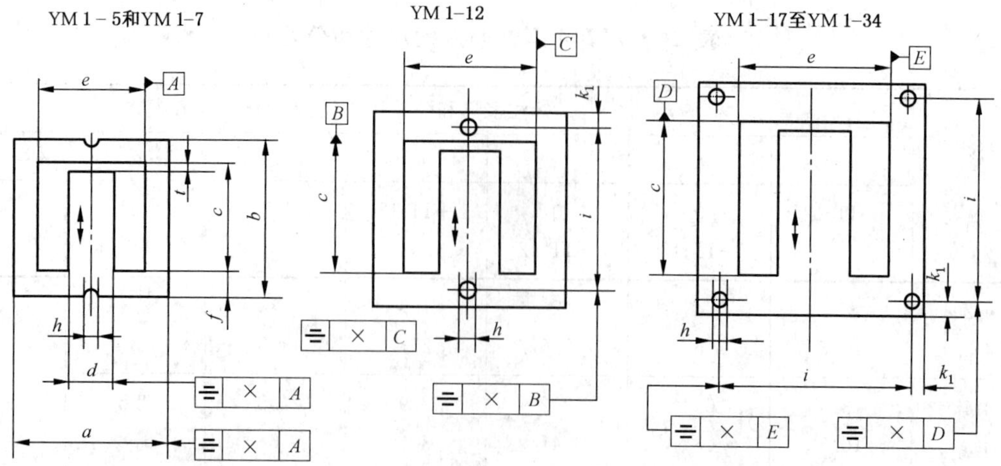

注：其他尺寸见 YM 1-5。

图 14　YM 1 型铁心片的尺寸

表 26　YM 1 型铁心片的尺寸和公差

牌号	标注字母和公差代码(见表 9)										
	a	*b*	*c*	*d*	*e*	*f*	*h*	*i*	k_1	*t* [a]	*x*
	IT 12 js	IT 12 js	IT 12 JS	IT 12 js	IT 12 JS		JS 14	IT 12 JS		±IT 11	
YM 1-5	20	20	13	5	13	3.5	2.8				0.1
YM 1-7	30	30	20	7	20	5	3.0				0.1
YM 1-12	42	42	30	12	30	6	3.5	36	3	0.5	0.1
YM 1-17	55	55	38	17	38	8.5	3.5	47	4	0.5	0.2
YM 1-20	65	65	45	20	45	10	4.5	56	4.5	0.5	0.2
YM 1-23	74	74	51	23	51	11.5	4.5	64	5	0.5	0.2
YM 1-29	85	85	56	29	56	14.5	4.5	75	5	0.5	0.2
YM 1-34	102	102	68	34	68	17	5.5	91	5.5	0.5	0.2

[a] $t=0$ 时公差为+0.2 mm。

表 27　YM1 型铁心片的有效参数

牌号	有效参数($h_P=d$, $\eta=0.95$)			
	磁心横截面积 A_{Fe}/mm^2	磁路长度 l_{Fe}/mm	磁心体积 V_{Fe}/cm^3	磁心因数 C_1/cm^{-1}
YM 1-5	23.75	47	1.12	19.8
YM 1-7	46.55	71.5	3.33	15.4
YM 1-12	136.8	102	14	7.46
YM 1-17	274.55	131	36	4.77
YM 1-20	380	155	58.9	4.08
YM 1-23	502.55	176	88.4	3.5
YM 1-29	798.95	197	157	2.47
YM 1-34	1 098.2	238	261	2.17

磁路长度

$$l_{Fe}=b+c+(a+e-d)/2 \quad \cdots\cdots(44)$$

14 原材料的电气特性

为探讨叠装铁心的电气特性，需要定义单位总视在功率(单位为 VA/kg)。

可以从典型的视在功率曲线上得到 IEC 60404-8-4:1998 和 IEC 60404-8-7:1998 中材料的磁极化强度 $\hat{J}$ 和磁场强度 $\hat{H}$，并把它们转换成等效的单位总视在功率。

附录 A 对表 1 中的每一种原材料对应的标称磁通密度 $\hat{B}$ 的总视在功率的基本值 p_{S0} 做了定义。

IEC 60404-8-4:1998 和 IEC 60404-8-7:1998 对单位有功损耗的基本值 p_{Fe0}(W/kg)作了定义，它比叠装铁心片(条)的有功损耗的限制更高(见表 28)。

选择的单位总视在功率和单位有功损耗的基本值是与 R 40 系列一致的。

表 28 IEC 60404-8-4:1998、IEC 60404-8-7:1998 及表 1 中使用的电工钢片(带)原材料的特性以及叠装铁心片的 P_{S0} 和 P_{Fe0} 值

材料牌号	电工钢片(带)					铁心片			
	IEC 60404-8-4:1998、IEC 60404-8-7:1998					GB/T 11441.1—2012			
	$\hat{H}$ A/m	$\hat{B}$,$\hat{J}$ T	p_S[a] VA/kg	$\hat{B}$ T	p_{Fe} W/kg	$\hat{B}$ T	p_{S0} VA/kg	p_{Fe0}[b] W/kg	铁心形状
M 270-35-A 5	2 500	1.49	53.0	1.5	2.7	1.5	56	3	等高的外部形状
M 330-35-A 5					3.3			3.75	
M 330-50-A 5					3.3			3.75	
M 400-50-A 5		1.51	53.0		4.0		50	4.5	
M 530-50-A 5		1.56	55.7		5.3		40	6	
M 800-50-A 5		1.60	56.4		8.0		31.5	9	
M 165-35-S 5	800	1.75	21.3	1.7	1.65	1.7	50	2.12	带材
							56	2.8	等高的外部形状

[a] p_S 是由磁通密度 $\hat{B}$ 和 $\hat{J}$ 换算来的；从 $\hat{H}$,$\hat{J}$ 到 p_{S0} 的换算见附录 A；

[b] 对无取向材料 C 21，p_{Fe0} 的值包括非均质部分。

由晶粒取向硅钢片制成的铁心片，实际上有更高的总视在功率。对铁心片来说，在 $\hat{B}=1.7$ T 时，基本值 $p_{S0}=56$ VA/kg 是根据实际选择的。

15 铁心片的单位总视在功率

表 28 中的基本值 p_{S0} 也适用于 30 mm 宽的铁心。

表 29 规定了各种铁心片(带)的总视在功率的极限值。适用于用表 1 中的原材料制成的所有形状和中腿宽度的铁心片。

对中腿宽度为 6 mm～14 mm 的无孔铁心片来说，极限值是符合的。对于 13.3～13.5 以及 13.10 中的有孔铁心片来说，中腿宽度从 15 mm 到大于 60 mm 时，极限值也是符合的。对于其他有孔铁心片，极限值可由厂家和用户商定。

有孔的小铁心片的 p_S 的极限值是根据 R 40 得出的，它比无孔铁心片的 p_S 值更高。p_S 的所有值都是根据 R 40 得出的。铁心片可以交错对称的装配，仅仅在仲裁时候，铁心片才一片片的在叠装面上交错装配。

表 29　用表 1 中的原材料制成的所有形状和中腿宽度的铁心片的单位总视在功率 p_S

材料牌号	型号	$\hat{B}$/T	p_{S0}/(VA/kg)	p_S/(VA/kg)			
				铁心片中腿宽度			
				6 mm～14 mm	15 mm～29 mm	30 mm～60 mm	>60 mm
				无孔	有孔		
M 270-35A 5, M 330-35A 5, M 330-50A 5	YS	1.5	56	—	—	60	56
	YEI 1,YUI 1	1.5	56	75	71	60	56
	YSUI 1	1.5	56	—	—	60	56
	YUI 2	1.5	56	75	75	63	60
	YSUI 2	1.5	56	—	—	63	60
	YM 1	1.5	56	80	80	67	—
M 400-50A 5	YS	1.5	50	—	—	53	50
	YEI 1,YUI 1	1.5	50	67	63	53	50
	YSUI 1	1.5	50	—	—	53	50
	YUI 2	1.5	50	67	67	56	53
	YSUI 2	1.5	50	—	—	56	53
	YM 1	1.5	50	71	71	60	—
M 530-50A 5	YS	1.5	40	—	—	42.5	40
	YEI 1,YUI 1	1.5	40	53	50	42.5	40
	YSUI 1	1.5	40	—	—	42.5	40
	YUI 2	1.5	40	53	53	45	42.5
	YSUI 2	1.5	40	—	—	45	42.5
	YM 1	1.5	40	56	56	47.5	—
M 800-50A 5	YS	1.5	31.5	—	—	33.5	31.5
	YEI 1,YUI 1	1.5	31.5	42.5	40	33.5	31.5
	YSUI 1	1.5	31.5	—	—	33.5	31.5
	YUI 2	1.5	31.5	42.5	42.5	35.5	33.5
	YSUI 2	1.5	31.5	—	—	35.5	33.5
	YM 1	1.5	31.5	45	45	37.5	—
M 165-35S 5	YS,YSUI 1	1.7	50	—	—	56	50
	YSUI 2	1.7	56	—	—	63	56
	YEI 1,YUI 1	1.7	56	85	85	67	56
	YUI 2	1.7	56	90	90	71	60
	YM 1	1.7	56	100	100	80	—

16　铁心片的单位有功损耗

表 28 中的基本值 p_{Fe0} 也适用于 30mm 宽的铁心。

表 30 给出了各种铁心片(带)的有功损耗 p_{Fe} 的极限值。适用于用表 1 中的原材料制成的所有形状和中腿宽度的铁心片。

对中腿宽度为 6 mm～14 mm 的无孔铁心片来说，极限值是符合的。对于 13.3～13.5 以及 13.10 的有孔铁心来说，中腿宽度从 15 mm 到大于 60 mm 时，极限值也是符合的。对于其他有孔铁心，极限值可由厂家和用户商定。

在有孔的小铁心片中，p_{Fe}的极限值是根据 R 40 得出的，它比无孔铁心片更高。p_{Fe}的所有值都是根据 R 40 得出的。铁心片可以交错对称的装配，仅仅在仲裁时候，铁心片才一片片的在叠装面上交错装配。

表 30 用表 1 中的原材料制成的所有形状和中腿宽度的铁心片的单位有功损耗 p_{Fe}

材料牌号	型号	$\hat{B}$/T	p_{Fe0}/(W/kg)	p_{Fe}/(W/kg)			
				铁心片中腿宽度			
				6 mm～14 mm	15 mm～29 mm	30 mm～60 mm	>60 mm
				无孔	有孔		
M 270-35A 5	YS	1.5	3	—	—	3.15	3
	YEI 1, YUI 1	1.5	3	3.55	3.35	3	3
	YSUI 1	1.5	3	—	—	3	3
	YUI 2	1.5	3	3.75	3.55	3.15	3.15
	YSUI 2	1.5	3	—	—	3.15	3.15
	YM 1	1.5	3	3.75	3.55	3.15	—
M 330-35A 5 M 330-50A 5	YS	1.5	3.75	—	—	4	3.75
	YEI 1, YUI 1	1.5	3.75	4.5	4.25	3.75	3.75
	YSUI 1	1.5	3.75	—	—	3.75	3.75
	YUI 2	1.5	3.75	4.75	4.5	4	4
	YSUI 2	1.5	3.75	—	—	4	4
	YM 1	1.5	3.75	4.75	4.5	4	—
M 400-50A 5	YS	1.5	4.5	—	—	4.75	4.5
	YEI 1, YUI 1	1.5	4.5	5.3	5	4.5	4.5
	YSUI 1	1.5	4.5	—	—	4.5	4.5
	YUI 2	1.5	4.5	5.6	5.3	4.75	4.75
	YSUI 2	1.5	4.5	—	—	4.75	4.75
	YM 1	1.5	4.5	5.6	5.3	4.75	—
M 530-50A 5	YS	1.5	6	—	—	6.3	6
	YEI 1, YUI 1	1.5	6	7.1	6.7	6	6
	YSUI 1	1.5	6	—	—	6	6
	YUI 2	1.5	6	7.5	7.1	6.3	6.3
	YSUI 2	1.5	6	—	—	6.3	6.3
	YM 1	1.5	6	7.5	7.1	6.3	—
M 800-50A 5	YS	1.5	9	—	—	9.5	9
	YEI 1, YUI 1	1.5	9	10.6	10	9	9
	YSUI 1	1.5	9	—	—	9	9
	YUI 2	1.5	9	11.2	10.6	9.5	9.5
	YSUI 2	1.5	9	—	—	9.5	9.5
	YM 1	1.5	9	11.2	10.6	9.5	—
M 165-35S 5	YS, YSUI 1, YSUI 2	1.7	2.12	—	—	2.24	2.12
	YEI 1, YUI 1	1.7	2.8	3.15	3	2.8	2.8
	YUI 2, YM 1	1.7	2.8	3.35	3.15	3	3

17 铁心片的机械性能

17.1 一般外观和表面状态

铁心片应清洁、无锈斑和油渍；应平整、无裂缝以及其他缺陷。热处理好的铁心片应无污染沉积物。

17.2 切割和冲压

用表1中的原材料制成的铁心片，在10 mm的长度上，切割和冲压边凹凸不应超过+0.05 mm，沿叠装方向的边凸凹可至0.1 mm。

17.3 弯曲度

弯曲度的定义和极限见图15。

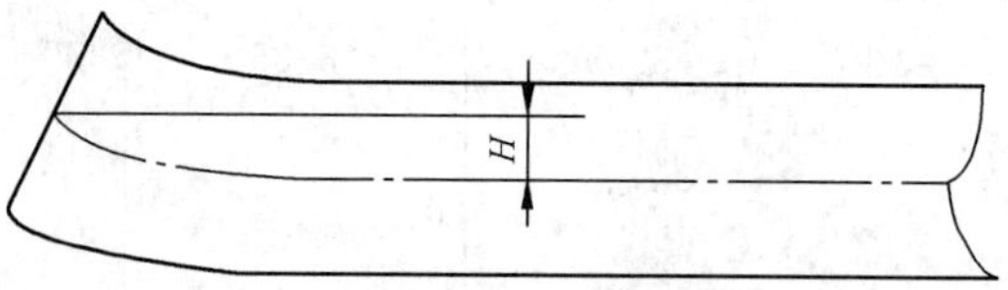

图15 弯曲度的定义和极限

17.4 变形度

变形度的定义和极限见图16。

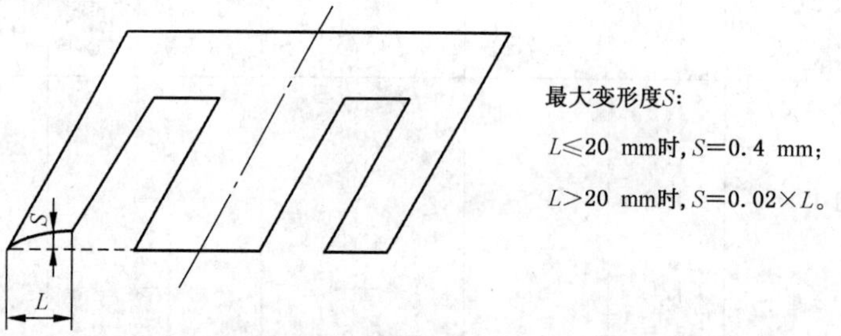

图16 变形度的定义和极限

17.5 拱曲度

拱曲度的定义和极限见图17。

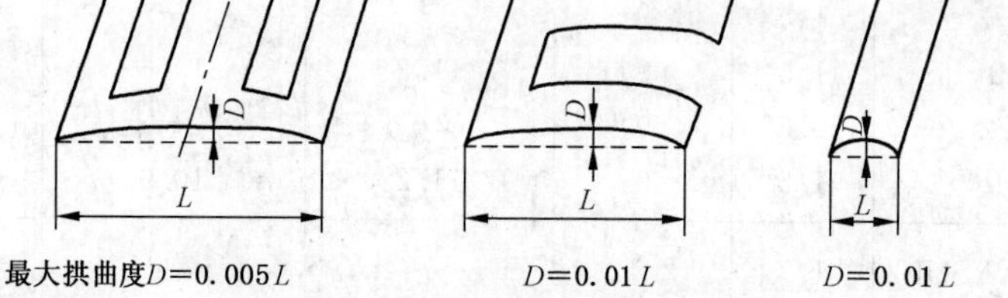

图17 拱曲度的定义和极限

17.6 绝缘

铁心片彼此之间应绝缘。

由材料 C 21 或 C 22 制成的铁心片，绝缘层应由无机物构成，根据 17.7，为了不影响焊接能力，绝缘层也可包含小部分有机物。

由材料 E 1、E 3、E 4 和 F 1 制成的铁心片，绝缘层应由致密的无机物构成。

绝缘层应达到表 31 规定的绝缘电阻，测量程序按照 IEC 60404-11 的规定。

表 31 用表 1 中的原材料制成的铁心片涂层表面的绝缘电阻

原材料	电阻 $\Omega \cdot cm^2$
无取向硅钢片 C 21 制成的铁心片	≥5
晶粒取向硅钢片 C 22 制成的铁心片	≥5
E 1、E 3、E 4 和 F 1 制成的铁心片	无规定

注：近来，有些非标准铁心片如 YEI 1-20～YEI 1-30 是靠表面氧化来绝缘，此种情况下，表 31 不再适用。

17.7 焊接

由 C 21、C 22 材料制成的铁心片的焊接，由硅的含量、绝缘层的厚度和铁心片中油脂的密度决定。按表 32 的值选取，绝缘层的厚度和铁心片中油脂的密度不会影响焊接。

表 32 由 C 21、C 22 材料制成的铁心片焊接测试的近似值

原材料	牌号	外接线	焊接电流 A	电极直径 mm	电极距离 mm	焊接速度 mm/min
C 21	～M 330	是	70～160	2.4	0.5～1	500～700
	超过 M 330	否				
C 22	M 165-35S 5	是				

注：对小型铁心片，适宜的焊接电流为 70 A；对大型铁心片，适宜的焊接电流为 160 A。

附 录 A
（资料性附录）
磁极化强度和磁场强度与单位总视在功率的换算

A.1 由极化强度和磁场强度推算单位总视在功率

根据 IEC 60404-8-4:1998 和 IEC 60404-8-7:1998，在给定的磁通密度下，由磁场极化强度 $\hat{J}$、磁场强度 $\hat{H}$ 求单位总视在功率 p_S 的极限值，由于磁化曲线的非线性，而与实际相差较大。

为描述铁心片的电气特性，单位总视在功率的定义是必须的。$\hat{J}$ 和 $\hat{H}$ 到等效单位总视在功率的换算由下面得到：

a) $\hat{J}$ 和 $\hat{H}$ 电压和电流都是正弦信号，由此产生的 $\hat{J}$ 和 $\hat{H}$ 对应的总视在功率；

b) 在保证磁通密度下，得到的总视在功率有效值；

c) 单位总视在功率与磁通密度的曲线关系。

对 a)来说：磁路的基本方程是：

电压
$$U=2\times\pi\cdot f\cdot\frac{\hat{B}}{\sqrt{2}}\cdot A_{\mathrm{Fe}}\cdot N\times10^{-4} \qquad \text{(A.1)}$$

电流
$$I=\frac{\hat{H}}{\sqrt{2}}\cdot l_{\mathrm{Fe}}\cdot\frac{1}{N}\times10^{-2} \qquad \text{(A.2)}$$

磁心质量
$$m_{\mathrm{Fe}}=A_{\mathrm{Fe}}\cdot l_{\mathrm{Fe}}\cdot\rho\times10^{-3} \qquad \text{(A.3)}$$

根据单位总视在功率 $p_{S,\sin}$（单位为伏安每千克，VA/kg）的计算式：

$$p_{S,\sin}=\frac{U\cdot I}{m_{\mathrm{Fe}}} \qquad \text{(A.4)}$$

代入 U、I，得到
$$p_{S,\sin}=\frac{0.157\times\hat{B}\cdot\hat{H}}{\rho} \qquad \text{(A.5)}$$

式中：

A_{Fe}——磁心横截面积，单位为平方厘米（cm^2）；

$\hat{B}$ ——磁通密度，单位为特（T）；

$\hat{H}$ ——磁场强度，单位为安每米（A/m）；

l_{Fe} ——磁路长度，单位为厘米（cm）；

N ——线圈匝数。

表 1 中的原材料在保证 $\hat{J}$ 和 $\hat{H}$ 值时，密度和计算得到的总视在功率值 $p_{S,\sin}$ 见表 A.1。

原材料的单位总视在功率值 $p_{S,\sin}$ 是在保证 $\hat{J}$ 和 $\hat{H}$ 值时得到的参考点。

IEC 60404-8-4:1998 规定的原材料，使用的保证值 $\hat{H}=2\ 500$ A/m。

IEC 60404-8-7:1998 规定的原材料，$\hat{H}=800$ A/m。在上述 IEC 标准中，极化强度 $\hat{J}$ 与磁通密度 $\hat{B}$ 等同，由无功磁通密度 $\mu_0\hat{H}$ 引起的差异被忽略。当 $\hat{H}=2\ 500$ A/m 时，差异是：

$$\mu_0\cdot\hat{H}=4\pi\times10^{-7}\ \frac{\mathrm{V\cdot s}}{\mathrm{A\cdot m}}\times2\ 500\ \frac{\mathrm{A}}{\mathrm{m}}=0.003\ 14\ \frac{\mathrm{V\cdot s}}{\mathrm{m^2}}=0.003\ 14\ \mathrm{T} \qquad \text{(A.6)}$$

对 b)来说：因为磁化曲线的非线性，在保证的磁通密度下，测量得到的单位视在功率 $p_{S,\sin}$ 仅有计算值的 50%～60%。为消除不同磁化曲线的分散性，在保证磁通密度下，选用总视在功率 $p_{S,\sin}$ 计算值的

70%,见表 A.1。

对 c)来说:总视在功率与磁通密度成函数关系。根据这个函数式,依靠基本值 p_{S0},可以将保证磁通密度 $\hat{B}$ 转化为需要的标称磁通密度 $\hat{B}_n$。

总视在功率的公式为:

$$p_S \approx p_{BFe} = c_1 \cdot f \cdot \hat{B}^{(2+y)} + c_2 \cdot f^2 \cdot \hat{B}^{(2+y)} \qquad \cdots\cdots\cdots\cdots\cdots\cdots (A.7)$$

图 A.1 给出了铁心所选择的单位无功功率 p_{BFe} 值的特性曲线,铁心的其他 p_{BFe} 值的特性见表 A.4。

在磁通密度 $\hat{B}$ 确定后,就可得出保证值 p_S。据此,表 A.1 列出了原材料 C 21、C 22 的有关数据。有功损耗(单位为 W/kg)见表 28。

表 A.1 原材料 C 21、C 22 的单位总视在功率和单位有功损耗

材料牌号	$\hat{H}$ A/m	$\hat{B}$,$\hat{J}$ T	在 $\hat{B}$ 处		$\hat{B}_n$=1.5 T 时		$\hat{B}_n$=1.7 T 时		ρ kg/dm³	η
			$p_{S,sin}$ VA/kg	p_S VA/kg	p_{S0} VA/kg	p_{Fe0} W/kg	p_{S0} VA/kg	p_{Fe0} W/kg		
M 270-35A 5	2 500	1.49	76.4	53	56	3	—	—	7.65	0.94
M 330-35A 5						3.75				
M 330-50A 5										0.95
M 440-50A 5		1.51	77.5	53	50	4.5			7.7	
M 530-50A 5		1.56	79.5	55.7	40	6				
M 800-50A 5		1.60	80.5	56.4	31.5	9			7.8	
M 165-35S 5	800	1.75	28.7	21.3	—	—	16	1.8	7.65	0.95

由晶粒取向硅钢片制成的铁心片有更高的总视在功率。根据铁心片的实际应用,在 $\hat{B}_n$=1.7 T 时,选择基本值 p_{S0}=56 VA/kg。对于晶粒取向材料 C 22,规定只在轧制方向磁化,$\hat{H}$=800 A/m 时,$\hat{J}$=1.75 T。用同样方法,当 $\hat{B}_n$=1.7 T 时,p_{S0}=16 VA/kg。

当计算单位总视在功率(见表 29)和单位有功损耗(见表 30)的值时,考虑了铁心片形状、尺寸和冲压的影响。

铁心片的磁化方向与轧制方向垂直时,对磁轭的影响是相当大的。在 13.3 到 13.10 的优选铁心片中,多数面上的磁通方向都是与轧制方向平行,其余面上,磁通方向与轧制方向垂直,更多细节见 A.7章。

图 A.1 示出了在标称磁通密度 $\hat{B}_n$下,由 $\hat{J}$ 和 $\hat{H}$ 计算的正弦总视在功率 $p_{S,sin}$与本征值 p_{S0}的换算。

图 A.1 中 A 到 D 的总视在功率特性曲线摘自表 A.4。

方法:

例如:原材料 M 530-50A 5,磁通密度 $\hat{B}$=1.56 T。

1) 计算理论上的正弦总视在功率 $p_{S,sin}$(见第 A.5 章),在这里 $p_{S,sin}$=79.5 VA/kg;

2) 在图 A.1 中用 Ø 标注 $\hat{B}$=1.56 T 时的 $p_{S,sin}$值;

3) 计算 p_S=70%$p_{S,sin}$时的极限值(在这里 p_S=55.7 VA/kg);

4) 在图 A.1 中用"←"标注 $\hat{B}$=1.56 T 时的 p_S 值;

5) 选择 p_S 值右边紧邻的特性曲线(在这里选 B);

6) 跟随特性曲线到标称磁通密度 $\hat{B}$=1.50 T,用"○"标记它(在这里,基本值 p_{S0}=40 VA/kg,相

应的本征值 $p_{Fe0}=5.3$ W/kg)。

单位有功损耗 p_{Fe} 总是小于单位无功功率 p_B(大约<20% p_B),因此,单位无功功率的极限通常被用来当作单位总视在功率的极限。

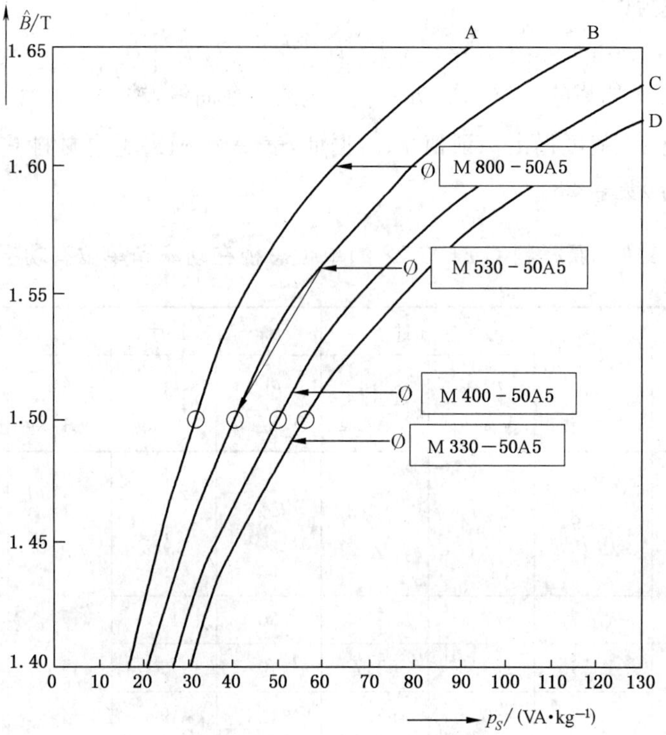

Ø:保证值 $p_{S,\sin}$;○ :原材料基本值 p_{S0}。

M330-50A 5 的保证值对 M330-35A 5 和 M270-35A 5 也是符合的。

特性曲线 A: $p_{S0}=31.5$ VA/kg;

特性曲线 B: $p_{S0}=40.0$ VA/kg;

特性曲线 C: $p_{S0}=50.0$ VA/kg;

特性曲线 D: $p_{S0}=56.0$ VA/kg。

图 A.1 无取向硅钢片 C 21 的单位总视在功率

A.2 磁性原材料的曲线公式

变压器的计算不只需要一个保证点,还需要和磁通密度有关的单位无功功率曲线和单位有功损耗曲线一起使用。

曲线和公式是密切相关的,由原材料相关因数和频率,计算出曲线。经过大量的测试和校正,得出和标称磁通密度一样的标称值,推导出公式。

标称磁通密度的标称值从 R 40 系列得到。

A.2.1 单位无功功率

变压器的单位无功功率 p_B(VA/kg)由铁心的无功功率 p_{BFe} 和气隙的无功功率 p_{BL} 构成。

$$p_B = p_{BFe} + p_{BL} \qquad \cdots\cdots(A.8)$$

A.2.2 原材料的单位无功功率

原材料的单位无功功率 p_{BFe}(VA/kg),公式如下:

$$p_{BFe}=c_1\cdot f\cdot \hat{B}^{(2+y)}+c_2\cdot f^2\cdot \hat{B}^{(2+y)} \quad \text{(A.9)}$$

式中,当 $\hat{B}\leqslant\hat{B}_0$[$\hat{B}$ 和 $\hat{B}_0$ 的单位是分特(dT)],$y=0$;

$$\text{当 } \hat{B}\geqslant\hat{B}_0 \text{ 时,} \quad y=y_1\cdot(\hat{B}-\hat{B}_0)^{y_2} \quad \text{(A.10)}$$

c_1,c_2,y_1,y_2 和 $\hat{B}_0$ 都是与原材料有关的因数。p_{BFe} 和 p_{Fe} 的公式中的磁通密度单位为分特(dT)。

A.2.3 空气隙的单位无功功率

在有气隙的铁心中,单位无功功率为:

$$p_{BL}=0.25\times\frac{l_L\cdot f\cdot \hat{B}^2}{l_{Fe}\cdot\rho} \quad \text{(A.11)}$$

式中:

p_{BL}——空气隙的单位无功功率,单位为伏安每千克(VA/kg);

$\hat{B}$ ——磁通密度,单位为特(T);

l_{Fe} ——磁路长度,单位为厘米(cm);

l_L ——空气隙的长度,单位为微米(μm);

ρ ——磁心的密度,单位为千克每立方分米(kg/cm^3)。

A.2.4 单位有功损耗

单位有功损耗的公式是:

$$p_{Fe}=c_3\cdot f\cdot \hat{B}^{y_3}+c_4\cdot f^2\cdot \hat{B}^2 \quad \text{(A.12)}$$

式中:

$\hat{B}$ ——磁通密度,单位为分特(dT);

c_3,c_4,y_3 ——和原材料有关的因数。

A.2.5 单位总视在功率

变压器中单位总视在功率由无功功率和有功损耗构成:

$$p_S=\sqrt{p_B{}^2+p_{Fe}{}^2} \quad \text{(A.13)}$$

单位有功损耗 p_{Fe} 总是小于单位无功功损耗 p_B(大约<20% p_B),因此,单位无功功损耗的极限通常被用来当作单位总视在功率的极限。

A.3 无取向硅钢片 C 21 的因数

单位无功功率和单位有功损耗的标称值适用于磁通密度的标称值 $\hat{B}$=1.5 T 时的场合;当磁通密度为 1 T～1.7 T,频率为 30 Hz～700 Hz 时,这些因数都是有效的。见表 A.2、表 A.3。

表 A.2 无取向硅钢片 C 21 的单位无功功率因数

标称值 p_{BFe} VA/kg	因数						
	$\hat{B}_0$ dT	c_1		c_2		y_1	y_2
31.5	6	4.47	$\times 10^{-4}$	5.06	$\times 10^{-7}$	3.37×10^{-3}	2.4
33.5		4.76		5.22			
35.5		5.04		5.75			
37.5		5.33		5.80			
40		5.68		6.37			
42.5		6.04		6.59			
45		6.39		7.16			
47.5		6.75		7.38			
50		7.10		7.96			
53		7.53		8.26			
56		7.96		8.90			
60		8.52		9.45			
63		8.95		10.10			
67		9.51		10.63			
71		10.09		11.30			

注：标称值 p_{BFe}在 $\hat{B}=1.5$ T，$f=50$ Hz 时有效。

表 A.3 无取向硅钢片 C 21 的单位有功损耗因数

标称值 p_{Fe} W/kg	因数				
	c_3		c_4		y_3
3	4.48	$\times 10^{-4}$	7.3	$\times 10^{-7}$	1.75
3.15	4.13		7.9		1.80
3.35	3.84		8.4		1.85
3.55	3.55		9.0		1.90
3.75	3.27		9.6		1.95
4	3.05		10.2		2.00
4.25	2.83		10.8		2.05
4.5	2.61		11.5		2.10
4.75	2.41		12.1		2.15
5	2.22		12.9		2.20
5.3	2.05		13.5		2.25
5.6	1.89		14.3		2.30
6	1.78		14.8		2.35
6.3	1.63		15.8		2.40
6.7	1.51		17.0		2.45
7.1	1.40		17.5		2.50
7.5	1.30		18.0		2.55
8	1.21		19.2		2.60
8.5	1.13		19.7		2.65
9	1.05		20.3		2.70
9.5	0.97		21.0		2.75
10	0.89		22.4		2.80
10.6	0.827		23.2		2.85

注：标称值 p_{Fe}在 $\hat{B}=1.5$ T，$f=50$ Hz 时有效。

A.4 无取向硅钢片 C 21 的单位无功功率和单位有功损耗

A.4.1 单位无功功率

用式(A.9)和表 A.2 的因数计算单位无功功率。见表 A.4。

表 A.4 无取向硅钢片 C 21 的单位无功功率

单位为伏安每千克

标称值 p_{BFe}	单位无功功率 p_{BFe} $\hat{B}=$									
	1 T	1.1 T	1.2 T	1.3 T	1.4 T	1.5 T	1.55 T	1.6 T	1.65 T	1.7 T
31.5	2.93	4.20	6.30	10.00	17.1	31.5	44.1	63.2	92.6	139
33.5	3.12	4.62	6.70	10.67	18.2	33.5	46.9	67.2	98.5	148
35.5	3.31	4.73	7.11	11.30	19.3	35.5	49.8	72.3	104.4	157
37.5	3.49	4.99	7.50	11.94	20.4	37.5	52.5	75.2	110.2	166
40	3.73	5.33	8.01	12.70	21.7	40.0	56.1	80.3	118.0	177
42.5	3.95	5.66	8.50	13.54	23.1	42.5	59.5	85.2	125.0	188
45	4.19	6.00	9.01	14.30	24.5	45.0	63.1	90.3	132.0	199
47.5	4.42	6.33	9.50	15.10	25.8	47.5	66.5	95.3	140.0	210
50	4.65	6.66	10.00	15.90	27.2	50.0	70.1	100.0	147.0	221
53	4.93	7.06	10.60	16.90	28.8	53.0	74.2	106.3	156.0	234
56	5.22	7.47	11.20	17.90	30.5	56.0	78.5	112.0	165.0	248
60	5.58	7.99	12.00	19.10	32.6	60.0	84.0	120.0	176.0	265
63	5.87	8.40	12.60	20.10	34.3	63.0	88.4	127.0	185.0	280
67	6.23	8.92	13.40	21.30	36.4	67.0	93.8	134.0	197.0	296
71	6.61	9.47	14.20	22.60	38.6	71.0	100.0	143.0	209.0	314

注：标称值 p_{BFe} 在 $\hat{B}=1.5$ T，$f=50$ Hz 时有效。

A.4.2 单位有功损耗

用式(A.12)和表 A.3 的因数计算单位有功损耗。见表 A.5。

表 A.5 无取向硅钢片 C 21 的单位有功损耗

单位为伏安每千克

标称值 p_{Fe}	单位为功损耗 p_{Fe} $\hat{B}=$							
	1 T	1.1 T	1.2 T	1.3 T	1.4 T	1.5 T	1.6 T	1.7 T
3	1.46	1.72	2.01	2.32	2.65	3.00	3.37	3.75
3.15	1.50	1.79	2.09	2.42	2.77	3.15	3.54	3.96
3.35	1.57	1.88	2.21	2.56	2.95	3.35	3.78	4.23

表 A.5（续） 单位为伏安每千克

标称值 p_{Fe}	单位为功损耗 p_{Fe}							
	$\hat{B}=$							
	1 T	1.1 T	1.2 T	1.3 T	1.4 T	1.5 T	1.6 T	1.7 T
3.55	1.63	1.96	2.32	2.70	3.11	3.55	4.02	4.51
3.75	1.70	2.05	2.43	2.84	3.28	3.75	4.25	4.79
4	1.78	2.15	2.56	3.00	3.49	4.00	4.56	5.14
4.25	1.86	2.26	2.70	3.17	3.69	4.25	4.85	5.49
4.5	1.93	2.35	2.82	3.34	3.89	4.50	5.14	5.84
4.75	2.00	2.46	2.95	3.50	4.10	4.75	5.45	6.20
5	2.08	2.56	3.09	3.68	4.32	5.00	5.77	6.59
5.3	2.16	2.67	3.23	3.86	4.55	5.30	6.11	6.99
5.6	2.24	2.78	3.38	4.05	4.79	5.60	6.47	7.42
6	2.36	2.94	3.59	4.32	5.12	6.00	6.96	7.88
6.3	2.44	3.05	3.74	4.51	5.37	6.3	7.34	8.46
6.7	2.55	3.20	3.94	4.77	5.69	6.70	7.82	9.04
7.1	2.65	3.34	4.12	5.00	5.99	7.10	8.29	9.61
7.5	2.76	3.49	4.32	5.26	6.32	7.50	8.80	10.20
8	2.89	3.67	4.56	5.58	6.72	8.00	9.40	11.00
8.5	3.02	3.84	4.80	5.89	7.12	8.50	10.00	11.70
9	3.14	4.02	5.04	6.20	7.52	9.00	10.70	12.50
9.5	3.25	4.18	5.26	6.50	7.91	9.50	11.30	13.30
10	3.37	4.34	5.48	6.80	8.30	10.00	11.90	14.00
10.6	3.51	4.54	5.76	7.16	8.77	10.60	12.70	15.00

注：标称值 p_{Fe} 在 $\hat{B}=1.5$ T，$f=50$ Hz 时有效。

A.5 晶粒取向硅钢片 C 22 的因数

单位无功功率和单位有功损耗的标称值适用于磁通密度的标称值 $\hat{B}=1.7$ T 的场合。对铁心带来说，磁通密度为 1 T～2 T；对铁心片来说，磁通密度为 1 T～1.8 T，频率为 30 Hz～700 Hz，这些因数都是有效的。见表 A.6、表 A.7。

表 A.6　晶粒取向硅钢片 C 22 的单位无功功率的因数

标称值 p_{BFe} VA/kg	因数 $\hat{B}_0$ dT	c_1		c_2		y_1	y_2	备注
15		3.00		5.14				
16		3.20		5.49				
17	11	3.40	$\times10^{-4}$	5.83	$\times10^{-7}$	9.5×10^{-3}	2.1	优先用于带绕磁心和带绕切割磁心
18		3.60		6.17				
19		3.80		6.51				
20		4.00		6.86				
40		3.66		6.37				
42.5		3.89		6.74				
45		4.12		7.11				
47.5		4.35		7.49				
50		4.58		7.96				
53		4.85		8.43				
56		5.12		8.99				
60		5.49		9.55				
63	6	5.76	$\times10^{-4}$	10.10	$\times10^{-7}$	11.9×10^{-3}	1.69	优先用于等高的外部形状
67		6.13		10.68				
71		6.50		11.20				
75		6.86		11.99				
80		7.32		12.70				
85		7.78		13.49				
90		8.24		14.20				
95		8.69		15.18				
100		9.15		15.90				

注：标称值 p_{BFe} 在 $\hat{B}=1.7$ T，$f=50$ Hz 时有效。

表 A.7　晶粒取向硅钢片 C 22 单位有功损耗的因数

标称值 p_{Fe} W/kg	因数 c_3		c_4		y_3	备　注
1.7	0.891		5.7		2.00	
1.8	0.869		6.0		2.03	
1.9	0.844	$\times10^{-4}$	6.3	$\times10^{-7}$	2.06	优先用于带绕磁心和带绕切割磁心
2	0.813		6.7		2.09	
2.12	0.792		7.1		2.12	
2.24	0.768		7.5		2.15	
2.36	0.744		7.9		2.18	
2.5	0.725		8.3		2.21	
2.65	0.706		8.8		2.24	
2.8	0.685	$\times10^{-4}$	9.3	$\times10^{-7}$	2.27	优先用于等高的外部形状
3	0.674		10.0		2.30	
3.15	0.649		10.5		2.33	
3.35	0.634		11.2		2.36	
3.55	0.618		11.8		2.39	

注：标称值 p_{Fe} 在 $\hat{B}=1.7$ T，$f=50$ Hz 时有效。

A.6 晶粒取向硅钢片 C 22 的单位无功功率和单位有功损耗

A.6.1 单位无功功率

用式(A.9)和表 A.6 的因数计算单位无功功率。见表 A.8。

表 A.8 晶粒取向硅钢片 C 22 的单位无功功率

单位为伏安每千克

标称值 p_{BFe}	单位无功功率 p_{BFe} $\hat{B}$=							
	1.3 T	1.4 T	1.5 T	1.6 T	1.7 T	1.8 T	1.9 T	2 T
17	3.46	4.65	6.66	10.24	17	30.7	60.4	130
18	3.66	4.93	7.06	10.84	18	32.5	63.9	138
19	3.87	5.20	7.45	11.45	19	34.3	67.5	146
20	4.07	5.48	7.84	12.05	20	36.1	71.9	153
40	7.62	11.2	16.8	25.6	40	63.8		
42.5	8.10	11.9	17.8	27.2	42.5	67.8		
45	8.57	12.6	18.9	28.8	45	71.8		
47.5	9.05	13.3	19.9	30.4	47.5	75.8		
50	9.53	14.0	21.0	32.1	50	79.8		
53	10.10	14.8	22.2	34.0	53	84.6		
56	10.7	15.7	23.5	35.9	56	89.3		
60	11.4	16.8	25.2	38.4	60	95.7		
63	12.0	17.6	26.4	40.4	63	100.0		
67	12.8	18.8	28.1	42.9	67	107.0		
71	13.5	19.9	29.8	45.5	71	113.0		
75	14.3	21.0	31.4	48.0	75	120.0		
80	15.2	22.4	33.5	51.2	80	128.0		
85	16.2	23.8	35.6	54.5	85	136.0		
90	17.1	25.2	37.7	57.7	90	144.0		
95	18.1	26.6	39.8	60.9	95	152.0		
100	19.0	28.0	41.9	64.1	100	160.0		
注：标称值 p_{BFe} 在 $\hat{B}$=1.7 T,f=50 Hz 时有效。								

A.6.2 单位有功损耗

用式(A.12)和表 A.7 的因数计算单位有功损耗。见表 A.9。

表 A.9 晶粒取向硅钢片 C 22 的单位有功损耗 单位为瓦每千克

标称值 p_{Fe}	单位有功损耗 p_{Fe} $\hat{B}=$							
	1.3 T	1.4 T	1.5 T	1.6 T	1.7 T	1.8 T	1.9 T	2 T
1.7	0.994	1.15	1.32	1.51	1.7	1.91	2.12	2.35
1.8	1.05	1.22	1.4	1.59	1.8	2.02	2.25	2.5
1.9	1.1	1.28	1.47	1.68	1.9	2.14	2.39	2.65
2	1.15	1.34	1.54	1.76	2	2.25	2.52	2.8
2.12	1.21	1.41	1.63	1.87	2.12	2.39	2.68	2.98
2.24	1.27	1.49	1.72	1.97	2.24	2.53	2.83	3.16
2.36	1.33	1.56	1.81	2.07	2.36	2.67	2.99	3.34
2.5	1.4	1.64	1.91	2.19	2.5	2.83	3.18	3.55
2.65	1.48	1.73	2.02	2.32	2.65	3.0	3.38	3.78
2.8	1.55	1.82	2.12	2.45	2.8	3.18	3.58	4.01
3	1.65	1.95	2.27	2.62	3	3.41	3.85	4.31
3.15	1.72	2.03	2.38	2.75	3.15	3.58	4.04	4.54
3.35	1.82	2.16	2.52	2.92	3.35	3.81	4.31	4.85
3.55	1.92	2.27	2.66	3.09	3.55	4.05	4.58	5.16
注：标称值 p_{Fe} 在 $\hat{B}=1.7$ T，$f=50$ Hz 时有效。								

A.7 晶粒取向硅钢片 C 22 的形状对电气特性的影响

由 IEC 60404-8-7:1998 规定的晶粒取向硅钢片制成的铁心片，它的形状对总视在功率和有功损耗的影响很大。原因是不同部分的 l_q（磁轭的长度）磁化是不同的，一些垂直于轧制方向，一些平行于轧制方向。

如果铁心片一片接一片的交错装配，那么可能一个磁轭磁化方向和轧制方向一致，另一个则和磁化方向垂直，则磁通的一部分将进入下一个硅钢片中。

如果形状上有两个磁轭都和轧制方向垂直，那么总视在功率和有功损耗的增长都是非常大的。

13.3～13.10 列出的铁心片 l_W 的部分，磁化方向是和轧制方向平行的，在表 A.10 中，列出了 l_W/l_{Fe}，l_q/l_{Fe}的值。

表 29 考虑了对总视在功率的影响；表 30 考虑了对有功损耗的影响。

表 A.10 13.3～13.10 的铁心片中磁路平行于轧制的部分 l_W/l_{Fe}和垂直于轧制的部分 l_q/l_{Fe}

型号	部分 l_W/l_{Fe}	部分 l_q/l_{Fe}	垂直于轧制方向的磁轭数
YEI 1	0.83	0.17	1
YUI 1	0.83	0.17	1
YUI 2	0.74	0.26	1

表 A.10（续）

型号	部分 l_W/l_{Fe}	部分 l_q/l_{Fe}	垂直于轧制方向的磁轭数
YEE 2	0.71	0.29	2
YEI 2	0.85	0.15	1
YEE 2-…L	0.78	0.22	2
YEx 3	0.67	0.33	2
YEI 3	0.83	0.17	1
YEx 4	0.62	0.38	2
YM 1	0.71	0.29	2

参 考 文 献

[1] IEC 60740-2:1993 通信和电子设备用变压器和电感器铁心片 第2部分:软磁金属叠片最低磁导率规范

[2] IEC 61797-1:1996 电子和通信设备用变压器和电感器线圈骨架的主要尺寸 第1部分:叠层铁心线圈骨架

ICS 21.220.10
G 42

中华人民共和国国家标准

GB/T 11544—2012
代替 GB/T 11544—1997

带传动　普通 V 带和窄 V 带 尺寸(基准宽度制)

Belt drives—Classical and narrow V-belts—Dimensions(system based on datum width)

(ISO 4184:1992,Belt drives—Classical and narrow V-belts—Lengths in datum system,MOD)

2012-12-31 发布　　2013-10-01 实施

中华人民共和国国家质量监督检验检疫总局
中国国家标准化管理委员会　发布

前　言

本标准按照 GB/T 1.1—2009 给出的规则起草。

本标准代替 GB/T 11544—1997《普通 V 带和窄 V 带尺寸》，与 GB/T 11544—1997 相比，主要技术内容变化如下：

——删除了表 7“注”中的 A 型 450mm 和 B 型 600mm 的测量带轮的基准圆周长(1997 年版的 8.1)；

——增加表 7 中“注”(见 8.1)；

——删除了标记(1997 年版的第 9 章)；

——修改了测量带轮顶宽极限偏差和 A 型、SPZ 型测量力(见 8.1，1997 年版的 8.1)；

——删除了“附录 A　有效宽度制 V 带尺寸”(1997 年版的附录 A)；

——删除了“附录 B　V 带的分组代号”(1997 年版的附录 B)。

本标准使用重新起草法修改采用 ISO 4184:1992《带传动　普通 V 带和窄 V 带　基准长度》。

本标准与 ISO 4184:1992 相比在结构上有较多调整，附录 B 中列出了本标准与 ISO 4184:1992 的章条编号对照一览表。

本标准与 ISO 4184:1992 相比存在技术性差异，这些差异涉及的条款已通过在其外侧页边空白位置的垂直单线(|)进行了标示，附录 C 中给出了相应技术性差异及其原因的一览表。

本标准由中国石油和化学工业联合会提出。

本标准由全国带轮与带标准化技术委员会摩擦型带传动分技术委员(SAC/TC 428/SC 3)归口。

本标准起草单位：浙江三力士橡胶股份有限公司、浙江三维橡胶制品股份有限公司、尉氏县久龙橡塑有限公司、无锡市中惠橡胶科技有限公司、浙江凯欧传动带有限公司、青岛市产品质量检验技术研究所。

本标准主要起草人：石水祥、张国方、孙光明、范景云、朱树生、解德利、綦伟、吴桂卿。

本标准所代替标准的历次版本发布情况为：

——GB/T 11544—1989，GB/T 11544—1997。

带传动 普通V带和窄V带 尺寸(基准宽度制)

1 范围

本标准规定了普通V带和窄V带的截面尺寸、基准长度、基准长度偏差、中心距变化量、尺寸测量方法。

本标准适用于一般机械传动用普通V带和窄V带(以下简称V带)。

2 规范性引用文件

下列文件对于本文件的应用是必不可少的。凡是注日期的引用文件,仅注日期的版本适用于本文件。凡是不注日期的引用文件,其最新版本(包括所有的修改单)适用于本文件。

GB/T 321 优先数和优先数系(GB/T 321—2005,ISO 3:1973,IDT)

GB/T 6931.2 带传动术语 第2部分:V带和多楔带传动术语(GB/T 6931.2—2008,ISO 1081:1995,MOD)

GB/T 10412 普通和窄V带轮(基准宽度制)(GB/T 10412—2002,ISO 4183:1995,MOD)

GB/T 11356.1 带传动 V带轮(基准宽度制)槽型检验(GB/T 11356.1—2008,ISO 255:1990,MOD)

GB/T 13490 V带 带的均匀性 测量中心距变化量的试验方法(GB/T 13490—2006,ISO 9608:1994,IDT)

3 术语

GB/T 6931.2 界定的有关V带传动的术语和定义适用于本文件。

4 截面尺寸

截面为Y、Z、A、B、C、D、E型的V带称为普通V带。而截面为SPZ、SPA、SPB、SPC型的V带为窄V带。基准宽度制的普通V带和窄V带,其对应的带轮槽型基本宽度规定如下:

——Y型(用于基准宽度5.3 mm的槽型)

——Z型(用于基准宽度8.5 mm的槽型)

——A型(用于基准宽度11 mm的槽型)

——B型(用于基准宽度14 mm的槽型)

——C型(用于基准宽度19 mm的槽型)

——D型(用于基准宽度27 mm的槽型)

——E型(用于基准宽度32 mm的槽型)

——SPZ型(用于基准宽度8.5 mm的槽型)

——SPA型(用于基准宽度11 mm的槽型)

——SPB型(用于基准宽度14 mm的槽型)

——SPC 型(用于基准宽度 19 mm 的槽型)

V 带的截面公称尺寸如图 1 和表 1 所示。截面尺寸的合格与否通过在测长机上施加表 7 规定的测量力测量 V 带在轮槽中的露出高度 f(见图 2)来判断。表 2 中给出了 V 带露出高度的规定值。

注：底边带齿的 V 带可参照表 1 规定。

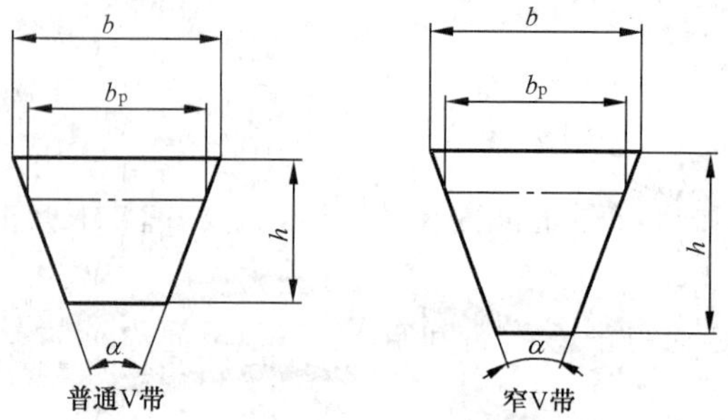

图 1　V 带截面尺寸示意图

表 1　V 带截面尺寸

型号	节宽 b_p mm	顶宽 b mm	高度 h mm	楔角 α (°)
Y	5.3	6	4	40
Z	8.5	10	6	40
A	11.0	13	8	40
B	14.0	17	11	40
C	19.0	22	14	40
D	27.0	32	19	40
E	32.0	38	23	40
SPZ	8.5	10	8	40
SPA	11.0	13	10	40
SPB	14.0	17	14	40
SPC	19.0	22	18	40

表 2　V 带露出高度

单位为毫米

型号	露出高度 f	
	最　大	最　小
Y/YX	+0.8	−0.8
Z/ZX	+1.6	−1.6
A/AX	+1.6	−1.6
B/BX	+1.6	−1.6
C/CX	+1.5	−2.0
D/DX	+1.6	−3.2
E/EX	+1.6	−3.2
SPZ/XPZ	+1.1	−0.4
SPA/XPA	+1.3	−0.6
SPB/XPB	+1.4	−0.7
SPC/XPC	+1.5	−1.0

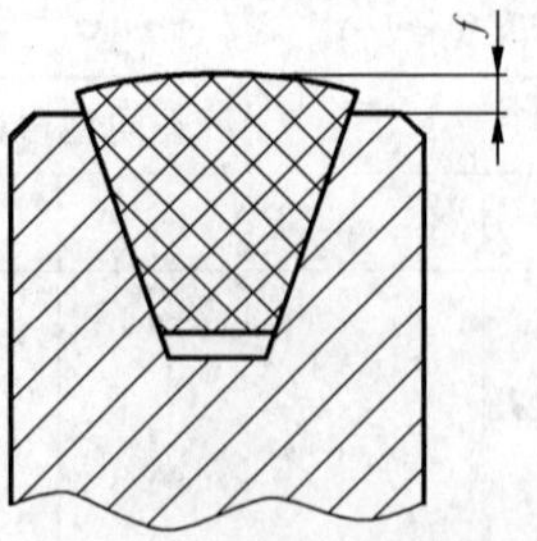

图 2　露出高度示意图

5　基准长度

5.1　基准长度是在施加表 7 所示测量力的情况下，按 8.2 的测量方法测得的。

5.2　基准长度（Y 型除外）应根据 GB/T 321 从优先数系 R20 常用值选取：

a)　当 R20 优先数系不能满足需要时，Z、A、B、C、D、E 型普通 V 带的基准长度数值参见附录 A；

b)　SPZ、SPA、SPB、SPC 型窄 V 带的基准长度可从表 3 所列数值中选取，极限偏差见表 4。

5.3　Y 型普通 V 带的基准长度数值参见附录 A。

表 3　窄 V 带基准长度

单位为毫米

L_d	不同型号的分布范围			
	SPZ	SPA	SPB	SPC
630	+			
710	+			
800	+	+		
900	+	+		
1 000	+	+		
1 120	+	+		
1 250	+	+	+	
1 400	+	+	+	
1 600	+	+	+	
1 800	+	+	+	
2 000	+	+	+	+
2 240	+	+	+	+
2 500	+	+	+	+
2 800	+	+	+	+
3 150	+	+	+	+
3 550	+	+	+	+
4 000		+	+	+
4 500		+	+	+
5 000			+	+
5 600			+	+
6 300			+	+
7 100			+	+

表 3（续）

单位为毫米

L_d	不同型号的分布范围			
	SPZ	SPA	SPB	SPC
8 000			+	+
9 000				+
10 000				+
11 200				+
12 500				+

表 4　V 带基准长度的极限偏差

单位为毫米

基准长度 L_d	极限偏差	
	Y、YX、Z、ZX、A、AX、B、BX、C、CX、D、DX、E、EX	SPZ、XPZ、SPA、XPA、SPB、XPB，SPC、XPC
$L_d \leqslant 250$	$^{+8}_{-4}$	
$250 < L_d \leqslant 315$	$^{+9}_{-4}$	
$315 < L_d \leqslant 400$	$^{+10}_{-5}$	
$400 < L_d \leqslant 500$	$^{+11}_{-6}$	
$500 < L_d \leqslant 630$	$^{+13}_{-6}$	±6
$630 < L_d \leqslant 800$	$^{+15}_{-7}$	±8
$800 < L_d \leqslant 1\ 000$	$^{+17}_{-8}$	±10
$1\ 000 < L_d \leqslant 1\ 250$	$^{+19}_{-10}$	±13
$1\ 250 < L_d \leqslant 1\ 600$	$^{+23}_{-11}$	±16
$1\ 600 < L_d \leqslant 2\ 000$	$^{+27}_{-13}$	±20
$2\ 000 < L_d \leqslant 2\ 500$	$^{+31}_{-16}$	±25
$2\ 500 < L_d \leqslant 3\ 150$	$^{+37}_{-18}$	±32
$3\ 150 < L_d \leqslant 4\ 000$	$^{+44}_{-22}$	±40
$4\ 000 < L_d \leqslant 5\ 000$	$^{+52}_{-26}$	±50
$5\ 000 < L_d \leqslant 6\ 300$	$^{+63}_{-32}$	±63
$6\ 300 < L_d \leqslant 8\ 000$	$^{+77}_{-38}$	±80

表 4 （续） 单位为毫米

基准长度 L_d	极限偏差	
	Y、YX、Z、ZX、A、AX、B、BX、C、CX、D、DX、E、EX	SPZ、XPZ、SPA、XPA、SPB、XPB，SPC、XPC
$8\ 000<L_d\leqslant10\ 000$	${}^{+93}_{-46}$	±100
$10\ 000<L_d\leqslant12\ 500$	${}^{+112}_{-66}$	±125
$12\ 500<L_d\leqslant16\ 000$	${}^{+140}_{-70}$	
$16\ 000<L_d\leqslant20\ 000$	${}^{+170}_{-85}$	

6 基准长度偏差

6.1 极限偏差

V 带基准长度极限偏差见表 4。普通 V 带中 Y、Z、A、B、C、D、E 型 V 带的极限偏差约为 $+1.2p$ 和 $-0.6p$，其中 p 由下式一定的近似度计算。

$$p=0.8\sqrt[3]{L}+0.006L$$

式中：

L——R10 系列优先数(见 GB/T 321)，其值等于或略大于用 mm 值表示的基准长度。

6.2 同组带的配组差

多带成组传动时同组 V 带长度的最大允许差值(即配组差)见表 5。

表 5 V 带的配组差 单位为毫米

基准长度 L_d	配组差	
	Y、YX、Z、ZX、A、AX、B、BX、C、CX、D、DX、E、EX	SPZ、XPZ、SPA、XPA、SPB、XPB、SPC、XPC
$L_d\leqslant1\ 250$	2	2
$1\ 250<L_d\leqslant2\ 000$	4	2
$2\ 000<L_d\leqslant3\ 150$	8	4
$3\ 150<L_d\leqslant5\ 000$	12	6
$5\ 000<L_d\leqslant8\ 000$	20	10
$8\ 000<L_d\leqslant12\ 500$	32	16
$12\ 500<L_d\leqslant20\ 000$	48	—

7 中心距变化量

V 带中心距变化量见表 6。

表 6　中心距变化量

单位为毫米

带长 L_d	顶宽	
	≤25	>25
	小于或等于	
L_d<1 000	1.2	1.8
1 000<L_d≤2 000	1.6	3.2
2 000<L_d≤5 000	2	3.4
L_d>5 000	2.5	3.4

8　尺寸测量方法

8.1　测量装置

测量装置为普通 V 带和窄 V 带测长机。测长机包括两个相同的测量带轮、测量力施加机构和中心距测量机构。

符合 GB/T 10412 的两个测量带轮分别安装在试验台的两个相互平行的水平轴上，一个带轮中心位置固定，另一个带轮可沿两轮中心连线移动。带轮尺寸如表 7 和图 3 所示。带轮槽形检验按 GB/T 11356.1 规定进行。

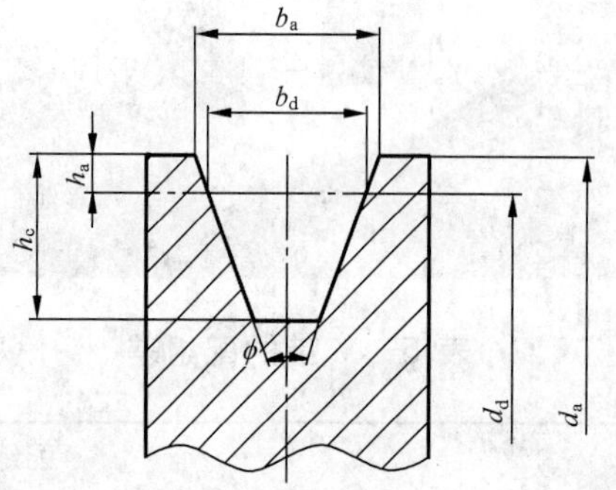

图 3　带轮截面示意图

表 7　基准宽度制测量带轮参数及测量力

型号	基准宽度 b_d mm	基准直径 d_d mm	基准圆周长 c_d mm	外径 d_a mm	顶宽 b_a mm	槽深 h_c mm	槽角 ϕ	测量力 F N
Y/YX	5.3	28.7	90	$32.13^{+0.00}_{-0.06}$	$6.24^{+0.00}_{-0.03}$	6.3	32°±0.25°	40
Z/ZX	8.5	57.3	180	$62.60^{+0.00}_{-0.06}$	$10.06^{+0.00}_{-0.03}$	9.5	34°±0.25°	110

表 7（续）

型号	基准宽度 b_d mm	基准直径 d_d mm	基准圆周长 c_d mm	外径 d_a mm	顶宽 b_a mm	槽深 h_c mm	槽角 ϕ	测量力 F N
A/AX	11.0	95.5	300	$102.42^{+0.00}_{-0.06}$	$13.05^{+0.00}_{-0.03}$	12.0	34°±0.25°	200
B/BX	14.0	127.3	400	$136.08^{+0.00}_{-0.06}$	$16.61^{+0.00}_{-0.03}$	15.0	34°±0.25°	300
C/CX	19.0	222.8	700	$234.62^{+0.00}_{-0.06}$	$22.53^{+0.00}_{-0.03}$	20.0	34°±0.25°	750
D/DX	27.0	318.3	1 000	$334.97^{+0.00}_{-0.06}$	$32.32^{+0.00}_{-0.03}$	28.0	36°±0.25°	1 400
E/EX	32.0	573.0	1 800	$592.62^{+0.00}_{-0.06}$	$38.28^{+0.00}_{-0.03}$	32.0	36°±0.25°	1 800
SPZ/XPZ	8.5	95.5	300	$99.76^{+0.00}_{-0.06}$	$9.91^{+0.00}_{-0.03}$	11.0	38°±0.25°	360
SPA/XPA	11.0	143.2	450	$149.13^{+0.00}_{-0.06}$	$12.96^{+0.03}_{-0.03}$	14.0	38°±0.25°	560
SPB/XPB	14.0	191.0	600	$198.29^{+0.00}_{-0.06}$	$16.45^{+0.00}_{-0.03}$	17.5	38°±0.25°	900
SPC/XPC	19.0	318.3	1 000	$328.26^{+0.00}_{-0.06}$	$22.35^{+0.00}_{-0.03}$	23.8	38°±0.25°	1 500
注：型号带 X 的 V 带为底边有齿的切边 V 带。								

8.2 带长测量

测量 V 带基准长度时，将 V 带安装在测长机两带轮的轮槽中。通过可移动带轮对 V 带施加表 7 所示的测量力。将 V 带转动 1～3 圈，以使 V 带正确的嵌入轮槽中。测量两带轮的中心距，按下式计算 V 带的基准长度 L_d。

$$L_d = a_{max} + a_{min} + c_d$$

式中：

a_{max}——两带轮的最大中心距，单位为毫米(mm)；

a_{min}——两带轮的最小中心距，单位为毫米(mm)；

c_d ——测量带轮基准圆周长(见表 7)，单位为毫米(mm)。

8.3 露出高度测量

将被测量 V 带安装在测长机两带轮轮槽中。通过可移动带轮对 V 带施加表 7 所示的测量力。将 V 带转动 1～3 圈，以使 V 带正确地嵌入轮槽中。待其停稳后，在 V 带与带轮接触孤段的任意点上带顶宽中央部位测量 V 带在轮槽中的露出高度。但注意不要在 V 带上有布层接头和商标的部位测量。取测量任意三点的平均值,作为露出高度测量结果。

8.4 中心距变化量测量

中心距变化量的测量按 GB/T 13490 规定进行。

附 录 A
（资料性附录）
普通V带基准长度

普通V带基准长度应符合表A.1的规定。

表A.1 普通V带基准长度

单位为毫米

截面型号						
Y	Z	A	B	C	D	E
200	406	630	930	1 565	2 740	4 660
224	475	700	1 000	1 760	3 100	5 040
250	530	790	1 100	1 950	3 330	5 420
280	625	890	1 210	2 195	3 730	6 100
315	700	990	1 370	2 420	4 080	6 850
355	780	1 100	1 560	2 715	4 620	7 650
400	920	1 250	1 760	2 880	5 400	9 150
450	1 080	1 430	1 950	3 080	6 100	12 230
500	1 330	1 550	2 180	3 520	6 840	13 750
	1 420	1 640	2 300	4 060	7 620	15 280
	1 540	1 750	2 500	4 600	9 140	16 800
		1 940	2 700	5 380	10 700	
		2 050	2 870	6 100	12 200	
		2 200	3 200	6 815	13 700	
		2 300	3 600	7 600	15 200	
		2 480	4 060	9 100		
		2 700	4 430	10 700		
			4 820			
			5 370			
			6 070			

附 录 B
（资料性附录）
本标准与 ISO 4184:1992 相比的结构变化情况

本标准与 ISO 4184:1992 相比在结构上有较多调整，具体章条编号对照情况参照表 B.1。

表 B.1 本标准与 ISO 4184:1992 的章条编号对照情况

本标准章条编号	对应的国际标准章条编号
1	无
2	2
3	3
4	1＋BS 3790 有关内容
5	4
6	5
7	6
8.1	无
8.2	7.1
8.3	无
8.4	7.2
无	8
附录 A	附录 A
附录 B	无
附录 C	无

附 录 C
（资料性附录）
本标准与 ISO 4184:1992 的技术性差异及其原因

本标准与 ISO 4184:1992 的技术性差异及其原因参照表 C.1。

表 C.1 本标准与 ISO 4184:1992 的技术性差异及其原因

本标准章条编号	技术性差异	原因
2	引用了修改采用国际标准的国家标准 GB/T 6931.2—2008（ISO 1081：1995，MOD）；GB/T 10412—2002(ISO 4183:1995,MOD)，增加了修改采用国际标准的国家标准 GB/T 11356.1—2008(ISO 255:1990,MOD)，部分符号与国际标准不同	以适合我国国情
4	按 BS 3790:2006《带传动 环形窄 V 带、环形普通 V 带、联组窄 V 带、联组普通 V 带与它们相应的带轮规范》，增加了普通 V 带和窄 V 带截面尺寸、V 带露高度及示意图	为了控制截面尺寸
8.1	增加了基准宽度制测量带轮参数及测量力表与图	统一测量方法
8.3	增加了露出高度测量	保证 V 带质量
	删除了 ISO 4184 中第 8 章标记和标志	按我国标准惯例将标记和标志放在产品标准中

参 考 文 献

[1] BS 3790:2006 带传动 环形窄V带、环形普通V带、联组窄V带、联组普通V带与它们相应的带轮规范

[2] RMA/MPTA IP-20:2007 普通V带与带轮(A、B、C和D截面)传动规范

ICS 71.100.30
C 65

中华人民共和国国家标准

GB 11652—2012
代替 GB 11652—1989

烟花爆竹作业安全技术规程

Technical regulations for the working safety of fireworks and firecrackers

2012-07-31 发布　　2012-09-01 实施

中华人民共和国国家质量监督检验检疫总局
中国国家标准化管理委员会　发布

前　言

本标准的全部技术内容为强制性的。

本标准按照 GB/T 1.1—2009 给出的规则起草。

本标准代替 GB 11652—1989《烟花爆竹劳动安全技术规程》。

本标准与 GB 11652—1989 相比，对适用范围、烟火药制造、产品制作等方面内容进行了较大幅度的修订，主要技术变化如下：

——将原标准名称中的“劳动”修改为“作业”，定名为《烟花爆竹作业安全技术规程》；

——将标准适用范围从仅限于烟花爆竹生产企业扩大到烟花爆竹生产和经营企业；

——更科学地界定了几个重要术语的定义，增加了效果件的定义；

——增加了药物混合时药量的控制和黑火药制造的规定，完善了烟火药的干燥散热和收取包装等安全技术要求；

——考虑了不同生产工序药物定量有规律衔接和现实生产情况，确定了各生产工序的药物定量，对礼花弹装球和烟花组装的定量作了较大修改；

——增加了爆竹插引与封口安全技术要求；

——完善了烘房的安全技术要求；

——将“设备与维修”修改为“设备及设备安装、使用、维修”，并根据现实与发展的需要，作了较大的调整和增补；

——完善了危险工序作业人员安全培训要求内容；

——增加了一般性规定、引火线制作、危险性废弃物处置三章。

此外，本标准把主要产品的生产工艺流程图作为资料性附录(附录 A)，以便对照查阅。

本标准由国家安全生产监督管理总局提出。

本标准由全国安全生产标准化技术委员会(SAC/TC 288)归口。

本标准起草单位：国家轻工业烟花爆竹安全质量监督检测中心、江西李渡烟花集团有限公司、熊猫烟花集团股份有限公司、浏阳东信烟花集团有限公司、浏阳庆泰烟花有限公司、湖南景泰烟花有限公司、浏阳集里出口礼花厂、河北蠡县德茂花炮厂、浙江桐庐县花炮厂、山东夏津县鲁阳花炮有限公司。

本标准主要起草人：黄茶香、宋汉文、刘宁、黎仲畦、罗建社、刘春文、蔺传球、李金明、孙仕定、刘捷光、肖湘杰、赵伟平、范志宇、杜元金、危成焰、刘刚、姜锡松、卢荣秋、赵政。

本标准所代替标准的历次版本发布情况为：

——GB 11652—1989。

烟花爆竹作业安全技术规程

1 范围

本标准规定了烟花爆竹生产和经营企业在烟花爆竹生产、研制、储存、装卸、企业内运输、燃放试验及危险性废弃物处置过程中的作业安全技术要求。

本标准适用于烟花爆竹生产和经营企业。

2 规范性引用文件

下列文件对于本文件的应用是必不可少的。凡是注日期的引用文件,仅注日期的版本适用于本文件。凡是不注日期的引用文件,其最新版本(包括所有的修改单)适用于本文件。

GB 2626 呼吸防护用品自吸过滤式防颗粒物呼吸器

GB 5083 生产设备安全卫生设计总则

GB/T 8196 机械安全 防护装置 固定式和活动式防护装置设计与制造一般要求

GB 10631 烟花爆竹 安全与质量

GB/T 12801 生产过程安全卫生要求总则

GB/T 13869 用电安全导则

GB 24284 大型焰火燃放安全技术规程

GB/T 25295 电气设备安全设计导则

GB 50161 烟花爆竹工程设计安全规范

AQ 4111 烟花爆竹作业场所机械电器安全规范

3 术语和定义

下列术语和定义适用于本文件。

3.1

烟火药 gunpowder

主要由氧化剂与还原剂等组成的,燃烧、爆炸时能产生光、声、色、烟雾、气体等效果的混合物。

3.2

黑火药 black gunpowder

用硝酸钾、炭粉和硫磺或用硝酸钾和炭粉为原材料制成的一种烟火药。

3.3

效果件 effect parts

通过工艺制作形成的烟火药或含有烟火药的单个形体(包括药粒、药柱、药块、药包、药球、效果内筒、效果引线等),分为裸药效果件和非裸药效果件。

3.4

非裸药效果件 non-exposure gunpowder effect parts

用壳体将烟火药紧密包装后的效果件。

3.5

工房　workshop

烟花爆竹生产作业的厂房。

3.6

定机　equipment quota

在危险性场所允许的最多机械设备台(套)数。

3.7

定员　personnel quota

在危险性场所允许的最多人数。

3.8

定量　gunpowder weight quota

在危险场性场所允许存放(或滞留)的最大药物质量(含半成品、成品中的药物质量)。

3.9

危险性废弃物　hazardous waste

在烟花爆竹生产经营过程中,废弃的烟花爆竹产品及含药半成品、烟火药、引火线、危险化学品。

3.10

蘸药(点药)　dipping of wet gunpowder

将湿药粘附在效果件、部件点火端上的过程。

3.11

组装　assembly work

将非裸药效果件、部件组合在一起的过程。

3.12

装、筑(压)药　filling gunpowder

将烟火药、黑火药或裸药效果件装(填、筑、压)入壳体或模具的过程。

4　一般性规定

4.1　应建立健全安全生产管理规章制度和岗位操作规程,并有效实施。

4.2　应在许可的专用场所内,按许可的产品类别、级别范围进行安全生产和储存。

4.3　应按设计用途使用工(库)房,并按规定设置安全标志或标识,不应擅自改变生产作业流程、工(库)房用途和危险等级。

4.4　操作者不应擅自改变药物配方和操作规程;确需改变时,应按相应程序和规定经审查批准后方可操作。

4.5　应遵守本标准定员、定量和定机的规定,不应超定员、定机、定量生产和储存。

4.6　手工直接接触烟火药的工序应使用铜、铝、木、竹等材质的工具,不应使用铁器、瓷器和不导静电的塑料、化纤材料等工具盛装、掏挖、装筑(压)烟火药;盛装烟火药时药面应不超过容器边缘。

4.7　操作工作台应稳定牢固;直接接触烟火药工序的工作台宜靠近窗口,应设置橡胶、纸质、木质工作台面,且应高于窗口,不应使用塑料、化纤等不导静电材质的工作台面。

4.8　烟火药中不应混入与烟火药配方无关的泥沙等杂物、杂质,如意外混入不应使用。

4.9　直接接触烟火药的工序应按规定设置防静电装置,并采取增加湿度等措施,以减少静电积累。

4.10　烟火药、黑火药、引火线、效果件、含药半成品及成品生产、制作、装卸、搬运过程中应轻拿、轻放、轻操作,不应有拖拉、碰撞、抛摔、用力过猛等行为。

4.11　生产作业场所应保证疏散通道畅通,不应闩门、闩窗生产。

4.12 应在工作台上操作,不应把地面当作工作台。

4.13 不应在规定地点外晾晒烟花爆竹成品、半成品及烟火药、黑火药、引火线。

4.14 不应在规定的燃放试验场外燃放试验产品,不应在规定的销毁场外销毁危险性废弃物。

4.15 未安装阻火器的机动车辆不应进入有药生产、储存区域。

4.16 不应擅自增设建(构)筑物、安装电气(器)设备。

4.17 不应在生产、储存区吸烟、生火取暖;不应携带火柴、打火机等火源火种进入生产、储存区;不应在有可燃性气体、药物、可燃物粉尘环境的工(库)房使用无线通信设备。

4.18 有药工序使用新设备和新工艺前,应按有关规定对其安全性能、安全技术要求进行论证。

4.19 储存乙醇、丙酮等易燃液体的库房应保持通风良好。

4.20 工(库)房面积应满足 GB 50161 人均使用面积要求。

4.21 按照 GB 50161 规定,采用抗爆间室、隔离操作的联建 1.1 级工房,其定员、定机可为单人单机单间。

5 烟火药制造及裸药效果件制作

5.1 基本要求

5.1.1 烟火药制造、裸药效果件制作的各工序应分别在单独工房内进行。

5.1.2 除造粒和制开包(球)药外,电动机械制造(作)烟火药及裸药效果件,在机械运转时人与机械间应有防护设施隔离。

5.2 原材料准备

5.2.1 烟火药的原材料应符合有关原材料质量标准要求,具有产品合格证;进厂应经过检验合格后方可使用。

5.2.2 原材料(药种)的使用应符合 GB 10631 规定。

5.2.3 在开启原材料的包装时,应检查包装是否完整;包装打开后,应检查包装内物质与有关标识是否相符;发现包装内物质与标识不符及物质受潮、变质等现象应停止使用。

5.3 原材料粉碎筛选

5.3.1 原材料筛选粉碎,每栋工房定员 2 人。

5.3.2 粉碎前应对设备和工具进行全面检查,并认真清除粉尘;粉碎前后应筛选除去杂质。

5.3.3 粉碎氧化剂、还原剂应分别在单独专用工房内进行,每栋工房定员 2 人;严禁将氧化剂和还原剂混合粉碎筛选;粉碎筛选过一种原材料后的机械、工具、工房应经清扫(洗)、擦拭干净才能粉碎筛选另一种原材料;高感度的材料应专机粉碎;不应用粉碎氧化剂的设备粉碎还原剂,或用粉碎还原剂的设备粉碎氧化剂。

5.3.4 原材料粉碎时应保持通风并防止粉尘浓度过高。

5.3.5 用湿法粉碎时,不应有原材料外溢。

5.3.6 粉碎的原材料包装后,应标明品种、规格、数量和日期。

5.4 原材料称量

5.4.1 原材料称量,每栋工房定员 1 人,定量 200 kg。

5.4.2 称量应符合下列要求:

5.4.2.1 称量前应检查各种原材料的标志标签、色质以及计量器具的准确性。

5.4.2.2 称量应准确,其每份总量应与每次药物混合工序定量相一致。

5.4.2.3 称量氧化剂、还原剂,应分别使用取料工具和计量器具,称好的氧化剂应与还原剂及其他原材料应分别盛装,装入容器后应立即标识。

5.4.2.4 不应在称原材料工房进行药物混合。

5.5 药物混合

5.5.1 烟火药各成分混合宜采用转鼓等机械设备,每栋工房定机1台,定员1人;手工混药,每栋工房定员1人。

5.5.2 黑火药制造宜采用球磨、振动筛混合,三元黑火药制造应先将炭和硫进行二元混合。

5.5.3 含氯酸盐等高感度药物的混合,应有专用工房,并使用专用工具。

5.5.4 机械混药应符合下列要求:

5.5.4.1 药物混合前对设备进行全面检查,并检查粉尘清理情况。

5.5.4.2 应远距离操作,人员未离开机房,不应开机。

5.5.4.3 人工进出料时,应停机断电、散热后进行。

5.5.5 药物混合每栋工房定量应符合表1规定。

表1 药物混合定量表

序号	烟火药类别	烟火药种别	定量/kg	
			手工	机械
1	硝酸盐烟火药	黑火药	8	200
		含金属粉烟火药	5	20(干法) 100(湿法)
2	高氯酸盐烟火药	含铝渣、钛粉、笛音剂的烟火药、爆炸药	3	10
		光色药、引燃药	5	10
3	氯酸盐烟火药	烟雾药、过火药	8	20
		引火线药	3	10(干法) 100(湿法)
		摩擦药	0.5(湿法)	
4	其他烟火药	响珠烟火药等	5	10
注:表中未注明湿法的均为干法混合。				

5.5.6 多种烟火药混合,每次限量取该若干种烟火药表1限量的平均值。

5.5.7 不应使用石磨、石臼混合药物;不应使用球磨机混合氯酸盐烟火药等高感度药物。

5.5.8 摩擦药的混合,应将氧化剂、还原剂分别用水润湿后方可混合,混合后的烟火药应保持湿度;不应使用干法和机械法混合摩擦药。

5.5.9 每次药物混合后,宜采用竹、木、纸等不易产生静电的材质容器盛装,及时送入下道工序或药物中转库存放,并立即标识。

5.5.10 混合药(除黑火药外)应及时用于制作产品或效果件,湿药应即混即用,保持湿度,防止发热;干药在中转库的停滞时间小于或等于24 h。

5.5.11 采用湿法配制含铝、铝镁合金等活性金属粉末的烟火药时,应及时做好通风散热处理。

5.5.12 混药结束后应及时清理粉尘和现场。

5.5.13 不应在混药工房进行装药。

5.6 烟火药调湿

5.6.1 每栋工房定员1人，每栋工房的定量：使用水溶剂调湿硝酸盐烟火药100 kg，含氯酸盐或使用易燃有机溶剂（如二硫化碳、酒精、丙酮、油漆）作粘合剂的药物（如擦火头药、擦地炮药）3 kg，其他药物15 kg。

5.6.2 调湿时如发现温度异常，应迅速摊开散热；搅拌工具应避免与容器摩擦撞击。

5.6.3 调制湿药使用的溶剂和粘合剂 pH 应为5～8。

5.7 裸药效果件制作

5.7.1 药粒、开包炸药制作：

5.7.1.1 电动机械造粒或制药，每栋工房定机1台，定员1人，定量（干法5 kg，湿法20 kg）；手工造粒或制药，每栋工房定员1人，定量5 kg。

5.7.1.2 造粒或制药前应用相应溶剂湿润药罐内壁，造粒或制药后应用相应溶剂清洗药罐内壁。

5.7.1.3 机械运转过程中，药物温度急剧上升时应及时停机处理。

5.7.1.4 药粒的筛选分级应在药粒未干之前进行，每栋工房定员1人，定量（干法5 kg，湿法20 kg）。

5.7.2 药柱（块、片）制作：

5.7.2.1 制作药柱应采用湿药筑压，定量按表1限量的1/2计算。

5.7.2.2 机械压药，每栋工房定机1台，定员2人，人机隔离操作；手工模具压药，每栋工房定员1人。

5.7.2.3 褙药柱、药柱蘸（装）药，每栋工房定员2人，定量5 kg。

5.7.2.4 制药块（片）应采用湿药切割，每栋工房定员1人，定量2 kg。

5.7.3 制成的湿效果件应摊开放置，摊开厚度小于或等于1.5 cm（效果件直径大于0.75 cm时，其摊开厚度小于或等于效果件直径的2倍）。

5.8 粒状黑火药制作

5.8.1 潮药装模、人工碎（药）片、包装，每栋工房定员1人；机械压（药）片、机械碎（药）片、造粒分筛、抛光、精筛，每栋工房定机1台，定员1人。

5.8.2 各工序工房定量分别为：潮药装模120 kg、压（药）片120 kg、散热800 kg、人工碎（药）片15 kg、机械碎（药）片80 kg、造粒分筛80 kg、抛光250 kg、精筛80 kg、包装80 kg。

5.8.3 添加药和出药操作时，应在停机10 min后进行；装模时宜包片，压药应同时均匀加热，温度小于或等于110 ℃；压药片时应预加压，并缓慢升压，最大压力小于或等于20 MPa。

5.8.4 定量大的工序到定量小的工序之间应设置中转库。

5.9 其他烟火药（雷酸银）制造

5.9.1 雷酸银制作应在单独专用工房内进行，每栋工房定员1人，每次制作时使用的硝酸银量小于或等于15 g，制作好的雷酸银应保持湿度并迅速混砂。

5.9.2 雷酸银混砂：

5.9.2.1 将湿雷酸银倒入计量的砂堆上，用竹或木片拌匀，不应使用金属棒或用手直接拌混。

5.9.2.2 每次混砂砂量小于或等于10 kg。

5.9.2.3 雷酸银砂混好后，应保持湿度，拌混工具应放入硫代硫酸钠等还原性水中浸泡并清洗干净。

5.10 药物干燥散热、收取包装

5.10.1 药物干燥应采用日光、热水（溶液）、低压热蒸汽、热风干燥或自然晾干，不应用明火直接烘烤药物。

5.10.2 被干燥的药物应摊开放置药盘中，药层厚度小于或等于1.5 cm(效果件直径大于0.75 cm时，其摊开厚度小于或等于效果件直径的2倍)；药盘直径或边长应小于或等于60 cm。

5.10.3 日光干燥应符合下列要求：

5.10.3.1 日光干燥应在专用晒场进行，定量应小于或等于1 000 kg，晒坪应硬化、平整、光洁。

5.10.3.2 晒场应设晒架，晒架应稳固，高度宜在25 cm～35 cm，晒架间应留搬运、疏散通道，通道应与主干道垂直，通道宽度大于或等于80 cm。

5.10.3.3 严禁将药物直晒在地面上，气温高于37 ℃时不宜进行日光直晒。

5.10.3.4 晒场应由专人管理，同时进入场内不应超过2人，非管理和操作人员不应进入晒场；不应在晒场进行浆药、筛药、包装等操作。

5.10.3.5 应时刻关注晒场气象情况，在大风、下雨前应将晒场内药物收入散热间或及时采取防雨淋措施；下雨时不应抢收药物，被淋湿的药物应摊开放置，不应堆放，不应放置在封闭室内。

5.10.4 烘房干燥应符合下列要求：

5.10.4.1 水暖干燥时，每栋烘房定量应小于或等于1 000 kg，烘房温度应小于或等于60 ℃；热风干燥时，每栋烘房定量应小于或等于500 kg，烘房温度应小于或等于50 ℃，同时应有防止药物产生扬尘的措施，风速应小于或等于0.5 m/s。

5.10.4.2 烘房应设置温度感应报警装置，保持均匀供热，烘房升温速度应小于或等于30 ℃/h。

5.10.4.3 烘房应有排湿装置并及时排湿。

5.10.4.4 烘房内药物应用药盘盛装，分层平稳地放置在烘架上。

5.10.4.5 烘房内药物堆码应符合表2规定。

表2 烘房内药物堆码要求

单位为厘米

名 称	烘架高度	距离地面高度	层间隔	与热源距离
药物	≤120	≥25	≥15	≥30

5.10.4.6 烘架间应留搬运、疏散通道，宽度大于或等于100 cm。

5.10.4.7 烘房应由专人管理，加温干燥药物时任何人不应进入；烘干前后烘房内药物进出操作，每栋定员2人。

5.10.4.8 烘房应保持清洁，散热器上不应留有任何药物。

5.10.5 药物在干燥散热时，不应翻动和收取，应冷却至室温时收取，如另设散热间，其定员、定量、药架设置应与烘房一致并配套；散热间内不应进行收取和计量包装操作，不应堆放成箱药物；湿药和未经摊凉、散热的药物不应堆放和入库。

5.10.6 不应在干燥散热场所检测药物。

5.10.7 干燥后的药物，水分含量应符合烟火药含水量相应标准的规定。

5.10.8 药物计量包装应在专用工房进行，每栋工房定员1人，定量30 kg。

5.10.9 药物进出晒场、烘房、散热、收取和计量包装间，应单件搬运。

6 引火线(含效果引线)制作

6.1 引火线应机械制作，并在专用工房操作；机械动力装置应与制引机隔离。

6.2 干法生产，每栋定机4台，单机单间；水溶剂湿法生产，每栋定机16台，每间定机4台；其他溶剂湿法生产，每栋定机2台，单机单间。

6.3 机械运转时，人机应分离；接引、添药、取引锭时，应停机。

6.4 工房地面应保持湿润，墙体和地面应定时清洗。

6.5 引火线制作定员、定量应符合表3规定。

表3 引火线制作定员定量表

引火线种类		定员/(人/栋)		定量/(kg/台)	
		干法	湿法	干法	湿法
硝酸盐引火线	纸引火线	1	4	3	6
	安全引火线(含效果引火线)	1	4	6	12
	快速引火线	—	2 (有机溶剂)	3	6
高氯酸盐引火线	纸引火线	1	4	3	6
	安全引火线(含效果引火线)	1	4	6	12
	快速引火线	—	2 (有机溶剂)	3	6
氯酸盐引火线	纸引火线	1	4	1	2

6.6 纸引火线上浆、绕引每栋工房定员2人，定量15 kg，单人单间，引锭与人应分离，隔墙应密封。

6.7 安全引火线上漆每栋工房定员2人，定量25 kg，应用调速电动机控制发引端引卷转速，出引卷转速小于或等于40 r/min。

6.8 引火线干燥应在专用晒场或烘房进行；干燥后，应在散热后方可收取，晒场内通道应与主干道垂直，宽度大于或等于100 cm。

6.9 采用烘房干燥的技术要求，按有药半成品干燥的规定执行。

6.10 割引、捆引、切引：

6.10.1 切、割引宜采用机械，当采用机械操作时，每栋工房定员1人，硝酸盐引线定量1 kg，其他引线定量0.6 kg。

6.10.2 操作人员应戴披肩帽、手套、防护面罩进行操作。

6.10.3 割、捆、切引应分别单独进行，不应在晒场、散热间进行；手工操作每栋工房定员1人，定量应符合表4规定。

表4 切、割、捆引定量表

操作名称		药量/kg
		手工
割引	硝酸盐引火线	6
	高氯酸盐引火线	3
	氯酸盐引火线、效果引火线	1.5
捆引	硝酸盐引火线	6
	高氯酸盐引火线	3
	氯酸盐引火线、效果引火线	1.5
切引	硝酸盐引火线	2
	高氯酸盐引火线	1
	氯酸盐引火线、效果引火线	0.5

6.10.4 切、割引的刀刃要锋利，应及时涂油、蜡；严禁在切引间磨(刮)刀具。

6.10.5 切、割引时用力应均匀，严禁来回拉扯。

6.10.6 引头、引尾应及时放至水中，及时销毁。

6.10.7 包装每栋工房定员 1 人，定量 30 kg。

7 产品制作

7.1 基本要求

7.1.1 各工序应分别在单独专用工房进行；烟火药、黑火药、引火线、效果件及有药半成品应设专人管理，各工序应按定量领取并登记。

7.1.2 使用的烟火药为多种时，定量按表 1 限量的平均值确定；产品制作如定量小于或等于单发(枚)产品药量时，定量为单发(枚)的含药量。

7.1.3 使用含氯酸盐、黄磷、赤磷、雷酸银、笛音剂等高感度烟火药的工房，不应改做其他产品制作工房。

7.1.4 每次限量药物、半成品用完后，应及时将半成品送入中转库或指定地点。

7.1.5 剩余的烟火药，应退还保管人，不应留置工房或临时存药洞过夜。

7.1.6 装、压纸片、安装点火引定员、定量、定机应按其前一道工序执行。

7.2 装、筑(压)药(裸药效果件)

7.2.1 装药前应筛除效果件中的药尘(灰)，除药尘(灰)应在单独工房操作，定员、定量按下道工序执行。

7.2.2 1.1 级工房每栋工房定员 1 人；当隔离操作时，每栋工房定员 2 人，单人单间。

7.2.3 装药每栋工房定量按表 1 确定。

7.2.3.1 砂炮手工包(装)药砂每栋工房定员 24 人，每人定量 0.5 kg；砂炮机械包(装)药砂每栋工房定机 4 台，每台机 2 人，每机定量 5 kg。

7.2.3.2 筑(压)药定量按表 1 限量的 1/2 确定；笛音药筑(压)药每栋工房定量：手工 0.5 kg，机械 2 kg。

7.2.4 礼花弹装球时，只能轻轻按压，合球不应猛烈碰合，合球后，不应进行强烈敲击。

7.2.5 当筒体变形、筒体内壁不洁净或效果件变形时，按废弃物处理，不应将药物(效果件)强行装入。

7.2.6 摩擦药(含赤磷、雷酸银)应保持湿润。

7.2.7 筑(压)药的过程中，当模具与药物难以分离时，不应强行分离，采用酒精清洗。

7.2.8 含有较大颗粒的铝、钛、铁粉的烟火药，不应筑压。

7.2.9 礼花弹安装外导火索和发射药盒时，不应有药粉外泄。

7.3 蘸(点)药

7.3.1 效果内筒蘸药每栋工房定员 2 人，单人单间，效果内筒应单层摆放，每人定量 15 kg。

7.3.2 擦炮蘸药每栋工房定员 4 人，单人单间，含药半成品应单层摆放，每人定量 5 kg。

7.3.3 摩擦类产品手工蘸药每栋工房定员 4 人，每人定量 25 g；机械蘸药每栋工房定机 2 台，单人单间，每人定量 50 g。

7.3.4 线香类蘸药(提板)每栋工房定员 8 人，每人定量(湿药)25 kg。

7.3.5 电点火头手工蘸药每栋工房定员 8 人，每人定量 25 g；机械蘸药每栋工房定员 4 人，定机 4 台，每人定量 0.1 kg。

7.3.6 蘸(点)药时，不应将湿药粘附在内筒外壁、摩擦类产品的非效果处。

7.3.7 用于蘸(点)药的各类药物干涸后不应对其刮、铲、撞击,应用相应的溶剂,充分溶解后清洗。

7.4 钻孔

7.4.1 有药半成品机械钻孔每栋工房定机 1 台、定员 1 人;当隔离操作时,每栋工房定机 2 台、单人单间。
7.4.2 有药半成品手工钻孔每栋工房定员 1 人;当隔离操作时,每栋工房定员 4 人、单人单间。
7.4.3 每栋工房定量按表 1 规定执行。
7.4.4 钻孔工具刃口应锋利,使用时应涂蜡擦油并交替使用,工具不符合要求时不应强行操作。
7.4.5 裸药效果件或单个药量大于 20 g 的半成品,不应钻孔;单个含药量大于 5 g 或不含黑火药、光色药的半成品不应手工钻孔。
7.4.6 有药半成品的机械钻孔,转速小于或等于 90 r/min。

7.5 插引、安(串)引

7.5.1 手工插引,每间定员 4 人,每栋工房定员 16 人;当单间只有 1 个疏散出口时,每间定员 2 人;每人定量 0.5 kg。
7.5.2 机械插引每栋工房定员 4 人,单人单间,每人定量 3 kg。
7.5.3 无药部件插、串、安引每栋工房定员,24 人,每人定量 0.5 kg。
7.5.4 切割刀片应锋利,引锭与插引机应隔离,含药半成品应用有盖的箱子盛装。

7.6 封口(底)

7.6.1 每栋工房定员 2 人。
7.6.2 爆音药半成品封口(底)每人定量 3 kg,其余每人定量 5 kg。
7.6.3 爆竹直接挤压封口,不应猛力敲打。
7.6.4 含爆炸药、笛音药的半成品,不应采用筑(压)方法封口。
7.6.5 半成品的封口应密实,防止药物外泄、受潮。

7.7 结鞭

7.7.1 手工(人力机械)结鞭,每人定量 3 kg。每栋工房定员 24 人,每间定员 4 人;当单间只有 1 个疏散出口时,每间定员 2 人;
7.7.2 动力机械结鞭,每栋工房定机 6 台,单机单间,每机定量 6 kg,每间定员 2 人,带包装的机械结鞭每间定员 3 人。
7.7.3 结鞭时,应除去半成品上粘附的药尘。
7.7.4 结鞭爆竹分割工具应锋利,宜用单刃刀片。

7.8 礼花弹、小礼花类糊球

7.8.1 手工糊球每间工房定员 4 人,每栋工房定员 16 人,每人定量 15 kg;含全爆炸药的每人定量 10 kg。
7.8.2 机械糊球每栋工房定机 8 台,每间定机 2 台,每机 2 人,每机定量 30 kg;含全爆炸药的每机定量 20 kg。
7.8.3 盛装工具应有围框,围框高度应超过弹(球)体直径(高度)的 1/2,5 号以上(含 5 号)弹(球)体应单层放置。
7.8.4 敷弹(球)后应及时进行干燥。

7.9 组装

7.9.1 升空类、吐珠类、小礼花类、组合烟花类直径大于或等于 3.8 cm 或单发药量大于或等于 25 g 的效果内筒(或球)等非裸药效果件的组装、礼花弹组装(含安引、装发射药包、串球),每栋工房定员 1 人,定量 10 kg(含全爆炸药的定量 4 kg);当工房采用抗爆间室结构时,每栋定员 2 人,单人单间,每间定量 10 kg(含全爆炸药的定量 4 kg)。

7.9.2 升空类、吐珠类、小礼花类、组合烟花类直径小于 3.8 cm 或单发药量小于 25 g 的效果内筒(或球)等非裸药效果件的组装每栋定员 12 人,每间定员 2 人,每人定量 12 kg(含全爆炸药的定量 7 kg)。操作时,效果内筒(或球)应单层摆放,不应堆积存放。

7.9.3 喷花类、架子烟花类、造型玩具类、旋转类、烟雾类、旋转升空类等产品组装每栋工房定员 24 人,每人定量 15 kg。

7.9.4 礼花弹安装定时引线时,应使用竹、铜钎轻轻刺破中心管的纱纸。

7.9.5 组装前,应除去半成品、效果件、无药部件上粘附的药尘。

7.10 包装(褙皮、封装、装箱)

每栋工房定员 24 人;每人定量按表 1 规定的 3.5 倍执行。

7.11 成品、有药半成品的干燥

7.11.1 应在专用场所(晒场、烘房)进行。

7.11.2 每栋工房定员、定量、热能选择、干燥方式等要求按 5.10 规定执行。

7.11.3 晒礼花弹的抬架,应有围框,围框高度应超过礼花弹直径的 1/2,弹体(球)宜单层放置。

7.11.4 产品干燥不应与药物干燥在同一晒场(烘房)进行,摩擦类产品不应与其他类产品在同一晒场(烘房)干燥。

7.11.5 蒸汽干燥的烘房温度小于或等于 75 ℃,升温速度小于或等于 30 ℃/h,不宜采用肋形散热器。

7.11.6 热风干燥成品,有药半成品室温小于或等于 60 ℃,风速小于或等于 1 m/s;循环风干燥应有除尘设备,除尘设备要定期清扫。

7.11.7 烘房中堆码高度等按表 5 规定执行。

表 5 烘房内产品堆码要求

单位为厘米

名　　称	架码高度	距离地面高度	与热源距离
成品、半成品	≤150	≥25	≥20

7.11.8 烘房应设置温度报警装置,烘房看管人员应严格控制温度的升降,发现异常情况应及时处理并报告安全管理负责人。

7.11.9 干燥后的成品、有药半成品应通风散热。在干燥散热时,不应翻动和收取,应冷却至室温时收取。

7.12 燃放试验

7.12.1 燃放试验应在规定场所进行,燃放试验场地与生产区及非生产区的距离应符合 GB 50161 规定。

7.12.2 燃放试验时,应设专人警戒;现场操作人员不应超过 2 人,其余人员应在安全区域观看;操作时应戴头盔,点火时身体应偏离产品燃放轨迹,并及时撤离至安全区域内。

7.12.3 燃放试验时,产品及导向筒应牢固固定,严防倒筒、散筒。

7.12.4 待燃放产品应妥善存放，并采取防火隔离措施。
7.12.5 燃放试验时应注意风向风速，对熄引的试验物应妥善处理。
7.12.6 燃放试验后的残留物应进行清扫和妥善处理。

8 设备及设备安装、使用、维修

8.1 设备

8.1.1 各种机电设备应符合 GB/T 25295 要求，各种机械电器应符合 AQ 4111 要求，各种设备防护装置应符合 GB/T 8196 要求。
8.1.2 带电设备应按 GB 5083 的要求设置，有防止意外起动的联锁安全装置和防止传动部件摩擦发热的措施。
8.1.3 电气装置在使用前应确认其符合相应的环境要求和使用等级要求。
8.1.4 非标准和自制的生产设备应打磨平整光洁后方可投入使用。
8.1.5 危险性工房所用设备的动力部分，可使用三相防爆电机，使用单相电机时应使用防爆型电容运转电机，使用其他电机时应符合防爆要求。
8.1.6 凡接触药物的机械传动部分，不应采用金属搭扣皮带和不宜采用平板皮带或万能皮带，应采用三角皮带轮或齿轮减速箱。
8.1.7 带电的机械设备应有可靠的接地设施，接地电阻小于或等于 4 Ω。
8.1.8 进行二元或三元黑火药混合的球磨机与药物接触的部分不应使用铁制部件，可用黄铜、杂木、楠竹和皮革及导电橡胶等材料制成。进行烟火药混合的设备应达到不产生火花和静电积累的要求，不应使用易产生火花(铁质)和静电积累(塑料)材质。
8.1.9 特种设备应由有资质的生产厂家生产，经法定检验机构检验合格方可投入使用，并应定期检验合格。
8.1.10 不应在危险场所架设临时性的电气设施，确需架设电气设施时应符合 GB 50161 规定。

8.2 安装

8.2.1 设备安装应按 GB 50161 规定和设备安装要求进行，且满足劳动者的劳动保护要求。
8.2.2 设备安装位置应符合 GB/T 12801 和 AQ 4111 的要求，保证疏散通道畅通，不影响操作人员的安全出入；与墙体等物体之间有相应的距离，便于检修和维护。
8.2.3 设备安装后的人均使用面积应符合 GB 50161 规定。

8.3 使用

8.3.1 设备使用应根据设备的要求制定安全操作规程，并有效实施。
8.3.2 应定期对机械设备进行维护和保养。
8.3.3 发生故障应立即断电停机。

8.4 维修

8.4.1 机械设备应有专人负责日常维修保养，定期进行检查、维修和保养，非设备专管人员不应擅自装拆移动。
8.4.2 在有药工房进行设备检修时，应将工房内的药物、有药半成品、成品搬走，清洗设备及操作台、地面、墙壁的药尘，修理结束应清理修理现场。
8.4.3 带电设备的维修应按 GB/T 13869 的要求进行，应由具有电工作业资格的专人负责维修保养，非电工作业人员不应从事任何电工作业。进行设备维修需临时使用明火或从事易产生火花作业时，应制定安全措施，由企业有关负责人审查签发动火作业证，经现场管理人员检查符合要求后方可动火作业，动火作业过程中应有专人进行现场监护。

8.4.4　经维修后的电气装置应重新确认其符合相应的环境要求和使用等级要求。

9　装卸、运输、储存

9.1　装卸

9.1.1　装卸前应打开仓库相应的安全出口，机动车应熄火平稳停靠在仓库门前 2.5 m 以外。

9.1.2　装卸烟火药、黑火药、引火线、有药半成品时，进入库房定员 2 人；装卸烟花爆竹成品，进入库房定员 8 人；不应有无关人员靠近，电瓶车、板车、手推车不应进入烟火药(黑火药)、引火线、有药半成品仓库内。

9.1.3　应单件装卸；不应有碰撞、拖拉、抛摔、翻滚、摩擦、挤压等操作行为；不应使用铁锹等铁质工具。

9.2　运输

9.2.1　运输工具应使用符合安全要求的机动车、板车、手推车，不应使用自卸车、挂车、三轮车、摩托车、畜力车和独轮手推车等；工房之间的物品搬运可采用肩挑、手抬(提)等方式。

9.2.2　所运输的物品堆码应平稳、整齐，遮盖严密，物品堆码高度不应超过运输工具围板、档板高度。

9.2.3　厂内运输应遵守以下规定：

9.2.3.1　机动车辆进入生产区和仓库区时，排气管应安装阻火器，速度小于或等于 15 km/h。

9.2.3.2　使用手推车、板车在坡道上运输时，应有人协助并以低速行驶。

9.2.3.3　道路纵坡大于 6°时不应使用板车、手推车运输。

9.2.3.4　手推车、板车以及抬架应安装档板，外延轮盘应是橡胶制品，车(架)脚应为木质或包裹橡胶。

9.2.3.5　肩挑、手抬(提)的绳索、扁担、挑、抬(提)架应牢靠、稳固。

9.2.4　厂区、库区之间运输应遵守以下规定：

9.2.4.1　车辆应配备消防灭火器，并设置明显的爆炸危险品标志。

9.2.4.2　车辆速度应低于有关限速规定，应当保持车距，不应抢道，避免紧急制动。

9.2.5　危险品运输车辆不应混装性质不相容的物品，除驾驶员和押运员外，不应有其他人员搭乘。

9.3　储存

9.3.1　各类物品应按不同性质分别设库储存，性质不相容的物品不应混存。

9.3.2　危险品仓库的危险等级划分应按 GB 50161 规定执行。

9.3.3　不应改变危险等级或超过核定数量储存，应储存在危险等级高的仓库、中转库的物品不应储存在危险等级低的仓库、中转库，摩擦药、含摩擦药的半成品、成品应在单独专用库房储存。

9.3.4　仓库内木地板、垛架和木箱上使用的铁钉，钉头要低于木板外表面 3 mm 以上，钉孔要用油灰填实；未做防潮处理的地面，应铺设防潮材料或设置大于或等于 20 cm 高的垛架。

9.3.5　库房温度控制范围应为－20 ℃～45 ℃，相对湿度控制范围为 50%～85%；库房内应有温、湿度计，每天对库房内温、湿度进行检测记录；应适时作好库房通风、防潮、降温处理，环境湿度较高的地区应设除(去)湿设备。

9.3.6　烟火药、效果件、引火线等应经彻底干燥、冷却经包装后方可收存入库；包装物或盛装容器应使用防潮、防静电的材质，包装应符合 GB 10631 等标准要求。

9.3.7　仓库内应保持卫生整洁，通道畅通，物品摆放整齐、平码堆放；堆垛与库墙之间宜留有大于或等于 0.45 m 的通风巷，堆垛与堆垛之间应留有大于或等于 0.7 m 的检查通道，通往安全出口的主通道宽度应大于或等于 1.5 m，每个堆垛的边长应小于或等于 10 m。

9.3.8　仓库内物品堆垛高度应符合表 6 规定。

表 6　仓库内物品堆码要求

单位为厘米

名　称	烟火药(黑火药、效果件)	散装成品、半成品、引火线	成箱成品
高　度	≤100	≤150	≤250

9.3.9　仓库应设专门保管人员;保管人员应熟悉所储存物品的安全性能和消防器材的使用方法,加强对消防设施(器材)以及通风、防潮、防鼠等设施的维护,保障其功能有效、适用安全要求;应分库建立危险品登记台账,严格出入库登记手续,并定期进行货账核对。

9.3.10　严禁在库房区域内进行钉箱、分箱、成箱、串引、蘸(点)药、封口等生产作业;总仓库区域内物品应整箱(件)出入。

9.3.11　危险品分类储存条件和灭火物质应符合表 7 规定。

表 7　危险品分类储存条件和灭火物质要求

序号	类别	名　称	储存条件	灭火物质
1	氧化剂	氯酸钾	专库储存,不应与还原剂、易燃易爆物及酸类物质混存	水、沙土、泡沫
		高氯酸钾、高氯酸铵、硝酸钾、硝酸钡、硝酸锶	可同间分离储存,不应与还原剂、易燃易爆物及酸类物质混存	水、沙土、泡沫
		氧化铜、四氧化三铅、三氧化二铋、四氧化三铁	可同间分离储存,不应与铝粉、铝镁合金粉、钛粉、铁粉及酸类物质混存	水、沙土、泡沫
2	还原剂	铝粉、铝镁合金粉、钛粉、铁粉	可同间分离储存,通风防潮,不应与氧化剂、酸类物质混存	沙土、干粉
		炭粉	专库储存,保持阴凉干燥,新制木炭在炭化后 7 d 内不应入库储存	水
		硫、硫化锑、碳素粉、虫胶、酚醛树脂、淀粉	可同间分离储存,不应与氧化剂混存	水、干粉
		赤磷	专间储存,室温低于 40 ℃	水
		白磷	专间储存,存放于水中,室温低于 40 ℃	水
3	特殊效应物质	苯甲酸钾、苯二甲酸钾、成烟物	可同间分离储存,不应与氧化剂混存	水
4	着色剂	碱式碳酸铜、碳酸锶、草酸钠、氟硅酸钠、氟铝酸钠	可同间分离储存	水、沙土、泡沫
5	含氯物质	聚氯乙烯、六氯乙烯、氯化石蜡	可同间分离储存	水、干粉
6	酸类	硝酸	专间储存,干燥通风,不应与易燃易爆物及硫、磷等混存	沙土、泡沫
7	可燃性液体	酒精、丙酮、防潮剂	专间储存,不应与氧化剂混存	泡沫
8	烟火药	裸药效果件、黑火药、开球炸药、其他烟火药	按 GB 50161 中的分级分[illegible]定储存在相应的仓库	水、沙土、泡沫
9	引火线	快速引火线、慢速引火线		
10	烟花爆竹	半成品		
11		成品		
12	单基药	硝化棉、单基发射药	专库储存,通风散热,室温低于 40 ℃	水、沙土、泡沫

10 生产经营条件和环境

10.1 生产条件和环境

10.1.1 生产企业应有符合 GB 50161 规定，满足其生产的品种及生产规模的建(构)筑物，防爆、防雷、防静电、消防等安全设施设备；

10.1.2 防爆、防雷、防静电、消防设施设备应经检测(或验收)合格，消防器材方便取用。

10.1.3 危险性作业场所、库区应设有明显的安全警示标志。

10.1.4 烟火药采用新材料或改变组成成分时，应经检测符合国家或行业有关安全标准方可使用。

10.1.5 工房应配置适合操作人员的设备设施，配备保护工作人员健康安全的防护用具。

10.1.6 粉尘较大的工序应设更衣室。

10.1.7 在有药工序的作业过程中，出现如下情况时应停止生产：

10.1.7.1 电源线路发生漏电、短路和机器运转不正常。

10.1.7.2 天气恶劣，如雷电、暴风雨天气。

10.1.7.3 发现药物温度异常升高或产生异味。

10.1.7.4 直接接触烟火药的操作工序室温超过 34 ℃或低于 0 ℃时；其他危险工序室温超过 36 ℃或低于 0 ℃时。

10.1.7.5 工作人员身体状况不佳或情绪异常。

10.1.8 应建立事故应急组织机构，编制应急预案，配备必要的应急救援队伍、设施设备、物资，并每年至少演练 1 次。

10.1.9 工房和仓库应经常清扫(洗)、整理，应保持整洁、干净。

10.1.10 在清扫(洗)有药工房时应符合下列要求：

10.1.10.1 清扫(洗)前，应将药物、半成品等搬走。

10.1.10.2 药物粉尘小的工房可采用湿法清扫，粉尘大的工房应用水冲洗，不应使用铁器清理。

10.1.10.3 搬动物件时，应轻抬轻放，不应拖拉、摔打。

10.1.11 含有有毒、易燃、易爆等物质的废水处理，应符合下列要求：

10.1.11.1 排水系统应有相应的沉淀池，并及时清理。

10.1.11.2 排水系统应保持光洁，保证废水排放顺畅。

10.1.12 含有易燃易爆废渣和垃圾等固体物质不应埋入地层或排入水体，应到指定地点销毁。

10.1.13 厂区宜种植阔叶绿化植物，不应影响疏散通道；危险品生产区、库区不应种植庄稼、蔬菜。

10.1.14 应有控制人员和车辆进入危险品生产区、库区的措施，有严格的出入登记制度，无关人员和车辆不应进入危险品生产区、库区。

10.1.15 不应将危险品存放在非规定场所或擅自带离规定的生产经营场所。

10.2 经营条件和环境

10.2.1 经营企业应具备与其经营规模相适应的经营场所，并设置明显安全警示标志。

10.2.2 批发企业应有符合 GB 50161 规定的仓库及防爆、防雷、防静电、消防等安全设施，并配备符合规定要求的仓库保管、守护员。

10.2.3 批发企业宜分设办公区、样品陈列区和商品存放(仓库)区，样品陈列区陈列的样品应是无药样品。

10.2.4 批发企业应建立事故应急组织机构，编制应急预案，配备必要的应急救援队伍、设施设备、物资，并每年至少演练 1 次。

10.2.5 零售点宜专店销售，应有明显安全警示标志，并配备足够的消防器材；店内不应吸烟、生火。

10.2.6　零售点不应与居住场所设置在同一建筑物内，并与加油站等易燃易爆生产、储存及人员密集场所保持足够的安全距离。

10.2.7　零售点应根据周围环境、距离确定总药量，但最大不宜超过 300 kg。

10.2.8　产品销售过程中应提示并指导消费者按燃放说明燃放。

11　劳动防护用品

11.1　应根据工作性质和作业条件配备符合国家标准要求的防护用品，并指导、监督使用。

11.2　从事原材料药物粉碎、混合、造粒、筛选、装药、筑药、压药、搬运等高危高粉尘工序操作人员的防护用品应符合下列要求：

11.2.1　佩戴自吸过滤式防尘口罩，应符合 GB 2626 要求。

11.2.2　应穿着紧口棉麻质长袖长裤工作服，披肩帽、布袜、不藏泥砂的软底鞋，尽量减少身体的裸露部分，衣着简单易脱；不应赤膊或穿着背心、短袖衣、短裤、硬底鞋、钉底鞋、拖鞋和产生静电积累、易燃的化纤衣服上岗作业。

11.3　用于配制药物的专用工作服，不应在从事其他作业时穿用；离开工作岗位前应更衣，不应穿戴有药尘的工作服进入其他工房。

12　人员要求

12.1　所有从事烟花爆竹有药工序生产、经营、管理人员应身体健康，且年龄满 18 周岁。

12.2　从事混药、造粒、筛选、装药、筑药、压药、切引、插引、封口、搬运的人员不应有身体残疾、精神障碍或年龄超过 60 周岁。

12.3　从事粉尘作业或与有毒有害物质接触的人员在上岗前应进行健康检查，上岗后定期进行健康检查；患职业禁忌症者，不应安排从事有禁忌的作业。

12.4　企业的主要负责人、分管负责人、安全管理人员、危险工序作业人员应依法培训考核合格，持证上岗。

12.5　从业人员均应经相应的安全知识教育培训后方可上岗，从事新工种、新工艺的人员应进行相应安全知识和操作技能的教育和培训。

12.6　不应擅自变换工作岗位、离岗、互相串岗和违反劳动纪律。

13　危险性废弃物处置

13.1　企业应及时收集并妥善处置危险性废弃物，不应随意丢弃、转让、赠送、销售危险性废弃物；危险性废弃物不应与合格产品混存。

13.2　生产产生的危险性废弃物当日妥善处置，避免大批量集中一次性销毁。

13.3　处置危险性废弃物应明确专人负责，制定专门的处置方案，采取有效安全措施，确保安全。

13.4　大批量处置危险性废弃物：

13.4.1　销毁大批量危险性废弃物应分类、分批进行；处置前应制定处置作业方案，处置总含药量超过 1 000 kg 的作业方案应经相关专业专家组评估。

13.4.2　处置作业方案应包括下列内容：处置规模概况、处置时间地点、所处置的危险性废弃物的危险性、种类数量、处置方式方法、安全距离与安全警戒的范围、现场组织机构设置、现场人员分工岗位职责、危险性废弃物的运输和装卸安全措施、处置时的保卫措施和应急处置措施。

13.5　进行危险性废弃物的收集、装卸、运输、销毁等处置作业的人员应进行专业知识培训。

13.6　处置方法：

13.6.1　含烟火药(黑火药)和可燃物宜采用焚烧销毁法，其他危险性废弃物应根据其性质采用化学中和法等相应的方法妥善处置；不应将危险性废弃物掩埋或倒入地面水体；不应将危险性废弃物混入其他普通废弃物中进行处置。

13.6.2　采用焚烧销毁法时，应符合下列安全要求：

13.6.2.1　处置场所应符合 GB 50161 有关安全距离规定，并在处置场所设立明显的安全警示标志；销毁时，应采取远距离点火方式；处置人员应戴头盔并撤离至安全区域；待处理危险性废弃物应远距离防火隔离保管。

13.6.2.2　根据处置场所的安全距离及环境确定每次销毁量；烟火药、具有爆炸危险的效果件应摊成厚度小于或等于 3 cm(单个效果件超过 3 cm 的应单层摊放)、宽度小于或等于 2 m 的带状、长度应根据现场环境确定。

13.6.2.3　废弃礼花弹宜单个进行解剖取出发射药、烟火药；解剖应在符合安全条件的场所进行。

13.6.2.4　升空类产品应在符合安全条件的场所取出稳定杆、发射药筒后进行烧毁。

13.6.2.5　其他烟花爆竹制品、含药半成品，应尽量摊开直接焚毁。

13.6.2.6　危险性废弃物为流质型的(沉淀池、浸泡池、废水沟等内含有危险性废弃物的残渣)应带水清理，将残渣倒成厚度小于或等于 5 cm，宽度小于或等于 2 m 的带状，待残渣水分稍渗干后，浇燃油或助燃物进行烧毁。

13.6.3　焚烧完毕应对现场进行清理，确认彻底销毁。

13.6.4　对装运危险性废弃物的车辆、容器在处置后应当立即冲洗干净。

13.7　采用其他方法处置时，应采取相应的安全技术措施。

附　录　A
（资料性附录）
生产工艺流程图

本附录给出了烟花爆竹产品制作流程图，如图 A.1～图 A.22 所示。本流程图作参考件。

a）　可以根据区域环境、产品结构、产品技术要求的不同进行调整。

b）　各工序的危险等级按 GB 50161 确定。

c）　切纸、卷筒、筑底等统称为无药部件制作。

d）　各个工序之间宜设置中转。

e）　图中虚线表示的工序为需要设置时，宜放在该位置。

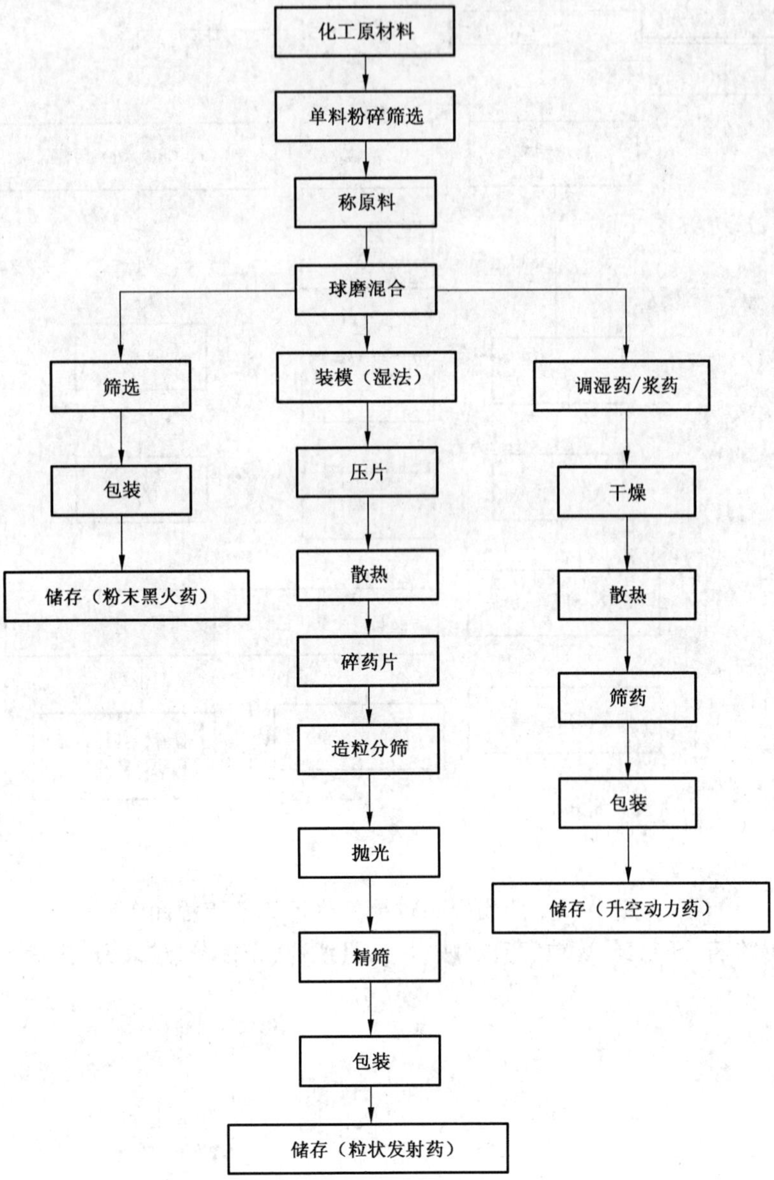

图 A.1　黑火药制造工艺流程图
（粉状黑火药、粒状发射药、升空动力药）

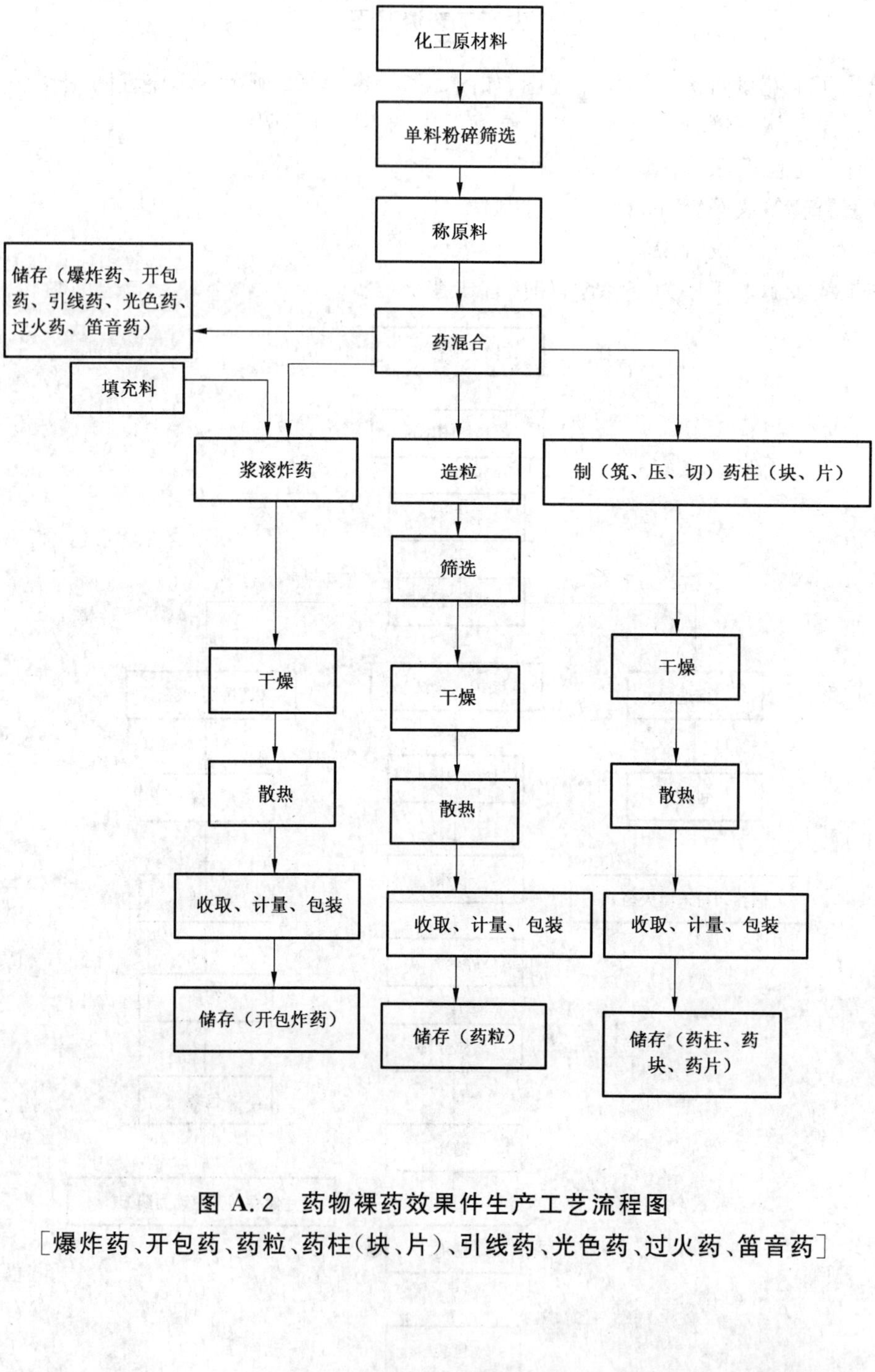

图 A.2 药物裸药效果件生产工艺流程图
［爆炸药、开包药、药粒、药柱(块、片)、引线药、光色药、过火药、笛音药］

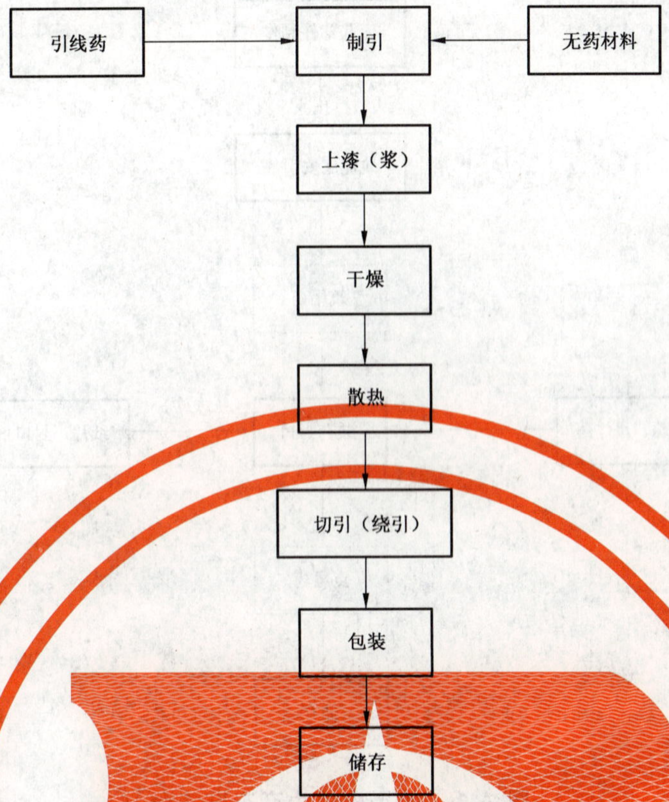

图 A.3 安全(皮纸)引线生产工艺流程图

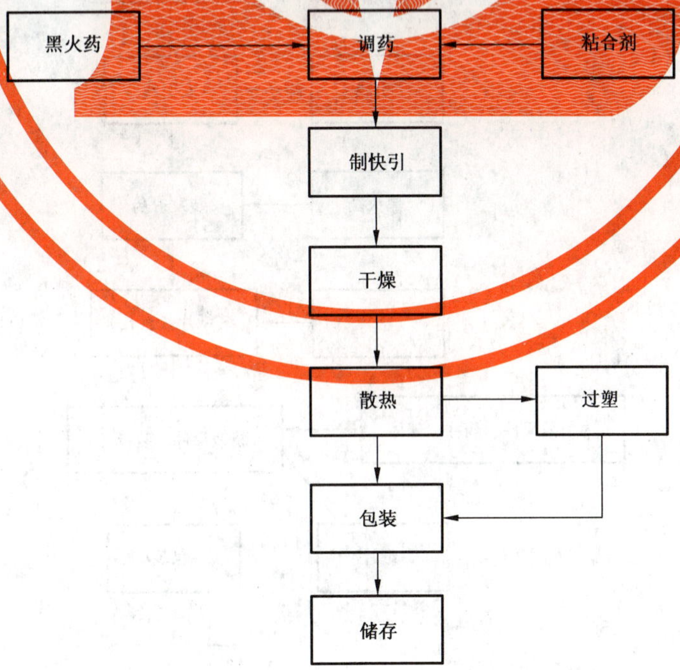

图 A.4 皮纸快引生产工艺流程图

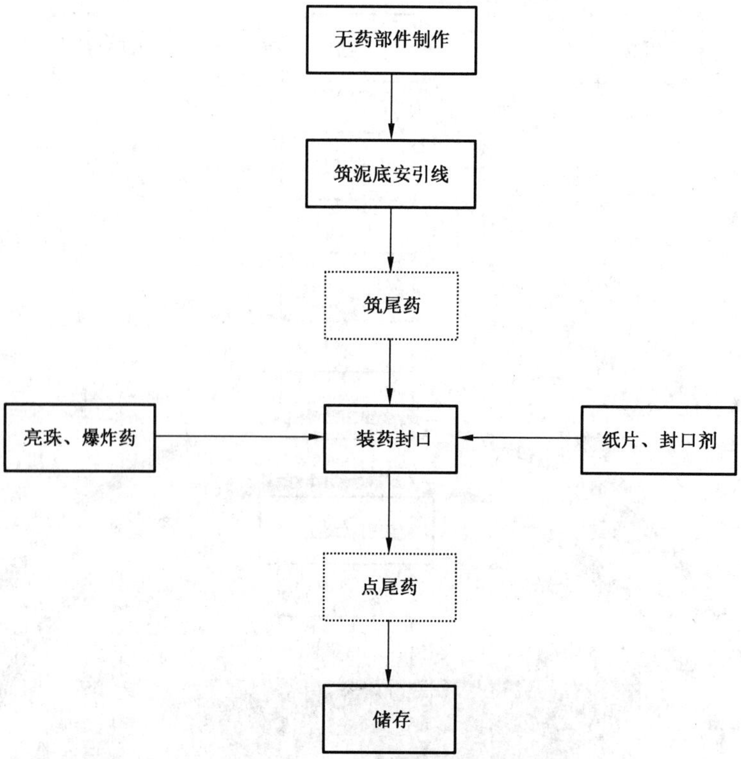

图 A.5 效果内筒生产工艺流程

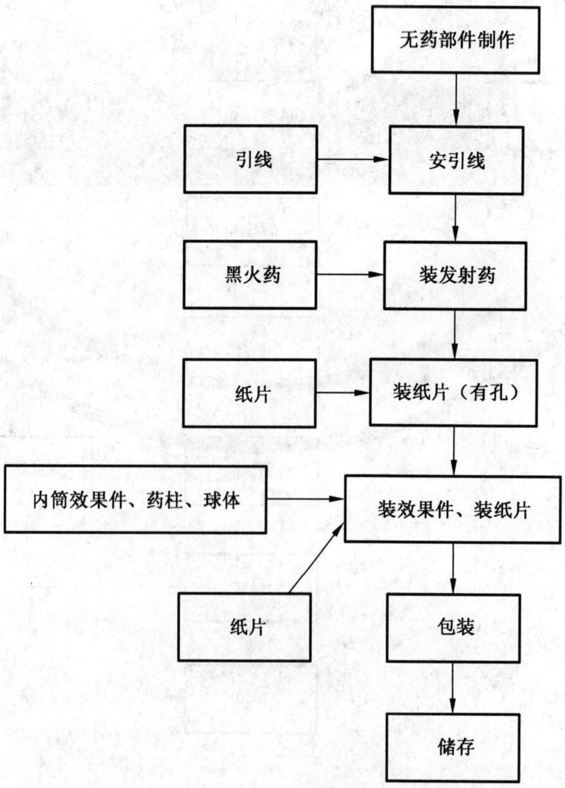

图 A.6 （单个）小礼花生产工艺流程图

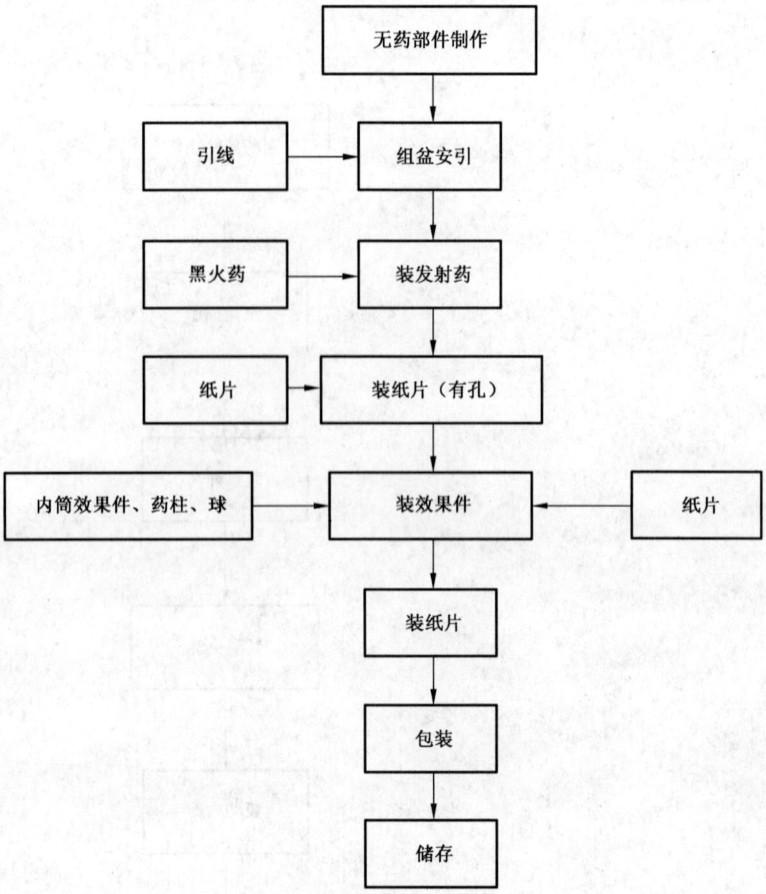

图 A.7　组合烟花生产流程图(内筒型)

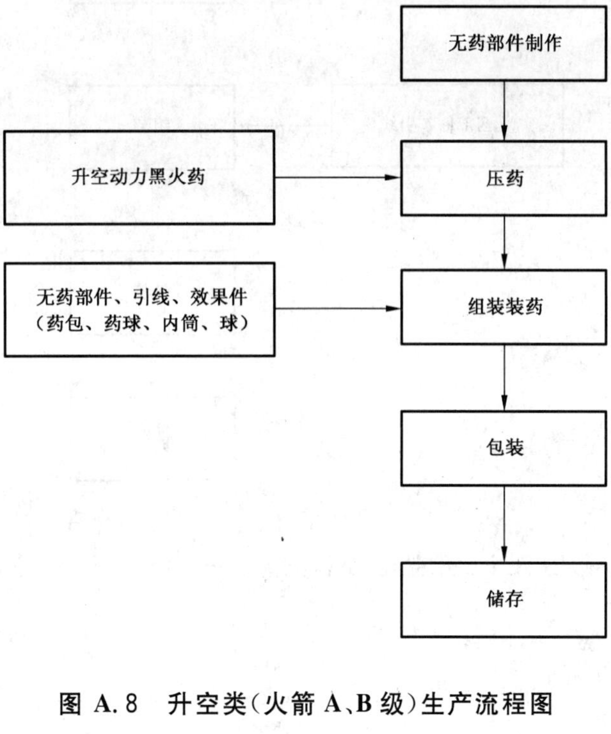

图 A.8　升空类(火箭 A、B 级)生产流程图

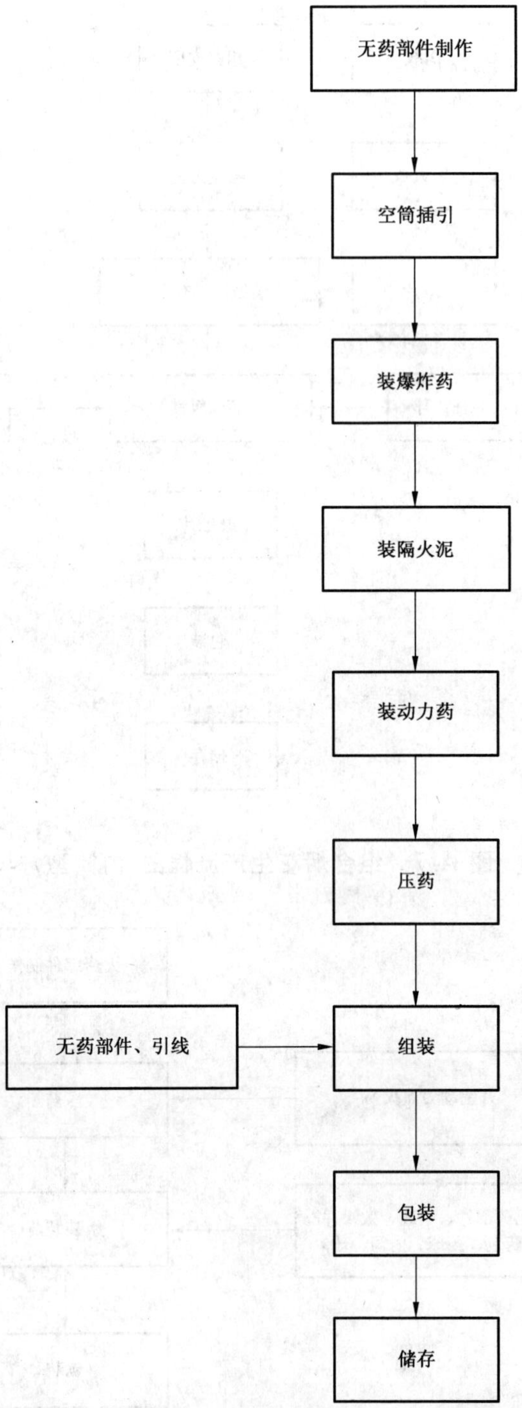

图 A.9　升空类(小型火箭之一)生产流程图

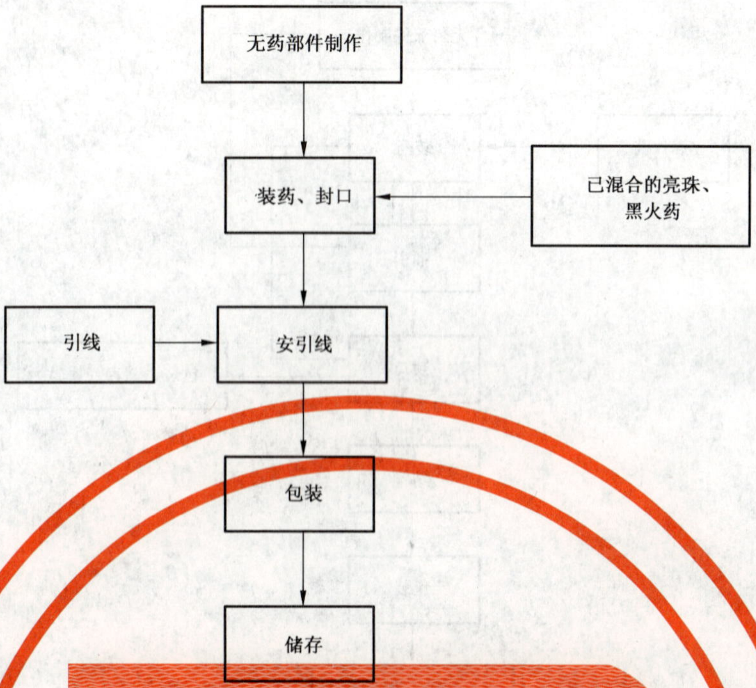

图 A.10 喷花类生产流程图

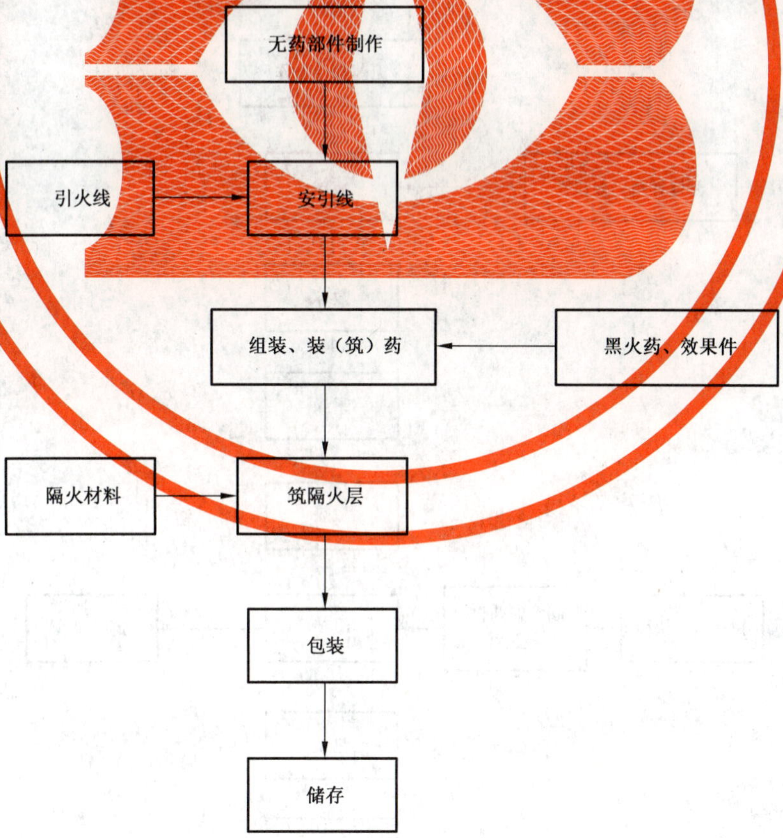

图 A.11 吐珠类生产流程图

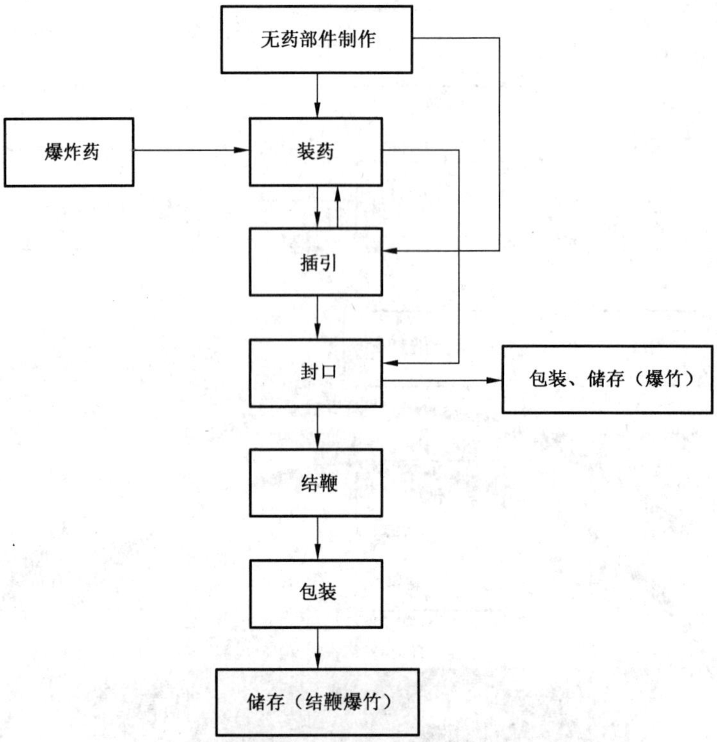

图 A.12　结鞭类爆竹生产流程图

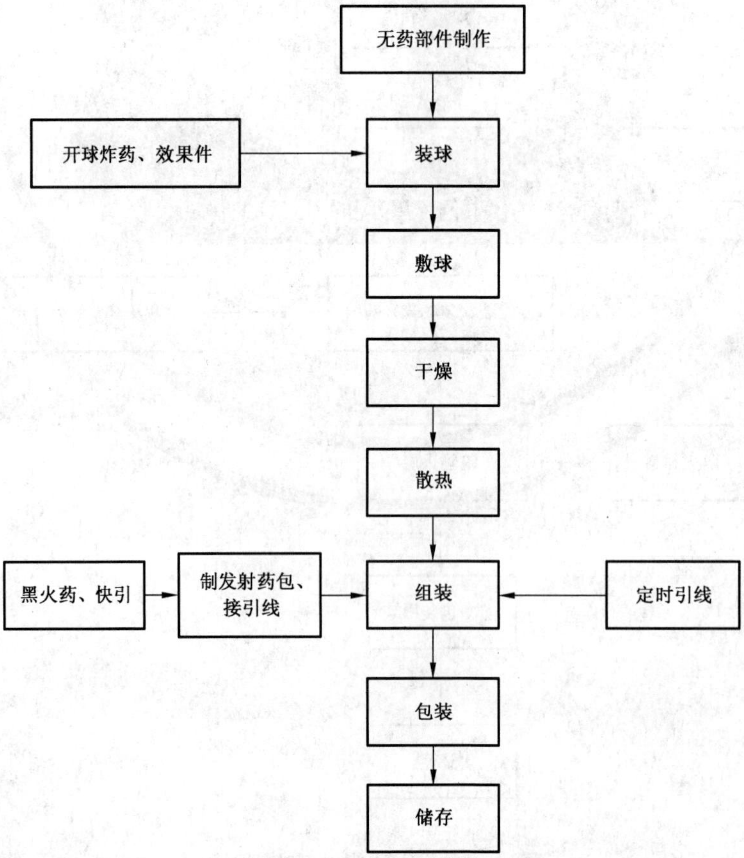

图 A.13　礼花弹(球型)(包括球型小礼花)生产流程图

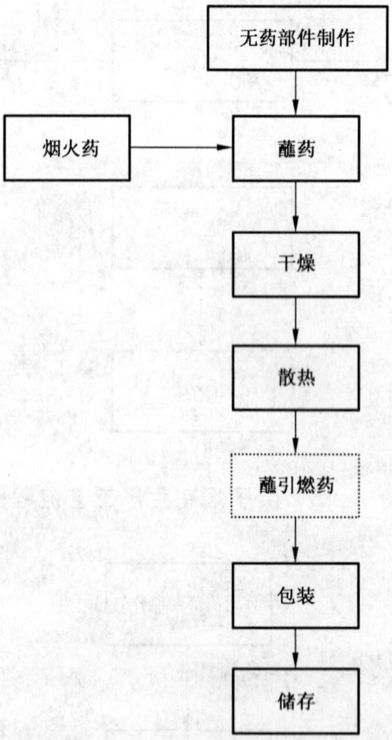

图 A.14　线香类(涂敷型)生产流程图

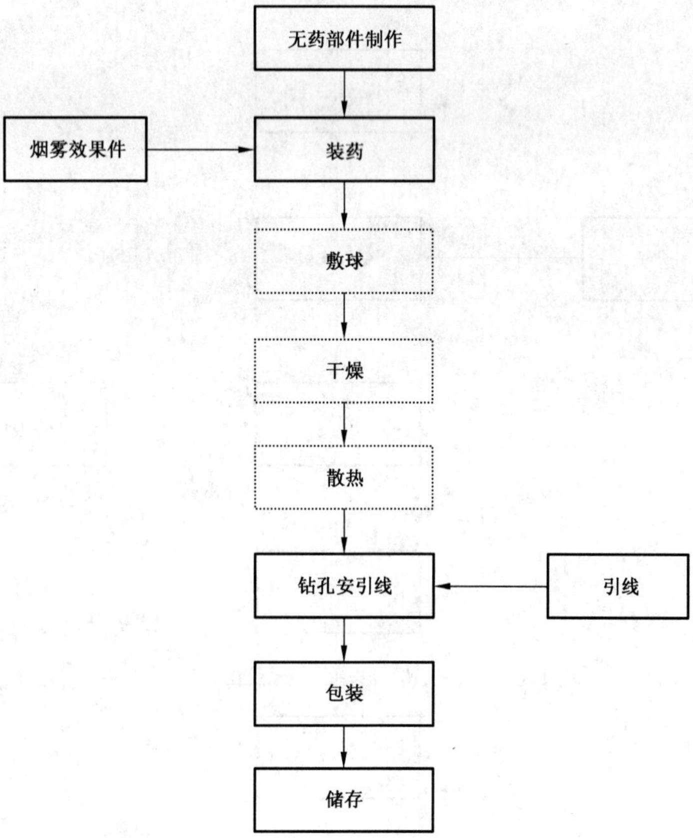

图 A.15　烟雾类生产工艺流程图

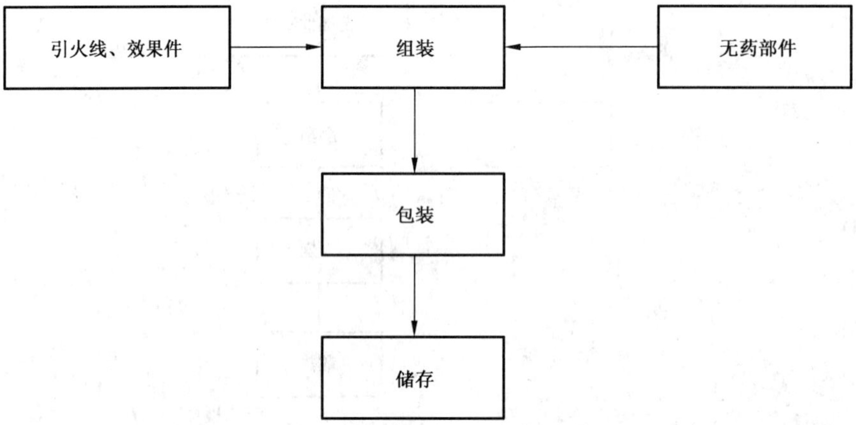

图 A.16 架子烟花生产工艺流程图

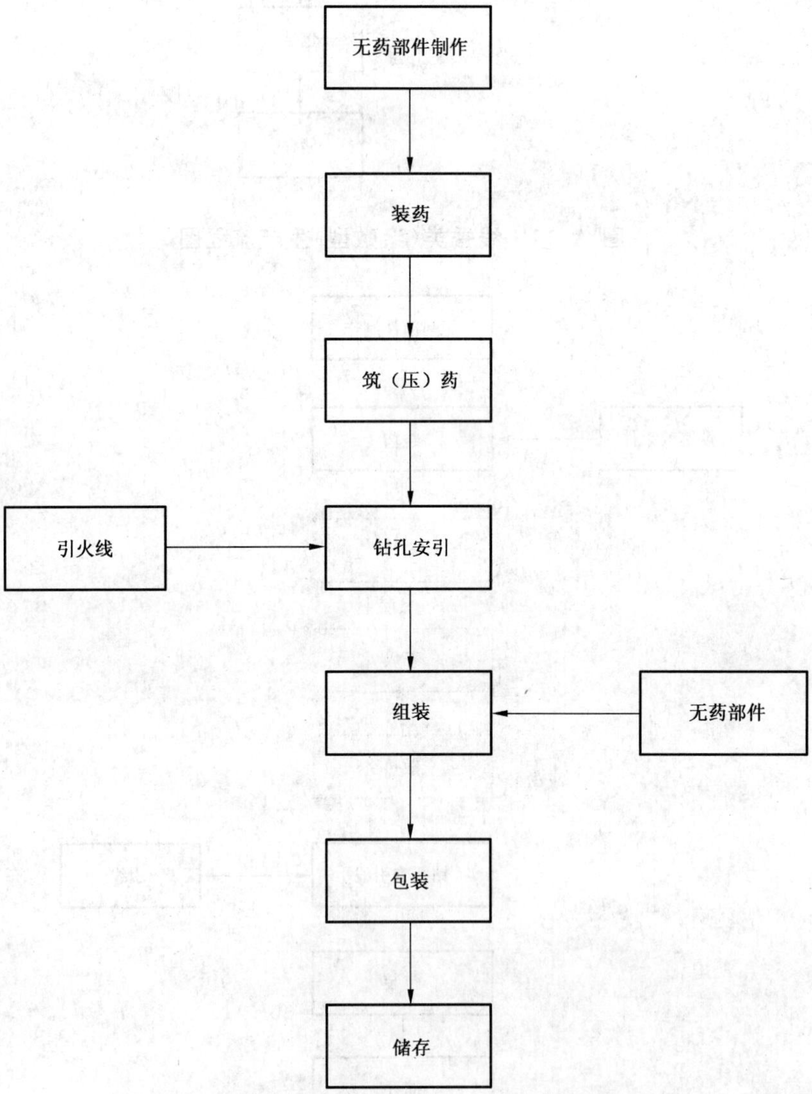

图 A.17 旋转类生产工艺流程图(无轴、有轴)

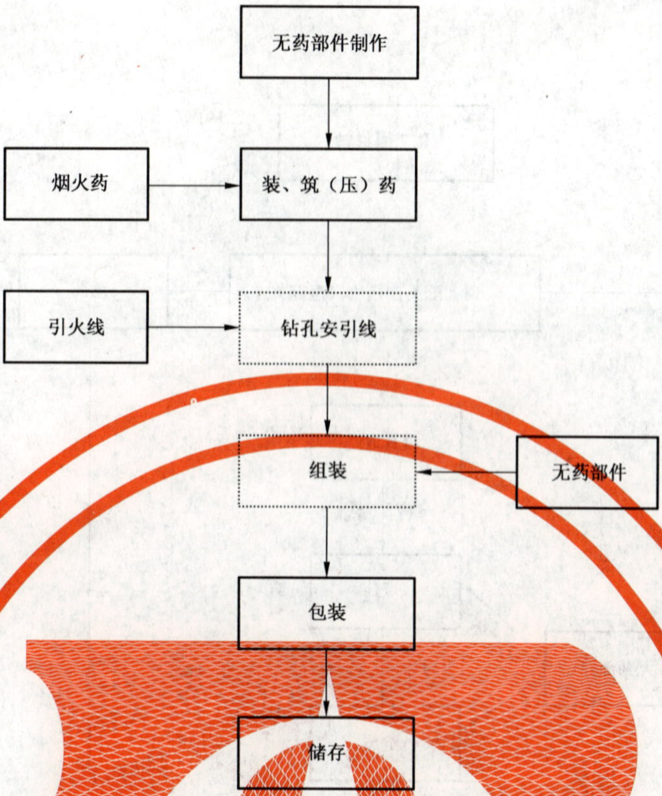

图 A.18 旋转升空类生产工艺流程图(无翅、有翅)

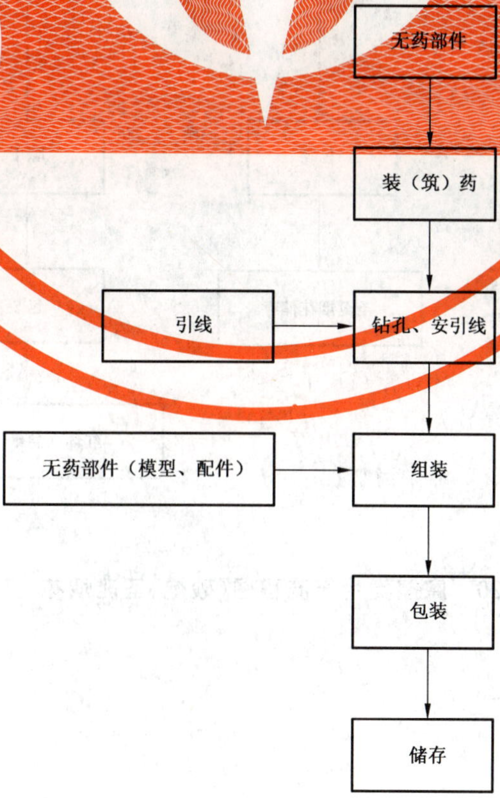

图 A.19 造型玩具类生产流程图

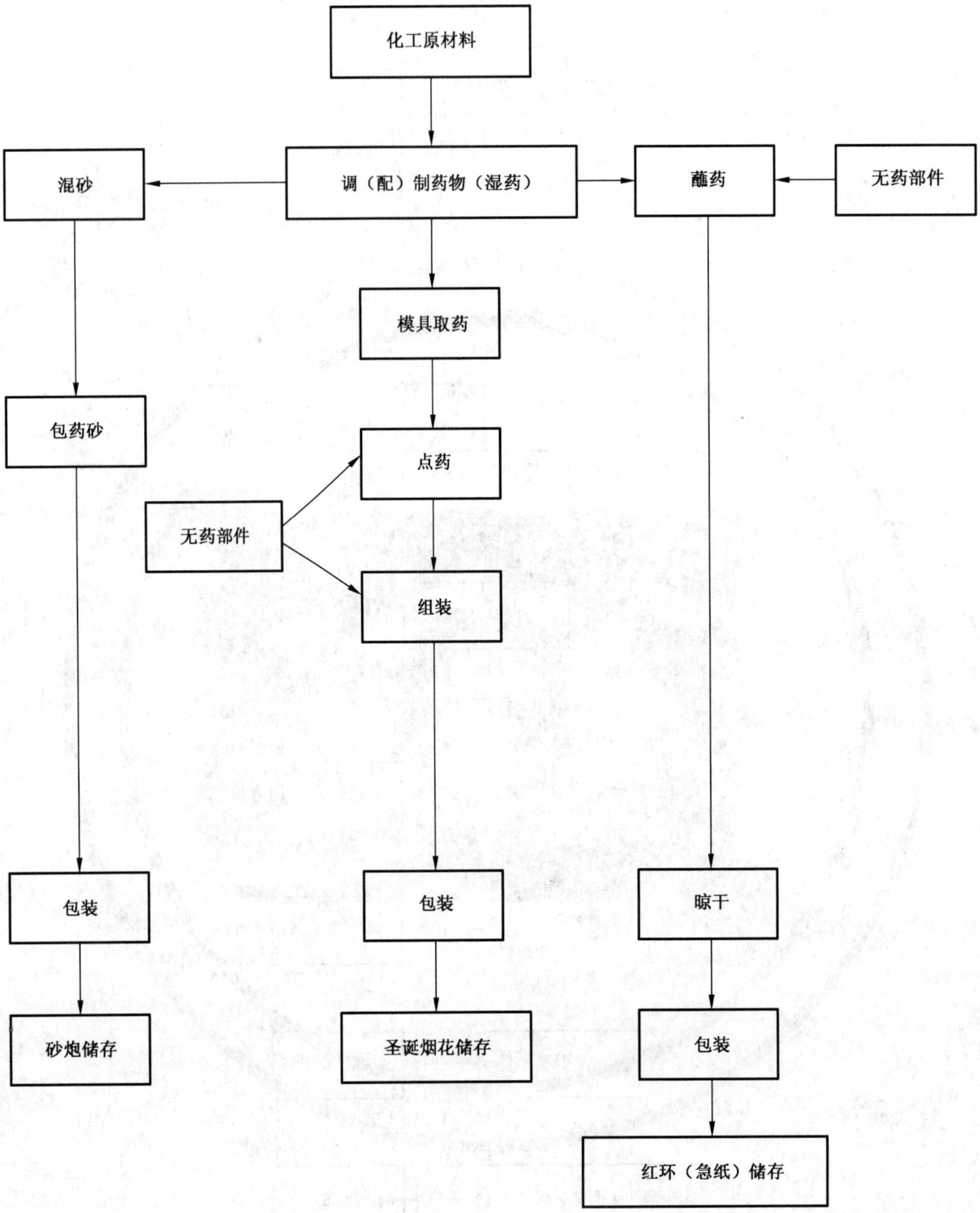

图 A.20　摩擦类生产流程图(砂炮、圣诞烟花、红环)

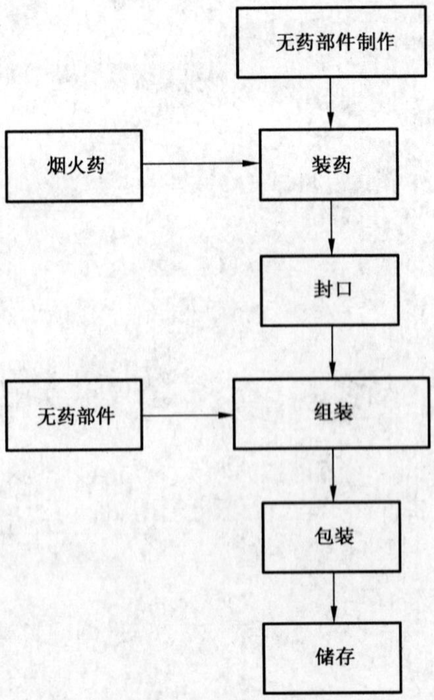

图 A.21　线香(包裹药型)类生产流程图

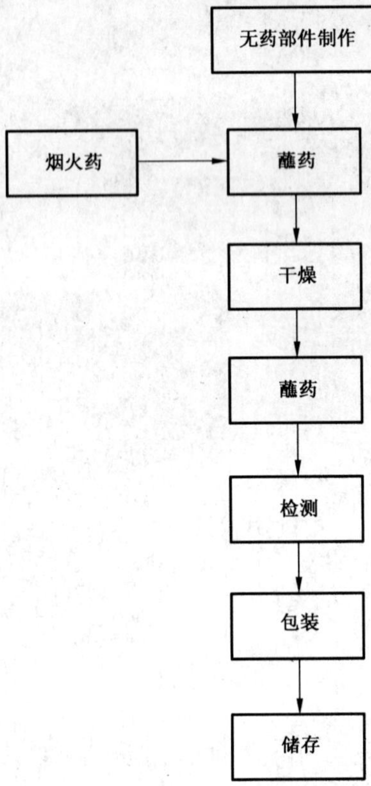

图 A.22　电点火头生产流程图

ICS 13.100
C 51

中华人民共和国国家标准

GB 11654.1—2012
代替 GB 11654—1989

造纸及纸制品业卫生防护距离 第1部分：纸浆制造业

Health protection zone for paper and paper products industry—Part 1: Pulp and paper industry

2012-11-20 发布 2013-05-01 实施

中华人民共和国卫生部
中国国家标准化管理委员会 发布

前　言

本部分 4.2～4.4 为推荐性的，其余为强制性的。

GB 11654《造纸及纸制品业卫生防护距离》分为 2 个部分：

——第 1 部分：纸浆制造业；

——第 2 部分：造纸业。

本部分为 GB 11654 的第 1 部分。

本部分按照 GB/T 1.1—2009 给出的规则起草。

本部分代替 GB 11654—1989《硫酸盐造纸厂卫生防护距离标准》，与 GB 11654—1989 相比主要技术变化如下：

——调整了标准名称，并依据 GB/T 1.1—2009 调整了标准结构；

——修订了卫生防护距离的定义，增加了敏感区、复杂地形 2 项术语和定义；

——修订了卫生防护距离标准限值，增加了生产规模分档；

——增加了有关绿化的要求。

本部分由中华人民共和国卫生部提出并归口。

本部分由中国疾病预防控制中心环境与健康相关产品安全所、山东省疾病预防控制中心负责起草。

本部分主要起草人：金银龙、隋少峰、洪燕峰、孔凡玲、张伟、邹立海、杨文静、王友法、李宝英、周华声、黄东海、杜英林、江媛媛、闫旭。

造纸及纸制品业卫生防护距离
第1部分：纸浆制造业

1 范围

GB 11654 的本部分规定了硫酸盐纸浆制造企业与敏感区之间所需卫生防护距离。

本部分适用于地处平原地区的硫酸盐纸浆制造企业的新建、改建、扩建工程。现有硫酸盐纸浆制造企业可参照执行。

2 规范性引用文件

下列文件对于本文件的应用是必不可少的。凡是注日期的引用文件，仅注日期的版本适用于本文件。凡是不注日期的引用文件，其最新版本(包括所有的修改单)适用于本文件。

GB/T 3840—1991 制定地方大气污染物排放标准的技术方法

3 术语和定义

下列术语和定义适用于本文件。

3.1

卫生防护距离 health protection zone

产生有害因素的部门(生产车间或作业场所)的边界至敏感区边界的最小距离。

3.2

敏感区 sensitive area

居民区、学校、医院等对大气污染比较敏感的区域。

3.3

复杂地形 complicated landform

山区、丘陵、沿海等。

4 指标要求

4.1 纸浆制造业卫生防护距离标准限值见表1。

表1 纸浆制造业卫生防护距离标准限值

生产规模 万 t/a	所在地区近5年平均风速 m/s	卫生防护距离 m
<30	<2	800
	2～4	600
	>4	500
≥30	<2	900
	2～4	800
	>4	600

4.2 地处复杂地形条件下的纸浆制造企业卫生防护距离的确定方法，参照GB/T 3840—1991中的7.6规定执行。

4.3 纸浆制造企业与敏感区的位置，应考虑风向频率及地形等因素的影响，尽量减少其对敏感区大气环境的污染。

4.4 在卫生防护距离范围内，种植浓密的乔木类植物绿化隔离带(宽度不少于10 m)的企业，可按卫生防护距离标准限值的90%执行。注意选择对特征污染物具有抗性或吸附特性的树种。

ICS 13.100
C 51

中华人民共和国国家标准

GB 11655.1—2012
代替 GB 11658—1989

合成材料制造业卫生防护距离
第1部分:聚氯乙烯制造业

Health protection zone for synthetic material industry—
Part1:Polyvinyl chloride industry

2012-11-20 发布　　2013-05-01 实施

中华人民共和国卫生部
中国国家标准化管理委员会　发布

前　言

本部分4.2～4.4为推荐性的，其余为强制性的。

GB 11655《合成材料制造业卫生防护距离》分为9个部分：

——第1部分：聚氯乙烯制造业；

——第2部分：聚乙烯制造业；

——第3部分：聚丙烯制造业；

——第4部分：聚苯乙烯制造业；

——第5部分：ABS制造业；

——第6部分：氯丁橡胶制造业；

——第7部分：顺丁橡胶制造业；

——第8部分：丁苯橡胶制造业；

——第9部分：丁腈橡胶制造业。

本部分为GB 11655的第1部分。

本部分按照GB/T 1.1—2009给出的规则起草。

本部分代替GB 11658—1989《聚氯乙烯树脂厂卫生防护距离标准》，与GB 11658—1989相比主要技术变化如下：

——调整了标准名称，并依据GB/T 1.1—2009调整了标准结构；

——修订了卫生防护距离的定义，增加了敏感区、复杂地形2项术语和定义；

——修订了卫生防护距离标准限值，调整了生产规模分档；

——增加了有关绿化的要求。

本部分由中华人民共和国卫生部提出并归口。

本部分由中国疾病预防控制中心环境与健康相关产品安全所、山东省疾病预防控制中心负责起草。

本部分主要起草人：金银龙、邹立海、洪燕峰、孔凡玲、张伟、隋少峰、杨文静、王友法、聂兴田、高衍新、杜英林、李仁波、闫旭。

合成材料制造业卫生防护距离
第1部分：聚氯乙烯制造业

1 范围

GB 11655的本部分规定了聚氯乙烯生产企业与敏感区之间所需卫生防护距离。

本部分适用于地处平原地区的聚氯乙烯生产企业新建、改建、扩建工程。现有聚氯乙烯生产企业可参照执行。

2 规范性引用文件

下列文件对于本文件的应用是必不可少的。凡是注日期的引用文件，仅注日期的版本适用于本文件。凡是不注日期的引用文件，其最新版本（包括所有的修改单）适用于本文件。

GB/T 3840—1991 制定地方大气污染物排放标准的技术方法

3 术语和定义

下列术语和定义适用于本文件。

3.1

卫生防护距离 health protection zone

产生有害因素的部门（生产车间或作业场所）的边界至敏感区边界的最小距离。

3.2

敏感区 sensitive area

居民区、学校、医院等对大气污染比较敏感的区域。

3.3

复杂地形 complicated landform

山区、丘陵、沿海等。

4 指标要求

4.1 我国现有聚氯乙烯制造业有乙烯法和电石乙炔法两种生产方法，其卫生防护距离标准限值分别见表1和表2。

表 1　乙烯法聚氯乙烯制造业卫生防护距离标准限值

生产规模 万 t/a	所在地区近 5 年平均风速 m/s	卫生防护距离 m
＜30	＜2	900
	2～4	800
	＞4	700
≥30	＜2	1 200
	2～4	1 000
	＞4	800

表 2　电石乙炔法聚氯乙烯制造业卫生防护距离标准限值

所在地区近 5 年平均风速 m/s	卫生防护距离 m
＜2	1 400
2～4	1 200
＞4	1 000

4.2　地处复杂地形条件下的聚氯乙烯生产企业卫生防护距离的确定方法，参照 GB/T 3840—1991 中的 7.6 规定执行。

4.3　聚氯乙烯生产企业与敏感区的位置，应考虑风向频率及地形等因素的影响，尽量减少其对敏感区大气环境的污染。

4.4　在卫生防护距离范围内，种植浓密的乔木类植物绿化隔离带(宽度不少于 10 m)的企业，可按卫生防护距离标准限值的 90%执行。注意选择对特征污染物具有抗性或吸附特性的树种。

ICS 13.100
C 51

中华人民共和国国家标准

GB 11655.6—2012
代替 GB 11655—1989

合成材料制造业卫生防护距离 第6部分:氯丁橡胶制造业

Health protection zone for synthetic material industry—
Part 6: Chloroprene rubber industry

2012-11-20 发布 2013-05-01 实施

中华人民共和国卫生部
中国国家标准化管理委员会 发布

前言

GB 11655《合成材料制造业卫生防护距离》分为9个部分：

——第1部分：聚氯乙烯制造业；

——第2部分：聚乙烯制造业；

——第3部分：聚丙烯制造业；

——第4部分：聚苯乙烯制造业；

——第5部分：ABS制造业；

——第6部分：氯丁橡胶制造业；

——第7部分：顺丁橡胶制造业；

——第8部分：丁苯橡胶制造业；

——第9部分：丁腈橡胶制造业。

本部分4.2～4.4为推荐性的，其余为强制性的。

本部分为GB 11655的第6部分。

本部分按照GB/T 1.1—2009给出的规则起草。

本部分代替GB 11655—1989《氯丁橡胶厂卫生防护距离标准》，与GB 11655—1989相比主要技术变化如下：

——调整了标准名称，并依据GB/T 1.1—2009调整了标准结构；

——修订了卫生防护距离的定义，增加了敏感区、复杂地形2项术语和定义；

——修订了卫生防护距离标准限值；

——增加了有关绿化的要求。

本部分由中华人民共和国卫生部提出并归口。

本部分由中国疾病预防控制中心环境与健康相关产品安全所、山东省疾病预防控制中心负责起草，重庆市疾病预防控制中心、重庆市长寿区疾病预防控制中心参加起草。

本部分主要起草人：金银龙、孔凡玲、洪燕峰、邹立海、张伟、张华东、杨文静、隋少峰、周敏、席刚、杨育林、谢明。

合成材料制造业卫生防护距离 第6部分：氯丁橡胶制造业

1 范围

GB 11655的本部分规定了氯丁橡胶生产企业与敏感区之间所需卫生防护距离。

本部分适用于地处平原地区的氯丁橡胶生产企业新建、改建、扩建工程。现有氯丁橡胶生产企业可参照执行。

2 规范性引用文件

下列文件对于本文件的应用是必不可少的。凡是注日期的引用文件，仅注日期的版本适用于本文件。凡是不注日期的引用文件，其最新版本(包括所有的修改单)适用于本文件。

GB/T 3840—1991 制定地方大气污染物排放标准的技术方法

3 术语和定义

下列术语和定义适用于本文件。

3.1

卫生防护距离 health protection zone

产生有害因素的部门(生产车间或作业场所)的边界至敏感区边界的最小距离。

3.2

敏感区 sensitive area

居民区、学校、医院等对大气污染比较敏感的区域。

3.3

复杂地形 complicated landform

山区、丘陵、沿海等。

4 指标要求

4.1 氯丁橡胶制造业卫生防护距离标准限值见表1。

表1 氯丁橡胶制造业卫生防护距离标准限值

所在地区近5年平均风速 m/s	卫生防护距离 m
＜2	1 800
2～4	1 600
＞4	1 400

4.2 地处复杂地形条件下的氯丁橡胶生产企业卫生防护距离的确定方法，参照 GB/T 3840—1991 中的 7.6 规定执行。

4.3 氯丁橡胶生产企业与敏感区的位置，应考虑风向频率及地形等因素的影响，尽量减少其对敏感区大气环境的污染。

4.4 在卫生防护距离范围内，种植浓密的乔木类植物绿化隔离带（宽度不少于 10 m）的企业，可按卫生防护距离标准限值的 90% 执行。注意选择对特征污染物具有抗性或吸附特性的树种。

ICS 13.100
C 51

中华人民共和国国家标准

GB 11661—2012
代替 GB 11661—1989

炼焦业卫生防护距离

Health protection zone for coking industry

2012-06-29 发布　　2012-08-01 实施

中华人民共和国卫生部
中国国家标准化管理委员会　发布

前　言

本标准4.2、4.3、4.4为推荐性的，其余为强制性的。

本标准按照GB/T 1.1—2009给出的规则起草。

本标准代替GB 11661—1989《焦化厂卫生防护距离标准》。

本标准与GB 11661—1989相比主要变化如下：

——调整了标准名称，并依据GB/T 1.1—2009《标准化工作导则　第1部分：标准的结构和编写》调整了标准结构；

——修订了卫生防护距离的定义，增加了敏感区、复杂地形两项术语和定义；

——修订了卫生防护距离标准限值，增加了生产规模分档；

——增加了有关绿化的要求。

本标准由中华人民共和国卫生部提出并归口。

本标准负责起草单位：中国疾病预防控制中心环境与健康相关产品安全所、武汉科技大学医学院。

本标准参加起草单位：武汉钢铁(集团)公司安全环保研究所。

本标准主要起草人：金银龙、张玲、洪燕峰、朱长才、张伟、吴磊、梅勇、李济超、龚晓萍。

本标准所代替标准的历次版本发布情况为：

——GB 11661—1989。

炼焦业卫生防护距离

1 范围

本标准规定了炼焦企业与敏感区之间所需卫生防护距离。

本标准适用于地处平原地区的炼焦企业的新建、改建、扩建工程。现有炼焦企业可参照执行。

2 规范性引用文件

下列文件对于本文件的应用是必不可少的。凡是注日期的引用文件，仅注日期的版本适用于本文件。凡是不注日期的引用文件，其最新版本（包括所有的修改单）适用于本文件。

GB/T 3840—1991 制定地方大气污染物排放标准的技术方法

3 术语和定义

下列术语和定义适用于本文件。

3.1

卫生防护距离 health protection zone

产生有害因素的部门（生产车间或作业场所）的边界至敏感区边界的最小距离。

3.2

敏感区 sensitive area

对大气污染比较敏感的区域，包括居民区、学校和医院。

3.3

复杂地形 complicated landform

山区、丘陵、沿海等。

4 指标要求

4.1 炼焦企业卫生防护距离限值见表1。

表1 炼焦企业卫生防护距离限值

生产规模 kt/a	所在地区近五年平均风速 m/s	卫生防护距离 m
<1 000	<2	900
	2～4	800
	>4	700
1 000～3 000	<2	1 000
	2～4	900
	>4	800

表 1（续）

生产规模 kt/a	所在地区近五年平均风速 m/s	卫生防护距离 m
＞3 000	＜2	1 200
	2～4	1 000
	＞4	900

4.2　地处复杂地形条件下的炼焦企业卫生防护距离的确定方法，参照 GB/T 3840—1991 中的 7.6 规定执行。

4.3　炼焦企业与敏感区的位置，应考虑风向频率及地形等因素的影响，尽量减少其对敏感区大气环境的污染。

4.4　在卫生防护距离范围内，种植浓密的乔木类植物绿化隔离带（宽度不少于 10 m）的企业，可按卫生防护距离标准限值的 90％执行。注意选择对特征污染物具有抗性或吸附特性的树种。

ICS 13.100
C 51

中华人民共和国国家标准

GB 11662—2012
代替 GB 11662—1989

烧结业卫生防护距离

Health protection zone for sintering industry

2012-11-20 发布　　　　2013-05-01 实施

中华人民共和国卫生部
中国国家标准化管理委员会　发布

前　言

本标准4.2～4.4为推荐性的，其余为强制性的。

本标准按照GB/T 1.1—2009给出的规则起草。

本标准代替GB 11662—1989《烧结厂卫生防护距离标准》，与GB 11662—1989相比主要技术变化如下：

——调整了标准名称，并依据GB/T 1.1—2009调整了标准结构；

——修订了卫生防护距离的定义，增加了敏感区、复杂地形、烧结3项术语和定义；

——修订了卫生防护距离标准限值；

——增加了有关绿化的要求。

本标准由中华人民共和国卫生部提出并归口。

本标准由中国疾病预防控制中心环境与健康相关产品安全所、武汉科技大学医学院负责起草。

本标准主要起草人：金银龙、张玲、洪燕峰、朱长才、张伟、梅勇、杨文静、吴磊、向安莉、叶方立、许宁。

本标准所代替标准的历次版本发布情况为：

——GB 11662—1989。

烧结业卫生防护距离

1 范围

本标准规定了烧结企业与敏感区之间所需卫生防护距离。

本标准适用于地处平原地区的烧结企业的新建、改建、扩建工程。现有烧结企业可参照执行。

2 规范性引用文件

下列文件对于本文件的应用是必不可少的。凡是注日期的引用文件，仅注日期的版本适用于本文件。凡是不注日期的引用文件，其最新版本（包括所有的修改单）适用于本文件。

GB/T 3840—1991 制定地方大气污染物排放标准的技术方法

3 术语和定义

下列术语和定义适用于本文件。

3.1

卫生防护距离 health protection zone

产生有害因素的部门（生产车间或作业场所）的边界至敏感区边界的最小距离。

3.2

敏感区 sensitive area

居民区、学校、医院等对大气污染比较敏感的区域。

3.3

复杂地形 complicated landform

山区、丘陵、沿海等。

3.4

烧结 sintering

将粉末或粉末压坯加热到低于其中主要成分的熔点的温度，然后以一定的方法和速度冷却到室温，从而使颗粒间产生粘结，烧结体的强度增加。

4 指标要求

4.1 烧结业卫生防护距离标准限值见表1。

表1 烧结业卫生防护距离标准限值

所在地区近5年平均风速 m/s	卫生防护距离 m
＜2	700
2～4	600
＞4	500

4.2 地处复杂地形条件下的烧结企业卫生防护距离的确定方法，参照 GB/T 3840—1991 中的 7.6 规定执行。

4.3 烧结企业与敏感区的位置，应考虑风向频率及地形等因素的影响，尽量减少其对敏感区大气环境的污染。

4.4 在卫生防护距离范围内，种植浓密的乔木类植物绿化隔离带(宽度不少于 10 m)的企业，可按卫生防护距离标准限值的 90％执行。注意选择对特征污染物具有抗性或吸附特性的树种。

ICS 13.100
C 51

中华人民共和国国家标准

GB 11666.1—2012
代替 GB 11666—1989

肥料制造业卫生防护距离 第1部分:氮肥制造业

Health protection zone for fertilizer industry—Part 1:Nitrogen fertilizer industry

2012-11-20 发布　　2013-05-01 实施

中华人民共和国卫生部
中国国家标准化管理委员会　发布

前　言

GB 11666《肥料制造业卫生防护距离》分为4个部分：

——第1部分：氮肥制造业；

——第2部分：磷肥制造业；

——第3部分：钾肥制造业；

——第4部分：复混肥制造业。

本部分为GB 11666的第1部分。

本部分4.2～4.4为推荐性的，其余为强制性的。

本部分按照GB/T 1.1—2009给出的规则起草。

本部分代替GB 11666—1989《小型氮肥厂卫生防护距离标准》，与GB 11666—1989相比主要技术变化如下：

——调整了标准名称，并依据GB/T 1.1—2009调整了标准结构；

——修订了卫生防护距离的定义，增加了敏感区、复杂地形2项术语和定义；

——修订了卫生防护距离标准限值，调整了生产规模分档；

——增加了有关绿化的要求。

本部分由中华人民共和国卫生部提出并归口。

本部分由中国疾病预防控制中心环境与健康相关产品安全所、宜昌市疾病预防控制中心负责起草，当阳市疾病预防控制中心参加起草。

本部分主要起草人：金银龙、徐勇、洪燕峰、余青、张伟、陈萍、杨文静、明小燕、李有军、蔡秋帆、汪玉纯、李燕、杨勇、谢明。

肥料制造业卫生防护距离
第1部分：氮肥制造业

1 范围

GB 11666 的本部分规定了氮肥制造企业与敏感区之间所需卫生防护距离。

本部分适用于地处平原地区的氮肥制造企业的新建、改建、扩建工程。现有氮肥制造企业可参照执行。

2 规范性引用文件

下列文件对于本文件的应用是必不可少的。凡是注日期的引用文件，仅注日期的版本适用于本文件。凡是不注日期的引用文件，其最新版本（包括所有的修改单）适用于本文件。

GB/T 3840—1991 制定地方大气污染物排放标准的技术方法

3 术语和定义

下列术语和定义适用于本文件。

3.1

卫生防护距离 health protection zone

产生有害因素的部门（生产车间或作业场所）的边界至敏感区边界的最小距离。

3.2

敏感区 sensitive area

居民区、学校、医院等对大气污染比较敏感的区域。

3.3

复杂地形 complicated landform

山区、丘陵、沿海等。

4 指标要求

4.1 氮肥制造业卫生防护距离标准限值见表 1。

表 1 氮肥制造业卫生防护距离标准限值

合成氨生产规模 万 t/a	所在地区近 5 年平均风速 m/s	卫生防护距离 m
＜30	＜2	900
	2～4	600
	＞4	500

表 1（续）

合成氨生产规模 万 t/a	所在地区近 5 年平均风速 m/s	卫生防护距离 m
≥30	＜2	1 200
	2～4	800
	＞4	600

4.2 地处复杂地形条件下的氮肥制造企业卫生防护距离的确定方法，参照 GB/T 3840—1991 中的 7.6 规定执行。

4.3 氮肥制造企业与敏感区的位置，应考虑风向频率及地形等因素的影响，尽量减少其对敏感区大气环境的污染。

4.4 在卫生防护距离范围内，种植浓密的乔木类植物绿化隔离带（宽度不少于 10 m）的企业，可按卫生防护距离标准限值的 90％执行。注意选择对特征污染物具有抗性或吸附特性的树种。

ICS 13.100
C 51

中华人民共和国国家标准

GB 11666.2—2012
代替 GB 11664—1989 和 GB 11665—1989

肥料制造业卫生防护距离 第2部分：磷肥制造业

Health protection zone for fertilizer industry—Part 2：Phosphate fertilizer industry

2012-11-20 发布　　2013-05-01 实施

中华人民共和国卫生部
中国国家标准化管理委员会　发布

前　言

GB 11666《肥料制造业卫生防护距离》分为4个部分：

——第1部分：氮肥制造业；

——第2部分：磷肥制造业；

——第3部分：钾肥制造业；

——第4部分：复混肥制造业。

本部分为GB 11666的第2部分。

本部分4.2～4.4为推荐性的，其余为强制性的。

本部分按照GB/T 1.1—2009给出的规则起草。

本部分代替GB 11664—1989《钙镁磷肥厂卫生防护距离标准》和GB 11665—1989《普通过磷酸钙厂卫生防护距离标准》。与GB 11664—1989、GB 11665—1989相比主要技术变化如下：

——调整了标准名称，并依据GB/T 1.1—2009调整了标准结构；

——修订了卫生防护距离的定义，增加了敏感区、复杂地形2项术语和定义；

——修订了卫生防护距离标准限值，增加了生产规模分档；

——增加了有关绿化的要求。

本部分由中华人民共和国卫生部提出并归口。

本部分由中国疾病预防控制中心环境与健康相关产品安全所、宜昌市疾病预防控制中心负责起草，当阳市疾病预防控制中心参加起草。

本部分主要起草人：金银龙、徐勇、洪燕峰、余青、张伟、陈萍、杨文静、明小燕、李有军、蔡秋帆、汪玉纯、李燕、杨勇、王媛媛。

本部分所代替标准的历次版本发布情况为：

——GB 11664—1989；

——GB 11665—1989。

肥料制造业卫生防护距离
第2部分:磷肥制造业

1 范围

GB 11666的本部分规定了钙镁磷肥制造企业和过磷酸钙制造企业与敏感区之间所需卫生防护距离。

本部分适用于地处平原地区的钙镁磷肥制造企业和过磷酸钙制造企业的新建、改建、扩建工程。现有钙镁磷肥制造企业和过磷酸钙制造企业可参照执行。

2 规范性引用文件

下列文件对于本文件的应用是必不可少的。凡是注日期的引用文件,仅注日期的版本适用于本文件。凡是不注日期的引用文件,其最新版本(包括所有的修改单)适用于本文件。

GB/T 3840—1991 制定地方大气污染物排放标准的技术方法

3 术语和定义

下列术语和定义适用于本文件。

3.1

卫生防护距离 health protection zone

产生有害因素的部门(生产车间或作业场所)的边界至敏感区边界的最小距离。

3.2

敏感区 sensitive area

居民区、学校、医院等对大气污染比较敏感的区域。

3.3

复杂地形 complicated landform

山区、丘陵、沿海等。

4 指标要求

4.1 钙镁磷肥制造业和过磷酸钙制造业卫生防护距离标准限值分别见表1和表2。

表1 钙镁磷肥制造业卫生防护距离标准限值

生产规模 万 t/a	所在地区近5年平均风速 m/s	卫生防护距离 m
<20	<2	800
	2~4	700
	>4	600

表 1（续）

生产规模 万 t/a	所在地区近 5 年平均风速 m/s	卫生防护距离 m
⩾20	＜2	900
	2～4	800
	＞4	700

表 2 过磷酸钙制造业卫生防护距离标准限值

生产规模 万 t/a	所在地区近 5 年平均风速 m/s	卫生防护距离 m
＜20	＜2	600
	2～4	500
	＞4	400
⩾20	＜2	800
	2～4	700
	＞4	600

4.2 地处复杂地形条件下的钙镁磷肥制造企业和过磷酸钙制造企业卫生防护距离的确定方法，参照 GB/T 3840—1991 中的 7.6 规定执行。

4.3 钙镁磷肥制造企业和过磷酸钙制造企业与敏感区的位置，应考虑风向频率及地形等因素的影响，尽量减少其对敏感区大气环境的污染。

4.4 在卫生防护距离范围内，种植浓密的乔木类植物绿化隔离带（宽度不少于 10 m）的企业，可按卫生防护距离标准限值的 90%执行。注意选择对特征污染物具有抗性或吸附特性的树种。

检02